超深碳酸盐岩油藏工程技术进展

胡文革　赵海洋◎编著

U0323092

中国石化出版社

图书在版编目(CIP)数据

超深碳酸盐岩油藏工程技术进展 / 胡文革，赵海洋
编著 . —北京：中国石化出版社，2019.6
ISBN 978 - 7 - 5114 - 5338 - 9

Ⅰ.①超… Ⅱ.①胡… ②赵… Ⅲ.①碳酸盐岩油气
藏-油藏工程 Ⅳ.①TE34

中国版本图书馆 CIP 数据核字(2019)第 089999 号

中国石化出版社出版发行
地址：北京市朝阳区吉市口路 9 号
邮编：100020 电话：(010)59964500
发行部电话：(010)59964526
http://www.sinopec-press.com
E-mail：press@ sinopec.com
北京富泰印刷有限责任公司印刷
全国各地新华书店经销
＊
787×1092 毫米 16 开本 23.75 印张 515 千字
2019 年 6 月第 1 版　2019 年 6 月第 1 次印刷
定价：190.00 元

编　委　会

主编：胡文革　赵海洋

委员：叶　帆　马清杰　秦　飞　任　波　罗发强

耿宇迪　曾文广　李双贵　罗攀登　龙　武

赵　毅　张志宏　李　亮　李冬梅　刘晓民

杜春朝　易　浩　张　雄　焦保雷　赵　兵

徐燕东　钟荣强　吴臣德　王建海　石　鑫

李林涛　刘　强　刘　磊　刘冀宁　许　强

张　俊　彭明旺　鄢宇杰　应海玲　于　洋

张俊江　万小勇　张江江　赵德银

序

　　中国石化西北油田分公司主产区位于新疆维吾尔自治区阿克苏地区、巴音郭楞蒙古自治州境内，部分区域分布在和田地区境内。负责勘查、开采的区块合计 29 个，矿权登记面积 10.24 万平方千米，投入开发的有塔河油田、顺北油田、西达里亚油田、巴什托油田、雅克拉凝析油气田、大涝坝凝析油气田、轮台凝析油气田 7 个油气田，是中国石化上游第二大原油生产企业。

　　进入"十三五"时期以来，随着塔河油田勘探开发进程不断加快和顺北油田勘探开发取得突破，两大油田极端苛刻的油藏地质条件不断给石油工程技术发展带来新的极限挑战。

　　西北油田分公司石油工程技术研究院作为石油工程领域的创新主体，面对新的挑战，以"颠覆式理念、革命性技术、规模化效益"为发展理念，以"打造石油工程技术核心竞争力"为总体目标，不断强化自主研发，突出集成整合，建立系统化技术体系，加大核心产品和前瞻性技术攻关，在顺北油田快速钻井、顺南气田钻井及井控配套、缝洞型油藏动态监测及解释、高压气井管柱优化、超稠油降黏开采及举升、凝析气藏开发、缝洞型油藏流道调整、注气三次采油、碎屑岩提高采收率、缝洞型油藏储层改造、地面集输、地面及井下腐蚀防控等方面的技术取得了重要进展，特别是超稠油开采、流道调整及注气三采等技术实现了从无到有的重大突破。荣获国家科技进步一等奖 1 项，省部级科技进步奖 20 多项，国家授权专利 110 多项，发表核心期刊论文 200 多篇。

　　西北油田分公司石油工程技术研究院整合了"十三五"期间取得的主要工程技术创新成果，编著了《超深碳酸盐岩油藏工程技术进展》。该书从技术背景、技术成果、重要创新点、推广价值四个方面，对每一项技术进行了概要阐述，对技术所能达到的整体水平进行了指标化的表征，并对技术适用条件和推广价值给予了意见。这为从事石油工程技术研发与应用领域的工作者提供了新的攻关方向，可以在很大程度上避免重复攻关研究，提高技术创新水平和成果转化效益。整体来讲，具有重要的参考意义。

希望本书的出版，能为碳酸盐岩油藏工程技术进步起到积极的推动作用。

是为序。

前　　言

　　中国石化西北油田分公司石油工程技术研究院是目前中国石化在我国西北地区规模最大的油田工程技术研究中心，也是中国石化西北油田分公司的全职科研单位，承担着西北油田分公司的钻井、完井、测试、采油、储改、修井、地面、防腐等专业工程技术的科学研究、产品研发、工艺设计、引进推广、现场指导、质量检测及高级工程技术人才培养工作，在油田高效勘探开发过程中发挥着工程技术"参谋部"和"作战部"的双重作用。

　　主力产区塔河、顺北两大油田具有超深（5000～7500m）、超高温（120～190℃）、超高压（120～130MPa）的特点，素来被业界称为"世界少有，国内仅有"，具有世界级开发难题的主要受岩溶作用控制的缝洞型油气藏。为了解决制约油田发展的工程瓶颈难题，中国石化西北油田分公司石油工程技术研究院在中国石化总部和分公司的大力支持下，不断加大科技投入，突出价值引领和创新驱动，追求效益开发和提质增效。攻坚克难、大胆创新，通过应用基础研究、关键技术攻关、成熟技术推广应用，初步开发了以井身结构优化、分层提速为核心，火成岩防漏、小井眼定向为配套的超深井优快钻井技术，支撑了顺北油田高效勘探开发；针对顺南高压气层气侵严重、井控风险大的难题，攻关形成了高压气井安全钻井技术；完善了超深碳酸盐岩储层完井工艺技术，支撑了顺北、塔河两大油田顺利建产；开发形成了注气三次采油、稠油开采、流道调整等提高采收率稳产技术，确保了老区产油硬稳定；初步建立了缝洞型油藏储层改造理论体系及其配套技术，为新区建产和老区稳产作出重要贡献；创新形成了塔河地面集输技术体系，起到了节能环保和降本增效的目的；攻关形成了塔河油田地面和井下腐蚀防控及配套技术体系，实现了塔河油田腐蚀穿孔率快速下降。在此基础上，本书部分章节增加了塔河碎屑岩油藏、凝析气藏领域工程技术研究与实践新进展。

为了加快科技成果的推广应用，中国石化西北油田分公司石油工程技术研究院编写了《超深碳酸盐岩油藏工程技术进展》。全书按专业共分6章。第一章为钻井工程技术进展，总结了顺北油田、顺南气田等在钻井工艺和钻井液方面的研究进展；第二章为完井测试工程技术进展，总结了超深超高压油井、气井完井测试工艺和缝洞型油藏动态监测解释方面的研究进展；第三章为采油工程技术进展，总结了稠油开采、机械采油、碳酸盐岩和碎屑岩提高采收率方面的研究进展；第四章为储层改造工程技术进展，总结了缝洞型油藏在储层改造理论及工艺方面的研究进展；第五章为地面工程技术进展，总结了塔河油田在地面集输方面的研究进展及应用情况；第六章为防腐工程技术进展，总结了塔河油田腐蚀防控理论及现场应用方面的研究进展。

本书的具体分工是：序与前言由赵海洋编写。第一章由罗发强、张俊、易浩、刘晓民、彭明旺、于洋编写。第二章由李冬梅、李双贵、龙武、杜春朝、徐燕东、李林涛、吴臣德、万小勇编写。第三章由胡文革、赵海洋、任波、马清杰、李亮、焦保雷、王建海、刘磊、许强编写。第四章由赵海洋、胡文革、耿宇迪、罗攀登、张雄、赵兵、鄢宇杰、应海玲、张俊江编写。第五章由叶帆、张志宏、赵毅、秦飞、钟荣强、刘冀宁、赵德银编写。第六章由曾文广、石鑫、马清杰、刘强、张江江编写。中国石化西北油田分公司副总工程师兼石油工程技术研究院院长赵海洋对全书进行了审核。中国石化西北油田分公司副总经理胡文革对全书进行了审定。

此书是中国石化西北油田分公司石油工程技术研究院集体智慧的结晶。谨以此书向长期关心帮助我们的各级领导和同仁表示感谢！向长期坚持在科研一线奋斗的工程院168名科研战士致敬！由于时间和水平有限，书中难免有不当之处，敬请批评指正。

目　　录

第一章　钻井工程技术进展

第三章　采油工程技术进展

第四章　储层改造工程技术进展

第五章　地面工程技术进展

第六章　防腐工程技术进展

第一章

钻井工程技术进展

近年来，西北油田分公司勘探开发逐步由塔河主体走向顺北、顺南等区块，钻探对象由单一的缝洞型油藏转向缝洞型、断溶体型和高温高压裂缝型油藏并重，油藏埋藏由超深迈向特深（顺北超过 7500m，较塔河主体深 1000m），这些钻探目标的变化，对井身结构设计、提速工艺、钻井液工艺、仪器、井控安全和设备都提出了全新的挑战。针对顺北区块特深断溶体油藏、顺南高温高压气藏钻井过程中存在的难题，从井身结构优化、随钻防漏堵漏、井壁稳定、超深小井眼定向、抗高温固井、高压气井井控技术、裂缝型气藏暂堵等方面开展了攻关研究，形成了配套的工艺技术，为顺北和顺南的勘探开发提供了有力支撑。

（1）在顺北特深断溶体油藏钻井方面，主要开展了特深井井身结构优化、分层提速、二叠系防漏堵漏、志留系井壁稳定和奥陶系防漏堵漏技术研究。

针对顺北 1 区井特深（储层埋深超过 7500m，完钻井深超过 8000m）、复杂地层多、岩石强度高、钻井周期长的难题，开展顺北特深井井身结构优化，形成了两套特深井井身结构，同时对地层岩石强度与可钻性进行分析，针对二叠系火成岩地层优选了扭力冲击器和 + PDC 钻头钻井工艺，对二叠系以上和二叠系以下不同地层，设计出不同破岩方式的混合钻头、尖圆齿 PDC、穿夹层 PDC 等高效钻头，并优化配套不同型号的高效等壁厚螺杆，满足各井段不同施工要求，现场应用后周期缩短 62.3%，机钻提高 94.8%。针对二叠系易发生井漏、处理漏失周期长（＞30 天）、漏失量大（平均＞600m³）的难题，研究形成适用于顺北 1 井区二叠系的随钻防漏堵漏配方，为该区二叠系安全钻进提供钻井液技术支撑。针对志留系泥岩井壁失稳、垮塌等问题，研发了钾胺基聚磺成膜钻井液体系，体系抗温＞150℃，膨胀率仅为 1.76%（清水膨胀率 16%），为该区泥岩段安全钻进提供技术支撑。针对 120.65mm 小井眼定向造斜难度大，延伸困难等难题，开展轨迹优化与监测控制、减摩降阻工艺，形成了超深小井眼水平井钻井技术，Y 井创亚洲 120.65mm 井眼完钻最深记录 8433m。针对顺北 1 井区奥陶系断溶体油藏易漏失的难题，形成了小井眼井的钻井液堵漏对策和抗高温酸溶型堵漏配方系列，酸溶率＞75%，有效保护了储层。

（2）在顺南高温高压气藏钻井方面，开展了高温高压气井的井筒构建、抗高温防气窜固井、裂缝型气藏暂堵、高压气井井控装置和安全钻井技术研究，建立了高温高压裂缝型气藏钻井技术储备，对保障顺南安全快速钻井具有重要意义。

针对顺南碳酸盐岩储层超深（6655~7590m）、超高压（>105.8MPa）、特高温（204℃）、低含 H_2S、中含 CO_2 的干气气藏，存在储层压力预测难、钻井安全控制难度大、井筒完整性难以保证的难题，建立了目的层以上地层三压力剖面，综合分析了顺南目的储层地层压力，优化形成了针对不同目的层系的井身结构，在 7 口井进行了推广应用，实现了安全成井。研究形成了防止水泥石高温下强度衰退控制技术，解决了水泥石高温强度衰退技术难题；研发液硅胶乳防气窜水泥浆和弹塑性水泥浆体系，形成了裂缝型气藏防气窜固井配套技术与提高回接固井质量特殊固井工艺技术，现场应用两口井，固井成功率100%，合格率100%。开展了高温高压裂缝气侵规律及气侵影响研究，研制出置换式气侵的模拟评价装置，研发出针对 0.3mm、0.5mm、0.5~1mm 和 1~2mm 裂缝四套抗高温暂堵配方，抗温达200℃，堵漏配方酸溶率>65%，形成了裂缝型气藏暂堵技术。针对高压气井溢流险情处理时易刺穿阀件、短接、四通等井控管汇的难题，开展了节流阀流场分析理论模拟，研发了全新耐冲蚀四通和节流阀，提高了相应位置耐冲蚀能力。引进应用了控压钻井技术，实现了窄密度窗口安全钻进，大幅度降低了循环排气时间和复杂时效，日进尺提高 4 倍以上，纯钻时效提高40%~70%；进行了高压气井井控装备选型和升级配套，制定了不同工况下溢流压井方式选择流程，顺南区块 4 口井二次井控成功率100%。

（3）在雅克拉碎屑岩储层保护方面，针对雅克拉白垩系低孔、中低渗砂岩易污染的难题，利用先进的岩心分析和储层损害评价方法，系统评价储层敏感性，综合分析油气层的损害机理，研究形成了储层保护钻井液配方，其钻井液滤液渗透率恢复值最高达90.92%；泥岩回收率达95.60%；HTHP滤失量<7.5mL，试验井日产油20t以上，已成为雅克拉白垩系储层增储上产的一把利器。

（4）在玉北地区井壁稳定性攻关方面，针对古生界砂岩易缩径、火成岩易漏失、部分地层发育高压盐水层、井壁易失稳等难题，通过反演的方法得出玉北古生界安全密度窗口，优化形成了钾胺基聚磺成膜钻井液体系，体系滚动回收率>90%，高温高压 HTHP 失水<10mL，抗高温达150℃，研发了易漏地层的随钻封堵技术，使古生界地层井壁得到强化，保障了玉北地区钻井提速提效。

第一节 钻井工艺

一、顺北井区快速钻井技术

1. 技术背景

顺北井区超深（7500m以上）、超高压（120～130MPa）、高温（160～180℃）等均属世界级勘探开发难题。在前期施工中，部分井段存在钻头选型不合理、单只钻头进尺短、起下钻次数多、机械钻速低等问题，且易发生井漏、井垮、井塌等井下复杂，致使钻井周期长，严重阻碍了该地区深部地层油气资源勘探开发的进程。本技术的总体目标是分井段钻井提速均较上一年度最快机械钻速提高15%，同时研究出适合顺北区块钻井施工的高温等壁厚螺杆等提速工具。

2. 技术成果

成果1：针对二叠系以上地层含砂砾岩、砂泥岩频繁互层，极快钻时下对PDC复合片造成冲击损坏，根据采用强攻击性击碎线，采用深内锥设计，在保证钻头一定的稳斜能力的同时，采用适当鼻部肩部圆弧大小值，使钻头在上部地层的各种砂泥岩互层中有更好的适应性，从而设计出穿夹层PDC钻头，现场应用效果良好（图1-1-1）。

图1-1-1 高效PDC复合片及布齿设计

成果2：针对二叠系火成岩地层可钻性差的问题，优化混合破岩工艺技术，采用强攻击性击碎线，增大击碎线鼻部肩部圆弧的大小值，使钻头在复杂地层有更好的适应性，PDC部分采用16mm进口复合片布齿，3个主刀翼螺旋式布齿，进一步提升钻头的稳定性。复合片后倾角15°～20°均匀过渡，使钻头具有较强的吃入能力。在钻头鼻部肩部复合片受力较大的地方，同轨布置二排齿，提高钻头的使用寿命，设计出混合齿钻头，并在现场成功应用，提速效果明显（图1-1-2）。

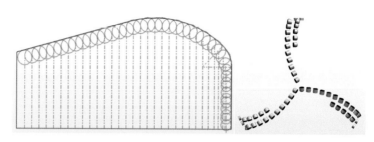

图 1-1-2 混合钻头击碎线设计及布齿设计

成果 3：针对井区下部致密泥岩，提出尖圆混合破岩工艺，采用强攻击性击碎线、适中内锥设计，在保证钻头一定的稳斜能力的同时，采用适当鼻部肩部圆弧大小值，使钻头在下部地层的各种砂泥岩、泥晶灰岩等互层中有更好的适应性；布齿优化运用 AMCCO 力学软件进行分析，采用 16mm 进口大复合片布齿，3 个主刀翼螺旋式布齿，进一步提升钻头的稳定性，提升破岩能力。复合片采用适中的后倾角设计理念，使钻头具有较强的吃入能力。在钻头鼻部肩部复合片受力较大的地方，同轨布置二排齿，提高钻头的使用寿命。设计出的尖圆齿钻头，现场应用提速效果显著（图 1-1-3）。

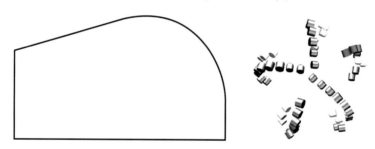

图 1-1-3 尖圆齿钻头击碎线设计和布齿设计

成果 4：通过对等应力马达线型、高耐磨性 TC 表面强化技术；耐高温定子橡胶材料配方的优选、耐高温定子橡胶材料与金属黏结性能、耐高温定子橡胶生产工艺；小尺寸螺杆整机结构、超高温马达定子橡胶材料、小尺寸螺杆马达加工工艺、高可靠性传动轴材料的优选等关键技术的研究，并结合室内整机评价分析，针对性开发了适应不同工况的等壁厚螺杆钻具，满足各井段不同施工要求（图 1-1-4）。

成果 5：针对小井眼定向施工难的问题，钻头采用强攻击性击碎线、适中内锥设计，在保证钻头一定的稳斜能力的同时，采用适当鼻部肩部圆弧大小，使钻头在泥晶灰岩中有更好的适应性，设计出的新型 PDC 定向钻头，满足现场施工要求，提速效果明显（图 1-1-5）。

3. 主要创新点

创新点 1：根据不同地层特征，设计出不同破岩方式的高效钻头。

创新点 2：优化设计出不同型号高效等壁厚螺杆，满足各井段不同施工要求。

图 1 - 1 - 4 等壁厚螺杆壳体 　　　　　　　图 1 - 1 - 5 小井眼钻头设计

4. 推广价值

建议在工区内进一步推广研制成功的钻头钻具产品，包括混合钻头、尖圆齿 PDC、穿夹层 PDC、大扭矩等壁厚螺杆钻具，助力顺北工区钻井进一步提速提效，降低钻井成本。

二、顺北 1 井区二叠系地层提速技术

1. 技术背景

顺北 1 三维工区面积 708km²，井深大于 7500m，地层发育全。其中，古生界二叠系地层发育火成岩，岩性以英安岩与凝灰岩为主，厚度约 450m，平均机械钻速仅 2.0m/h，占古生界地层平均机械钻速 1/3 ~ 1/2。二叠系地层前期主要采用牙轮钻头钻井，存在单只钻头进尺短、起下钻次数多、机械钻速低等问题，且易发生井漏、井塌等井下复杂，致使钻井周期长，严重阻碍了二叠系地层快速钻井。本技术攻关的总体目标是形成顺北 1 井区二叠系地层快速钻井工艺，现场试验 1 井次，二叠系地层钻井时间较顺北 1 井缩短 50%。

2. 技术成果

成果 1：针对二叠系地层硬度高、剪切破岩扭矩大，常规钻井工艺粘滑效应强，钻具稳定性差，易对 PDC 复合片造成冲击损坏，导致机械钻速低。通过改变涡轮级数，优化扭力冲击器单次输出扭矩值，控制扭矩大小；通过喷嘴高压喷射输出每分钟 1 千次以上的高频剪切扭矩，实现扭矩平稳传递，当扭矩积累达到岩石破岩扭矩实现破岩；通过优化钻井参数，控制转盘转速由 100r/min 下降至 60r/min 有利于保护钻头，钻压由 8t 增加至 12t 有利于提高钻头吃入地层深度，从而提高破岩效率。研制的扭力冲击器，现场应用提速效果显著（图 1 - 1 - 6、图 1 - 1 - 7）。

成果 2：针对二叠系地层硬度高，扭力冲击器高频切削的特点，采用无柄结构的钻头本体，保证钻头稳定性更好，减少振动损坏；采用大排屑槽面积的单排齿刀翼，优化水利参数设计，钻头防泥包效果好；PDC 内倾角设计 <15°，在保证高机械钻速同时兼顾复合片寿命；考虑切削齿不会承受大的扭向冲击力，采用中密度布齿，提高剪切效率和机械钻速；考虑大钻压的特点，钻头冠部形状采用平面状切削面，均匀受力，提高钻头稳定性和使用寿命；采用 UTM 切削齿，可切削岩石强度 350MPa 地层。设计出的平面状 PDC 钻头，现场应用提速效果显著（图 1 - 1 - 8、图 1 - 1 - 9）。

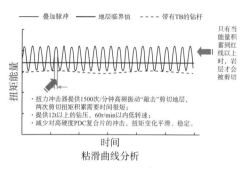

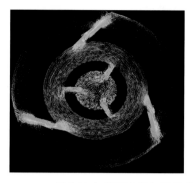

图 1 - 1 - 6　扭力冲击器消除粘滑曲线分析图　　　图 1 - 1 - 7　扭力冲击喷嘴速度矢量示意图

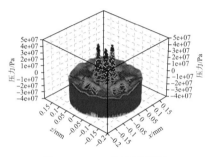

图 1 - 1 - 8　井底流场图　　　　　　　　　图 1 - 1 - 9　PDC 钻头

3. 主要创新点

创新点 1：基于常规钻井工艺粘滑效应强，破岩扭矩低，设计了基于高频剪切与破岩扭矩叠加实现高效破岩的扭力冲击器。

创新点 2：基于二叠系火成岩硬度高，为配合扭力冲击器高剪切频率特点，设计出稳定性好的高效 PDC 钻头。

4. 推广价值

建议在工区内进一步推广研制成功的提速钻头及钻具，并尝试在古生界其他地层进一步试验，为顺北工区钻井进一步提速提效，降低钻井成本。

三、顺南高压气井关键井控装置的研制和配套

1. 技术背景

顺南井区碳酸盐岩储层属超深（6655～7590m）、超高压（大于 105.8MPa）、特高温（204℃）、低含 H_2S、中含 CO_2 的干气气藏，前期部署的顺南 5 井在溢流险情处理过程中高压、高固相流体不断刺穿阀件、短接、四通、放喷管线、硬管线弯头、液气分离器等井控管汇，给溢流应急处置带来困难，甚至造成重大井控安全隐患。拟通过 CFD 仿真模拟及流固耦合研究，分析评价现有井口装置在高压流体冲蚀下的薄弱点及损坏情况，根据高压气井特征，对井控管汇进行研究完善和配套升级，为大幅度提高井控管汇的可靠性，规避恶劣工况条件下的井控风险，确保井控安全提供技术支持。

2. 技术成果

通过研究，在井控管汇冲蚀磨损机理、节流阀冲蚀规律、关键井控装置研制及优选、耐冲蚀井控管汇方案配套等方面取得了一系列技术成果。

成果1：通过开展顺南5井控管汇理化试验，根据微切削模型理论、锻造挤压理论、二次冲蚀理论研究形成顺南高压气井井控管汇冲蚀磨损机理（图1-1-10）。

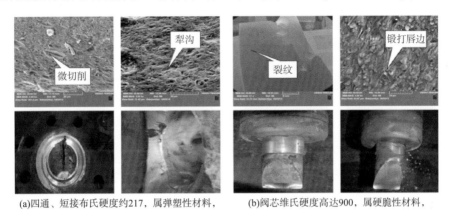

(a)四通、短接布氏硬度约217，属弹塑性材料，攻角介于0°~27°，满足微切削理论

(b)阀芯维氏硬度高达900，属硬脆性材料，攻角介于27°~63°，满足锻造挤压理论

图1-1-10　高压井控管汇冲蚀机理

成果2：通过模拟及实验分析节流阀、加重材料、固相颗粒在不同条件的冲蚀影响，研究得出了井控管汇冲蚀磨损规律。结果表明，楔形阀阀芯开度大于23%时，冲蚀速率相对较小且与开度呈线性关系；相同条件下，铁矿粉冲蚀速率是重晶石粉的1.46倍；圆形颗粒冲蚀速率最小，应避免选择500目粒度固相颗粒，尽量降低固相含量（图1-1-11、图1-1-12）。

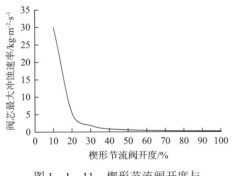

图1-1-11　楔形节流阀开度与阀芯最大冲蚀速率关系

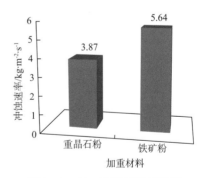

图1-1-12　不同加重材料对节流阀冲蚀速率柱状图

成果3：通过设计改进楔形阀，优选MI SWACO节流阀与HXE节流阀，对四通、平板阀、防喷管线关键部位敷焊司太立12合金，加装防刺短接，优选φ179.4mm缓冲管等研究应用，提高了节流管汇相应位置的耐冲蚀能力（图1-1-13）。

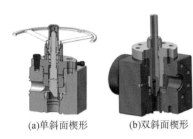  

(a)单斜面楔形　　(b)双斜面楔形　　　　　(c)改进阀杆　　　　　(d)耐冲蚀节流阀外貌

图 1 - 1 - 13　高压耐冲蚀节流阀优研究与优化

成果4：通过研发、优化耐冲蚀节流阀、四通、防喷管汇、平板阀、防刺短接及缓冲管，形成了高压气井耐冲蚀井控管汇配套方案，试验结果表明节流阀、耐磨套、防刺短接等关键井控装置耐冲蚀效果良好（图 1 - 1 - 14）。

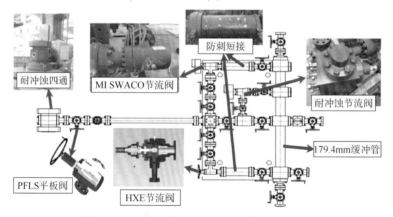

图 1 - 1 - 14　耐冲蚀井控管汇整体配套方案

3. 主要创新点

创新点：建立了节流阀流场分析理论模型，明确了节流压差与开度、流速及冲蚀速率的相互关系，研发了全新耐冲蚀四通和节流阀；四通相贯线、短节、内防喷管线以及平板阀阀体内腔表面进行堆焊司太立 12 硬质合金处理，提高相应位置耐冲蚀能力。

4. 推广价值

建议在塔中北坡和外围探区推广应用依托本研究形成的高压气井耐冲蚀井控管汇技术配套，有效提高井控管汇耐冲蚀能力，本技术的应用对保障钻井井控安全，推动安全高效勘探开发意义重大。

四、顺南高压气井钻完井与井控工艺技术

1. 技术背景

顺南井区碳酸盐岩储层属超深（6655 ~ 7590m）、超高压（大于 105.8MPa）、特高温（204℃）、低含 H_2S、中含 CO_2 的干气气藏，通过前期钻井实践表明存在以下难题：

（1）碳酸盐岩储层压力预测与监测困难。

（2）缝洞型油藏压力敏感，平衡不易控制，井筒稳定困难。

（3）井筒承压能力与气密封控制能力不足。

（4）水泥浆抗高温性能要求高，井下工具选择难度大，固井质量差，给安全快速钻井带来了严峻挑战。

通过采用理论分析、数值模拟与室内实验等手段，开展高压气井工程地质特征、井身结构优化、安全钻井井控工艺、高质量固井技术研究，在现场应用基础上不断改进和完善，最终形成适合顺南井区的安全钻井配套技术系列。

2. 技术成果

通过研究，在井身结构优化、钻井提速工艺配套、高压气井固井工艺技术、安全钻井配套技术等方面取得了一系列技术成果。

成果1：在工程地质特征研究和完钻井技术分析的基础上，以测井和实测压力为基础，利用有效应力模型、剪切破坏准则、拉伸破坏准则，建立了目的层以上地层三压力剖面，综合分析了顺南目的储层地层压力，优化形成了针对不同目的层系的井身结构，在7口井进行了推广应用，实现了安全成井（图1-1-15）。

成果2：进行了区域钻井地质特征系统分析，完成了全系列室内实验，明确了地层岩石力学、可钻性、地应力等参数剖面；通过对地层特征、破岩工艺、复合钻井技术的分析研究，形成了顺南目的层之上地层钻井提速配套工艺技术，现场应用机械钻速提高60%，钻井周期缩短37.69%（图1-1-16）。

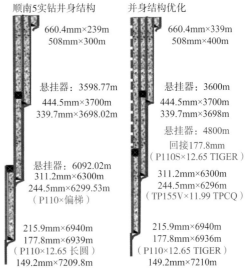

图1-1-15　顺南井区井身结构优化

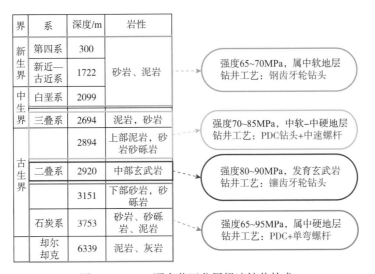

图1-1-16　顺南井区分层提速钻井技术

成果3：研究形成了防止水泥石高温下强度衰退控制技术，解决了水泥石高温强度衰退技术难题；研发了液硅胶乳防气窜水泥浆和弹塑性水泥浆体系，形成了裂缝型气藏防气窜固井配套技术与提高回接固井质量特殊固井工艺技术，现场应用两口井，固井成功率100%，合格率100%（图1-1-17）。

井名	水泥浆体系	主要工艺措施	固井效果
顺南5-2井	液硅胶乳防窜	以快制窜、反循环、井口加压	合格
顺南6井	高密度液硅胶乳防窜	非正常压稳固井、反循环井口加压	合格

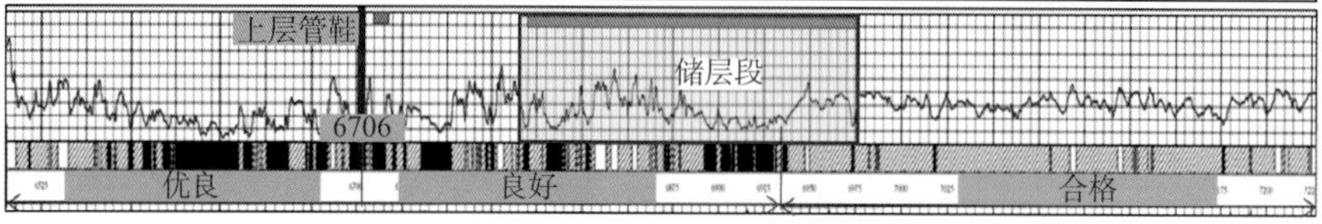

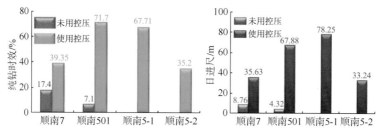

顺南6气层尾管固井质量-合格

图1-1-17　顺南井区两口高压气井固井质量统计图

成果4：明确了顺南裂缝型高压气井环空运移和井筒压力分布规律，引进应用了控压钻井技术，实现了窄密度窗口安全钻进，大幅度降低了循环排气时间和复杂时效，日进尺提高4倍以上，纯钻时效提高40%~70%；进行了高压气井井控装备选型和升级配套，制定了不同工况下溢流压井方式选择流程，顺南501等4口井二次井控成功率100%（图1-1-18）。

图1-1-18　顺南井区应用控压钻井技术统计图

3. 主要创新点

创新点1：建立了井口回压动态调整条件下的井筒气液流动模型。

针对控压钻进气侵溢流工况，考虑了井底恒压模式下井口回压动态调整对环空气液多相流动的影响，建立了MPD控压钻井回压控制多相流模型，明确了气侵溢流环空气窜运移、井筒压力分布特征规律。

创新点2：研发了抗高温液硅胶乳复合防气窜水泥浆体系。

优选耐高温矿物纤维解决水泥石脆性问题，液硅与胶乳配合增强水泥浆防气窜能力，长期高温高压养护水泥石仍致密，硬钙硅石强度更加稳定，水泥石60天强度大于50MPa。

4. 推广价值

顺南井区高压气井钻完井与井控工艺技术实现了安全快速成井，解决了制约工程技术的瓶颈难题，促进行业进步作用明显，建议在塔中北坡和外围探区进行推广应用。

五、顺南地区高温超深气层水平井钻井技术可行性

1. 技术背景

顺南区块储层非均质性强、产量不稳定，采用水平井开发可提高单井产能，但该区储层温度高、(207℃)、压力大（＞82MPa）、气液置换上窜严重，水平井定向钻井配套和安全钻井面临严重挑战。因此，急需开展顺南地区高温超深气层水平井钻井技术可行性研究，论证实施水平井的可能性，建立好技术储备。

2. 技术成果

成果1：调研了国内外抗高温动力钻具和测量仪器的参数、应用情况，评价了在顺南水平井的适应性，制定了分段优选方案，论证了井眼轨迹控制可行性。

成果2：分析了恒定井底压力控压下不同钻井液性能、气侵速度、地面溢流报警值下的井内流体流动规律，论证了安全钻进可行性（图1-1-19）。

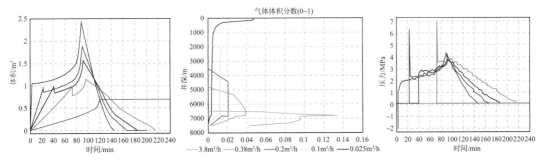

图1-1-19　模拟密度1.86、不同气侵速度，监测溢流1m³报警下，循环罐增量、
气体含量、套压随时间变化

成果3：分析了敞口和恒定井底压力排后效时不同钻井液性能、气侵速度、溢流地面报警值下的井内流体流动规律，论证了安全起下钻可行性（图1-1-20、图1-1-21）。

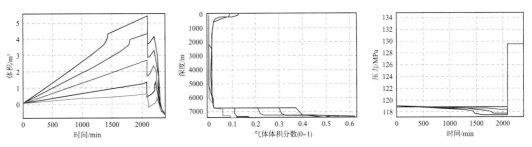

图1-1-20　模拟密度1.86、不同气侵速度，下钻到底循环时循环罐增量、
气体含量、井底压力随时间变化

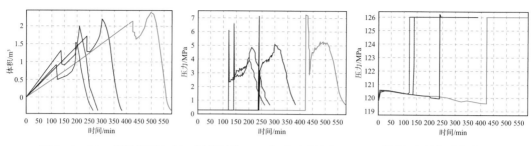

图1-1-21　模拟密度1.86、气侵量为0.4m³时，下钻分2/3/4/5段循环时循环罐增量、
气体含量、井底压力随时间变化

成果4：分析了中完条件下不同钻井液性能、气侵速度的井内流体流动规律，论证了安全中完可行性（图1-1-22）。

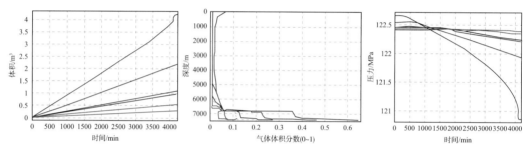

图1-1-22　模拟密度1.93、不同气侵速度下，环罐增量、气体含量、井底压力随时间变化

成果5：通过配套，形成了水平井钻井工艺配套方案，井眼轨迹控制和水平井安全钻井完井（表1-1-1、图1-1-23）。

表1-1-1　定向井工具分段优选方案

井段	井深/m	垂深/m	地层温度/℃	测井温度/℃	动力钻具 费用、抗温		测量仪器 费用、抗温	
直井段	0~6370	6370	180.9	164.3	立林螺杆	6×10⁴（根）　180℃	APS公司	2×10⁴元/天　175℃
造斜段	6370~6576	6550	186.1	168.9	立林螺杆	6×10⁴（根）　180℃	APS公司	2×10⁴元/天　175℃
	6576~6730	6660	189.1	171.8	威德福螺杆	2×10⁴元/天　204℃	威德福公司	6×10⁴元/天　200℃
水平段	6730~7401	6660	189.1	171.8	威德福螺杆	2×10⁴元/天　204℃	威德福公司	6×10⁴元/天　200℃

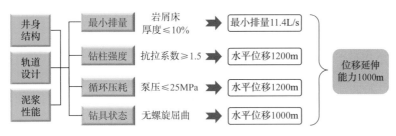

图 1 - 1 - 23 水平位移延伸能力

3. 主要创新点

创新点 1：首次配套了抗高温动力钻具（螺杆、涡轮）和测量仪器，制定了分段优选方案。

创新点 2：模拟分析了水平井钻进、起下钻、中完作业气侵后井内流体流动规律，论证了钻井完井可行性。

4. 推广价值

建议在顺南地区配套抗高温定向工具，采用控压钻井加微流量、恒定井底压力控制的方法，可以安全钻进。同时，配套早期溢流监测技术、封缝堵气技术、气滞塞技术，可以安全起下钻、中完作业。对顺南地区实施水平井，保障顺利和安全定向钻井，推动高效勘探开发意义重大。

六、超深小井眼水平井钻井技术

1. 技术背景

顺北油田含火成岩侵入体水平井储层埋藏超深，完钻井眼尺寸 120.65mm，随着顺北油田勘探开发西扩，储层埋深增加（达 8500m），超深小井眼水平井定向能力不清楚，还面临螺杆寿命低、钻具配套困难、井眼清洁度差、水平位移延伸受限等难点。针对上述难题，通过开展小井眼水平井井眼轨迹优化、井眼轨迹控制技术及配套技术研究和小井眼水平井位移延伸能力分析研究，形成超深小井眼水平井钻井技术，为火成岩侵入体覆盖区实施水平井提供技术支撑。

2. 技术成果

通过攻关研究，在井身剖面优化设计、小井眼轨迹控制、小井眼水平井钻井配套、水平位移延伸等方面取得了一系列技术成果。

成果 1：分析评价了已钻井井身剖面，考虑靶点垂距等因素，基于优快钻井和轨迹控制，建立一套适合顺北区块小井眼水平井的井身剖面设计方法，优化设计了适合顺北区块的小井眼水平井"高 + 低"的井身剖面（图 1 - 1 - 24、图 1 - 1 - 25）。

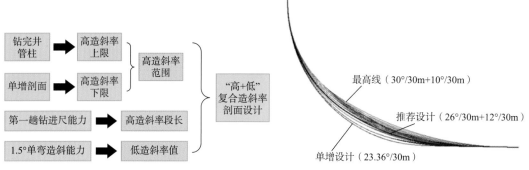

图 1-1-24　小井眼井身剖面优化设计方法　　　图 1-1-25　不同造斜率剖面垂直投影图

成果 2：综合平衡曲率法和钻进趋势角法，建立了适合顺北区块小井眼水平井的平衡趋势角法造斜率计算模型，明确螺杆钻具造斜能力（表 1-1-2）。

表 1-1-2　95mm 单弯螺杆造斜率值

结构弯角/（°）	造斜率/〔（°）/30m〕
1.25	6.46 ~ 12.87
1.50	11.21 ~ 17.99
2.00	18.90 ~ 26.29
2.25	22.37 ~ 30.08
2.50	25.70 ~ 33.75
2.75	28.92 ~ 37.34
3.00	32.06 ~ 40.51

成果 3：综合垂深、地温梯度和施工排量等因素，分析了超深小井眼水平井小尺寸测量仪器循环降温能力，形成了井眼轨迹分段控制方案（图 1-1-26、表 1-1-3）。

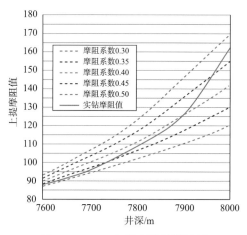

图 1-1-26　上提摩阻监测图版

表 1 - 1 - 3　120.65mm 井眼循环降温能力计算表

垂深/m	静止温度/℃	循环温度/℃				
		8L	9L	10L	11L	12L
7500	163.4	158.9	156.4	153.9	151.4	148.9
7600	165.4	160.9	158.4	155.9	153.4	150.9
7700	167.5	163.0	160.5	158.0	155.5	153.0
7800	169.5	165.0	162.5	160.0	157.5	155.0
7900	171.6	167.1	164.6	162.1	159.6	157.1
8000	173.6	169.1	166.6	164.1	161.6	159.1
8100	175.6	171.1	168.6	166.1	163.6	161.1
8200	177.7	173.2	170.7	168.2	165.7	163.2

　　成果4：综合考虑仪器抗温、机泵条件、钻柱强度、摩阻扭矩、井眼清洁等因素，建立了超深小井眼水平井位移延伸研判模型，明确了超深小井眼水平井位移延伸能力（图1-1-27、表1-1-4）。

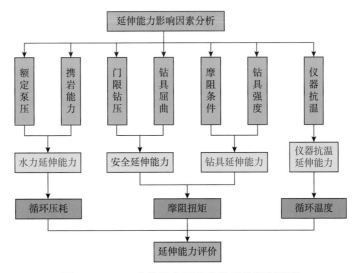

图 1 - 1 - 27　小井眼水平井位移延伸研判模型

表 1 - 1 - 4　顺北区块小井眼水平井位移延伸能力计算结果及推荐表

储层垂深/m	位移延伸/m			综合位移延伸/m	推荐钻具组合
	抗拉系数 1.30	最小排量 8.3L/s	仪器抗温排量/（L/s）		
7500	800	1150	1150（8.3）	800	φ114.3mmG105 + φ88.9mmG105
8000	600	1000	200（11.0）	200	
8500	400	800	—	—	—

成果5：结合剖面优化、轨迹控制，通过优选螺杆、仪器及钻头，形成小井眼钻井技术方案，提高单趟钻纯钻时间，减少钻次，缩短钻井周期（表1-1-5）。

表1-1-5 顺北区块小井眼水平井钻井方案对比表

项目	高造斜率井段	低造斜率井段	水平井段
起始井深/m	7419.00	7492.73	7555.47
终止井深/m	7492.73	7555.47	7958.00
段长/m	73.73	62.74	402.53
井斜/（°）	0~63.9	63.9~89.0	89.0~89.0
钻井参数	钻压20kN、排量9~10L/s、转速30r/min、泵压18~22MPa		
机械钻速/（m/h）	1.5	2	3
纯钻时间/h	49.15	31.37	134.18
所需钻次	原方案	立林螺杆+M0864钻头	
		1	4
		合计：5趟钻	
	推荐方案	威德福螺杆+M1358钻头	
		1	2
		合计：3趟钻	
钻井周期	原方案	21.85天	节约4.42天
	推荐方案	17.43天	

3. 主要创新点

创新点：针对顺北区块储层埋藏超深、地层温度高、完钻井眼尺寸小的问题，首次建立"高+低"的井身剖面设计方法，建立了平衡趋势角法造斜率计算模型、摩阻扭矩实时监测图版和控制方法、多因素位移延伸研判模型，形成了顺北区块超深小井眼水平井井眼轨迹分段控制方案，明确了多因素位移延伸能力。

4. 推广价值

顺北油田火成岩侵入体覆盖区域大，完钻井眼采用120.65mm，采用定向沟通储集体，该研究形成的技术成果可在120.65mm井眼水平井中全面推广，提高钻井效率，保障优快钻井，对推动顺北油田高效勘探开发意义重大。

七、外围区块钻井套管防磨技术可行性论证

1. 技术背景

塔中北坡等塔河外围区块工程地质特征复杂、钻井周期长、钻井液密度高，部分井钻井过程中发生套管偏磨，导致井筒承压能力下降，直接影响油气井生产及后期作业期间的井控安全。针对套管偏磨问题，通过查阅国内外相关技术文献，开展套管磨损原因与影响

因素、套管磨损检测技术与剩余强度计算方法、套管防磨技术措施等技术咨询，调研国内外油田在套管防磨技术方面采取的有效技术方法，并开展相关套管防磨技术在西北油田外围区块适应性分析，形成一套适合西北油田外围区块钻井井况的套管防磨技术方案，为西北油田外围区块套管防磨提供指导和借鉴。

2. 技术成果

成果1：明确了西北油田外围区块套管磨损的主要原因与影响因素。

钻井过程中，钻杆运动形式、受力以及井眼内的环境非常复杂，使得套管磨损机理异常复杂，套管磨损是多种磨损机理共同作用的结果。在不同钻井环境中，不同磨损机理占据不同的主导地位。通过调研分析，明确得出套管磨损形式有磨粒磨损、腐蚀磨损、疲劳磨损、粘着磨损、切削磨损，其中以磨粒磨损为主，同时存在疲劳磨损和腐蚀磨损，粘着磨损、切削磨损在特殊条件下存在（图1-1-28）。套管磨损的主要影响因素包括：钻柱与套管接触力、钻柱转速、钻井液性能，接触力与侧向力、狗腿度相关，接触力越大，转速越大，磨损越严重；水基钻井液体系对套管的磨损率大于油基钻井液；钻井液密度越大、含砂量越高，磨损越严重。

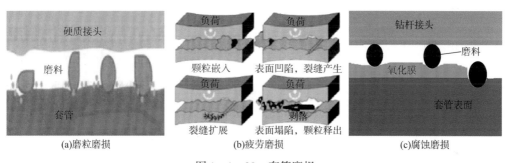

(a)磨粒磨损　(b)疲劳磨损　(c)腐蚀磨损

图1-1-28　套管磨损

成果2：分析了不同套管磨损检测技术的适用条件。

通过文献调研，套管磨损主要测井方法包括：多臂井径成像测井、电磁探伤测井、超声彩色成像测井等（图1-1-29）。通过应用案例调研及适用性分析，三种技术均可用于套管磨损情况检测，根据实际情况运用多种测井方法综合分析是较常见的手段。

多臂井径测井：该技术是通过测量臂沿套管内壁运动并随套管内壁变形而张收，带动测杆轴向移动，使得位移传感器输出波形发生变化，进而得出套管磨损状况。最大工作温度180℃，最大工作压力105MPa，井眼直径测量范围45～1200mm，但井壁不干净和井下流体扰动时，会影响测试质量。

电磁探伤测井：该技术是通过给发射线圈通以直流电，在螺线管周围产生一个稳定磁场，稳定磁场在套管中产生感生电流，当断开直流电后，感应电流在接收线圈中产生电动势，当套管存在缺陷时，感应电动势将发生变化，由此判断套管是否磨损。该技术是一种无损、非接触式的检测系统，测量范围63～324mm，最大工作温度150℃，最大工作压力120MPa，所研究管柱层数为2层，它不受井内液体、套管积垢、结蜡及井壁附着物的影响，通用性好。

超声成像测井：该技术是利用超声波在井内介质中的传播和反射特性，对井下管壁进行扫描，所得信息经地面仪器处理，可显示套管受损情况。适用条件应使井内有液体介质，井内测试段不能有游离气；可检测的井眼直径为 95 ~ 444.5mm，最大耐温 204℃，最大耐压 137MPa。

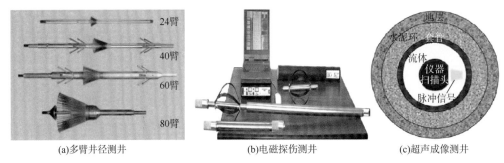

(a)多臂井径测井　　　　　　(b)电磁探伤测井　　　　　　(c)超声成像测井

图 1 - 1 - 29　三种测井方法

成果 3：形成一套磨损套管剩余强度计算方法。

通过文献调研分析，针对套管偏磨（非均匀磨损）情况，综合考虑磨损和制造缺陷对套管强度的影响，基于 ISO 10400 标准和 Klever-Stewart 模型，形成一套较为可靠的磨损套管剩余强度计算方法。

磨损套管的抗挤强度计算：套管磨损一般为非均匀磨损，其形式主要为月牙形磨损，月牙形磨损部位套管壁厚最薄，且存在较大不圆度和壁厚不均度等几何缺陷，当均匀外挤压力作用于套管时，将产生附加弯矩，形成应力集中区，进而出现屈服，导致套管损坏。磨损套管的抗挤强度可看作是由几何缺陷所产生的，根据 ISO 10400 标准抗挤强度最终极限状态的公式为：

$$P_{ult} = \frac{(P_{eult} + P_{yult}) - \sqrt{(P_{eult} - P_{yult})^2 + 4P_{eult}P_{yult}H_{ult}}}{2(1 - H_{ult})} \qquad (1-1-1)$$

磨损套管剩余抗内压强度计算：将磨损套管看作制造缺陷，有限元分析结果表明，内壁磨损套管在内压力作用下磨损最深处最先发生屈服，磨损是造成套管强度降低的主要原因。内壁磨损套管的抗内压强度为：

$$P_{iw} = \frac{2\sigma_y(t - k_a e)\left[\left(\frac{1}{2}\right)^{n+1} + \left(\frac{1}{\sqrt{3}}\right)^{n+1}\right]}{[D - (t - k_a e)]} \qquad (1-1-2)$$

成果 4：分析了不同套管防磨工具的适应性。

通过文献调研分析，套管防磨工具主要有非旋转钻杆保护器、金属防磨接头、旋转钻柱接头、非旋转套式扶正器等。根据现场应用案例分析，从工具的可靠性、使用寿命和井下安全风险方面考虑，推荐使用金属防磨接头（表 1 - 1 - 6）。

表 1 - 1 - 6 套管防磨工具适用性

防磨工具	适用性
非旋转钻杆保护器	密封性较差，易使岩屑进入套筒内部，与钻柱卡死，磨损套管
金属防磨接头	整体强度高，具有密封能力，使用安全可靠
橡胶防磨接头	不适用于高温及接触力很大的井况
非旋转套式扶正器	刚度大，有卡钻的风险
第一类旋转钻柱接头	采用滚柱轴承，寿命欠佳，可靠性不高
第二类旋转钻柱接头	滚珠部件过多，损坏后易卡死

3. 下步建议

建议 1：需进一步深化对国内外套管防磨工具和减磨剂的最新进展及现场应用案例进行调研分析，为西北油田外围区块钻井现场施工提供技术指导。

建议 2：需进一步深化对国内外套管磨损检测技术的调研，推荐出现场施工简便、检测结果更精确的套管磨损检测技术。

八、大间隙生产套管固井水泥石完整性技术

1. 技术背景

顺北油气田一区面积 4453km²，奥陶系侵入体覆盖面积占比近 1/5，由于该辉绿岩侵入体坍塌压力高，发育高压盐水层（压力系数 1.47），采用 139.7mm 套管专封井身结构，固井套管下入深（大于 7000m），环空间隙窄（12.7mm），井筒压力波动大（大于 30MPa），水泥环易产生微间隙。顺北 1 - 4、顺北 1 - 5 和顺北 1 - 6H 井固井后水泥环密封失效出现盐水窜，顺北 1 - 6H 井因盐水窜导致 A 环空带压 25MPa，B 环空带压 9MPa，影响该井的安全生产。通过研选抗高温弹塑剂，优化抗高温弹韧性水泥浆体系，研制水泥环完整性物模评价装置，优化出满足交变载荷条件下封隔高压盐水层的弹韧性水泥浆体系，保障窄间隙水泥环完整性，为顺北油气田勘探开发提供安全井筒保障。

2. 技术成果

成果 1：研制窄间隙水泥环完整性评价物模装置，直观表征水泥环密封完整性。

根据实际井眼和套管尺寸，设计可加热和高压密封的窄间隙水泥环完整性评价装置，实现内筒自动加压、泄压施加交变载荷，环空水泥环上下在一定压差条件下，实时监控水/气流量，判断水泥环是否密封失效（图 1 - 1 - 30）。

图 1 - 1 - 30 水泥环完整性评价装置实物图

成果2：研发"核壳"结构抗高温弹塑剂。

选用性能优良的橡胶类弹性材料，制备成不同粒径，采用正交实验方法和高温养护评价，形成弹性内核材料，通过PCS微纳米复合技术，将该弹性材料表面有序化包覆，研发出显著降低水泥石弹性模量的"核壳"结构抗高温弹塑剂（图1-1-31、图1-1-32和表1-1-7）。

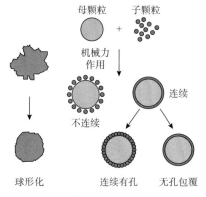

图1-1-31 微纳米颗粒复合过程示意图

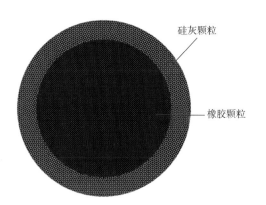

图1-1-32 核壳结构复合颗粒

表1-1-7 弹性材料加量对水泥石力学性能

材料加量/%	弹性模量/GPa	抗压强度/MPa
0	12.6	33.2
2	8.4	28.4
4	7.3	23.5
6	6.2	19.6
8	5.3	15.3

注：实验条件90℃×0.1MPa×48h。

成果3：研发形成低弹模高强度的抗高温弹韧性水泥浆体系。

耐温150℃，弹性模量≤7GPa，抗压强度≥20MPa/48h，完整性物模评价，12次15~50MPa压力交变后，水驱压力3MPa水泥环密封完整性良好（表1-1-8、表1-1-9）。

表1-1-8 抗高温弹韧性水泥浆体系基本性能

编号	密度/（g/cm³）	剪切应力读数（93℃×20min）/MPa	API失水/mL	自由液/mL	流动度/cm	稠化（过渡）时间/（min/100Bc）
1	1.90	249/205/135/66/7/5	40（110℃）	0	22	348（12）
2	1.90	290/160/110/10/6/4	42（130℃）	0	20	355（4）
3	1.90	>300/270/195/115/11/9	44（150℃）	0	19	274（3）

注：配方1：G级+35%硅粉+4%弹性材料+4%降失水剂+1.0%分散剂+1.5%缓凝剂+0.5%消泡剂+51%水。

配方2：G级+40%复合硅粉+6%弹性材料+4%降失水剂+1%早强剂+1.0%分散剂+2.3%缓凝剂+0.5%分散剂+53%水。

配方3：G级+50%复合硅粉+6%弹性材料+6%降失水剂+0.8%分散剂+0.5%缓凝剂+0.5%消泡剂+56%水。

表1－1－9 实验结果表

序号	温度/℃	压力/MPa	养护时间/h	弹性模量/GPa	抗压强度/MPa
1	90	0.1	48	7.3	24.2
	130	21	48	7.9	29.3
2	90	0.1	48	6.9	22.1
	130	21	48	7.3	26.5
3	90	0.1	48	6.3	19.3
	130	21	48	7.1	24.2
	170	21	168	6.8	22.7

注：配方同表1－1－8。

3. 主要创新点

创新点1：研制窄间隙水泥环完整性物模评价装置。

创新点2：研发"核壳"机构的抗高温弹塑剂。

4. 推广价值

顺北油田2019年将建成百万吨产能建设，目前正处于上产关键期，本研究成果可以在顺北油田油层尾管和奥陶系侵入体封固段固井中推广应用，可实现改善水泥石弹韧性，使水泥环满足复杂交变载荷条件下保持井筒完整性，为顺北油田勘探开发提供安全井筒保障。

第二节 钻井液

一、顺北1井区二叠系随钻防漏及堵漏技术

1. 技术背景

顺北1－1H井钻至二叠系发生井漏，处理漏失周期34天，累计漏失钻井液2245.37m³，严重制约了钻井周期。建立计算模型预测顺北1井区古近系到石炭系安全密度窗口，实验优选出纤维状堵漏材料、片状堵漏材料、颗粒类堵漏材料及聚合物凝胶随钻堵漏剂复配形成随钻堵漏配方，经缝板实验和砂床实验评价随钻堵漏配方的抗温和抗压能力，形成适用于顺北1井区二叠系的随钻防漏堵漏配方，为该区二叠系安全钻进提供钻井液技术支撑。

2. 技术成果

成果1：完成顺北1井区古近系到石炭系地层安全密度窗口分析。

利用坍塌压力、破裂压力计算模型，根据测井资料预测出孔隙压力、地应力和地层岩

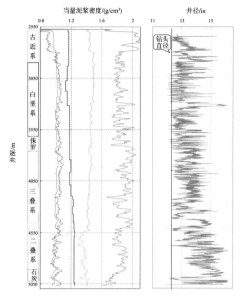

图 1 - 2 - 1　顺北 1 - 1H 井钻井液
安全密度窗口

石特性参数对顺北 1 - 1H 井复杂地层坍塌压力、破裂压力剖面反演分析，结果如图 1 - 2 - 1 所示。古近系到二叠系以浅地层钻井液安全密度窗口 1.10 ~ 1.40g/cm³；二叠系与石炭系地层较破碎，漏失压力低，控制钻井液密度窗口 1.20 ~ 1.30g/cm³。

成果 2：形成阳离子乳液聚合物钻井液体系随钻堵漏配方。

优选出阳离子乳液聚合物随钻堵漏配方。用 0.45 ~ 0.9mm 粒径模拟 2mm 裂缝时，该配方抗压 6.9MPa 时，漏失率小于 7%；用 0.9 ~ 1.7mm 粒径砂子模拟裂缝时，该配方承压能力 >10.7MPa。

成果 3：形成聚磺成膜钻井液体系承压堵漏配方。

为满足志留系安全钻井，优选出 1mm 裂缝、2mm 裂缝、3mm 裂缝的钾胺基聚磺成膜钻井液体系承压堵漏配方，抗压能力均 >6.9MPa，抗温 >160℃。

成果 4：顺北 1 - 5、顺北 1 - 6H 井二叠系随钻防漏堵漏成功试验，两口井均未发生漏失。

制定了这两口井随钻防漏堵漏现场施工技术作业规范，提出相应的钻井液处理维护技术措施，顺利完成了 2 口井的现场应用试验均未漏失，为该区后续优快钻井提供了技术参考和支撑。

3. 主要创新点

创新点 1：引入高吸水、高保水聚合物胶凝堵漏剂和高韧性植物复合纤维材料，丰富微米颗粒、变形粒子、网状结构等复配形成低渗透封堵层的技术原理，形成二叠系随钻防漏配方和防漏堵漏技术以及四套承压堵漏配方。

创新点 2：形成二叠系凝胶封闭浆工艺。首次优选并应用聚合物凝胶复配超细颗粒、竹纤维等浓度为 10% 封闭浆，对二叠系易漏层位实施有效封闭，强化井筒应力，为后续施工创造良好条件。

4. 推广价值

该技术在顺北 1 - 5 井、顺北 1 - 6 井二叠系成功试验无漏失。顺北 1 - 5H 井同比顺北 1 - 1H 井节约堵漏费用约 104.8 万元，顺北 1 - 6 井节约钻井周期 45.96 天，折合钻井费用 551.52 万元。随钻防漏堵漏技术保障了顺北井区二叠系安全钻井，加快提速提效进程，极具推广价值。

二、奥陶系防漏堵漏技术

1. 技术背景

顺北1井区奥陶系属碳酸盐岩地层，埋藏深、温度高，地层裂缝发育，安全窗口窄，钻井时易发生井漏、井涌，增加钻井周期。特别是小井眼钻井周期长、井眼浸泡时间长、起下钻开停泵压力激动大等都更易发生漏失等复杂，经济损失极大，同时侵入储层的大量固相也加大了储层保护的难度。通过对顺北1井区9口井资料调研、分析，提出小井眼井的防漏堵漏难点及钻井液技术对策，通过酸溶率实验优选出架桥颗粒、酸溶性纤维、硅质填料、片状材料等，通过紧密堆积理论计算出封堵层颗粒间的最佳级配，对不同堵漏配方开展一系列缝板实验评价承压能力，形成适用于奥陶系储层的堵漏配方，为裂缝发育易漏失的奥陶系储层防漏堵漏提供技术参考。

2. 技术成果

成果1：形成奥陶系碳酸盐岩地层小井眼井的钻井液堵漏对策。

防漏结合，以防为主。以酸溶性随钻堵漏材料提高地层承压能力，防止小漏及诱导性漏失，当发生中漏、大漏时或失返性漏失时，采用酸溶性裂缝堵漏材料堵漏或者酸溶水泥进行堵漏；同时选用抗温、抗压能力可达要求的材料作堵漏原料，保证堵漏配方整体的抗温性能及承压能力。

成果2：形成小井眼井缝洞型地层抗高温酸溶型堵漏材料配方。

通过新型耐高温、可酸溶堵漏材料的优选、使用紧密堆积理论优化粒径级配，形成适用于小井眼缝洞型地层的抗高温酸溶型堵漏配方系列（1mm、2mm、3mm、4mm、5mm），该系列具有较高的酸溶率（>75%）、承压能力强（>10MPa）、可抗温200℃，在低黏切钻井液中具有较强的悬浮稳定性，非常适用于奥陶系小井眼缝洞型地层（图1-2-2~图1-2-4）。

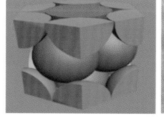

图1-2-2　紧密堆积理论粗、中、细颗粒的充填和堆积

图1-2-3　1mm缝板楔形模块及缝板模块

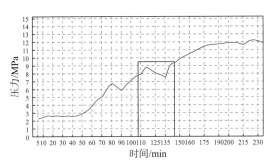

图 1 - 2 - 4 1mm 堵漏承压能力曲线

成果 3：制定了奥陶系堵漏现场施工作业规范。

并在两口漏失井 TP193、TK915 - 13H 井开展堵漏试验，均一次性堵漏成功。

3. 主要创新点

创新点 1：首次对小井眼井奥陶系目的层提出钻井液防漏堵漏技术对策：防、堵结合，以酸溶性随钻堵漏材料为主，漏失施工时堵漏浆具有低黏高切的特点。

创新点 2：形成酸溶性堵漏配方系列（1mm、2mm、3mm、4mm、5mm），堵漏配方系列的酸溶率 >75%，处理剂简单，形成一袋化产品，现场施工环节简化，减少人为差异。

4. 推广价值

按每年钻井 80 口井计算，碳酸盐岩井约占 70%，其中奥陶系漏失约占 65%，漏失量 200 ~ 1200m³，损失时间 3 ~ 120 天，单井约损失 >240 万元/井。如按每年应用 30 ~ 40 井计算，单井节约钻井液材料费用约 30 万元、堵漏材料费用约 20 万元，节约堵漏处理周期按 10 天计算，可节省钻井成本约 170 万，具有广阔的应用前景。

三、雅克拉碎屑岩储层保护技术

1. 技术背景

雅克拉气田白垩系气藏上、下气层均为背斜构造孔隙型砂岩层状边水凝析气藏，主产层为白垩系亚格列木组，地层压力系数经多年开采降低至 0.79 ~ 0.93，白垩系巴什基奇克组至舒善河组地层压力系数为 1.20 ~ 1.25，同层揭示情况下白垩系的井壁稳定和储层保护难以兼顾。通过在油气藏地质综合研究成果的基础上，利用先进的岩心分析和储层损害评价方法，系统开展油气层岩石物性及孔隙结构参数分析、敏感性评价、钻完井液保护储层能力评价和油气井建井作业史调查，综合分析油气层的损害机理，形成保护碎屑岩油层的钻完井液技术，提出有针对性的储层保护技术方案。形成一套适合研究区储层保护技术，为储层保护技术监控机制的建立和储层保护技术的应用推广提供依据。

2. 技术成果

成果 1：深化认识了储层地质特征及潜在损害因素。

工区储层渗透率分布在 （0.05 ~ 2223）×10⁻³μm²，强非均质性、中间润湿、存在微裂缝，黏土矿物以高岭石为主（图 1 - 2 - 5 ~ 图 1 - 2 - 7）。

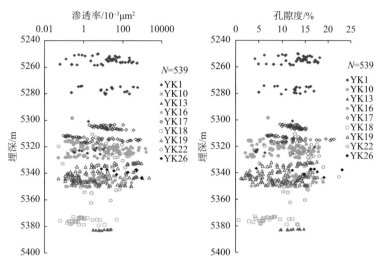

图 1-2-5 雅克拉气田亚格列木组孔隙度和渗透率与埋深的关系

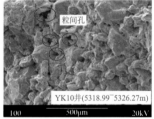
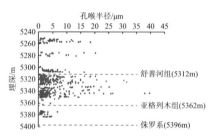

图 1-2-6 YK10 井储层岩样孔隙类型微观分析　图 1-2-7 孔喉半径与埋深关系

成果 2：揭示了工区储层敏感性与原钻井液保护储层能力。

储层敏感性损害以碱敏损害为主，临界 pH 值为 8.5；原聚磺防塌钻井液滤失量低、热稳定性好，满足工程要求，但存在渗滤，返排压力梯度大于 0.3MPa/cm。

成果 3：形成储层保护钻井液配方。

在原聚磺防塌钻井液体系基础上优化形成了储层保护钻井液配方，其钻井液滤液渗透率恢复值最高达 90.92%；泥岩回收率达到 95.60%；HTHP 滤失量 <7.5mL。

成果 4：编制了雅克拉碎屑岩储层保护技术指导书。

编制了雅克拉碎屑岩储层保护技术指导书，并跟踪了 YK27、YK28H 井现场试验。

3. 主要创新点

创新点：形成了一套适用于塔河油田雅克拉区块碎屑岩储层保护的体系配方和储层保护技术。

4. 推广价值

YK27 井投产后，日产油近 20t，日产气约 $9 \times 10^4 m^3$；YK28H 井日产油近 10t，日产气约 $4.4 \times 10^4 m^3$。总体来说，采用"储层专打"技术和优化钻井液储层保护性能后，YK27 井和 YK28H 井储层保护现场试验效果显著。后期推广使用该储保技术的 YK29

井、YK31 井效果也较好。从该技术的现场试验来看，储层效果显著，因而可在该区块大力推广。

四、顺北 1 井区志留系泥岩井壁稳定技术

1. 技术背景

顺北 1 井区部分井在志留系泥岩钻进时出现井壁失稳、甚至垮塌现象，严重影响了该区的提速提效进程。通过对志留系泥岩的全岩含量、黏土矿物和扫描电镜实验分析泥岩的结构，测定岩样密度、阳离子交换容量、泥页岩膨胀率、泥页岩回收率等理化性能实验分析了泥岩井壁失稳原因，并提出钻井液技术对策；实验优选出抑制剂、降失水剂、防塌剂，采用正交试验根据影响因素形成强抑制防塌钻井液配方，评价其抑制防塌性能，形成一套适用于顺北 1 井区泥岩段强抑制强防塌的钻井液体系。形成的钻井液体系可抑制泥岩水化、分散，为该区泥岩段安全钻进提供技术储备。

2. 技术成果

成果 1：开展顺北 1 区志留系泥岩地层的矿物组分及理化性能实验，得出该区井壁失稳机理。顺北 1 井志留系泥岩全岩分析见表 1 - 2 - 1，由表可知，地层水敏性不强，石英含量较高属典型的硬脆性泥质砂岩。硬脆性泥页岩地层，地应力作用下地层的变形非常小，但变形主要由地层内部微裂缝的扩展产生。

表 1 - 2 - 1　全岩含量分析

序号	井深/m	地层	全岩定量分析/%						
			黏土总量	石英	钾长石	斜长石	方解石	白云石	菱铁矿
1	5680	S_1t	9	73	3	10	4	1	
2	6126	S_1t	6	85	1	1	2	5	
3	6166	S_1k	19	65	2	3	4	7	
4	6228	S_1k	26	59	2	10	2	1	
5	6350	S_1k	29	59	2	6	2	1	1

成果 2：提出井壁稳定对策，形成适用于顺北区块强抑制、强封堵性钾胺基聚磺成膜钻井液体系，其回收率 >90%，HTHP 失水 <12mL。

成果 3：制定顺北 1 井区志留系钻井液施工技术方案。制定顺北 1 - 5、顺北 1 - 6H 井志留系钻井液施工技术方案，并进行现场试验，2 口井均无漏失、垮塌等复杂。其中，顺北 1 - 6H 井志留系层厚 1063m，纯钻时间 295.15h，机械钻速 3.6m/h，二开志留系井径规则，如图 1 - 2 - 8 所示，平均井径扩大率 8.39%，比邻井顺北 1 井志留系平均井径扩大率降低 63.74%。

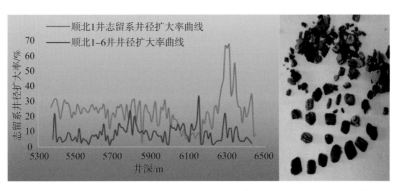

图 1 – 2 – 8 顺北 1 –6H 志留系井径扩大率对比和志留系岩屑形态

3. 主要创新点

创新点：提出顺北 1 井区志留系泥岩地层井壁失稳的钻井液技术对策，引入成膜剂，形成钾胺基聚磺成膜钻井液体系，体系抗温 >150℃，膨胀率仅为 1.76% （清水膨胀率16%）。

4. 推广价值

该体系在顺北 1 – 5 井、顺北 1 – 6H 井现场成功进行应用，其中，顺北 1 – 6H 井志留系 1063m，机械钻速 3.6m/h，志留系井径规则，平均井径扩大率 8.39%，比邻井顺北 1 井志留系平均井径扩大率降低 63.74%，提高了顺北 1 区志留系地层的井壁稳定能力，另外，一口井志留系泥岩段钻井周期对比顺北 1 井节约 20 天，预计节约钻井成本 20 × 12 = 240 万元/井，非常具有推广价值。

五、玉北古生界地层井壁失稳机理研究与钻井液体系优化

1. 技术背景

玉北探区古生界井壁易失稳，影响钻井提速及提速工艺的应用，导致钻井周期长。该井段二叠系沙井子组砂泥岩发育，砂岩渗透性好易缩径、泥岩易水化掉块，造成井径不规则，井身质量差。二叠系开派兹雷克组极易发生漏失，二叠系库普库兹满组、石炭系小海子组地层发育高压盐水层，造成钻井液性能恶化。针对这一复杂井段，研究二叠系泥岩、火成岩、石炭系泥岩地层物理化学特性，利用 X 衍射、扫描电镜等实验手段，结合室内力学研究井壁失稳影响因素分析，并通过提高地层承压能力、降低坍塌压力等方法开展强化井眼稳定技术研究，优化形成适合玉北区块的高效水基钻井液体系和井眼稳定强化技术，为玉北探区钻井提速提效提供理论依据和钻井液技术保障。

2. 技术成果

成果 1：通过反演的方法得出玉北古生界安全密度窗口。

结合地层微观组成、力学以及理化性能分析，提出"井壁围岩化学势变化驱动孔隙压力改变产生膨胀压导致井壁失稳"的新观点。利用测井数据，通过 Eaton 法、Mohr-

Coulomb 准则等模型，研究建立了地层孔隙压力、坍塌压力和破裂压力剖面，并通过反演的方法得出，玉北区块古生界地层坍塌压力在 $1.4 \sim 1.5 g/cm^3$，安全密度窗口范围为 $1.5 \sim 1.7 g/cm^3$，对现场施工具有指导意义（图 $1-2-9$）。

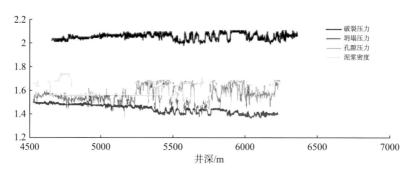

图 $1-2-9$　模拟 YB8 井坍塌压力变化分析

成果 2：优化形成了钾胺基聚磺成膜钻井液体系。

将胺基吸附和钾离子交换协同降低钻井液滤液活度与成膜效果协同应用，形成了钾铵基聚磺成膜钻井液体系。该体系流变性好，抑制性强，低黏低切，滚动回收率 > 90%，高温高压 HTHP 失水 < 10mL，抗高温达 150℃（图 $1-2-10$）。

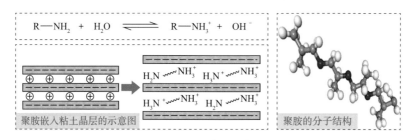

图 $1-2-10$　胺基抑制机理

成果 3：形成强化二叠系易漏地层的随钻封堵技术。

引入高吸水、高保水聚合物胶凝堵漏剂和高韧性植物复合纤维材料，优化随钻防漏技术措施，强化对二叠易漏地层的封堵（图 $1-2-11$）。

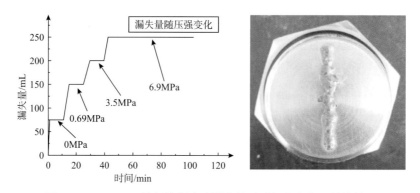

图 $1-2-11$　1mm 缝板堵漏实验漏失量随时间的变化及封堵效果

3．主要创新点

创新点1：研发了耐温150℃随钻堵漏剂改性竹纤维（SZD－1）及随钻堵漏体系。

与常规随钻封堵剂相比，竹纤维的耐温（150℃）远高于常规堵漏材料（120℃），所研究形成的竹纤维大小与地层裂缝匹配，具有更高的封堵效率。以此处理剂为核心，研究形成了随钻堵漏体系，在钻井过程中有效预防漏失，强化对二叠易漏地层的封堵。

创新点2：形成了易漏失井段封闭浆静堵技术。

根据地层情况研究形成了以高吸水、高保水聚合物凝胶为主要处理剂的易漏失井段封闭浆配方。该技术在现场顺北1－5，顺北1－6井现场试验，钻井起下钻过程中未发生漏失，起到了封闭保护易漏层段的作用，取得了较好的应用效果。

创新点3：针对易漏地层形成了整套防漏技术。

以随钻防漏配方和封闭浆静堵技术为核心，制定了易漏地层防漏技术。采用"随钻封堵、打封闭浆、体系优化和工程措施"四管齐下，确保顺北1井区二开长裸眼井段无漏失。

4．推广价值

目前，所形成的二叠系防漏技术已在顺北井区推广，在顺北油气田的开发勘探过程中，具有极高的推广应用价值。

六、顺南地区鹰山组上段裂缝性气藏暂堵技术

1．技术背景

塔中北坡奥陶系鹰山组上段属于碳酸盐岩裂缝孔洞型储层，具有裂缝和孔洞发育且分布规律复杂、埋藏深、温度高的特点，井底温度最高达180～200℃，压力高达180MPa。一是造成高温高压下钻井液性能维护困难，长期静止时极易发生沉降，影响完井测试施工安全；二是鹰山组上段钻进时油气上窜速度快，发生气侵及漏失对井控安全及钻井时效带来了极大的影响，同时影响后期固井质量，严重制约着该区块碳酸盐岩油气藏勘探开发。在前期顺南井区实钻及研究成果的基础上，研究分析裂缝发育情况和气侵规律及气侵影响因素，并针对可控的气侵影响因素进行不同缝宽条件下的堵漏配方研究，最终形成顺南鹰山组上段裂缝性气藏抗高温高压暂堵技术。

2．技术成果

成果1：顺南区块鹰山组上段储层裂缝发育，立缝斜缝合计约占50%，裂缝宽度分布在1.4～475μm，以小裂缝为主（表1－2－2）。

表1－2－2　顺南地区鹰山组成像测井解释数据统计

井号	深度/m	层位	裂缝密度/(1/m)	裂缝宽度/μm
顺南5井	6514.8～6517.71	$O_{1-2}y_2$	1.45	6.6
	6569.7～6570.7		2.66	7.8

续表

井号	深度/m	层位	裂缝密度/(1/m)	裂缝宽度/μm
顺南501井	6487.3～6489.4	O$_{1-2}$y$_2$	1.54	4.8
	6563.1～6564		2.73	2.9
	6758.4～6759.3		3.18	4.6
	6771～6771.8		2.16	3.9
	6780.6～6786.6		2.88	27
	6816.8～6817.7		3.06	5.6
	6826.1～6827.3		4.28	7.6
	6832.4～6840.2		5.41	7
	6843.3～6844.2		4	18..4
	6848.1～6852		4.25	55.3
	6857.2～6858.9		2.64	29.1
	6868.4～6872	O$_{1-2}$y$_1$	1.47	3
	6873.6～6875.4		3.07	116
顺南6井	6874.7～6875.7	O$_{1-2}$y$_2$	2.56	474.6
	6880.3～6881.3		3.34	475.2
	6894.9～6900.6		3.78	20.5
	6945.9～6946.8		3.03	51.5
	6952.1～6955.5		3.73	6.3
	6971.9～6975.4		3.02	3.8
	7028.2～7029.1		1.78	1.4

成果2：通过对气侵机理研究，顺南高压储层主要受裂缝形态、压差、钻井液性能影响，优化钻井液高温性能有利降低气侵程度。

通过模型分析可以看出发生置换式气侵一般时间较短；漏失速率越大，则气侵发生越快；所有因素中缝宽因素影响最显著，缝越宽气侵越快（0.5mm仅需12s）；其他影响较大因素有钻井液黏度、密度，地层压力及压差，而钻井液密度和作业压差是主要工程因素（图1-2-12、图1-2-13）。

成果3：针对国内外缺乏置换式气侵评价装置难题，研制出置换式气侵的模拟评价装置，为置换式气侵研究提供了评价依据（图1-2-14）。

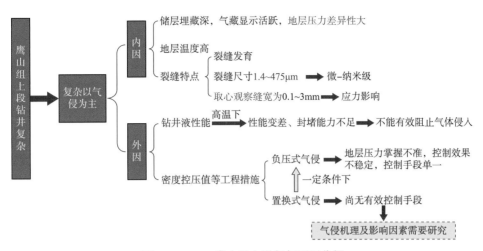

图 1 - 2 - 12　鹰山组上段气侵原因分析

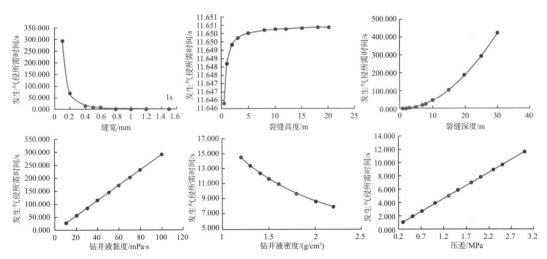

图 1 - 2 - 13　不同因素对气液置换气侵影响分析

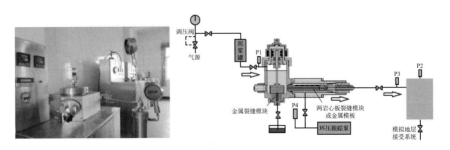

图 1 - 2 - 14　评价装置外观及流程示意图

技术参数如下：

工作压力：模拟压差 0 ~ 1MPa。

实验岩心规格：人造或天然储层岩心，模拟裂缝板缝宽 0.1～2mm，其尺寸为 φ25mm ×（25～150）mm。

上游容器的容积：5L；下游容器的容积：2L。

成果 4：研发出针对 0.3mm 以下裂缝漏失的随钻堵漏配方、0.5mm 裂缝随钻堵漏配方、0.5～1mm 裂缝的一般性漏失的堵漏配方和 1～2mm 裂缝的较大漏失的堵漏配方四套抗高温暂堵配方，抗温达 200℃，堵漏配方酸溶率 >65%。

成果 5：对冻胶堵漏及热固性树脂堵漏技术开展了探索性研究，初步形成两套抗温 180～200℃、承压大于 8MPa 的堵漏体系，反向承气 ≥0.5MPa。

3. 主要创新点

创新点 1：研制出置换式气侵的模拟评价装置。该装置可模拟在一定压差下，井筒发生气液置换气侵时，各种因素对气侵速度的影响规律；并可评价不同堵漏配方对置换气侵的控制效果。

创新点 2：通过室内合成，对化学固化材料环氧树脂进行环氧树脂水性化处理，研制了适合于"高温固化堵漏"的固化剂 HWFG。提高其高温稳定性，抗酸碱能力，适度优化了水溶性，可满足高温固化施工作业要求。

4. 推广价值

该技术对顺南井区气侵的影响因素进行了详细分析，有针对性地研究出了四套抗温高达 200℃ 暂堵配方，在顺南区块及顺北区块气井有良好的推广应用前景。

七、高压气井和特殊工艺钻井技术可行性论证

1. 技术背景

塔里木盆地顺南区块是中国石化西北油田分公司重点勘探开发区域之一，奥陶系鹰山组属于碳酸盐岩裂缝孔洞型储层，其油气资源勘探潜力巨大。但因储层裂缝发育，储层段排气时间长，平均钻井周期达 152.47 天（占全井周期的 54.56%）。同时，钻井液在高温高密度条件下流变性和稳定性变差、加剧重晶石沉降，沉降分层严重，部分甚至胶凝固化。从而严重影响鹰山组钻完井和测试安全。在这种情况下，储层保护无法实施。

针对以上情况，研究决定采取委托方咨询的方式，对相关高温高压气藏的技术新进展和技术进行调研和分析。

调研分析国内外高温高压气井钻井技术、碳酸盐岩堵漏、封缝堵气、气滞塞技术、防气窜固井技术；了解碳酸盐岩油藏鱼骨分支井钻井技术。有针对性地提出研究方向、实验方法，为高压气井钻井技术提供研究基础。

2. 技术成果

成果 1：明确了高温高压气藏界定范围，全球高温高压油气藏钻采作业分布地区；归纳了高温高压气藏钻井技术新进展，钻井中的气侵方式、压井处理方式。

（1）目前，代表性最强的高温高压气藏界定主要指井底温度在 150～175℃（300～

350°F），压力在 69～103MPa（10000～15000psi）的气藏。全球高温高压油气藏钻采作业主要分布在中东、南亚及东南亚、墨西哥湾、欧洲以及北海地区。

（2）高温高压气藏钻井已在井底钻具纳米复合材料，不利环境下随钻测井测量系统，地层流体预测方法和堵塞技术，控制压力钻井技术和高温高压钻井液等领域取得较大进展；钻井中的气侵方式主要有直接侵入、扩散侵入、置换侵入、负压侵入，国外主要采用控制压力钻井技术预防。高温高压气藏气侵发生后的压井处理主要采用泥浆帽钻井技术。

成果2：分析了深部地层垂直裂缝气侵原理、封缝堵气难点，以及如何确定井下裂缝宽度；归纳了碳酸盐岩气藏封堵技术、堵漏材料，封缝堵气漏浆，堵漏仪发展历程（图1-2-15、图1-2-16）。

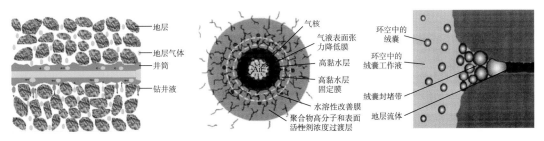

图 1-2-15 重力置换气侵　　　　图 1-2-16 绒囊堵漏材料封堵机理

（1）深部地层垂直裂缝气侵与裂缝几何尺寸、钻井液性能、地层原始压力及井筒液柱压力与地层压力差值有着密切关系。封缝堵气的难点在于如何确定井下裂缝宽度，便于地面进行封缝材料组配设计。

（2）对于碳酸盐岩缝洞型气藏，除常规的桥浆堵漏、随钻堵漏、清水强钻及水泥浆堵漏外，近年来，气体钻井技术、微泡沫钻井液技术、智能凝胶堵漏等新技术在现场应用中取得了良好效果；堵漏材料有桥接堵漏材料、高失水堵漏材料、暂堵性堵漏材料、化学堵漏材料、无机凝胶堵漏材料及软硬塞堵漏材料等；封缝堵气的堵漏浆有地下交联聚合物凝胶体系、低密度膨胀型堵漏浆、油基钻井液随钻堵漏、黏弹性钻井液体系等。

成果3：调研发现，单一凝胶对碳酸盐岩地层漏失，特别是裂缝、溶洞型恶性漏失的封堵效果不理想，必须配合其他堵漏材料、工艺；碳酸盐岩裂缝、溶洞型漏失的堵漏工作需要跨学科进行技术"嫁接"开发出新的堵漏技术。

（1）单一凝胶对碳酸盐岩地层漏失，特别是对大型裂缝、溶洞型恶性漏失的封堵效果不理想，必须配合其他堵漏材料、堵漏工艺，结合各个堵漏技术的优势，发挥协同作用对碳酸盐岩地层的大型裂缝进行封堵；化学堵漏材料主要有凝胶、水泥、树脂等几类，研究主要集中在凝胶堵漏材料和改性水泥堵漏材料。

（2）碳酸盐岩裂缝、溶洞型漏失的堵漏工作需要跨学科进行技术"嫁接"，如引进固井工艺技术和堵水工艺技术，开发出新的堵漏技术，根据现有堵漏技术各自优点加以组合，以寻找能有效解决碳酸盐岩裂缝型、溶洞型漏失的堵漏方法（图1-2-17、图1-2-18）。

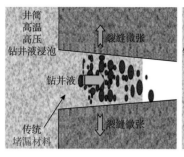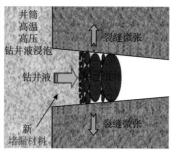

图 1 - 2 - 17 传统桥堵与交联成膜堵漏原理对比

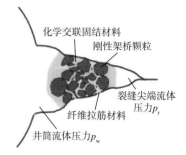

图 1 - 2 - 18 高强度交联成膜堵漏技术原理示意图

成果4：分析表明，起钻时聚合物凝胶气滞塞在井筒和进入地层都起封隔作用，抗高温稳定剂SPD能提高抗高温无固相弱凝胶在160℃的防气窜效果；凝胶气滞塞封隔技术采取分割隔离的处理原则，利用凝胶气滞塞的高流动阻力，有效抑制井底油气上窜，为后续堵漏、起下钻等作业提供安全作业时间。

（1）聚合物凝胶气滞塞在起钻时所起的作用有：在井筒中起封隔作用，进入地层起封隔作用；凝胶体系在高温下加入CX - 215的样品黏度要比没加的大；一种新型的抗高温无固相弱凝胶钻井液加入抗高温稳定剂SPD后，抗温高达160℃，具有良好的防气窜的效果。

（2）凝胶气滞塞封隔技术采取分割隔离的处理原则，利用凝胶气滞塞的高流动阻力（附加压差），在有效抑制井底油气上窜的条件下，为后续堵漏、起下钻等作业提供安全作业时间，对于裂缝型储层的井控安全起到关键性的作用。

（3）通过室内进行的承压强度和气密性、插管、破胶、抗高温等实验，结果证实特种凝胶在实际工程中的可行性，得到在需要高压、高温能力的井筒内泵入凝胶体系的最佳配方。

3. 下步建议

本次调研的"国外高温高压气藏钻井技术""高温高压缝封堵气技术""碳酸盐岩裂缝溶洞堵漏技术""抗高温气滞塞技术"的相关内容均取得较显著的进展，但也均存在技术瓶颈，为此建议结合顺南气田现场生产实践，开展创新性研究工作和适应性评价、完善，包括：

建议1：首先研选改善流变性、提高悬浮稳定性的聚合物高分子；其次优化加重材料粒径级配，改善本身的沉降稳定性；最后，研选高温稳定剂，构建耐高温、抗污染的高温高密度水基钻井液体系。

建议2：建立封缝堵气性能评价实验方法，对裂缝性地层漏失、气侵机理和封堵原理进行研究，在抗高温暂堵材料研选，裂缝性地层封缝堵气堵漏浆配方优化及评价几个方面开展系统、深入的研究工作。

建议3：搞清楚地层的裂缝裂缝、溶洞性的孔隙结构特点和正确预测碳酸盐岩地层压力；建议在钻进过程中加强随钻堵漏技术的攻关研究，并研究与开发智能型、开关型、反应型、强力胶结固化型等新型堵漏材料与技术。

建议4：建立模型分析储层压力特征、温度特征、孔渗（裂缝）特征、流体性质；设计可视化高温高压模拟井筒，建立气滞塞成胶、承压、密封、破胶全过程评价方法。

第三节 主要产品产权

一、核心产品（表1-3-1）

表1-3-1 核心产品表

类 别	核心产品
化学类	1. 雅克拉碎屑岩储层保护钻井液配方； 2. 二叠系易漏地层的随钻封堵技术； 3. 聚磺成膜钻井液体系承压堵漏配方； 4. 阳离子乳液聚合物钻井液体系随钻堵漏配方； 5. 顺北区块强抑制和强封堵性的钾胺基聚磺成膜钻井液体系； 6. 抗高温液硅胶乳复合防气窜水泥浆体系
工具类	1. 置换式气侵的模拟评价装置； 2. 适合不同地层钻井提速的PDC钻头和高效等壁厚螺杆钻具； 3. 全新耐冲蚀四通和节流阀； 4. 抗高温定向工具和安全钻井工艺技术； 5. 研制窄间隙水泥环完整性物模评价装置
方法类	1. 顺北1井区志留系钻井液施工技术方案； 2. 顺北区块二叠系地层快速钻井工艺； 3. 高压气井耐冲蚀井控管汇配套方案； 4. 顺南井区目的层之上地层分层提速钻井技术； 5. 顺南地区水平井钻完井可行性； 6. 适合超深小井眼水平井的井眼轨迹； 7. 井眼轨迹控制技术和优快钻井技术方案； 8. 小井眼循环降温规律和多因素位移研判模型

二、发表论文（表1-3-2）

表1-3-2 发表论文表

论文作者	论文名称	期刊名称
刘彪 潘丽娟 张俊	顺北区块超深小井眼水平井优快钻井技术	石油钻探技术
张俊	巴楚隆起夏河区块风险探井钻井优化设计	断块油气田
路飞飞 李斐	复合加砂抗高温防衰退水泥浆体系	钻井液与完井液
路飞飞 李斐	塔河油田碳酸盐岩侧钻小井眼钻完井技术	石油机械

三、发布专利（表1–3–3）

表1–3–3　发布专利表

专利作者	专利名称	专利号
杨兰田 牛晓 等	低密度水泥浆	ZL201210553021.7
杨兰田 牛晓 等	一种强抑制钻井液体系	ZL201210592769.8
杨兰田 贾晓斌 等	一种带计量装置的灌浆系统	ZL201210586990.2

参考文献

[1] 张祥来，刘清友．井控节流阀冲蚀机理及结构优化［J］．天然气工业，2008，28（2）：83–84.

[2] 付玉坤，刘炯，王娟，等．高压井控楔形节流阀三维流场模拟及阀芯失效分析［J］．石油矿场机械，2010，39（7）：5–8.

[3] 李振北，艾志久，刘绘新，等．节流压井管汇冲蚀磨损研究及结构改进［J］．机械研究与应用2012，2：89–91.

[4] 邓莉，李杰，艾志久，等．节流管汇防冲刺短节结构及流场模拟［J］．石油矿场机械，2013，42（4）：44–48.

[5] 张涛，柳贡慧，孟振期，等．控压钻井复合型节流管汇压力控制机制研究［J］．钻采工艺，2014，37（4）：36–38.

[6] 练章华，刘干，易浩，等．高压节流阀流场分析及其结构改进［J］．石油机械，2004，32（9）：22–24.

[7] 金业权，刘刚，孙泽秋．控压钻井中节流阀开度与节流压力的关系研究［J］．石油机械，2012，40（10）：11–14.

[8] 朱焕刚，杨德京，陈永明，等．控制压力钻井用节流阀的研制［J］．石油钻采工艺，2013，35（2）：110–112.

[9] 王沫，杜欢，伊尔齐木，等．顺南井区优快钻井技术［J］．石油钻探技术，2015，43（3）：50–44.

[10] 魏振华，安岳鹏．顺南地区目的层以上大井眼优快钻井技术［J］．钻采工艺，2016，39（5）：11–13.

[11] 路飞飞，王永洪，刘云，等．顺南井区高温高压防气窜尾管固井技术［J］．钻井液与完井液，2016，33（2）：88–91.

[12] 王龙．顺南地区奥陶系却尔却克组地层优快钻井技术［J］．西部探矿工程，2016，6：29–32.

[13] 蒋金宝，陈养龙，倪红坚，等．UPS–VDS垂直钻井系统在顺南地区的应用［J］．断块油气田，2014，21（6）：790–793.

[14] 杨海涛，张军杰，李翔，等．顺南区块高温高压腐蚀机理及选材研究［J］．钻采工艺2016，39（2）：47–49.

［15］张世玉．抗高温防气窜液硅水泥浆体系在顺南 7 井的应用［J］．石化技术，2016，5：145－147．

［16］刘金龙，马琰、秦宏德，等．简易控压钻井技术在塔中裂缝性储层的应用研究［J］．钻采工艺，2016，38（4）：18－21．

［17］Larsen T I，PelehvariA A，Azar J J Development of a New Cuttings Transport Model for High－angle Wellbores Including Horizon Wells［R］．SPE25872，1993．

［18］汪志明，张政．水平井两层稳定岩屑传输规律研究［J］．石油大学学报，2004，28（4）：63－66．

［19］汪海阁，刘希圣，丁岗，等．水平井水平井段环空压耗模式的建立［J］．石油大学学报，1996，20（2）：30－35．

［20］樊洪海，谢国民．小眼井环空压力损耗计算［J］．石油钻探技术，1998，26（4）：48－50．

［21］周伟，耿云鹏，石媛媛，等．塔河油田超深井侧钻工艺技术探讨［J］．钻采工艺，2010，33（4）：108－111．

［22］于洋，郑江莉，刘晓民，等．塔河油田新三级结构井侧钻工艺技术探讨．石油实验地质，2013，35（1）：129－132．

［23］李娟．不同流态的顶替效率的数值模拟研究［M］．2009：12－14．

［24］于洋，刘晓民，黄河淳，等．欠平衡钻井技术在碳酸盐岩超深水平井 TP127H 井中的应用［J］．石油钻采工艺，2014，36（1）：29－32．

［25］王沫，杜欢，伊尔齐木，等．顺南井区优快钻井技术［J］．石油钻探技术，2015，43（3）：50－54．

［26］汪志明，郭晓乐，张松杰，等．南海流花超大位移井井眼净化技术［J］．石油钻采工艺，2006，28（1）：4－8．

［27］丁腾飞．水平井水平段延伸能力研究［D］．西南石油大学，2015．

［28］郭晓乐，汪志明．南海流花超大位移井水力延伸极限研究［J］．石油钻采工艺，2009，31（1）：10－13．

［29］闫铁，张凤民，刘维凯，等．大位移井钻井极限延伸能力的研究［J］．钻采工艺，2010，33（1）：4－7．

［30］苏义脑．水平井井眼轨道控制［M］．北京：石油工业出版社，2000：172－174．

［31］文志明，李宁，张波．哈拉哈塘超深水平井井眼轨道优化设计［J］．石油钻探技术，2012，40（3）：46－47．

［32］张辉，高德利，唐海雄，等．流花油田超大位移井泥浆泵设备能力分析研究［J］．石油钻采工艺，2006，28（2）：4－6．

［33］陈庭根，管志川．钻井工程理论与技术［M］．东营：石油大学出版社，2000，142－160．

［34］王丹辉，宋洵成．斜井井眼清洗模型［J］．石油钻探技术，2003，31（2）：9－10．

［35］周凤山，浦春生．水平井偏心环空中岩屑床厚度预测研究［J］．石油钻探技术，1998，26（4）：17－19．

第二章

完井测试工程技术进展

近年来，随着西北油田分公司勘探开发向塔河外围的持续推进，在顺南、顺北等井区钻遇了超深储层（>7200m），遭遇了超高温（209℃）、高压（129MPa）、富含腐蚀介质（H_2S，2.64~2368mg/m³；CO_2，1%~18.25%）等恶劣工况，同时伴随着钻井期间大量漏失（6000m³）高比重（2.30g/cm³）钻井液。作业对象的改变，对完井测试井下工具、管柱力学校核、井口和地面流程和测试试采期间井筒完整性带来诸多挑战。

针对超深、高温、高压油气井带来的完井测试难题，近年来，以安全、高效完井测试为目标，从井下管柱失效原因分析、碳酸盐岩储层完井方式、井筒完整性保障、完井测试新工艺、新技术等方面，开展了一系列完井测试技术攻关与配套研究，有力保障了顺北油气田的顺利开发。在超深高温高压油气井完井测试方面主要开展了两方面工作：

一是针对超深、高温、高压、高产气井井筒完整性易失效的问题，通过系列研究，建立了井筒一级屏障的油套管、工具评价方法和部分现场操作规范，为后续类似井的完井测试提供了理论支撑。①针对超深高温高压油气井测试期间一级井屏障频繁失效的问题，通过理论研究、数值模拟、实验研究及现场实践，建立了高温高压深井套管磨损程度及剩余强度分析方法；明确了高压、高温条件下油管及封隔器冲蚀情况；建立了管柱力学性能与安全性能评价方法。②针对高性能液压封隔器频繁在低承压期间失效的问题，通过解剖入井封隔器，配合地面模拟实验，明确了SAB-3封隔器失效的根本原因是：高温条件下重浆性能难保障、易沉降，沉降的固相堵塞在封隔器坐封行程部位，导致封隔器不能充分坐封，造成承压能力下降。③针对两年内有3口井的入井管柱出现失效的问题，建立了考虑封隔器、接头、变截面影响的完井管柱力学精细化分析方法，给出顺南井区常用管柱组合过渡段（应力变化剧烈）位置为距离封隔器1.56~4.02m。④针对气密封油管高温高压下密封可靠性难保障的问题，通过实验和有限元分析，评价现场常用的两种气密封油管（BGT2和TP-G2）满足塔中北坡高压气井生产要求。在此基础上，建立了油管质量控制及现场操作规范。⑤针对特殊应急处置时，地面装备防冲蚀能力难保障的问题，通过有限元分析建立了应急生产井控设备的冲蚀、腐蚀和振动分析图版，为快速判断地面装备的工作状态提供了分析手段。

二是针对恶性漏失、常规射孔工艺穿深不足1m、完井工具留井修井难等问题，研发或调研了相应的新工具、新材料、新技术，提前为塔河油田的勘探开发储备技术。①针对漏失泥浆堵塞储层，投产时间长的问题，研发了耐温177℃，承压70MPa的防漏失完井工具，实现了双向封堵、防冲蚀、防漏失、易操作等功能，完井期间泥浆漏失量减少近70%。②针对普通射孔工艺，穿深受限的问题，研发了水平井定向喷射完井工具，并从喷射角度、携砂液、磨料进行针对性优化研究，形成高压水射流完井技术系列，实现了超距离穿深（10m）的目地。③针对超深井工具留井、后期修井难的问题，调研了可溶金属材料、可溶橡胶的最新技术进展，并论证了此类技术目前应用于塔河油田，还需要开展现有可溶金属材料酸性和高矿化度环境溶解特征评价实验。

在超深碳酸盐岩动态监测和评价方面主要取得三项成果：

一是针对基于渗流理论的各种油藏动态分析、解释方法并不适合缝洞型储层的问题，建立缝洞型储层的评价技术，实现了缝洞型储层动态评价方法的突破。①基于力学三大定律，首创了波动－管渗耦合试井理论，实现了缝洞型储层试井理论解释模型从连续介质向离散介质转变，理论基础从渗流理论向管渗耦合理论转变，解释参数从渗透率等砂岩参数向缝洞体积等转变。②针对气液同出的高温高压油气井，井下资料录取成本高、风险大，资料品质低等问题，通过把常规递减分析方法与试井理论相结合，建立了利用长时生产数据评价储层特征的方法，实现在评价储层的同时大幅度降低资料录取费用和井控风险。

二是针对顺南区块奥陶系超深（6528～7705m）、超/特高温（191～210℃）、超/高压（压力系数1.2～1.5）、干气气藏资料录取难、试井设计难的问题，研究了无计量时产量估算、临界携液产量计算、水合物预测等共计13项计算方法，集成了一套综合性、针对裂缝－孔洞型特定研究专门的试气设计方法及软件。

三是针对注水、注气井油套管日益严重的腐蚀、变形、结垢等问题，选择典型注水、注气井进行套管腐蚀检测测井，评价检测技术方法优缺点，优化检测施工工艺，分析注水、注气井套管腐蚀特点和腐蚀规律，为生产井后续措施方案和油田腐蚀检测方案制定提供依据。

这些技术的突破，促进了超深缝洞型储层的高效完井和储层评价技术的进步，为老区碎屑岩采收率的提高提供了有力支撑。

第一节　完井测试

一、油管质量控制及现场操作规范

1. 技术背景

目前，对油管质量控制、现场管柱维护、运输、保养、入井操作等没有相应规范要求，尤其对于特殊螺纹或特殊钢级油管大多是遵循各厂家提供的推荐方法，要求不统一，合理性也不明确。为统一管理，需开展研究。运用实物实验和有限元模拟相结合的方式，从油管质量控制和现场操作两个方面建立适合油田特点的标准规范，使油管质量管理水平上新台阶。

2. 技术成果

成果1：通过扭矩台肩对顶和达到最佳上扣扭矩准确判断油管上扣质量。

现场需要通过扭矩台肩对顶和最佳上扣扭矩两个条件准确判定油管上扣质量，两个条件同时满足时表明油管上扣到位（图2-1-1）。

成果2：编写了两个企业标准。

制定《油管质量控制技术规范》和《油管下井现场操作推荐做法》两个规范（图2-1-2）。

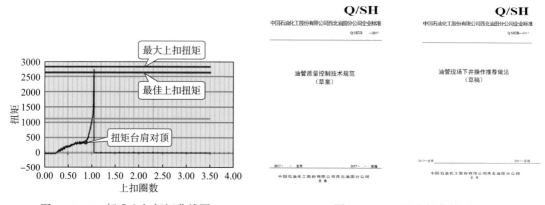

图2-1-1　标准上扣扭矩曲线图　　　　图2-1-2　两个规范封面

3. 主要创新点

创新点：以"系统控制、分级管理、突出重点"为总体思想，依据现有行业、企业标准，结合油田实际，制定出适合油田特点的《油管质量控制技术规范》和《油管下井现场操作推荐做法》。

4. 推广价值

形成两个规范《油管质量控制技术规范》和《油管下井现场操作推荐做法》，可在油管采购和现场管理两方面提高油管质量管理水平。

二、超深裂缝型碳酸盐岩储层完井方式

1. 技术背景

针对顺北 1 井区碳酸盐岩裂缝性储层前期出现投产困难、井筒堵塞、井壁坍塌等异常现象，通过储层段岩石力学参数、地应力大小和方向研究，建立坍塌压力、临界生产压差模型，指导钻井液密度优化、完井方式优选。形成超深井井壁稳定评价软件，实现测井数据坍塌压力、破裂压力和极限生产压差分析计算，指导钻完井及后期生产作业。

2. 技术成果

成果 1：利用测井数据建模、室内实验校正方式，建立应力松弛模型，明确顺北 1 井区受走滑机制控制。

整体表现应力为水平最大主应力≥上覆岩层压力 > 水平最小主应力。上覆应力梯度：$2.25 \sim 2.32 \mathrm{g/cm^3}$；水平最大应力梯度：$2.1 \sim 2.4 \mathrm{g/cm^3}$；水平最小应力梯度：$1.71 \sim 1.93 \mathrm{g/cm^3}$（图 2 – 1 – 3）。

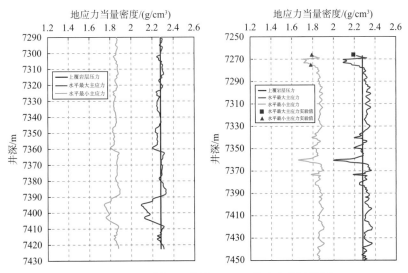

图 2 – 1 – 3　顺北 1、顺北 1 – 3H 井地应力计算图

成果 2：顺北 1 井区临界生产差压为 27 ~ 34MPa，酸液作用降至 25 ~ 31MPa。

基于砂岩临界生产压差模型，考虑井眼周围孔隙压力重新分布，利用测井数据，建立碳酸盐岩储层临界生产压差理论模型（图 2 – 1 – 4）。

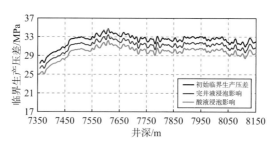

图 2 - 1 - 4 顺北 2CH 井生产压差计算图

成果 3：一间房组、鹰山组钻井坍塌压力 1.04 ~ 1.10g/cm³，裂缝开启压力 1.6 ~ 1.9g/cm³，基岩破裂压力 2.0 ~ 2.4g/cm³。

综合考虑岩石力学强度、井内流体状态、井周应力分布情况，依据应力叠加原理、破坏准则，建立坍塌（破裂）压力模型。明确直井和水平最大主应力方向钻井井壁失稳风险较高，水平最小主应力方向失稳风险较低（图 2 - 1 - 5）。

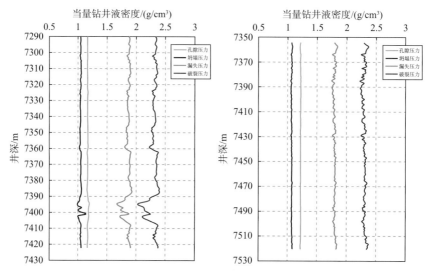

图 2 - 1 - 5 SHB1、SHB2 井一间房组碳酸盐岩地层钻井安全密度窗口

3. 主要创新点

创新点：建立了碳酸盐岩临界生产压差模型。

目前，临界生产压差模型主要是基于砂岩理论（BP 模型），针对碳酸盐岩储层，考虑生产过程中井眼周围孔隙压力的重新分布，建立碳酸盐岩模型，生产压差现场符合率 >90%。

4. 推广价值

基于岩石力学理论，开展顺北 1 井区坍塌压力、破裂压力、临界生产压差计算分析。计算结果适用于顺北 1 井区所有新钻井泥浆密度优化、完井方式优选、生产制度控制。建立的临界生产压差模型可以借鉴和推广到类似碳酸盐岩油气藏中。

三、高温高压高产井应急生产井控装备安全性试验及分析

1. 技术背景

塔河油田及外围具有超深、高温、高压、高产、酸性腐蚀等特征，部分井在应急控制期间发生地面管汇泄漏，井口套管憋爆裂，井下管具挤扁、脱断，井口高度大、振动剧烈、井口和放喷管汇刺坏等一系列问题，对井控造成极大险情。在顺北油气田大突破、塔中北坡持续攻关的背景下，有必要对高温高压高产造成的腐蚀、冲蚀、振动等风险点进行分析。采用理论研究与实验测试相结合的研究方法，建立井控设备冲蚀、腐蚀和振动分析图版，形成一套应急井控设备安全控制方案。

2. 技术成果

成果1：完成应急工况下生产系统振动分析，防喷器＋采气井口不同高度组合情况下，不会因高度的增加，致使井口装置产生振动疲劳失效。

随着日产气和井口装置高度的增加，振幅增大；但最大应力振幅远小其疲劳极限（许用疲劳应力），故在此应急工况下装置不会发生振动疲劳失效（图2-1-6、图2-1-7）。

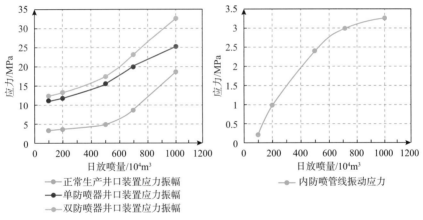

图2-1-6　不同日放喷量下不同结构和内防喷管线振动应力

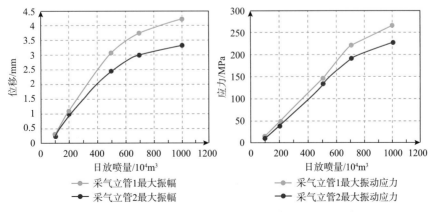

图2-1-7　不同日放喷量下采气立管最大位移振幅和应力

成果2：应急工况下腐蚀不会使生产系统产生损坏。

随着日放喷产量增加，管材腐蚀速率增加。失效时间以月为单位，由于应急工况持续时间短，因此短期内可不考虑腐蚀效果的影响（图2-1-8）。

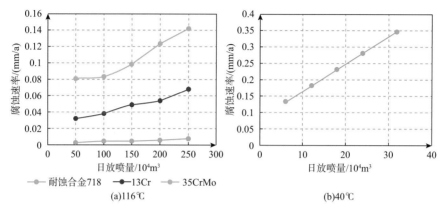

图2-1-8　不同日放喷量下井口管材的腐蚀速率

成果3：冲蚀是主要风险因素。

加装防刺短节后，节流管汇安全服役时间提高4倍，满足井控需求。气量超过 $200 \times 10^4 m^3/d$，建议用Y形采气树，以减少冲蚀（图2-1-9～图2-1-11）。

图2-1-9　Y形采、十字形采气树和加防刺短节管汇冲蚀云图

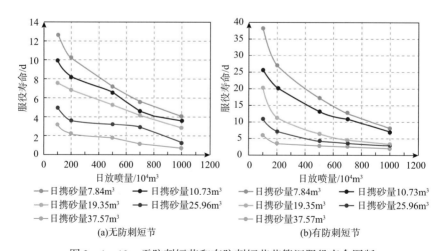

图2-1-10　无防刺短节和有防刺短节节管汇服役寿命图版

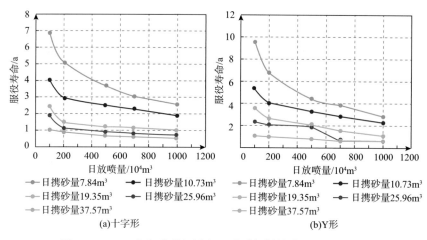

图 2 - 1 - 11　十字形采气树和 Y 形采气树易冲蚀点穿孔时间

3. 主要创新点

创新点 1：设计并建立了应急生产井控设备的冲蚀、腐蚀和振动分析图版，在同领域同行业中为首创。

创新点 2：明确了应急生产时冲蚀、腐蚀和振动作用下井控设备的服役寿命，尤其是振动疲劳服役寿命的研究在行业中为首创。

4. 推广价值

建立了应急工况生产系统冲蚀、振动和腐蚀分析图版，以及冲蚀寿命和腐蚀寿命预测图版，为将来可能的应急生产系统提供了技术支持和决策依据。

四、顺南地区奥陶系裂缝型储层岩石力学基础

1. 技术背景

针对顺南区块钻完井阶段泥浆漏失严重（鹰山上段：平均漏失 5281.45m³；鹰山下段：平均漏失量 1542.9m³），试油阶段出现压力、产量递减快的问题。通过岩石力学、裂缝应力敏感、重浆污染实验研究，研究重浆对储层的污染程度，应力敏感对产能的影响。预期目标是形成裂缝型油气藏应力敏感性评价方法、完井方式优选方法，指导顺南区块顺利完井测试、投产。

2. 技术成果

成果 1：利用岩石力学强度实验成果，结合井壁稳定理论，首次考虑裂缝结构面对稳定性影响，计算不同裂缝产状、不同地层压力条件下生产压差。

明确了顺南区块开采初期可采用裸眼完井，随地层压力降低，部分井有失稳掉块风险（图 2 - 1 - 12）。

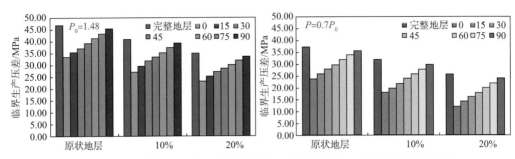

图 2 - 1 - 12　顺南 5 - 2 井不同裂缝产状、不同地层压力下临界生产压差图

成果 2：应力敏感影响产能较严重：高渗降幅 33%，低渗降幅大于 59%。

开展应力敏感分析，进行产能预测。基于应力敏感实验、渗透率对产能影响分析，推导产能方程。

研究表明，高渗储层（$\geq 50 \times 10^{-3} \mu m^2$）原始地层压力由 80MPa 降至 50MPa，渗透率降幅接近 60%，单井稳态产能降幅 33%。同等条件下，低渗储层透率降幅接近 90%，稳态产能降幅大于 59%（图 2 - 1 - 13）。

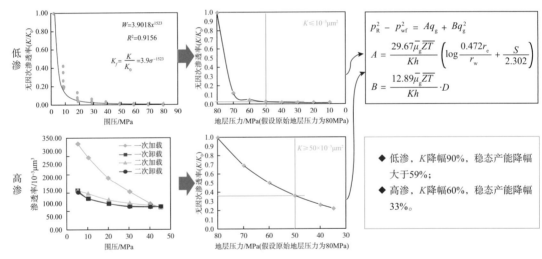

图 2 - 1 - 13　不同地层压力条件下的无因次渗透率图

成果 3：实验表明重晶石沉淀是储层污染主要因素。

开展 11 组重浆污染实验，证实高温下泥浆稳定性差，重浆体系中的重晶石、膨润土等主要固相颗粒极易形成泥饼是储层污染的主要因素；纤维素、非水溶性高分子聚合物形成的附着层，进一步加剧裂缝壁面的污染（图 2 - 1 - 14）。

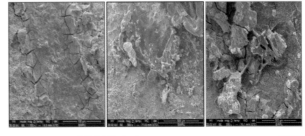

图 2 - 1 - 14　重浆污染实验（100μm、250μm、500μm 裂缝）

3. 主要创新点

创新点：建立了基于应力敏感的产能预测模型。首次在裂缝性储层高温（180℃）、高围压（81MPa）条件下开展应力敏感实验，并将应力敏感与产能预测结合起来，对高压气井的产能分析具有指导意义。

4. 推广价值

基于岩石力学理论，开展岩石可钻性、破裂压力、应力敏感等分析，分析结论可推广至类似区块新钻完井的钻头选型、泥浆体系优化、完井方式优化、生产制度控制等领域。

五、顺南井下管柱受力及失效原因分析

1. 技术背景

顺南井区井下管柱处于高温、高压、高腐蚀环境下，油管材质为110S抗硫碳钢。管柱入井服役近两年时间，先后发现3口井油管失效。需要开展专题研究，从油管高温高压管柱受力、油管服役环境等方面开展分析，结合腐蚀检测、扣型适应性和管柱受力三方面结论，综合分析顺南油管柱断裂失效的主要原因及影响因素，对优化高温高压气井油管设计和选型提出合理化建议。

2. 技术成果

成果1：距离封隔器1.56～4.02m为油管应力变化剧烈的危险区域。

建立了考虑封隔器、接头、变截面影响的完井管柱力学精细化分析方法，给出顺南地区常用管柱组合过渡段（应力变化剧烈）位置为距离1.56～4.02m（表2－1－1）。

表2－1－1　顺南井区不同完井管柱组合过渡段数据表

| 序号 | 管柱组合 | | | | 工况 | 过渡段与封隔器距离/m | 过渡段长度/m |
| | 套管 | | 油管 | | | | |
	外径/mm	壁厚/mm	外径/mm	壁厚/mm			
1	193.68	12.70	88.90	6.45	坐封	2.13	0.11
					开井	2.24	0.15
					关井	2.28	0.16
2	193.68	12.70	73.00	5.51	坐封	1.56	0.08
					开井	1.62	0.06
					关井	1.63	0.07
3	177.80	11.51	88.90	6.45	坐封	3.95	0.15
					开井	3.99	0.17
					关井	4.02	0.18

续表

序号	管柱组合				工况	过渡段与封隔器距离/m	过渡段长度/m
	套管		油管				
	外径/mm	壁厚/mm	外径/mm	壁厚/mm			
4	177.80	11.51	73.00	5.51	坐封	3.16	0.12
					开井	3.23	0.13
					关井	3.44	0.14

成果2：复合载荷"轴向压+内压+温度"比"轴向拉+内压+温度"更有利。

在不超过材料屈服强度的前提下，考虑复合载荷轴向压+内压+温度载荷比轴向拉+内压+温度载荷下的密封性更好，同时沿密封面和台肩环向路径Mises应力也更均匀（表2-1-2）。

表2-1-2　复合载荷条件下管柱密封面和扭矩台肩的受力状况

载荷	关注点	现象
轴向拉力（50t）+内压（60MPa）+不同温度	Mises应力	随着温度升高，沿密封面和台肩环向路径Mises应力呈增大趋势
	密封面/台肩面接触压力	25~300℃，360~445MPa，77~173MPa
轴向压力（50t）+内压（60MPa）+不同温度	Mises应力	随着温度升高，沿密封面和台肩环向路径Mises应力总体呈增大趋势，分布均匀
	密封面/台肩面接触压力	25~300℃，499~599MPa，355~456MPa

成果3：顺南工况条件下油管抗拉强度下降4.2%。

φ88.9mm×6.45mm P110S油管，180℃高温、80MPa高压共同作用下，油管轴向抗拉强度降低4.2%。70℃、80MPa高压共同作用下，油管轴向抗拉强度降低3.2%（图2-1-15）。

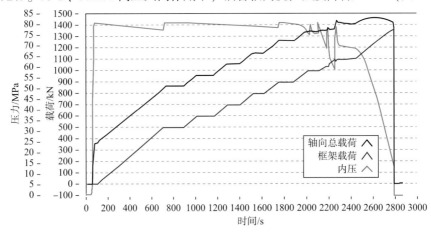

图2-1-15　高温高压环境下油管抗拉强度衰减情况图

3. 主要创新点

创新点1：基于咬痕对管柱强度安全性分析，建立了咬痕对管柱强度安全影响的双判据公式。

创新点2：结合腐蚀、应力等多种因素，对顺南401、顺南5－2、顺南7井完井管柱失效原因进行分析并给出结论，形成管柱失效分析方法，并有效指导后期施工。

4. 推广价值

形成高温高压油气井管柱失效分析方法，可在类似区块完井管柱设计中借鉴应用。

六、塔中北坡高压气井油管特殊扣适应性评价技术

1. 技术背景

在复杂力学载荷、高温、腐蚀环境工况下，顺南7、顺南5－2、顺南401井油管本体或接箍发生断裂，而油管特殊扣的密封及结构完整性作为完井管柱的薄弱环节，给井筒完整性带来直接挑战。结合塔中北坡完井管柱在多种工况下的力学载荷特性，以常用的BGT2和TP－G2扣为研究对象，通过室内性能实验和有限元分析评价，形成塔中北坡油管特殊扣选型原则及现场适应性评价方法，有力控制完井管柱的薄弱环节，有效保障塔中北坡高压气井的井筒完整性。

2. 技术成果

成果1：国外先进产品在设计理念上优于国内产品，BGT2、TP－G2扣无密封保护区设计，螺纹形式设计缺乏创新，导向面承压能力弱，抗压缩性能成为国产扣型的薄弱环节（表2－1－3）。

表2－1－3　几种特殊扣的结构与性能特征对比

扣型	结构特征					性能特征				综合得分
	螺纹抗压强度	大过盈量锥面密封	易上扣螺纹	密封保护区设计	密封面低应力设计	拉伸、压缩、内压、外挤是否≥100%管体强度	高抗弯曲性能	高温性能维持		
BGT2	×	√	×	×	√	√	×	×	3
TP－G2	×	×	×	×	√	√	×	×	3
VAM21	×	×	×	√	√	√	√	√	4
Wedge563™	√	√	√	√	√	√	√	√	5

成果2：实验确定了BGT2和TP－G2扣满足塔中北坡高压气井生产要求。

上卸扣实验表明：除9.52mm BGT2扣轻微粘扣外，其余扣均不存在粘扣现象。复合加载实验表明：6.45mm BGT2和TP－G2扣在轴向载荷576～711kN，内压70～95MPa，温度60～225℃下，9.52mm BGT2和TP－G2扣在轴向载荷576～1008kN，内压60～130MPa，温度20～110℃下，保载30～60min油管螺纹接头均未发生结构损坏，密封完好

（图2-1-16、图2-1-17）。

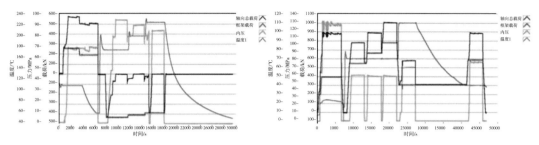

图2-1-16 φ88.9mm×6.45/9.52mm BGT2试样载复合加载实验加载曲线图

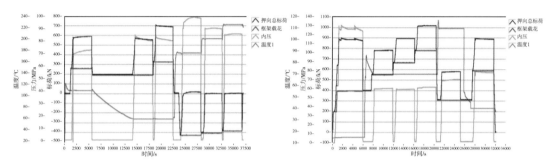

图2-1-17 φ88.9mm×6.45/9.52mm TP-G2试样复合加载实验加载曲线图

成果3：有限元分析验证了BGT2和TP-G2扣极限工况满足设计要求。

通过BGT2和TP-G2扣几何参数建立扣型模型，应用有限元分析模拟井下管柱分别承受其单轴强度80%和95%的轴向载荷加85MPa高内压时的极限工况，确定了两种扣在极限工况下均满足设计要求（图2-1-18）。

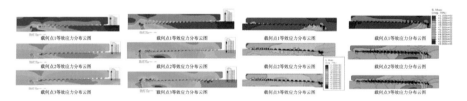

图2-1-18 φ88.9mm×6.45/9.52mm BGT2和TP-G2扣等效应力分布云图

3. 主要创新点

创新点1：首次针对塔中北坡现场工况提出了室内评价实验方案。

创新点2：首次提出了塔中北坡高压气井油管扣型选择方法。

4. 推广价值

高压气井油管扣选型时，可参考该技术成果从力学角度出发完成的相关室内评价实验和有限元分析方法，着力于管柱薄弱环节油管扣选型，可有效保证油气井全生命周期井筒完整性，降低井控风险。

七、SAB-3封隔器高温高压性能检验技术

1. 技术背景

顺南区块属于典型的高温高压气藏，在完井作业期间完井封隔器应用贝克休斯的SAB-3封隔器，但在实际使用过程中超过两井次出现了油套连通现象，为了分析油套连通的原因，有必要对所使用的SAB-3永久封隔器性能指标进行地面工装模拟高温高压试验检验，以证实其能否经受住恶劣井底环境的考验，为类似高温高压井完井封隔器的选择做出指导。

2. 技术成果

成果1：实验验证了SAB-3封隔器满足204℃、105MPa性能要求。

第一阶段：温度160℃，上、下压力各70MPa，稳压30min，无压降，封隔器坐封后性能良好（图2-1-19）。

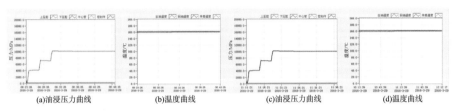

图2-1-19　温度160℃，上、下压力70MPa实验加载曲线图

第二阶段：温度204℃、上、下压力各70MPa，稳压30min，无压降，封隔器坐封后性能良好（图2-1-20）。

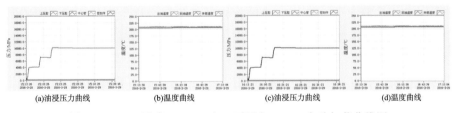

图2-1-20　温度204℃，上、下压力70MPa实验加载曲线图

第三阶段：温度160℃、上、下压力各105MPa，稳压30min，无压降，封隔器坐封后性能良好（图2-1-21）。

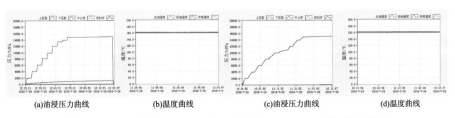

图2-1-21　温度160℃，上、下压力105MPa实验加载曲线图

第四阶段：温度204℃、上、下压力各105MPa，稳压48h，无压降，封隔器坐封后性能良好（图2-1-22）。

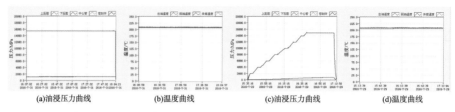

(a)油浸压力曲线　(b)温度曲线　(c)油浸压力曲线　(d)温度曲线

图2-1-22　温度204℃，上、下压力105MPa实验加载曲线图

成果2：解剖实验确定了SAB-3封隔器失效的原因：泥浆性能不好导致活塞运行不到位，封隔器胶筒不能充分坐封。

解剖套管测量活塞行程18cm，而顺南501井起出的封隔器活塞行程14cm，有4cm被沙子等杂质填充，导致活塞不能运行到位，封隔器未能充分坐封（图2-1-23）。

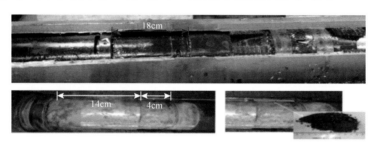

图2-1-23　活塞行程示意图

3. 主要创新点

创新点：室内实验表明，胶筒在温度大幅度变化下会产生裂纹，可能影响其密封性能，所以SAB-3封隔器坐封后，控制生产工作制度避免胶筒温度大幅度频繁变化。

4. 推广价值

室内评价实验，其实验方案、工装和结论，可以为类似高温高压井完井封隔器的选择做出指导。

八、可多次回插储层保护完井技术

1. 技术背景

塔里木盆地奥陶系碳酸盐岩储集体以裂缝、溶洞为主，完井期间泥浆漏失严重。尤其是顺北油田，平均单井漏失泥浆1073m³，后期更换油管作业将进一步增加泥浆漏失量。为了控制井筒作业过程中的泥浆漏失量，需要研发可回插储层保护工具。通过调研国内外有利于减少碳酸盐岩易喷易漏储层完井或后期二次作业期间泥浆漏失的完井工艺，根据工艺方式优选完井工具，对关键工具进行自主研发，进行相应的功能试验，最后加工样机两套，分别用于地面和入井试验。在修井作业过程中配合封隔器封堵井筒，达到防止漏失和溢流的目的。同时，恢复生产时，可实现井下封堵阀能够多次往复开启。

2. 技术成果

成果1：采用球阀结构，实现双向封堵；增加特殊防冲蚀结构，防止流体对球阀造成冲蚀。

偏心连杆控制结构将轴向往复运动转化为旋转运动；球阀打开后，特殊防机构开始工作，防止生产流体冲蚀球阀密封面（图2-1-24）。

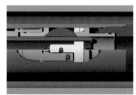

图2-1-24 球阀以及防冲蚀结构

成果2：机械液压双作用丢手，操作灵活。

考虑钻杆、油管强度差别大，设计两种丢手方式：钻杆刚度大，传递扭矩强，可正转管柱丢手，快捷方便；油管刚度小，传递扭矩难，可液压丢手，安全可靠。

成果3：集成压井滑套，压井不漏失。

不动井口采油树，循环压井。堵球封堵油管、封隔器封堵环空，循环压井不漏失（图2-1-25）。

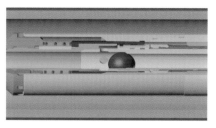

图2-1-25 集成压井滑套示意图

3. 主要创新点

创新点：国外油服公司生产的防漏失阀产品耐温能力主要是150℃、承压能力≤50MPa。研发的回插工具，耐温180℃、耐压70MPa，超越国外同类产品。同时，可使漏失工况由5个减少至2个，完井减少漏失510m³（≥80%），修井减少漏失720m³（≥90%），投产时间缩短3~5天，换井口缩短时间5~6天，完井节约泥浆150万元/井次，动机节约费用110万元/井次，修井节约泥浆210万元/井次。

4. 推广价值

漏失井完井思路由被动吊灌转主动封堵，自主研发控漏失可回插完井工艺，达到保护储层目的。研发的防漏失完井工具和配套工艺可以推广到所有碳酸盐岩储层漏失井。

九、油套管剩余强度评价与管控技术

1. 技术背景

国内外高压气井井筒完整性失效比例高，导致在气井的测试、完井过程中遇到了诸多难题。塔河主体区及外围高压气井井筒不完整性，表现在井下工具稳定性差、套管变形与错断、环空带压、井口抬升、油管断裂、工具冲蚀等。通过理论研究、数值模拟、实验研究及现场实践，明确高温高压深井套管磨损程度及剩余强度，明确射孔套管剩余强度；明确管柱及以封隔器为代表的下井工具的冲蚀情况，综合管柱变截面，分析管柱的力学性能与安全性能。形成套管力学分析、井筒评价、管柱力学分析技术和标准，通过优化试油工艺、优化管柱组合等方式，实现对井筒与管柱安全性及井筒完整性的有效控制。

2. 技术成果

成果1：射孔套管剩余强度改进计算，考虑射孔应力集中系数和孔边微裂纹的影响，提高了射孔套管剩余强度计算精度，给出了射孔套管剩余强度速查表（表2-1-4）。

表2-1-4　常用射孔弹射孔后套管剩余强度系数速查图表

套管尺寸/in	钢级	壁厚/mm	套管剩余强度系数 8孔/m			套管剩余强度系数 16孔/m			套管剩余强度系数 20孔/m			射孔孔径/mm
			60°相位	90°相位	180°相位	60°相位	90°相位	180°相位	60°相位	90°相位	180°相位	
5½	P110	7.72	0.9101	0.8909	0.849	0.8283	0.8844	0.7237	0.7976	0.7499	0.6686	11.0
		9.17	0.9092	0.8898	0.8475	0.8267	0.8826	0.7215	0.78	0.7478	0.6661	
		10.54	0.9083	0.8888	0.8462	0.8252	0.8708	0.7194	0.7941	0.7558	0.6638	
7		8.05	0.9158	0.8977	0.8578	0.8376	0.805	0.7363	0.7926	0.7615	0.6816	12.0
		9.19	0.9153	0.8971	0.857	0.8367	0.8039	0.735	0.7915	0.7602	0.6802	
		10.36	0.9148	0.8964	0.8561	0.8358	0.8028	0.7336	0.7904	0.759	0.6786	
		11.51	0.9142	0.8958	0.8553	0.8348	0.8017	0.7323	0.7892	0.7577	0.6771	
		12.65	0.9137	0.8952	0.8544	0.8339	0.8006	0.7309	0.7881	0.7565	0.6756	
9⅝		10.03	0.9162	0.898	0.858	0.8369	0.8037	0.7336	0.7906	0.7587	0.676	14.0
		11.05	0.9159	0.8977	0.8575	0.8363	0.803	0.7327	0.7899	0.7579	0.6758	

成果2：距离封隔器米量级范围内的过渡段管柱，应力波动幅度最大，是封隔器处管柱的危险段。

单封隔器过渡段管柱附近存在较大的应力变化，且应力变化幅度受轴向力和内外压差的影响；过渡段管柱的长度远小于空间梁柱段与螺旋屈曲段，但过渡段处管柱的变形大，应力集中度高，故该段是单封隔器处管柱的危险段；为保证单封隔器处管柱的安全性，需要优选该处管柱的材质，并适当提高管柱的安全系数（图2-1-26）。

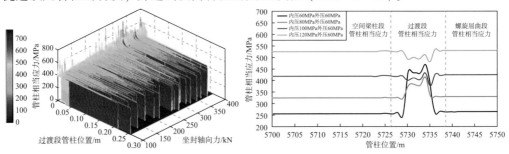

图2-1-26　封隔器过渡段管柱相当应力局部变化图

成果3：模拟顺北1井区某井生产一年或酸压体积1000m³冲蚀，导致壁厚损失为0.1～0.3mm，油管强度降低不超6%（表2-1-5）。

表2-1-5　顺北1井区模拟某井冲蚀壁厚和油管强度情况表

阶段	条件	钢级	冲蚀壁厚/mm		强度降低/%	
			φ88.9mm×6.45mm 油管	φ73mm×5.51mm 油管	φ88.9mm×6.45mm 油管	φ73mm×5.51mm 油管
生产	日产油90t/d（原油密度0.7952t/m³），生产时间1年	P110	0.087	0.123	1.34	2.23
		超级13Cr	0.079	0.118	1.22	2.14
		35CrMo	0.109	0.135	1.69	2.45
酸压	排量5m³/min，体积1000m³，砂含量50kg/m³	P110	0.225	0.234	3.49	4.25
		超级13Cr	0.163	0.203	2.53	3.68
		35CrMo	0.182	0.314	2.82	5.7

成果4：制定了4款推荐做法，高压气井试油井筒强度分析、完井管柱组合及安全性分析、高压气井井筒完整性评价、高压气井井筒完整性控制（图2-1-27）。

图2-1-27　高压油气井完整性标准封面图

3. 主要创新点

创新点1：接箍与油管连接点处的相当应力变化最剧烈，有可能造成接箍附近管柱损坏。

创新点2：首次制定了井完整性四套推荐做法。

4. 推广价值

通过系统的开展高压气井井筒完整性研究，形成"井完整性评价技术"推荐作法，为高压气井勘探、开发提供技术支撑，可以减少、避免恶性井筒事故的发生，具有显著的经济效益和社会效益。

十、塔河油田碎屑岩水平井定向喷射完井可行性论证

1. 技术背景

针对碎屑岩水平段动用程度不均的问题，基于高压水射流破岩理论，通过研发向上定

向水力喷砂射孔工具，形成碎屑岩水平井定向喷射完井技术，实现对轨迹上部油层的高效动用，达到提高采收率的目的。

2. 取得认识

认识1：施工工艺方面，施工段数在 3 段以内，以油管拖动工艺为佳。施工段数超过3 段，以不动管柱/连续油管施工工艺为佳。针对塔河油田碎屑岩水平井的特点并综合考虑施工需求，优选油管拖动工艺（图 2 - 1 - 28）。

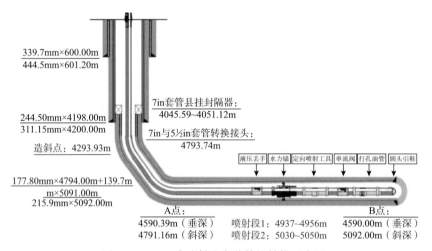

图 2 - 1 - 28 喷砂射孔完井管柱结构示意图

认识2：管柱结构方面，管柱由液压丢手接头、水力锚、定向喷射器、单流阀、筛管和导向头组成（图 2 - 1 - 29）。

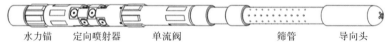

图 2 - 1 - 29 喷砂射孔完井管柱结构示意图

认识3：喷射工具方面，基于重力偏心原理实现工具井下自动定向。利用上下旋转接头与旋转锁母相互配合，通过上提下放完成工具锁定和解锁。反复操作，工具一次入井，可实现多段上定向喷砂射孔作业（图 2 - 1 - 30）。

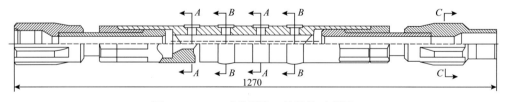

图 2 - 1 - 30 喷砂射孔工具结构示意图

3. 下步建议

针对喷射角度、携砂液、磨料进行有针对性的优化研究，形成高压水射流完井技术系列，为油藏高效开发提供技术支撑。

十一、可溶材料类型与可行性论证

1. 技术背景

针对井下落物导致后期油管上提、修井困难，以及后期转抽、侧钻处理困难等问题，探索一种可溶油管材料解决以上问题。因此，需要明确可溶材料的类型、溶解机理、溶解介质、溶解速率与温度环境的关系特性，寻找满足塔河油田油气井条件的可溶解材料类型，为高温高压井可溶解工具或零部件材质选择提供技术支撑。

2. 取得认识

认识1：金属材料可溶的原理为原电池原理或者阴极保护原理，非金属材料可溶的原理是水溶性高分子聚合物溶解或溶胀于水中形成水溶液或分散体系（图2-1-31）。

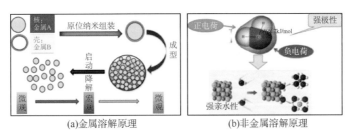

(a)金属溶解原理　　(b)非金属溶解原理

图2-1-31　金属与非金属溶解原理图

认识2：可溶金属材料有镁基和铝基等两大类可溶金属材料，镁基应用广泛（图2-1-32）。

镁基可溶金属材料	铝基可溶金属材料
1.应用广泛，温度系列多、溶解速率系列多； 2.强度低，最高屈服强度248MPa，最高拉伸强度359MPa； 3.溶解快（3~10天）； 4.温度敏感性强。100℃时，屈服强度降低约10%；150℃时，屈服强度降低30%	1.应用较少，仅斯伦贝谢的Infinity球/球座； 2.强度较大，斯伦贝谢公司硬度＜HV140（J55碳钢），贝克休斯公司1000MPa； 3.溶解速度慢，在清水中几乎不可溶，在盐水（3%KCl）中溶解时间长达1月以上（斯伦贝谢的球座）

图2-1-32　镁基及铝基可溶材料特点对比

认识3：工具中用的可溶解非金属材料主要为可溶解橡胶，温度从低到高，表现出弹性、黏弹性和黏性（流动性）。

在一定的温度和时间范围内，聚合物既可以保持足够的力学强度。例如，可溶橡胶（TPU）在70℃下水解180天后，强度及高弹性（密封性）仍在很大程度上保持，而在90℃下水解时间超过15天后，其高弹性迅速下降（图2-1-33）。

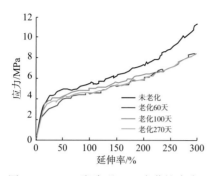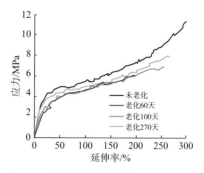

图 2 – 1 – 33　聚酯型 TPU 在蒸馏水中于 70℃和 90℃下力学强度随水解时间的变化

3. 下步建议

目前的可溶金属材料均没有用于酸性和高矿化度环境，应用于塔河油田需要开展现有可溶金属材料酸性和高矿化度环境溶解特征评价实验。

十二、耐高温橡胶类型与可行性论证

1. 技术背景

塔中北坡区块属"三超"气藏，最大深度 8300m，最高井底温度 207℃，最高地层压力 172MPa，给井下工具的选材及其稳定性带来巨大挑战。橡胶承压和耐温能力成为井下工具结构中的关键要素，国内外高温橡胶类型多，产品性能差别大，需要针对高温橡胶产品开展调研与对比。

通过大量文献、资料的搜索与收集，渠道包括：文献搜索平台、联系走访厂家、收集相关产品实验报告等。通过耐高温橡胶类型与性能技术的调研，了解橡胶产品分类与依据，掌握耐高温橡胶技术发展方向，提出适用于塔中北坡区块井下工况（温度 204℃、压力 105MPa）的封隔器用高温橡胶密封件优选方案。

2. 取得认识

认识 1：了解油田不同类型橡胶的耐温程度及应用情况（表 2 – 1 – 6）。

表 2 – 1 – 6　同类型橡胶的耐温程度及应用情况

橡胶名称	使用温度范围/℃	应用情况
丁腈橡胶（NBR）	≤120	广泛用于油田密封制品
氢化丁腈橡胶（HNBR）	150~180	
乙丙橡胶（EPDM）	120~150	
氟橡胶（FKM）	180~200	
四丙氟橡胶（AFLAS）	200~250	
全氟醚橡胶	250~300	成本较高，应用较少

认识 2：宝鸡远深 CHAMP 和四机赛瓦 MESH 封隔器胶筒适用于 204℃、105MPa 的工

况条件，其使用性能达到塔中北坡区块井下工况需求，可作为优选材料（表2-1-7）。

表2-1-7 塔中北坡区块封隔器胶筒井下工况需求

生产厂家	型号	规格	检验条件				检验结论
			温度/℃	压力/MPa	坐封力/t	保压时间/min	
四机赛瓦	7in 47A MESH	7in 中心管外径104mm	208	105	—	101	无压降
	7in 47D MESH	7in 47D，胶筒外径167.64mm、高度152.40mm，中心管外径104.78mm	208	105	18	15	无压降
宝鸡远深	CHAMP	5.5in 胶筒外径 Φ113mm，胶筒内径 Φ72.5mm	204	105	16	15	未见压力失稳现象

认识3：氟橡胶密封圈达到塔中北坡区块井下工况条件的要求，可作优选材料（表2-1-8）。

表2-1-8 塔中北坡区块氟橡胶密封圈井下工况条件的要求

生产厂家	型号	材质	硬度，SHORE A	适用环境
宝鸡瑞通	2-235F90T400℉	氟橡胶	≥80	温度≤210℃
成都托克	FKM	氟橡胶	80±5	温度≤200℃

3. 下步建议

建议1：优选橡胶，需进行物性检验。了解橡胶密封件类型、硬度、拉伸性能、热老化性能等基本参数。

建议2：优选胶筒，需进行耐温、承压模拟检验。室内模拟高温、高压条件下橡胶密封件是否满足需求。

十三、高温高压智能阀可行性论证

1. 技术背景

针对油气藏开发过程中存在的油井分段或选层注采需求，通过应用智能型多次开关工具，实现水平井或长裸眼段油井的分段/分层采油或注水作业。目前采用的智能开关工具存在耐温压低、不能满足注水及压裂作业或作业费用高的问题。在文献调研与技术可行性论证的基础上，提出结构优化、编码设计等设想，为研制高性能、低成本的智能阀提供攻关思路。

2. 取得认识

认识1：针对高温高压油气藏智能完井，综合现有技术特点与适应性分析，压力脉冲无线遥控方式为下步重点攻关方向（表2-1-9）。

表 2 - 1 - 9　智能完井技术特点与可行性分析

序号	类别	优点	缺点	现场操作	成本	经验
1	直接液压控制系统	1. 液压动力足； 2. 数据可实时传输	1. 配套过线装置和固定装置数量多，施工相对复杂； 2. 装置成本高（344 万元/层）	√	×	√
2	电缆直控式	1. 能源可持续供给； 2. 数据可实时传输	1. 配套过线装置和固定装置数量多，施工相对复杂； 2. 装置成本高（190 万元/层）	√	×	√
3	RFID	1. 施工相对便捷	1. 水平井投送标签需泵送； 2. 电池能源受限； 3. 成功率相对较低（捕获率）	×	√	×
4	压力脉冲	1. 施工相对便捷； 2. 成本低廉	1. 需进行井口压力操作； 2. 电池能量受限	√	√	√

认识 2：压力脉冲智能阀存在的 3 类问题可通过结构优化、编码设计等尝试解决。

（1）提出了通过优化数据存储方式及存储量提高耐温压性能的技术对策（表 2 - 1 - 10）。

表 2 - 1 - 10　电子元器件存在问题与解决对策

电子元器件	耐温	超标影响	解决对策
低速直流电机	200℃以上	—	—
温压传感器	200℃以上	—	—
单片机	150℃	175℃可运行，但无法保证标称时长	优化数据存储
存储器	150℃	无法运行	优化数据采集量
高温电池	200℃以上	加快放电	能量接力

（2）针对延长工作时间形成采用能量接力或加大电池容量的设计方案（图2 - 1 - 34）。

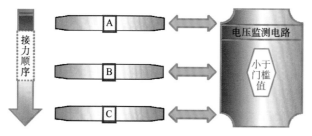

图 2 - 1 - 34　能量接力示意图

（3）针对信号上传技术提出信号编码概念设计思路。

设计思路为井下智能阀采集井下温压数据，将数据编码为脉冲编码，通过智能阀的启闭形成压力脉冲传输到井口，在井口将接收到的脉冲编码进行解码还原成井下智能阀所采集的温压数据，完成数据上传。

认识3：改进的智能阀可用于油管测试、分段采油与分段压裂等工况。

分别针对直井油管测试、水平井分段采油以及水平井分段压裂三种工况形成概念设计方案，主要包括管柱结构设计、施工工序设计等（图2-1-35）。

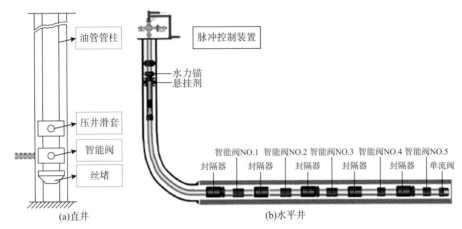

图2-1-35　直井与水平井智能完井管柱结构示意图

3. 下步建议

建议1：研制改进型智能开关工具并开展其在更高温度（如175℃）环境下的信号测试、电路响应等性能试验，及时评价与优化。

建议2：进一步论证智能阀完井工艺的可行性（包括技术可行性与经济可行性），待条件成熟，择机择井进行现场应用评价。

十四、高温高密度完井液可行性论证

1. 技术背景

针对顺南区块超高温、超高压、超深储层特点，完井液耐温需达到200℃、密度≥1.53g/cm³。目前，无论是完井工作液体系、还是环空保护液，均无法满足需求，通过此次调研，主要掌握这两类液体国内外应用现状及效果、技术水平能力、高温下性能指标及成本，同时提供具备技术能力的服务方，为后续液体优选提供研究方向或者具备实力的合作对象。

2. 取得认识

认识1：明确了甲酸盐完井液体系耐温可达到160℃，密度最高可配置2.27g/cm³，腐蚀速率低，是顺南区块未来完井液应用方向之一（表2-1-11、表2-1-12）。

表2-1-11　两种盐水钻井液在160℃热滚16h后的常规性能

钻井完井液类型	密度/(g/cm³)	PV/mPa·s	YP/Pa	Gel/(Pa/Pa)	FL_{HTHP}/mL	泥饼厚度/mm	pH 值
甲酸盐聚磺	2.25	44	4.5	2.5/13.0	8.2	2.0	8
饱和盐水	2.25	66	10.5	4.0/20.0	12.0	2.2	9

表 2 - 1 - 12　甲酸盐盐水与无机盐盐水腐蚀性能比较

盐水	金属材料/	盐水密度/（g/cm³）	实验温度/℃	pH 值	腐蚀速率/（mm/s）
甲酸铯	4140 钢	2.27	120	9.5	0.033
溴化锌	4140 钢	2.27	120	9.5	0.263

认识2：明确了超微重晶石完井液体系最高密度可达到 2.12g/cm³，满足顺南工况，是顺南区块未来完井液应用方向之一。超微重晶石粒径在 0.1~10μm，颗粒表面经过改性处理，形成一个动力学稳定体系，体系中无需加入黏土，不易产生高温固化和高温分解及交联现象，容易重新流动，大大降低井下作业风险。在塔里木大北 302 井使用的超微重晶石完井液体系密度达到 2.12g/m³（表 2 - 1 - 13）。

表 2 - 1 - 13　老化不同时间超微重晶石完井液流变性

老化时间/h	AV/mPa·s	PV/mPa·s	YP/Pa	Gel/（Pa/Pa）
24	19.5	14	5.5	4.5/30.0
72	21.0	15	6.0	4.5/16.0
120	21.0	16	5.0	5.0/25.0
168	22.5	17	5.5	3.0/28.0
360	17.5	13	4.5	3.0/19.0

认识3：明确了新型水基环空保护液在 232℃ 仍然具备良好稳定性，满足顺南工况，是顺南区块未来完井液应用方向之一。新型环空保护液体系主要指碳酸钾、磷酸盐体系，具有腐蚀小，耐高温优点（表 2 - 1 - 14）。

表 2 - 1 - 14　新型水基环空保护液体系优缺点统计表

体　系	优　点	缺　点
碳酸钾体系	1. 天然的弱碱性，本身腐蚀性小； 2. 最高密度 1.52g/cm³； 3. 盐水中不含 Cl^-，消除了油套管钢发生氯化物应力开裂的风险； 4. 结晶温度低，一般情况下不会有晶体析出	与地层水中含有的大量 Ca^{2+}、Mg^{2+} 等二价阳离子生成沉淀。但顺南井区液体 Ca^{2+}、Mg^{2+} 含量较少，需开展实验评价适用性
磷酸盐体系	1. 最高密度 2.5g/cm³； 2. 腐蚀性低； 3. 具有较高的黏度，可以悬浮一定岩屑或砂粒； 4. 在 232℃ 下仍然具有良好的性能； 5. 弱碱性的 pH 值（9~10.5）； 6. 由于所用的盐是用作肥料的磷酸盐，对环境基本无害	新型体系，应用较少

3. 下步建议

建议1：在顺南工况下，完井液体系建议为超微重晶石完井液体系，在应用前应评价其配伍性、耐温性等多方面性能。

建议2：针对顺南工况，环空保护液体系建议研制甲酸盐环空保护液、新型水基环空保护液。

十五、油水分离膜可行性论证

1. 技术背景

经过前期调研发现一种膜材料，能快速实现油水分离，目前无任何应用先例，该项技术处于室内实验阶段，是否适用油田现场有待进一步论证。调研主要是了解各种膜材料油水分离技术成膜机理，膜的耐温、承压、抗盐、工作环境、抗杂质等能力，寻找与完井工艺的切合点，明确膜分离油水技术在石油工程领域应用和攻关方向。

2. 取得认识

认识1：明确了常规油水分离方法技术局限性，不能实现即快速又经济的油水分离。

常规油水分离方法主要分为三大类：物理法、化学法、生物法。三类方法技术特点如下：

（1）物理法：调研10种方法，大部分已经在工业中有应用，但是多用于处理站工作，占地面积较大，分离速度较慢，不适合井口的分离过程。

（2）化学法：通常作为油水分离处理中的辅助手段，适用于原油含量较少时（未见明油），工艺简捷、作用快、效果好的优点，但投放量大、价格昂贵，影响原油品质，原油后期需要处理。

（3）生物法：生物法具有使用量低、脱水快、脱水效率高、可降解性、对环境无害等优点，在原油脱水、污水处理有着广泛的应用前景。但是，目前对生物法的研究还不成熟，使用费用高，进一步的研究重点可能是高效、适应性强、廉价的生物破乳剂（图2-1-36）。

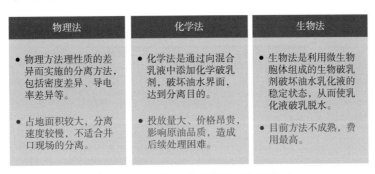

图2-1-36　油水分离常用方法特点图

认识2：明确了金属网膜、陶瓷膜适用油田现场。

采用膜技术分离油水一共四大类，聚合物膜、金属网膜、陶瓷膜、纳米膜，四种膜技术特点如下：

（1）聚合物膜从1927年开始研究，一共调研10种，目前应用于工业海水淡化、食品工业等方面，受其材料性能影响，耐温最高100℃，不满足塔河温度要求。

（2）金属网膜从2004年开始研究用于油水分离过程，一共调研4种，具有高通量、成本低、强度高优点，缺点易腐蚀，通过在金属网表面生长改性物质，可以提高耐腐蚀性能，精细分离方向暂无工业应用，耐温、耐压暂未研究。

（3）陶瓷膜从1940年开始研究，一共调研11种，承压高（30MPa）、耐酸、耐温（1000℃）、强度高，工业上主要用于废水处理。

（4）新型的碳纳米管膜从1991年开始研究，一共调研2种，稳定性好、分离效率高，但是产量低、不具备大规模应用能力（图2-1-37）。

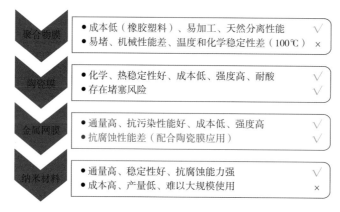

图2-1-37　膜法分离油水技术特点

认识3：通过实验，再次验证金属网膜、陶瓷膜分离速度远高于油田生产速度，满足油田生产需求。

采用YK23现场油、水样品为实验对象，对其进行膜法分离，分离前后照片清晰显示油、水分离效果明显，分离速度分别为340.7m³／（d·m²）、560m³／（d·m²），远远满足油田生产需求（图2-1-38）。

图2-1-38　膜法分离YK23油田水前后照片

3. 下步建议

建议1：研制膜法井口油水分离装置，替代笨重的地面两相分离器，实现现场水样就地分离和就地分注。膜法井口油水分离装置目前国内外均处于空白，市场应用前景广阔。

建议2：研制难度更大的膜法井下油水分离装置。井下油水分离装置目前已经在渤海曹妃甸 11 - 2 - A 平台应用，但是其分离原理采用离心法，需要外界能量供给，利用膜法制作井下油水分离装置目前尚无人开展研究。

第二节 动态监测

一、裂缝 - 孔洞型碳酸盐岩储层试气设计技术

1. 技术背景

针对顺南区块奥陶系超深（6528 ~ 7705m）、超/特高温（191 ~ 210℃）、超/高压（压力系数 1.2 ~ 1.5）干气气藏资料录取难、试井设计难的问题，研究了无计量时产量估算、临界携液产量计算、水合物预测等共计 13 项计算方法，涵盖裂缝 - 孔洞型碳酸盐气井测试前预测、中监测、后评价全方位试气研究，并最终集成了一套综合性、针对裂缝 - 孔洞型特定研究专门的试气设计方法及软件。

2. 技术成果

成果 1：形成了一套具备自主知识产权的裂缝 - 孔洞型碳酸盐岩储层试气设计软件，该软件涵盖裂缝 - 孔洞型碳酸盐气井测试前预测、中监测、后评价共计 13 项全方位试气计算。其中，气井生产制度设计"一键化"应用操作、超深气井井筒流态识别及井底压力计算技术为特色技术，详见成果 2、成果 3（图 2 - 2 - 1）。

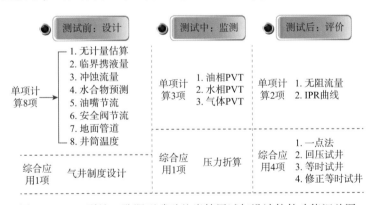

图 2 - 2 - 1 裂缝 - 孔洞型碳酸盐岩储层试气设计软件功能汇总图

成果 2：首创研发了一套气井生产制度设计"一键化"应用操作模式，打破传统凭经验、手动设计气井生产制度的做法，预测不同层级油嘴节流后温度压力，用于指导地面流程耐温压级别选择，在顺北应用 11 井次（4 口井），一级节流压力误差 ±5MPa，二级节流压力误差 -8.7 ~ 2.6MPa；温度误差 -9.6 ~ 8℃（图 2 - 2 - 2、图 2 - 2 - 3）。

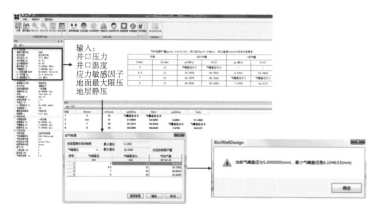

图 2-2-2　生产制度设计"一键化"操作示意图

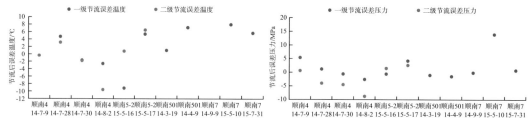

图 2-2-3　生产制度设计"一键化"应用误差分析图

成果 3：建立了超深气井井筒流态识别及井底压力计算技术，计算误差率 0.38% ~ 0.69%。该技术革新了超深井测压方式，即"压力计浅下 + 折算"，浅下达到降级别、降成本需求，运用本技术压力折算获取未测井段压力资料（图 2-2-4）。

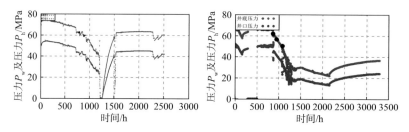

图 2-2-4　顺南 4、顺南 5-2 井计算结果图

3. 创新点

创新点 1：建立了一套气井生产制度设计"一键化"应用操作模式，该模式打破传统凭经验、手动设计气井生产制度的做法，创新性地采用计算机模式代替人脑，规避因个人水平能力差异导致气井生产制度设计不同的风险，是"数据模式"的一种全新尝试。

创新点 2：建立了超深气井井筒流态识别及井底压力计算技术。该项计算可替代井底流压监测，在顺南高压气井大背景下，减少施工风险，降低费用。

4. 推广价值

超深气井井筒流态识别及井底压力计算技术可减少顺南测压 15 井次，误差 0.839%。

以流压、静压测试节约费用为例，可节约资料录取施工费用511.95万元（34.13万元/井次×15井次）。在低油价的大背景下，该项技术是降本增效的有力手段之一，该技术在压力监测方面推广前景巨大。

二、顺南地区高温高压井测试资料解释方法

1. 技术背景

顺南区块奥陶系叠合有利勘探面积$1.57 \times 10^4 km^2$，资源量$2.1 \times 10^{12} m^3$，勘探潜力巨大，该区储层具有超深（6500~7300m）、超高压（储层压力80~125MPa，井口最高压力102.11MPa）、特高温（190~210℃）和高含酸性腐蚀气体（硫化氢2.64~2368mg/m^3，CO_2含量1.71%~18.25%）的特点，同时钻井期间大量流失（1000~6600m^3）、测试期间滤液产出等，资料录取存在"成本高、风险大"。针对"两超一特一高"井资料录取、解释等难点，通过理论研究、现场实施等，攻关形成利用生产数据反演井底压力和求取储层参数等技术，满足超深高温高压油气藏的勘探、开发要求。

2. 技术成果

成果1：研究了高气液比流体的井筒流动机理和流型判断方法，优选出适合该井区的井筒两相流井底压力计算方法，利用非线性回归、约束最优化等数学方法，首次提出利用生产气水比校正井筒两相流井底压力的校正计算公式，校正后的误差降至0.3%以内（表2-2-1、图2-2-5）。

表2-2-1　井筒流型识别方法表

方法	流型分类	适用井型	考虑因素	备注
Duns_Ros	液相连续、气液相交替、气相连续	直井	重力、摩阻、动能	流型判断简单
Mukerjee-Brill	层流、过渡流、间隔流、分散流	直井、水平井	重力、摩阻、动能	计算摩阻和持液率更简单
SWPI	无流型判断	直井	重力、摩阻、动能	计算简单
无滑脱	无流型判断	直井	重力、摩阻	计算简单

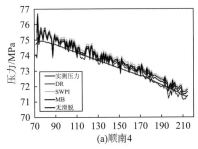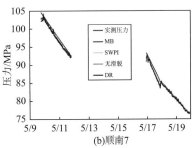

图2-2-5　顺南4、顺南7井实测压力与折算压力对比图

成果2：提出流量归一化压力方法（RNP），将井口的变产量、变压力数据处理成等效常产量的压降，实现了应用试井分析理论对长期生产数据进行分析。在顺南4、顺南501、顺南7等6口应用，求得了储量、渗透率等地层参数，与常规试井分析结论符合率达到85%（表2-2-2、图2-2-6）。

表2-2-2 归一化压力方法与试井方法求取地层参数对比表

井号	顺南4		顺南401		顺南5-2	顺南501	顺南7		顺托1
解释方法	压恢	RNP	压恢	RNP	RNP	RNP	压恢	RNP	RNP
地层系数/$10^{-3}\mu m^2 \cdot h$	1210	176	29	37	19.8	29.9	22.4	10.2	—
渗透率/$10^{-3}\mu m^2$	121	17.6	5.8	7.4	1.24	0.99	0.38	0.339	4
动态储量/$10^4 m^3$	—	3290	—	207	1430	731	—	1730	36600

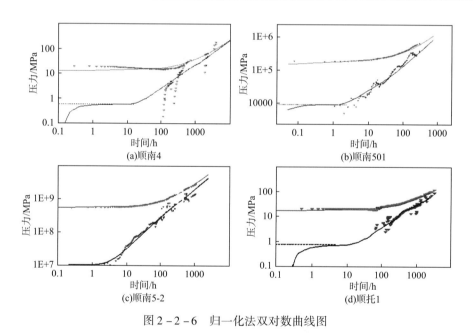

图2-2-6 归一化法双对数曲线图

3. 主要创新点

创新点1：首次建立超高温高压井生产数据反演井底压力技术，通过267个实测井底压力数据的验证，折算误差<0.3%。

创新点2：创新性地提出物质平衡时间和归一化处理方法，实现了应用试井分析理论对长期生产数据进行分析，建立了6类解释图版，解释符合率达到85%以上。

4. 推广价值

利用该方法指导现场测试及数据分析，节约成本2660万元，下步可在预测孔隙压力、指导合理生产及改造措施、优化测压方式、评价动态储量等方面进行进一步的推广应用。

三、断溶体油藏试井解释新方法

1. 技术背景

目前，缝洞型储层试井理论主要有两大类：一是基于经典渗流试井方法中三重介质理论，该套理论最大问题即是不能解释缝洞油藏溶洞大小、孔洞距离等特色参数。二是等势体理论，该理论最大优点通过适当简化，模型简单，求解容易，求解参数满足现场实际需求，最大缺点计算结果不可靠。基于此，重新建立缝洞特色地质模型，首建新参数功能团表征油藏流动特征，同时引入压力波概念，初步形成了波动－管流－渗流耦合的缝洞型油藏试井解释新方法。

2. 技术成果

成果1：首创波动－管流－渗流耦合的缝洞型油藏试井新理论。

该理论在重新构建缝洞地质模型的基础上，首建新参数功能团表征油藏流动特征，引入波动方程描述压力波在溶洞中传播，溶洞符合管流，裂缝符合渗流，采用三大力学守恒定律（能量、质量、动量守恒）作为约束条件，建立了波动－管渗耦合的缝洞特色试井解释理论（图2－2－7）。

新
方
法
溶洞流体为管流，有压降；
裂缝系统既是储油空间，又是渗流通道。
管流
渗流
Q_0
洞1
洞2
Q_1
Q_2
Q_3

图2－2－7　缝洞试井新方法模型假设

成果2：建立了缝洞型油藏特色解释参数。

主要涉及洞的波动系数、洞的阻尼系数、洞的形状因子、流量比、溶洞体积，替代砂岩理论中渗透率、表皮等参数。在顺北应用15井次，准确率>80%，明确了顺北区块溶洞体积（2.54～34.43）$\times 10^4 m^3$，洞距离105～322m（图2－2－8、表2－2－3）。

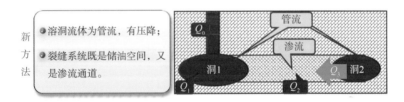

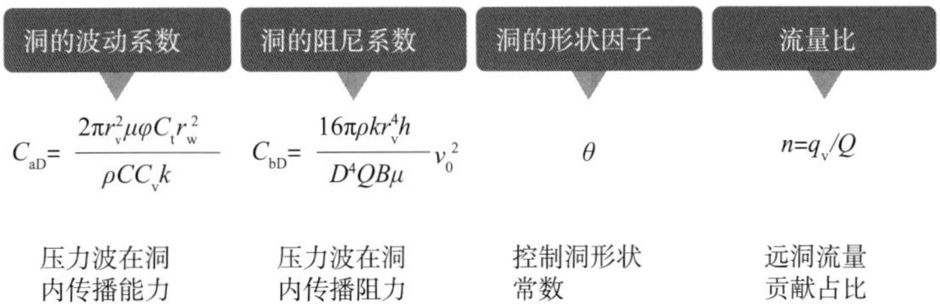

洞的波动系数
洞的阻尼系数
洞的形状因子
流量比
$C_{aD}=\frac{2\pi r_v^2\mu\varphi C_t r_w^2}{\rho C C_v k}$
$C_{bD}=\frac{16\pi\rho k r_v^4 h}{D^4 Q B\mu}v_0^2$
θ
$n=q_v/Q$
压力波在洞内传播能力
压力波在洞内传播阻力
控制洞形状常数
远洞流量贡献占比

图2－2－8　缝洞特色参数团

表 2 - 2 - 3　顺北 1 井区特色参数解释结果统计表

井号	溶洞体积 (V) /m³	裂缝体积 (V_F) /m³	洞体积 (V_2) /m³	洞距离 (L_1) /m	洞波动系数 (F_a)	洞阻尼系数 (S_v)
SHB1 - 1H	344297. 1	1718000	293095	148. 908	0. 016606	40. 7516
SHB1 - 2H	313776. 8	797685	273613	136	533. 724	0. 1
SHB1 - 3	917311	1645000	843126	321. 615	2. 7882	4. 224
SHB1 - 4H	25407. 02	426415	16977. 34	158. 416	50. 455	0. 4146
SHB1 - 5H	147818. 8	457818	64510. 35	120		0. 19805
SHB1 - 6H	308032. 8	837274	227212	200		0. 027828
SHB1 - 7H	157633. 6	1450000	114433	105	1942. 644	0. 01

3. 主要创新点

创新点：建立了一套全新缝洞试井解释新理论，且应用效果较好。该套理论为国内外首创，是专门针对缝洞油藏特征研制的一整套新理论。

4. 推广价值

本技术系国内首创，专门针对缝洞油藏特征研制的一整套新理论，同时该套理论可指导认识油藏结构，在一定程度上减少测井、钻井作业次数。除在顺北应用外，也适用于所有缝洞油藏，推广应用前景巨大。

四、塔河油田奥陶系缝洞型油藏动态分析方法

1. 技术背景

针对塔河油田开发中暴露的四大问题：

（1）油井产能较高，平面差异较大。

（2）具有一定天然能量，但不同缝洞单元差异较大。

（3）油井产能递减较大。

（4）含水上升规律性差。

开展塔河油田奥陶系缝洞型油藏动态资料分析方法研究，并建立研究区储量计算、水体参数预测等动态分析方法，并制定相应的动态分析流程，资料录取规范，做到动态分析的高效和准确性，进而广泛推广应用于碳酸盐岩缝洞型油藏注水、注气的开发动态分析，尤其可应用于顺北区块。

2. 技术成果

成果 1：建立了缝洞型油藏利用动态资料确定动态储量的评价方法体系。以顺北 1 井区为例，采用生产监测、压恢、压降三种方法明确其动态储量为（1380 ~ 1874）× 10⁴ m³（表 2 - 2 - 4）。

表 2 - 2 - 4　顺北 1 号断裂带动态储量统计表

方法井号	单井生产指示曲线		井组生产指示曲线/10^4m^3	试井解释		储量综合取值	
	静压压降/MPa	油压压降/MPa		压力恢复/MPa	压降/MPa	单井/10^4m^3	井组/10^4m^3
SHB1 - 1H	428.14	445.12	626.7	162.99	171.44	166.06	684.77
SHB1 - 6H	213.4	179.5		210.17		201.02	
SHB1 - 7H	311.9	342		299.17		317.69	
SHB1 - 2H	115.4	302.1	313.2	67.70		161.73	482.34
SHB1 - 4H	1097	230.7		21.34		126.02	
SHB1 - 5H	205.4	345.6		32.76		194.59	
SHB1 - 3	440.8	834.6	440.8	847.61		707.67	707.67
井区合计	2812.04	2679.62	1380.70	1641.74		1874.78	1874.78

建立了 5 种模型的注水指示曲线表达式，形成了利用注水曲线特征确定动态储量的方法体系，以托普台区块 TP125 为例，计算了该井动态储量为 10×10^4m^3。

成果 2：建立了塔河油田奥陶系缝洞型油藏多轮次试井解释曲线联解计算水油比方法。以储层定容为前提，当地下油量变化与实际产出一致时，通过多轮次试井解释曲线联解，反推出地下真实水油比。计算得到 SHB1 - 1H 地层真实水油比约为 1 : 1（图 2 - 2 - 9）。

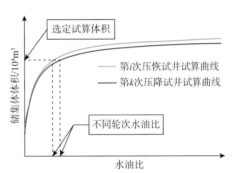

图 2 - 2 - 9　多轮次试井解释曲线联解计算水油比方法示意图

3. 主要创新点

创新点：建立了多轮次试井解释曲线联解求取水油比方法。该方法为压恢资料的另一应用方法，深度挖掘资料。

4. 推广价值

建立的缝洞型油藏连通性评价方法、动态储量评价方法体系方法、水油比预测方法，不仅适用于塔河缝洞油田，也可推广应用至所有缝洞型储层，应用前景巨大。

五、注水井套管腐蚀检测与评价技术

1. 技术背景

针对注水、注气井油套管日益严重的腐蚀、变形、结垢等问题，选择典型注水、注气井进行套管腐蚀检测测井，评价检测技术方法优缺点，优化检测施工工艺，分析注水注气井套管腐蚀特点和腐蚀规律，为生产井后续措施方案和油田腐蚀检测方案制定提供依据。

2. 技术成果

成果1：通过"3个统一"技术改进，实现一体化工程测井。

60臂井径可判断套管变形或结垢，电磁探伤可判断腐蚀情况。通过对两种仪器的挂接方式和总线串接模式进行统一连接方式、统一仪器供电电压、统一仪器信号传输方式改进，实现电磁探伤与MIT60井径仪器一体化组合测井，实现一趟测井录取两种资料的目的（图2-2-10）。

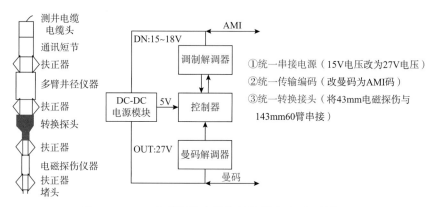

图2-2-10 电磁探伤多臂井径仪器改造原理结构图

成果2：总结出注水井腐蚀轻微、气水混注井浅部腐蚀严重、深部结垢严重的规律。

塔河6口井测试表明，长期注水井无明显腐蚀和结垢；长期气水混注井2000m以浅腐蚀严重、结垢轻微，4700m以深腐蚀中等、结垢严重（表2-2-5）。

表2-2-5 一体化监测技术在塔河及顺北油田应用统计表

井号	井型	累计注气量/ $10^4 m^3$	累计注水量/ $10^4 m^3$	异常井段/m	腐蚀程度/ 壁厚损失率	结垢（变形）状况（井径减小率）
TH12336	注水	—	2.33	无	无	无
TK430CX	注水	—	45.2	无	无	无
S64	注水	—	19.8	无	无	无
TK440	气水混注	864.2	38.8	1831.0~1851.0	重（31%）	无
				1889.0~1889.6	穿孔（100%）	无
				2100.6~2101.4	穿孔（100%）	无
TK826	气水混注	431.3	2.45	1026.0~1033.0	重（38%）	7%
				5710.0~5726.0	中度（19%）	15.7%
TK425CH	气水混注	870.1	11.4	4738.0~5183.0	中度（11.2%）	13.5%

3. 主要创新点

创新点：通过仪器改进，实现电磁探伤与60臂井径仪器一体化测井工艺。

4. 推广价值

多臂井径、电磁探伤两种方法监测资料优势互补、评价准确，一体化测井工艺提高了解释效果、节约了费用，可在塔河、顺北等区块进行推广。

第三节　主要产品产权

一、核心产品

应急生产井控设备冲蚀、腐蚀和振动分析图版。

二、发表论文（表2-3-1）

表2-3-1　发表论文表

论文作者	论文名称	期刊名称
苏鹏 李双贵	双梯度钻井隔水管中气体运移物理过程实验研究	石油机械
李林涛	考虑温度影响的特殊螺纹油管接头三维有限元分析	石油机械
陈东波	应急放喷工况下钻井四通抗冲蚀性能分析	腐蚀与防护
张杰 李林涛 等	13Cr油管接箍泄漏原因分析	钢管
张杰 陈晓华 等	试油封隔器卡瓦处套管裂纹塑性扩展损伤分析	油气田开发工程
张翼 汤连东 徐燕东 等	稠油底水油藏临界产量计算方法研究	天然气与石油
徐燕东	Combined Analysis of One Tough HPHT Carbonate Gas Reservoirs in China	SPE 83766
艾爽 徐燕东 等	基于约束优化的高温高压气井产能评价方法	特种油气藏
徐燕东 谷海霞 等	碳酸盐岩高压高产气井异常产能资料解释方法	西南石油大学学报（自然科学版）

三、发布专利（表2-3-2）

表2-3-2　发布专利表

专利作者	专利名称
张杰 龙武 等	喷砂射孔工具
张杰 李双贵 等	一种上定向喷砂射孔装置及管柱
张杰 龙武 等	新型上定向喷砂射孔工具

四、其他成果

（1）缝洞型碳酸盐岩储层试气设计软件。

（2）超深碳酸盐岩储层井壁稳定性评价软件。

参考文献

[1] 刘强，范晓东，宋生印，等.钛合金油管表面抗粘扣处理工艺研究 [J].石油管材与仪器，2017，3（4）：26-31.

[2] 李岩，谢俊峰，张旭，等.某井修复油管脱扣原因分析 [J].理化检验：物理分册，2017，53（1）：46-50.

[3] 龙岩，李岩，李小瑞，等.修复油管脱扣原因分析及预防措施 [J].石油管材与仪器，2016，（6）：52-54.

[4] 杨向同，吕拴录，彭建新，等.某油井特殊螺纹接头油管粘扣原因分析 [J].理化检验：物理分册，2016，（5）：320-323.

[5] 刘庆.N80Q加厚油管粘扣原因分析 [J].中国设备工程，2017，0（17）：73-74.

[6] 黄世财，刘易非，冯辉，等.哈××井油管粘扣及脱扣原因分析 [J].河南科技，2015（07X）：84-86.

[7] 张钧，赵国仙，吕祥鸿，等.塔里木油田某井油管脱落原因分析 [J].理化检验：物理分册，2014，（11）：845-848.

[8] 张连业，王双来，彭娜.某井油管脱扣原因分析 [J].钢管，2012，41（5）：66-71.

[9] 吕拴录，杨成新，吴富强，等.LG351井油管粘扣原因分析及预防 [J].钢管，2011（S1）：33-36.

[10] 李磊，刘文红，宋生印.某井N80-Q油管粘扣及脱扣的分析 [J].钢管，2011，40（4）：44-48.

[11] 张俊，张洋.顺北油气田大开发序幕拉开 [J].中国石油石化，2016（22）：50-51.

[12] 张俊，张洋.西北油田：顺北油田获里程碑式突破 [J].石油知识，2016（6）.

[13] 周新源.库车山前复杂超深井钻井技术 [M].北京：石油工业出版社，2012.

[14] Stephens M, Gomes-Nava S, Churan M. Lobotory methods to assess shale reactivity with drilling fliuds [C].//2009 National Technical Conference&Exhibition, New Orleans, Louisiana, 2009.

[15] 黄思静.碳酸盐岩实验室研究方法（二）[J].矿物岩石，1990（2）：114-122.

[16] 刘伟新，史志华，朱樱，等.扫描电镜/能谱分析在油气勘探开发中的应用 [J].石油实验地质，2001，23（3）：341-343.

[17] 潘林华，张士诚，程礼军，等.围压-孔隙压力作用下碳酸盐岩力学特性实验 [J].西安石油大学学报（自然科学版），2014（5）：17-20.

[18] 张强勇，王超，向文，等.塔河油田超埋深碳酸盐岩油藏基质的力学试验研究 [J].实验力学，2015，30（5）：567-576.

[19] 卢运虎，陈勉，金衍，等．碳酸盐岩声发射地应力测量方法实验研究 [J]．岩土工程学报，2011，33（8）：1192－1196．

[20] 刘大伟，康毅力，何健，等．碳酸盐岩储层水敏性实验评价及机理探讨 [J]．天然气工业，2007，27（2）：32－34．

[21] 张智，付建红，施太和，等．高酸性气井钻井过程中的井控机理 [J]．天然气工，2008，28（4）：56－58．

[22] 阎凯，李锋，YANKai，等．塔里木油田井控技术研究 [J]．地球物理学进展，2008，23（2）：522－527．

[23] 吴志均，陈刚，郎淑敏，等．天然气钻井井控技术的发展 [J]．石油钻采工艺，2010，32（5）：56－60．

[24] 集团公司井控培训教材编写组编．钻井井控工艺技术 [M]．青岛：中国石油大学出版社，2008．

[25] 胥志雄，田增，王延民，等．氮气钻井过程中井口多功能四通的使用寿命 [J]．理化检验－物理分册，2015，51（7）：459－461．

[26] 何江华，刘绘新，艾志久，等．氮气钻井多功能四通防冲蚀结构改进 [J]．石油机械，2014，42（4）：7－10．

[27] 邹康，王健功，杨赟达，等．气体钻井对井口四通冲蚀磨损规律研究 [J]．石油机械，2015，43（1）：21－26．

[28] Liu H，Liu P，Fan D，et al. A new erosion experiment and numerical simulation of wellhead device in nitrogen drilling [J]. Journal of Natural Gas Science & Engineering，2016，28：389－396．

[29] Zhu H，Wang J，Ba B，et al. Numerical investigation of flow erosion and flow induced displacement of gas well relief line [J]. Journal of Loss Prevention in the Process Industries，2015，37：19－32．

[30] Zhu H，Lin Y，Zeng D，et al. Numerical analysis of flow erosion on drill pipe in gas drilling [J]. Engineering Failure Analysis，2012，22：83－91．

[31] 何东林，王文娟，刘波．侏罗系地层弱胶结砂质泥岩本构关系初步研究 [J]．山东煤炭科技，2016（2）：112－114．

[32] 郭建华．高温高压高含硫气井井筒完整性评价技术研究与应用 [D]．西南石油大学，2013．

[33] 李海波，冯海鹏，刘博．不同剪切速率下岩石节理的强度特性研究 [J]．岩力学与工程学报，2006，25（12）：2435－2440．

第三章

采油工程技术进展

塔河油田具有超深、超稠、高温、高盐等复杂苛刻的地质特征，同时近年来开发对象逐渐转向弱能量、超稠油等低品位类型，开发难度进一步加大。针对此类问题，通过技术攻关，形成了稠油降黏、机械采油、凝析气藏增产、流道调整、注气三采、碎屑岩提高采收率等系列技术体系，年增油超过 $20 \times 10^4 t$，老井递减率控制在 20% 以下，为塔河油田增储上产提供了有力支撑。

(1) 稠油降黏技术方面。塔河深层稠油由于井深、油稠，传统的水驱和热采技术不能有效满足开发需求，是国际公认最难开发动用的一类油藏。以高含沥青质、超稠油致黏机理研究为突破点，一方面针对稠油高含沥青质、地层水高矿化度的问题，创新研发多项化学降黏技术，配套了特色工艺，应用后增产原油 $185 \times 10^4 t$；另一方面针对稠油温度敏感性强的问题，建立了深井井筒温度压力场模型，集成创新了掺稀优化等物理降那黏技术，实现了该类油藏降黏开发技术重要突破，近年来，年平均节约稀油达到 $10 \times 10^4 t$ 以上。同时，针对井筒解堵、稠油提高采收率、稠油地面改质等技术，开展了系列化的探索和技术拓展，丰富了稠油开采的技术领域。

(2) 机械采油技术方面。塔河油田是中国石化西部上产的重要能源接替阵地，主要以海相沉积缝洞型油藏为主，具有"两超三高"特征，导致油井举升工艺配套难、举升成本高。在前期深抽技术的基础上，基于特殊油藏选型设计方法研究，针对超深弱能量深抽需求，开展深抽杆式泵配套技术研究，形成适用不同井筒条件的杆式泵深抽新技术；针对超稠油油藏难动用问题，开展大排量抽稠泵、稠油专用电泵及配套技术研究，形成适用超稠油、特超稠油等不同条件的大排量深抽特色技术；针对系统运行管理体系不完善的问题，完善形成深抽管理运行体系。通过上述攻关，形成塔河油田超深弱能量、超稠油井筒高效深抽技术系列，为超深弱能量、超稠油藏的高效开发提供技术保障，实现塔河难动用储量的有效动用，同时形成的技术成果对包括塔里木油田在内的稠油油藏开采具有极大的借鉴价值。

(3) 凝析气藏采油采气技术方面。塔河油田凝析气藏具有埋藏深、温度高、孔渗条件好、凝析油含量高、边底水能量较强、高矿化度、高气液比的特点。随着凝析气藏的持续开发，水体能量大，造成边水突进及底水锥进，气井水侵水锁严重，亟待深化气井水侵理论研究与控堵水技术攻关。为此，开展了凝析气井水侵强度、排采机理、CO_2泡沫控堵水、微胶体系控堵水、气井油套双采排水采气等研究，形成了过油管射孔气举排水采气技术、CO_2泡沫控堵水技术、微胶体系控堵水技术，其中过油管射孔气举排水采气技术得到推广应用，为塔河油田凝析气藏改善开发效果提供了技术支撑。

（4）流道调整技术方面。塔河碳酸盐岩油藏目前单元注水井 247 口，其中效果变差或失效井 91 口，水驱响应程度约为 33.4%，设法扩大注水波及，提高原油采收率成为油田开发当务之急。然而，塔河碳酸盐岩缝洞型油藏油、水的赋存形式特殊，油水关系复杂，储集体规模差异大，非均质性强，流道调整对象认识极为困难。砂岩油藏分层堵水、分层调剖的成熟理论及经验在塔河碳酸盐岩油藏不适用。为此，研发了塔河碳酸盐岩缝洞型油藏流道调整工艺，其中流道调整机理为缩缝调流和卡堵转向。为了确保地层注入性及调流效果，研发了"四个可控"药剂体系及配套注入工艺。截至目前，注水井流道调整已在塔河油田累计实施 12 井组，其中 4 井组增油效果明显，1 井组实现转向，4 井组在评价。

（5）注气三采技术方面。塔河油田缝洞型油藏非均质性极强，储集空间多样，采油率仅 14.8%，远低于国内外同类油藏采收率水平。2012 年，注氮气三次采油的突破，标志着塔河油田由二次采油向三次采油的革命性转变，目前累计实施 1300 余井次，累计增油 $260 \times 10^4 t$，效果显著。但是随着注气开发的进行，缝洞型油藏的特殊性给注气参数优化、多轮次注气效果、注氮气工艺配套带来极大难题。为此，以典型井（井组）物理模拟、数值模拟等为方法，开展注氮气工艺参数优化、低效井治理等技术研究，改善单井和单元注氮气效果，并研发高性能防气窜体系、除氧剂等配套体系，形成井组注氮气防窜工艺、含氧氮气防腐工艺等配套工艺，为塔河缝洞型油藏注氮气三次采油提供技术支撑。

（6）碎屑岩提高采收率技术方面。塔河碎屑岩油藏非均质极强，高含水油井增多，治水形势严峻。针对碎屑岩油藏特征形成了堵、调、驱的系列治理体系。针对底水上窜，井周剩余油难动用的问题，创新形成以冻胶等为主的深部不动管柱堵水技术，有效封堵深部出水井段，动用井周剩余油，增油 $30 \times 10^4 t$；针对河道砂油藏中间高渗边缘低渗、注水效率低的问题，创新研发多尺度冻胶分散体、膨胀颗粒等多项调驱体系，设计搭建体系工业在线生产流程，形成低成本碎屑岩在线调驱技术。针对边底水油藏井间剩余油难动用的问题，创新研发耐温抗盐氮气泡沫体系，通过活性剂和泡沫的低张力优势，改善剖面、扩大波及，形成高温高盐氮气泡沫复合驱油技术。上述工艺为塔河碎屑岩油藏高效治理提供有力技术支撑。

第一节　稠油降黏

一、不同黏度稠油驱替效率测试评价

1. 技术背景

塔河油田石油储量丰富，是中国石化上产的重要阵地，塔河油田常规水驱工艺由于原油黏度差异大，存在效率低的情况。通过国内外原油驱替技术现状调研，了解不同驱替介质的优缺点及适应性，选取塔河油田有代表性的三种不同黏度范围的原油进行水驱、N_2驱、注表面活性剂驱、注 CO_2 驱、注 $CO_2 + N_2$ 驱的驱替效率评价，明确了不同黏度范围原油驱替效果，优选出合适的驱替介质，并评价与其他工艺的协同作用，为后期驱替提供了技术支撑。

2. 技术成果

成果 1：通过塔河碳酸盐岩物性分析，确定使用大理石模拟粗糙岩心地层裂缝模型。

用 X – 射线衍射方法分析碳酸盐岩和大理石的组成可知，大理石矿物种类和矿物含量与塔河碳酸盐岩非常相似，都是以方解石为主，含有少量其他矿物和黏土，结果如图 3 – 1 – 1 和表 3 – 1 – 1 所示。

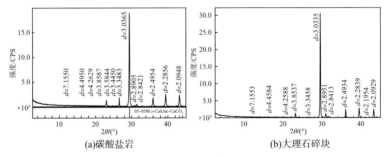

图 3 – 1 – 1　塔河碳酸盐岩 XRD 和大理石碎块 XRD 对比图

表 3 – 1 – 1　塔河碳酸盐岩和大理石矿物种类和含量对比

类型	石英	钾长石	钠长石	方解石	白云石	重晶石	黏土矿物总量
大理石	3.2	—	—	93.8	0.9	0.8	1.3
碳酸盐岩	1	—	—	93	5	—	1

因此，可以利用大理石来模拟塔河碳酸盐岩缝洞型油藏的缝洞结构。通过裂缝驱油模型，利用大理石岩心之间的缝隙，来模拟油藏岩层中的孔洞，注油后，通过驱替方式研究驱替效率。

成果2：分别评价了水驱、表面活性剂驱、N_2驱、CO_2驱、$N_2 + CO_2$驱、水驱+表面活性剂驱、水驱+N_2驱对不同黏度原油（低黏度原油、中黏度原油和高黏度原油）驱替效果，优选出最佳驱替介质。

实验方法：采用大理石模拟粗糙岩心地层裂缝模型，设置缝宽为0.5mm，分别以低黏度原油、中黏度原油和高黏度原油为油相，在恒温50℃条件下进行驱替效率评价实验，结果如下（图3-1-2）：

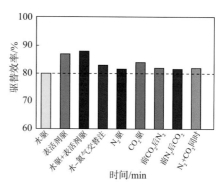

图3-1-2 稀油在不同驱替条件下的驱替效率

从图3-1-2可知，针对低黏度原油，所有驱替方式的驱替效率均≥80%，有较好的驱替效果，其中最佳驱替介质是水驱+表面活性剂驱，低黏度原油自身黏度较小，流动性好，流动阻力小，且界面张力相对较小，具有易于流体的携带、混溶、乳化等有利于提高驱替效率的特点，因此，在各种驱替方式的作用下均具有良好的驱替效果。

针对中黏度原油，最佳驱替介质是表面活性剂，另有水驱协同表面活性剂驱和CO_2驱，表现出较好的驱替效果（图3-1-3）。

针对高黏度原油，最佳驱替方式是水驱+表面活性剂驱，同时表面活性剂驱和CO_2驱也有较好的驱替效果。高黏度原油黏度大、流动性较差，界面张力较大，不易于混溶、乳化和从缝洞中剥离，导致各种驱替方式作用下的驱替效果较差。表面活性剂可以降低高黏度原油的界面张力、减小流动阻力，在很大程度上提高驱替效果；注入CO_2后，增容膨胀作用使原油体积增大，使高黏度原油分子间的作用力降低，原油的黏度大大降低，更利于原油驱替（图3-1-4）。

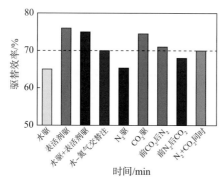

图3-1-3 中度原油在不同驱替条件下的驱替效率

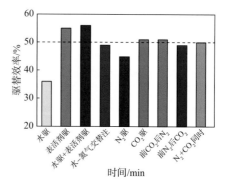

图3-1-4 高黏度原油在不同驱替条件下的驱替效率

3. 主要创新点

创新点：明确了不同黏度范围原油合适的驱替介质，针对低黏度原油，最佳驱替介质是水驱+表面活性剂驱；针对中黏度原油，最佳驱替介质是表面活性剂驱；针对高黏度原

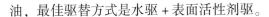

油，最佳驱替方式是水驱＋表面活性剂驱。

4. 推广价值

明确了不同驱替介质对不同黏度范围原油的驱替效率，以及不同黏度稠油最佳驱替介质，并评价了与其他工艺的协同作用，为塔河后期驱替提供了技术支撑，同时为塔里木、吐哈等类似井况提供了技术参考。

二、塔河超稠油超深井地下蒸汽发生技术实验评价

1. 技术背景

塔河油田以于奇地区为代表的超稠油油藏，原油沥青质含量高达40%，地层温度下黏度5000mPa·s，导致原油流动困难，影响原油开采。对此，设计了一种井下蒸汽发生技术，该技术很好地克服了井上蒸汽发生器的不足。井下蒸汽发生器直接工作于井下，在稠油油层处产生蒸汽并直接注入油层，不受传统注蒸汽因井深蒸汽难以注入的限制，热效率高且不会产生空气污染，能够有效地提高稠油的开采率和经济效益。由于塔河油田超稠油油藏井深为6000~7000m，远超常规热采技术适应范围，论证和探索了超深井井下蒸汽发生技术的可行性，为超稠油高效开发奠定了坚实的理论基础。

2. 技术成果

成果1：通过对国内外井下蒸汽发生器系统调研，针对深井和超深井稠油油藏，优选了电热式井下蒸汽发生器（表3-1-2）。

表3-1-2 不同蒸汽发生器方案对比

类型 比较	直热式 井下蒸汽发生器	电热式 井下蒸汽发生器	常规 地面蒸汽锅炉
能量利用率	较高	高	较差
技术成熟度	一般	一般	成熟
装置复杂程度	一般	较简单	较复杂
地面配套设备	中等	较少	较多
井下配套装置	较多	较多	较少
监控难度	困难	困难	简单
可靠性	较差	一般	好
加热稳定性	一般	较好	较好
施工便利性	较差	中等	较好
超深井适应性	一般	较好	差

针对深井和超深井稠油油藏，由于井深深度大，且井下温度、压力等环境复杂，对下井设备的要求严格，电热式井下蒸汽发生器结构相对简单，下井配套管线及配套工具相对较少，同时电加热方式比燃烧加热方式也更稳定，因此电热式井下蒸汽发生器方案比直热

式井下蒸汽发生器方案更具有优势。

成果2：根据加热元件的要求、井下装置的空间尺寸特点以及强度、工艺等，设计了一种电热式井下蒸汽发生器结构方案（图3-1-5）。

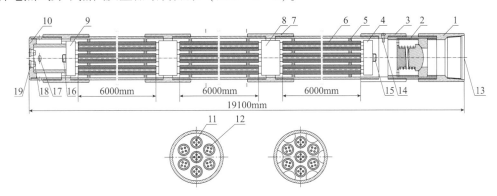

图3-1-5　井下电热式蒸汽发生器结构总图

1—上接头；2—单流阀；3—接头Ⅰ；4—接线盒Ⅰ；5—支撑架；6—电热管；
7—接头Ⅱ；8—电热管连接头；9—接线盒Ⅱ；10—下接头；11—电热丝；
12—耐温填料；13—进水口；14—液位传感器；15—接线端子Ⅰ；
16—接线端子Ⅱ；17—蒸汽出口；18—温度传感器；19—压力传感器

成果3：为验证井下电加热蒸汽发生器的蒸汽发生量、蒸汽温度、蒸汽压力情况，设计了电热式蒸汽发生器室内实验方案（图3-1-6）。

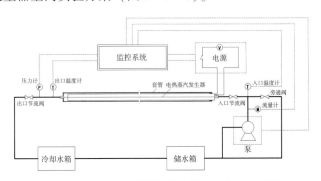

图3-1-6　电热式蒸汽发生器室内实验方案图

3. 主要创新点

创新点1：设计了一种电热式井下蒸汽发生器结构方案。

创新点2：设计电热式蒸汽发生器室内实验方案。

4. 推广价值

该技术克服了井上蒸汽发生器的不足，井下蒸汽发生器直接工作于井下，在稠油油层处产生蒸汽并直接注入油层，不受传统注蒸汽工艺中因井深蒸汽难注入的限制，热效率高且不会产生空气污染，能够有效地提高稠油的开采率和经济效益，为超稠油高效开发奠定了坚实的理论基础。

三、塔河稠油井解堵抑堵剂室内性能测试

1. 技术背景

油气体系中胶质沥青质沉积问题一直是石油工业界所面临的严峻问题，它一直伴随着石油生产和加工的各个环节，在油气藏储层、开采设施、管道以及加工设备中都会出现沥青质沉积现象。通过四组分分析、有机物及无机物含量分析、非金属元素含量分析、扫描电镜及能谱分析等方法对堵塞物样品进行分析，判断堵塞物类型，筛选出了最适合的解堵剂评价方法，制定了解堵剂评价方法及用量选择标准。明确了解堵抑堵剂的基本性能，并针对不同的堵塞物进行解堵、抑堵效果评价，为现场试验提供支撑。

2. 技术成果

成果1：建立了堵塞物类型的分析方法。

采用扫描电镜观察堵塞物表面结构，发现堵塞物的层状结构符合沥青质结构特征。结合能谱图各堵塞物微量金属元素含量高的特点，推测该有机物主要含有沥青质等重组分；通过有机物与无机物含量分析，堵塞物样品的无机物含量极少，有机物占比在90%以上；堵塞物的H/C均为1.2左右，说明堵塞物中含有较多的环状与芳环结构，缩合度较高，不饱和程度较高，推断堵塞可能是由胶质、沥青质等重组分造成的；差示扫描量热分析结果显示，当温度达到460℃附近时，堵塞物开始熔化，与沥青质的熔点基本一致，故推断上述堵塞物为沥青质；通过堵塞物四组分分析，可以看出不同区域的堵塞物组分略有差异，但整体沥青质含量高，ARP法确定均为沥青质型堵塞，进一步验证了前述各项仪器分析的实验结果（图3-1-7）。

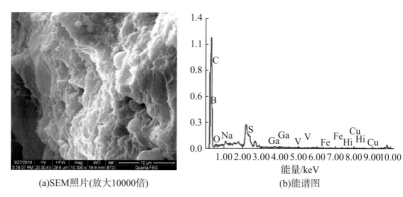

(a)SEM照片(放大10000倍)　　　　(b)能谱图

图3-1-7　堵塞物分析图

成果2：制定了解堵剂抑堵性能评价方法。

以正庚烷作溶剂，稀油体系 V（正庚烷）：V（稀油）=30：1；稠油体系 V（正庚烷）：V（稀油）=15：1，采用多重光散射技术稳定分析法，加入体积分数为1%的解堵剂扫描30min，以样品池30～31mm处的动力学不稳定指数作图，以动力学不稳定指数评价解堵剂抑堵效果，数值越小越好。

成果3：制定了解堵抑堵剂评价方法及用量标准。

明确了沥青质解堵抑堵剂的技术要求、检验方法、检验规则、判定规则、评价方法、用量标准、施工方案及标志、包装、运输和储存。本标准适用于采油用沥青质解堵抑堵剂的实验室评价和质量检验。

3. 主要创新点

创新点：建立了不同堵塞物解堵剂的评价方案和用量选择标准。

4. 推广价值

研究确定了堵塞物的类型，筛选出了最适合的解堵剂评价方法，制定了解堵剂评价方法及用量选择标准，评价了解堵抑堵剂的效果，建立了不同堵塞物解堵剂的评价方案和用量选择标准，为现场生产提供了技术指导和依据。

四、稠油地面改质技术可行性论证

1. 技术背景

随着稠油区块的深入开发和稀油区块的自然递减，单纯地依靠中质油混配已无法满足油田掺稀需要，同时在当前低油价下，为保障稀油分输分销，急需新型经济高效的掺稀替代措施。由于稠油价格较低，如何通过改质提高稠油经济效益是当前经济形势下提高油田开发效益的重要途径。通过对国内外催化裂化改质技术、减黏裂化改质技术、供氢热裂化改质技术、HTL技术改质技术、离子液体改质技术、PetroBeam改质技术、水热催化改质技术和掺稀降黏技术进行调研，根据塔河稠油基本性质，优选出塔河稠油地面改质技术方案，设计了HTL中试装置，设计了减黏裂化中试装置，采用生命周期法评估了地面改质技术的经济效益，为塔河油田稠油自开发提供了技术指导。

2. 技术成果

成果1：分析了国内外各种改质技术的优缺点（表3-1-3）。

表3-1-3 各种改质技术对比

改质技术	优　点	缺　点
催化裂化	转化率高，产品质量好	装置能耗高，催化剂发展水平不高
减黏裂化	装置投资比较小，操作费用比较省，可靠性比较高，投产和输出迅速	减黏裂化过程中，沥青质增加会破坏胶体平衡体系，使贮存安定性变差
临氢减黏裂化	氢气的存在有效抑制热反应自由基链的增长，改善胶体平衡体系	受氢气的制约很大，在塔河油田区块应用受到限制
供氢减黏裂化	避免了氢气来源的制约，生焦速度大幅度减小，改善渣油的改质效果	目前还需要开发性能优良的供氢剂
离子液体改质	反应温度低，条件温和	离子液体的研究还处于初级阶段
HTL改质	产品收率高，副产气低	反应温度高，生焦量偏高

续表

改质技术	优　点	缺　点
PetroBeam 改质	投资成本低，操作成本低	需要充足电辐射量，在现场工业生产具有一定的困难
水热裂解	能够实现稠油不可逆降黏，减少稠油中重质组分的含量	产率有待观察，在催化剂的选择上具有一定的难度
掺稀降黏	装置简单且费用较低，作为塔河现有工艺技术，成熟	掺稀资源不足，且原料成本高

塔河稠油由于高硫、高氮和高含量的重金属，使其改质和加工难度加大。稠油改质技术是建立在多学科基础上的综合技术，虽然上述催化裂化、减黏裂化、供氢热裂化、HTL 技术减黏等技术在理论上讲都是可以用于稠油改质的，但这些加工技术成熟度、工艺过程、操作成本、投资规模及产物品质相差较大。根据改质技术的优缺点和塔河稠油性质，优选出了相对较好的塔河稠油地面改质技术：HTL 技术、减黏裂化技术和掺入介质改质方案。

成果 2：设计了 HTL 中试装置（图 3 - 1 - 8）。

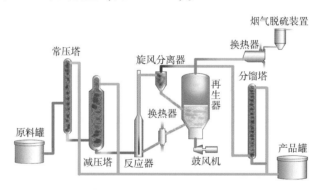

图 3 - 1 - 8　HTL 工艺流程图

该技术的特点是以重油减压渣油为原料，反应器为垂直型，停留时间短且为上流式，原料喷到热砂流体上。在气旋分离器中，混合物分离为产物与砂子。产物迅速回收并急冷，将脱氢和聚合降至最低限度。砂流体进入中间加热器，在上流反应器反应时，沉积的薄层焦炭燃烧，重新加热砂子。当循环回上流反应器底部时，砂子冷却至反应温度范围内。不凝副产气是循环砂热载体的运载气。未反应的渣油可返回上流反应器中进一步转化。循环流体用于急冷旋风分离器中的反应产品，将副反应降至最低，高温下反应停留时间低于 3s，反应非常迅速。

成果 3：设计了减黏裂化中试装置（图 3 - 1 - 9）。

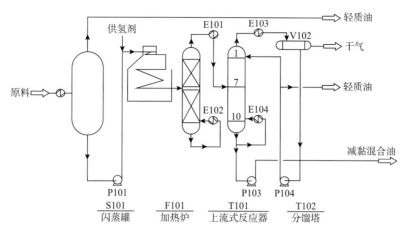

图 3 - 1 - 9　减黏裂化工艺流程图

原油从原料罐进入常压蒸馏塔，沸点低于 350℃ 的馏分作为轻质油品进入产品罐，350℃ 以上的馏分与供氢剂混合，进入加热炉。加热后的混合油品从底部进入上流式反应器，在反应器中自下而上流动，油品在反应器中发生裂化反应，大分子裂解为小分子，在发生裂解反应的同时也存在缩合反应，部分分子缩合甚至生焦。在热反应过程中，供氢馏分油可以提供活性氢自由基，与渣油裂化过程中产生的自由基结合生成稳定的分子，有效地抑制了自由基的缩合，提高了反应的选择性，增加了中间馏分油的产量。裂化产品进入分馏塔，干气从塔顶抽出，轻油和重油混合进入产品罐。

3. 主要创新点

创新点 1：结合塔河稠油性质及改质技术方案，优选出了塔河稠油地面改质技术方案——HTL 技术和减黏裂化技术，完成了塔河稠油地面改质回掺技术可行性分析；

创新点 2：针对联合站外输油优选地面改质方案，完成了联合站稠油改质 HTL 技术和减黏裂化技术中试装置选型、工艺流程设计。

4. 推广价值

根据塔河稠油基本性质，优选出塔河稠油地面改质技术方案：HTL 技术、减黏裂化技术，设计了经济、高效的稠油地面改质回掺自开发工艺 HTL 中试装置，从而提高了稠油区块开发效益。

五、塔河油田井筒堵塞复合除垢剂的研制与评价

1. 技术背景

塔河油田稠油与超稠油比例较大，原油中的胶质、沥青质在运移过程中易受温度、压力变化影响而析出、沉积，亦会造成井筒堵塞。井筒结垢不仅会阻塞油气渗流通道，降低油井产量，还会造成井下压力增大，引发泵卡，损坏设备，同时造成筛管堵死、仪器无法下入、维修作业困难等一系列问题，严重影响油气资源的正常开发与利用，并对油气田生产造成极大经济损失。因此，针对塔河油田的生产实际情况，通过对该油田结垢机理进行

系统分析，制备适用的阻垢除垢剂，解决油田生产过程中井筒结垢的问题，保障生产作业的顺利进行，从而提高油气资源采收率，为油田安全、高效开发服务。

2. 技术成果

成果1：确认所用垢样为有机垢与无机垢的复合垢，有机垢主要为沥青质，可使用二甲苯与乙醚进行清除，无机垢主要成分为硫酸钙、硫酸钡与硫酸锶（图3-1-10）。

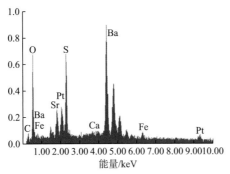

Element	(wt)%	(at)%
C K	02.56	14.04
O K	07.11	29.23
Sr L	04.42	03.32
Pt M	08.59	02.90
S K	06.96	14.27
Ca K	00.78	01.29
Ba L	67.23	32.20
Fe K	02.34	02.76
Matrix	Correction	ZAF

图3-1-10　垢样能谱分析图

由图3-1-10可以看出，垢样不同位点分析结果差别较小，垢样中 Ba、Sr、O、S 的含量较高，Ca 及 C 含量较低，垢样中的无机垢以难溶性钡锶垢为主，Ba、Sr 的最高含量分别达58.50%、5.89%。有机质含量17.3%。

成果2：根据防垢剂、渗透剂、分散悬浮剂各自的特点，通过分子设计，合成了聚合物防垢剂。

采用 WQF-520 型红外光谱仪对除垢剂进行红外光谱分析。由图3-1-11可知，$3469.74cm^{-1}$ 为—N—CH_2—的伸缩振动吸收峰；$1710.98cm^{-1}$ 为—COOH 的伸缩振动吸收峰；$1228.51cm^{-1}$ 和 $1045.08cm^{-1}$ 为—O＝S（OH）＝O—的伸缩振动吸收峰；此谱图在 $1740\sim1860cm^{-1}$ 没有酸酐的—C＝O 的伸缩振动特征峰，故可证明主链上是马来酸结构而非马来酸酐结构。红外谱图的分析结果表明，所合成的聚合物中具备了分子设计时所引入的基团。

采用 Bruker AV Ⅲ 400 MHz NMR 对溶解在 D_2O 中的除垢剂做 1H-NMR，结果如图3-1-12所示。

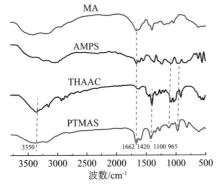

图3-1-11　聚合物的红外光谱图

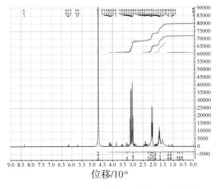

图3-1-12　聚合物的核磁光谱图

如图 3 - 1 - 12 所示，1.598ppm（1ppm = 10^{-6}）是—CH_3 的质子峰，5.593 ~ 5.617 ppm 及 5.988 ~ 6.199 ppm 处质子峰是单体 THAAC 的特征峰；7.675 ppm 处质子峰是单体 AMPS 的特征峰，二者证明功能单体均成功聚合到聚合链上。结合红外光谱与核磁光谱的分析结果，证明所合成产物的分子结垢符合分子结垢设计，实验获得与预期一致的聚合物。

成果 3：研发形成复合除垢剂的配方（表 3 - 1 - 4）。

表 3 - 1 - 4　复合除垢剂的组成配方

组成成分	含　量
A	质量分数 25%
B	使 EDTA 溶解并调节 pH（质量分数 21%）
多羟基聚合物防垢剂	质量分数 1%
水	余量

3. 主要创新点

创新点 1：合成了聚合物防垢剂。

创新点 2：得到复合除垢剂的配方，评价除垢效果较好。

4. 推广价值

通过研究得到复合除垢剂配方，现场有需求可以进行室内实验评价，以期解决油田生产过程中井筒结垢的问题。

六、稠油地面减黏裂化回掺实验

1. 技术背景

塔河稠油黏度高、密度大、残炭值及沥青质含量高，油品性质复杂。稠油地面减黏裂化回掺实验，以满足塔河稠油减黏掺稀为主要目的，提出"直接减黏回掺"和"先蒸馏后减黏"两种加工方案，考察不同方案下稠油减黏回掺的可能性，获得可定的反应区间及回掺稳定性数据，并优选出经济、高效的供氢剂组分，对进一步抑制生焦、提高降黏效果进行探索。本研究针对两种加工方案，使用间歇式微型反应釜，获得不同温度及反应时间状态下的生焦及减黏规律，初步确定减黏方案。再通过小试装置放大实验，验证微反装置所得到的结果，进行调和及稳定性实验。最后，从塔河原油或其他化工原料中筛选出经济、高效的供氢组分，进行供氢剂抑制生焦探索及供氢催化改质评价。

2. 技术成果

成果 1：通过实验得出"先蒸馏后减黏"工艺路线。

塔河掺稀稠油可分离出约 30% 的轻组分，这些稳定轻组分是优质的回掺原料；而 > 350℃ 的塔河常渣黏度为 12465mPa·s（50℃），需进行减黏后才能进行运输。由此，提出

"先蒸馏后减黏"的工艺加工路线（表3－1－5）。

表3－1－5　塔河掺稀稠油蒸馏收率

项目	汽油	柴油	常渣＞350℃
塔河掺稀稠油 蒸馏收率/%（质量分数）	8.2	20	70.3

成果2：提出"先蒸馏后减黏"方案加工工艺流程图。

塔河掺稀稠油先进行蒸馏，所得直馏轻组分性质稳定，可作为循环油长期使用，对重组分进行减黏达到管输要求后外输（图3－1－13）。

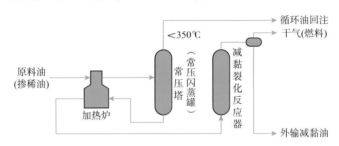

图3－1－13　减黏方案加工工艺流程图

成果3：探究不同种催化剂的供氢催化改质效果，优选出经济、高效的供氢催化体系。

四氢萘具有良好供氢效果，可有效抑制体系生焦，但供氢效果要在一定压力下进行才会产生；催化剂添加量过小时，供氢催化改质效果不明显；添加环烷酸钴或油酸有较明显的供氢催化改质效果，而添加硫酸镍六水合物时，供氢催化改质效果不明显（表3－1－6）。

表3－1－6　不同供氢催化改质体系生焦率数据（四氢萘：油＝1∶32）

催化剂种类	油样/g	四氢萘量/g	催化剂量/g	液收/%	压力/MPa	生焦率/%
不加催化剂	15.00	0.48	0.00	98.3	2.10	7.61
二硫化钼	15.03	0.47	0.05	99.5	2.30	7.84
环烷酸钴	15.00	0.47	0.50	99.0	2.25	3.63
油酸	15.02	0.47	0.50	98.1	2.00	4.33
硫酸镍六水合物	15.02	0.47	0.50	98.1	2.60	7.63

3. 主要创新点

创新点：设计出"先蒸馏后减黏"方案加工工艺流程图。

4. 推广价值

塔河稠油沥青质含量极大，在减黏裂化过程中极易缩合生焦。为实现减黏油长距离管输，必须添加供氢剂。本实验结果建议采用"先蒸馏后减黏"的加工方案，以实现塔河掺稀稠油降黏输送回掺。

七、塔河原油胶体稳定性理论

1. 技术背景

稠油的特殊物性与其胶体结构及性质密切相关，而胶体结构又与其分子性质密切相关。因此，对稠油的宏观物性、微观性质、胶体性质进行系统的研究，探讨它们之间的关系，对于建立适合塔河原油的胶体稳定性评价方法具有重要的理论指导意义。从塔河稠油胶体化学性质入手，探讨影响塔河稠油胶体稳定性的主要因素，在此基础上构建塔河稠油胶体体系理论。在此理论的指导下，建立稀稠油混合过程体系相容性及稳定性评价方法，为预防采油过程中沥青质发生沉积奠定坚实的理论基础。

2. 技术成果

成果 1：对传统 CII 值进行修改，创建塔河稠油 CII 值（表 3 - 1 - 7）。

表 3 - 1 - 7　塔河稠油 CII 法评价指标

CII 值	稳定与否
≤2.4	稳定
2.4 ~ 6.4	不确定
≥6.4	不稳定

选取塔河不同区块原油，对其四组分进行分析，并采用修正后的 CII 值进行评价，结果见表 3 - 1 - 8。

表 3 - 1 - 8　塔河不同稠油稳定性评价

名称	沥青质/%	胶质/%	饱和分/%	芳香分/%	CII 值	是否析出
TH10316	57.00	3.90	18.90	17.30	3.6	是
YJ2 - 1	2.50	4.00	47.00	4.40	5.9	是
0.90 稀油	10.80	9.20	51.40	28.60	1.6	否
0.95 原油	21.40	11.20	30.20	37.30	1.1	否
TP7 - 3	5.30	7.09	42.70	12.29	2.5	是
TP7 - 4	7.93	7.61	47.43	11.58	2.9	是
TP256	7.46	7.38	47.05	16.45	2.3	否
TP12 - 6	4.82	5.48	49.79	14.15	2.8	是
TP217	3.30	7.77	43.14	9.70	2.7	是

由表 3 - 1 - 8 可知，根据修正 CII 值的评价标准，0.90 稀油、0.95 原油和 TP256 的 CII 值均小于 2.4，稠油无沥青质析出现象，呈稳定状态，而 CII 值为 2.4 ~ 6.4 的稠油均有沥青质析出现象，呈现不稳定状态。若采用传统 CII 值评价指标，以上稠油均呈不稳定状态，而采用修正后的 CII 值，更能有效地评价塔河稠油的胶体稳定性情况。

成果2：建立 CSI 值评价法。

CSI 值法在 CII 法的基础上，测定临界体系的四组分介电常数，该方法考察了原油电性对体系稳定性影响，因此更具有先进性。

$$CSI = \frac{\varepsilon_{\text{Asp}} \times \omega_{\text{Asp}} + \varepsilon_{\text{Sat}} \times \omega_{\text{Sat}}}{\varepsilon_{\text{Aro}} \times \omega_{\text{Aro}} + \varepsilon_{\text{Res}} \times \omega_{\text{Res}}}$$

式中，ω_{Asp}、ω_{Sat}、ω_{Aro} 和 ω_{Res} 分别为稠油沥青质、饱和分、芳香分和胶质的质量分数；ε_{Asp}、ε_{Sat}、ε_{Aro}、ε_{Res} 分别为稠油沥青质、饱和分、芳香分和胶质的介电常数。

成果3：设计出 CSI 值预测软件。

根据 CII 和 CSI 的计算公式，制作了对应的 CSI&CII 值预测软件，软件模块为 CSI&CII 预测模块，版本界面如图 3 - 1 - 14 所示。

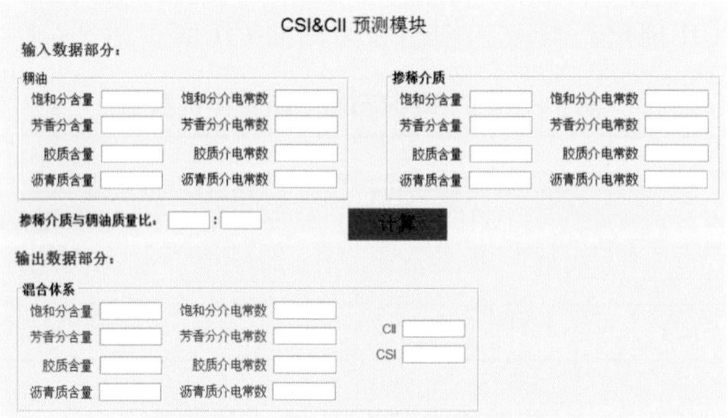

图 3 - 1 - 14　CSI&CII 预测软件界面图

通过输入稠油及掺稀介质的四组分含量及四组分介电常数、稀稠比即可得到混合体系四组分含量及介电常数，并可得到混合体系 CII 和 CSI 值。

3. 主要创新点

创新点1：通过修正得到塔河油田 CII 值。

创新点2：建立塔河油田 CSI 值评价法，并研发出 CSI 值预测软件。

4. 推广价值

完成了胶体稳定性因素分析，确定了塔河原油胶体稳定主控因素，修正了胶体不稳定指数 CII 值，能更好地指导现场沥青质堵塞预防，建立适合塔河原油的胶体稳定性评价方法，指导现场沥青质抑堵及掺稀优化工作。

八、新型材料研究进展及应用可行性论证

1. 技术背景

国家推进的新一轮科技革命与产业变革蓄势待发，以纳米技术、石墨烯、智能流体材料为引领的新材料产业正形成新型竞争力。这类新材料具有多种优异性能，使原来的不可能成为可能，通过调研纳米降黏剂技术、石墨烯分子膜技术、功能性智能流体相关研究进展，对查阅的相关文献进行了分类总结。对塔河油田进行考察，了解塔河油田对纳米降黏

剂、石墨烯分子膜技术、功能性智能流体技术的需求以及潜在的应用领域，根据文献查阅及现场考察结果，提出纳米降黏剂、石墨烯分子膜、功能性智能流体在塔河应用的可能性，为新材料在塔河油田引进、应用提供了技术支撑。

2. 取得认识

认识1：控制 SiO_2 表面化学特性以及尺寸，降低稠油黏度，可以改善 EOR 方法，提高采收率（图 3-1-15）。

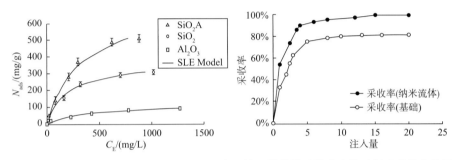

图 3-1-15 沥青质在 SiO_2、SiO_2A、Al_2O_3 表面的吸附曲线及纳米流体对稠油采收率的影响

添加具有活性成分 SiO_2A 纳米粒子的纳米流体，使稠油黏度降低超过90%。酸化的纳米 SiO_2 对沥青质的吸附最强，对稠油的降黏率最大，提高稠油采收率最明显。

认识2：氧化石墨烯有疏水性碳基平面，且边缘含有亲水基团可以作为油包水或水包油乳液的快速破乳剂（图 3-1-16）。

原油乳液一般由天然表面活性剂稳定，如沥青质、胶质，它们在界面上进行不可逆地吸收，通过形成黏弹性物理交联

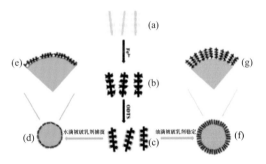

图 3-1-16 氧化石墨烯合成示意图 [(a)~(c)] 以及破乳机理：水滴被破乳剂捕捉 [(d) 和 (e)] 和油滴被破乳剂稳定 [(f) 和 (g)]

膜阻止内部液滴膜排水，从而阻止液滴聚并。破乳剂必须能分散在油/水界面上，与内部表面活性剂分子发生作用，破坏乳液稳定性。破乳过程涉及以下几个步骤：

（1）破乳剂的界面活化作用比内部表面活性剂强，并能穿透至界面膜。

（2）乳化剂破坏或软化界面膜。

（3）破乳剂通过控制张力梯度增加膜的排水能力，氧化石墨烯是一种柔性片状薄片，因具有独特的性能而得到广泛关注。

富含含氧官能团，如羟基、羧基、环氧基团，通过石墨烯的氧化引入到表面，使氧化石墨烯成为一种两亲表面活性剂，既有疏水性碳基平面，边缘又含有亲水基团，这使氧化石墨烯用作油/水乳液破乳剂成为可能。

3. 下步建议

建议1：纳米降黏剂尺寸小，表面性质具有多样性，改变储层表面及孔隙、裂缝表面

润湿性，可以应用到提高采收率方面。

建议2：石墨烯分子膜具有优异的力学性能，对不同物质分子具有选择性渗透以及自组装特性，可能成为良好的破乳剂材料。

九、超深碳酸盐岩油井地层解堵技术可行性论证

1. 技术背景

塔河油田地层能量差异大、原油物性差，含硫高、沥青质含量高、碳酸盐岩地层对酸液反应快、储集空间为缝洞单元、油井多为超深井，存在产出液腐蚀性强、油井堵塞物多为沥青质现象。油井经多次酸化压裂后增产效果不明显，储集空间之间连通性差，单一、传统的举升方式无法满足要求等一系列问题。为了系统评价国内超深井地层燃爆增产增注技术发展现状、应用概况，结合塔河碳酸盐岩油井条件和堵塞现状，分析燃爆技术的应用可行性，给出利用液体炸药实现流道重整的方法建议。根据塔河油田油井情况，给出适合塔河碳酸盐岩超深井人工举升系统材料及加工工艺的选择建议。

2. 取得认识

认识1：开展了地层燃爆解堵技术可行性分析。

调研了多种特种解堵的方式，在此推荐地层燃爆技术。在对不同的燃爆技术进行对比分析后，确定推荐复合射孔技术、无壳弹高能气体压裂、液体药高能气体压裂、层内爆炸技术。同时，针对上述四类技术在国内油田应用情况、相应技术水平前沿及供应商开展调研。

认识2：完成了超深井人工举升系统材料特性与加工工艺调研。

分别对油管、抽油杆、抽油泵等人工举升系统部件的材料特性及加工工艺进行了调研，包含各种工艺技术厂家实力及特点，并分别有针对性地推荐了相应的供应商。

3. 下步建议

对推荐适合塔河油田应用的相关技术做进一步研究评价，在明确技术适应性后投入现场试验。

第二节　机械采油

一、超深井齿轮－齿条超大型抽油机技术

1. 技术背景

西北油田分公司在用抽油机以游梁式抽油机为主，占比在85%以上，皮带抽油机占比约15%，受油井能量衰减、稠油等因素影响，现有机型存在以下问题：

（1）传统游梁式抽油机冲程短、冲次高，易导致抽油杆断脱、运行寿命低。

（2）受工作原理限制，抽油机配置电机功率高，运行过程功率因数仅为 0.35。

（3）系统效率仅为 19.7%，远低于中国石化平均水平 28.2%。

调研、选择传动方案、电机、配套减速机，设计本机所需的制动器，选择合理的型材及其组合，通过计算设计相关部件，达到整机节能、稳定安全、环保高效的目的。现场试验后进行优化改进，从而实现节能抽油机的研发应用。最终，研制一种 18 型的新型抽油机，使之既具有结构简单、运转可靠的优点，又能实现大幅度提高效率，达到节约能源的目的。

2. 技术成果

成果 1：成功设计了 18 型齿轮－齿条抽油机，优化了结构形式、摆钟换向及开展了相关的配件的选型（图 3－2－1）。

成果 2：18 型齿轮－齿条抽油机在油田开发中具有广泛的适应性，既可用于稀油井深抽提液，也可用于稠油掺稀井高效举升；减少了大马拉小车的情况，提高了效率，原

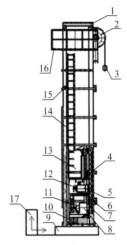

图 3－2－1　18 型齿轮－齿条抽油机图纸

1—机身；2—滑轮；3—悬绳器；4—摆钟架；5—防爆变极电机；6—长环形齿条；7—小齿轮；8—减速机；9—混凝土基础；10—可弃配重；11—电力液压制动器；12—皮带轮；13—往复架；14—梯子；15—吊点；16—机身平台；17—配电箱

用 900 型皮带机电机 55kW，而现在 18 型齿条抽油机电机为 17kW/22kW/28kW，功率因数为 0.7，日均节约用电 50kW·h，在同样的工况条件下，比皮带抽油机节约用电量约 17.8%（图 3－2－2）。

3. 技术创新点

创新点：采用齿轮和齿条的传动结构，减少了振动载荷对杆柱的影响，同时提高了传动效率，原用 900 型皮带机电机 55kW，而现在 18 型齿条抽油机电机为 17kW/22kW/28kW，功率因数为 0.7，日均节约用电 50kW·h。在同样的工况条件下，比皮带抽油机节约用电量约 17.8%。

4. 推广价值

已开展现场应用，具有稳定性高、节能等优点。针对载荷较大，特别是振动载荷影响较大的油井具有良好的推广前景。

图 3－2－2　18 型齿轮－齿条抽油机现场图片

二、超深稠油井掺稀气举工艺配套优化

1. 技术背景

塔河油田12区、于奇等区块的原油具有"黏度高、沥青质含量高"等特点，其生产过程中存在两个方面的问题：一是掺稀比高、效益低且抑制地层能量发挥；二是井筒摩阻大、泵排量与泵挂深度矛盾明显，现有举升工艺不能实现对剩余油的高效挖潜。

拟通过掺稀气举来解决该类油藏面临的问题，但没有适用于塔河油田的成熟工艺，因此对以下方面开展研究：

（1）调查研究国内外气举采油及稠油井气举采油的应用情况，为稠油气举开采在塔河油田的应用提供借鉴。

（2）结合稠油的黏-温关系，计算不同掺稀比、不同气液比、不同压力温度条件下的流体黏度分布。

（3）建立掺稀稠油井气举过程中不同参数情况下井筒的压力场、温度场模拟分布。

（4）对气举工艺参数、气举工艺管柱结构等进行优化设计。

最终，形成适应塔河油田的掺稀气举设计及参数优化方法，并指导现场应用。

2. 技术成果

成果1：明确了稠油掺稀气举机理。

（1）由于稀油与气体密度相对较低，环空掺稀生产时，使油管内混合液密度有所降低。

（2）气举时，溶解气油比增加使原油黏度降低，且降黏幅度较大（图3-2-3）。

（3）随着井口压力的升高，溶解气油比增大，有助于降黏（图3-2-4）。

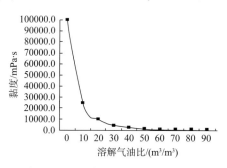

图3-2-3 溶解汽油比与黏度关系

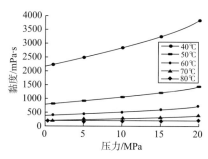

图3-2-4 压力与黏度关系

（4）气举时，生产气液比增加，井筒内流体密度与压力梯度降低。

成果2：确定了压力场分布与计算的方法。

掺稀气举时，环空压力可按无滑脱混合流体密度产生的重力梯度简化计算（可选用的计算方法有：Mukherjee&Brill、Beggs&Brill）。

油管采用对溶解气油比进行修正后的流动压力分布计算方法。

成果3：确定了稠油气举适用范围。

气举适宜的黏度界限与油井产量、掺稀比、注气量等参数有关（图3-2-5）。

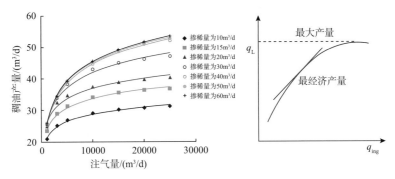

图3-2-5 注气量与产量关系曲线

由于塔河油田的掺稀气举与掺稀自喷工艺最接近，塔河油田氮气气举黏度适宜界限为：掺稀气举总液量200~300m³/d，建议掺稀混合黏度上限为1000mPa·s（40℃）。

成果4：确定了稠油气举适用压力范围。

地层压力大于等于管流产生的井底流压。在地层流体黏度一定的条件下，掺稀比影响气举适宜的地层压力范围。

成果5：形成了掺稀气举工艺参数优化设计方法。

（1）注气点深度、注气量、掺稀量等参数影响掺稀气举的产能。

（2）掺稀气举时，应尽量增大注气点深度，建议从管鞋注气。

（3）定产量生产时，通过增加注气量，可明显减少掺稀量，并提高产量。

（4）掺稀比是重要的稠油掺稀气举参数，它影响井筒内的压力分布及井底流压，可根据实际生产情况，确定合理的掺稀比范围。

成果6：论证不同气源对掺稀气举工艺的适应性。

（1）天然气（伴生气）由于与稠油互溶性较好，降黏效果好（可达96%以上）。

（2）氮气与稠油的互溶性较差，降黏效果相对较差（降黏率在38%以上）。

（3）氮气设备费用、运行费用较高，气体不能循环利用；天然气可长期采用注气生产，采出气能循环利用，可有效节约成本。

成果7：验证了稠油掺稀气举技术、经济可行性。

开展稠油掺稀气举采油的必要条件：

（1）稳定、充足的高压气源。

（2）一定的地层供液能力。

（3）工艺条件具备且经济可行。针对塔河油藏特点，认为稠油气举采油具有较大潜力，在技术和经济上是可行的。

3. 技术创新点

创新点：确定了稠油气举适用范围。

气举适宜的黏度界限与油井产量、掺稀比、注气量等参数有关。由于塔河油田的掺稀气举与掺稀自喷工艺最接近，塔河油田氮气气举黏度适宜界限为：掺稀气举总液量200～300m³/d，建议掺稀混合黏度上限为1000mPa·s（40℃）。

4. 推广价值

掺稀气举技术可以使油管内混合液密度降低；溶解气油比增加，使原油黏度大幅降低；气液比增加，使井筒内流体密度与压力梯度降低；该工艺在超稠油区块部分液量较大、掺稀比高的油井具有一定推广价值。

三、超深稠油井掺稀气举工艺现场应用及评价

1. 技术背景

塔河油田12区、于奇等区块的原油具有"黏度高、沥青质含量高"等特点，其生产过程中存在两方面的问题：一是掺稀比高、效益低且抑制地层能量发挥；二是井筒摩阻大、泵排量与泵挂深度矛盾问题，现有举升工艺不能实现对剩余油的高效挖潜。

前期开展了掺稀气的相关理论研究，取得了一些相关成果，但没有在塔河油田开展现场应用，为了验证该工艺在油田现场的适应性，利用前期研究成果，开展掺稀气举技术现场应用。

2. 技术成果

成果1：选定掺稀气举油井并完成工艺设计。

完成了试验井管柱结构及配套设备优选，开展了工艺参数预测。

成果2：完成了掺稀气举工艺实施效果评价，证明了掺稀气举的有效性。

确定了试验井在氮气注速900m³/h、8.5mm油嘴情况下，具有最大日产量和最优的注采组合。掺稀气举能有效降低井筒压力梯度，降低井底流压，提高生产压差，有效降低掺稀比（图3-2-6）。

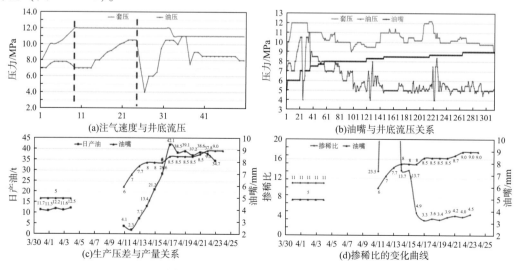

图3-2-6 掺稀气举现场效果分析

3. 技术创新点

创新点：确定该井的最佳掺稀量和生产参数。

确定了试验井在氮气注速 $900m^3/h$、$8.5mm$ 油嘴情况下，具有最大日产量和最优的注采组合，根据不同的油井优化不同的注气速度和掺稀量。

4. 推广价值

依托本技术开展了掺稀气举现场试验，取得了良好的效果。对超深超稠油区块的部分液量较大、掺稀比高的油井具有一定参考价值。

四、塔河油田稠油乳化井举升方式优化与参数设计

1. 技术背景

针对塔河油田部分稠油井因乳化问题导致井筒举升效果差、掺稀量增加，且影响油井的运行周期的问题，结合塔河油田油井工况及生产现状，通过开展潜油直驱螺杆泵配套设备的优化研究，包括井下直驱电机、螺杆泵、地面控制系统等技术的优化研究，形成一套针对塔河油田超稠油井的潜油直驱螺杆泵举升系统，有效解决塔河稠油乳化井举升难度大、举升效率低的难题。

2. 技术成果

成果1：分析国内外超稠油开采技术适应性，确定技术思路。

通过技术调研与前期的试验，因潜油电动螺杆泵具有运功部件少、泵效高、对流体黏度敏感性弱的天然优势，可有效解决有杆泵、电潜泵及地面普通螺杆泵不适用的稠油井举升难题。

成果2：开展潜油螺杆泵技术研究，优化关键部件及参数。

（1）井下电机优化。设计的电机包含定子和转子，由瓦状的长方体永磁体嵌入其中，电机的长度根据实际使用功率及外形确定，具有低转速、大扭矩及高耐温的特点（图3-2-7）。

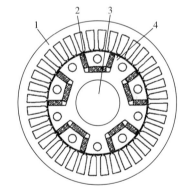

图3-2-7 稀土永磁同步电动机
1—定子冲片；2—永磁体；
3—轴；4—转子冲片

（2）螺杆泵优化。包括螺杆泵选型流程、橡胶配伍、定转子过盈值确定、容积效率等（图3-2-8）。

（3）传动系统优化。取消了传统的减速器，采用螺杆泵+连接器的特殊"一体"结构，连接器采用多级扶正，同时作为泵的吸入口，用来调整螺杆泵偏摆，与保护器、电机传动轴保持同心，传递扭矩（图3-2-9）。

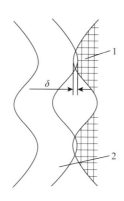
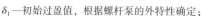

图 3 - 2 - 8　定转子过盈配合

1—定子；2—转子；

δ_1—初始过盈值，根据螺杆泵的外特性确定；

δ_2—由定子橡胶衬套温度变化产生的过盈值；

δ_3—由定子橡胶衬套油气影响产生的过盈值

图 3 - 2 - 9　柔性轴连接器

（4）控制系统优化。针对永磁同步伺服电机专门研发的配套控制柜，采用高性能伺服控制技术，对电机转子位置、速度、转矩等电参数实时检测闭环控制，柔性、平滑驱动电机。

3. 技术创新点

创新点1：开展潜油螺杆泵技术研究，优化关键部件及参数。其中，电机耐温达230℃，定子橡胶耐硫化氢可达8000ppm❶。

创新点2：传动系统取消了传统的减速器装置，提高了系统可靠性。

4. 推广价值

通过开展潜油电泵螺杆泵举升工艺技术研究，提高稠油举升效率，完善稠油举升及配套技术，降低采油成本，为油田稠油区块有效开采提供技术支撑，为提高最终采收率作出贡献。

五、潜油直驱螺杆泵举升工艺现场试验与评价

1. 技术背景

针对塔河油田部分稠油井因乳化问题导致井筒举升效果差、掺稀量增加，且影响油井的运行周期的问题，结合塔河油田油井工况、生产现状以及潜油直驱螺杆泵的工艺特点，通过开展潜油直驱螺杆泵现场试验，优化管柱及配套设计优化方案，形成一套针对超稠油

---

❶　1ppm $= 10^{-6}$。为使用方便，本书仍使用 ppm 作为浓度单位。

井的潜油直驱螺杆泵举升服务方案，有效解决塔河稠油乳化井举升难度大、举升效率低的难题。

2. 技术成果

成果1：通过配套工艺技术研究设计与优化，形成技术方案。

为进一步完善潜油直驱螺杆泵在稠油井中的适应性，研发了毛细管测压系统（图3-2-10）及连续管电加热配套技术，精确压力管理调节并解决近井筒处井液黏度大、回压高、难输送的问题；编制了两井次先导试验方案。

成果2：完成现场试验，工艺成功、效果初见。

先导试验井自2017年2月1日开井运行以来，平均稀稠比降低12.8%，平均日耗电量降低约600kW·h，全年累计节约稀油1122.6t，累计增油180.7t。

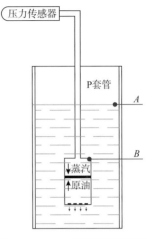

图3-2-10 毛细管测压系统

3. 技术创新点

创新点：通过毛细管测压系统及连续管电加热配套技术研究，进一步丰富了潜油直驱螺杆泵技术体系。

4. 推广价值

通过开展潜油电泵螺杆泵举升工艺现场试验，取得了一定效果，对同类型油井具有一定参考价值。

六、分段注水管柱受力分析优化技术

1. 技术背景

针对碳酸盐岩油藏超深井分段注水管柱井下受力状况十分复杂，在不同工况下的轴向变形比较大，对下部裸眼封隔器及配水器等配套工具有较大影响的问题，开展超深井注水管柱力学分析优化研究。以理论分析与数值模拟、软件设计相结合的方法为主，明确管柱薄弱位置，从管柱结构、安全性评估、配套工具受力分析等方面进行研究，优化管柱结构，确保注水管柱安全，形成一套适合塔河油田碳酸盐岩油藏超深井分段注水管柱结构，同时进行套管、裸眼封隔器密封性分析，为现场封隔器的使用提供理论指导。

2. 技术成果

主要包括分段注水管柱动力学模型建模、分段注水管柱关键工具力学性能、分段注水管柱数字化优化设计方法研究。

成果1：分段注水管柱动力学模型建模。

在井筒温度场、流体速度压力场仿真分析基础上，考虑温度效应、鼓胀效应、活塞效应及螺旋弯曲效应因素，建立了超深井分段注水管柱力学分析模型（图3-2-11）。

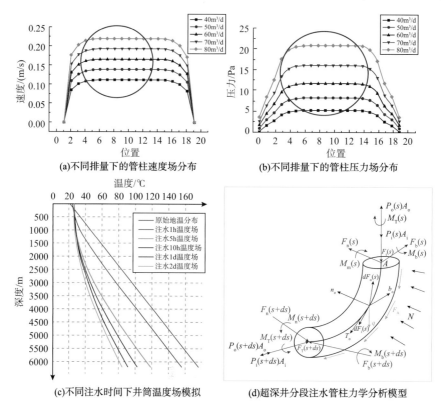

(a)不同排量下的管柱速度场分布

(b)不同排量下的管柱压力场分布

(c)不同注水时间下井筒温度场模拟

(d)超深井分段注水管柱力学分析模型

图3-2-11　井筒速度场、温度场及管柱动力学模型建模

成果2：分段注水管柱关键工具力学性能分析。

针对分注工具关键工具封隔器及配水器受力形式十分复杂，涉及到大变形、非线性（胶筒）材料的接触问题，常规计算方法难以精确求解，利用有限元法对关键工具进行仿真模拟分析（图3-2-12、图3-2-13）。

图3-2-12　配水器有限元建模及仿真分析

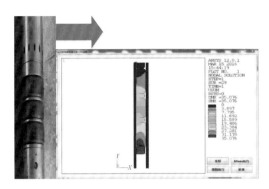

图 3 - 2 - 13　Y341 封隔器在不同工况下接触应力及最大应力有限元仿真

成果 3：分段注水管柱数字化优化设计方法研究。

通过对不同工况下（下入、注水、坐封、洗井）分段注水管柱动态力学分析性能结果模拟，并进行管柱强度校核，为分段注水管柱的合理设计提供科学依据（图 3 - 2 - 14）。

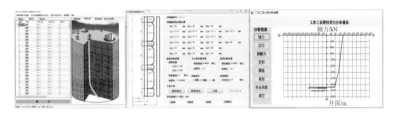

图 3 - 2 - 14　不同工况下三维分段注水管柱强度校核分析

3. 技术创新点

创新点 1：提出了裸眼封隔器在不同裸眼扩径下的密封效果分析评价方法。

受碳酸盐油藏裸眼扩径影响，导致裸眼封隔器密封效果不佳，通过此方法分析评价裸眼封隔器坐封效果，为封隔器选择及下入提供良好的技术支撑。相对于国内其他油田套管完井，坐封条件好，该分析评价方法为首创（图 3 - 2 - 15）。

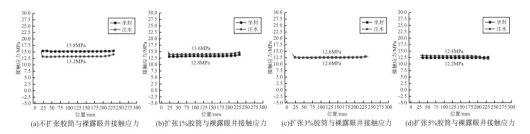

图 3 - 2 - 15　扩张封隔器在不同裸眼扩径率下密封能力分析

创新点 2：形成了一套超深井裸眼井分段注水管柱数字化优化设计方法。

超深井裸眼分段注水除在塔河开展现场试验，在国内尚未开展应用，相对于国内套管分注，井筒环境更为恶劣，属于高温、高压、高腐蚀性环境，该超深井分段注水管柱设计方法能够提供一套优化管柱设计方法。

4. 推广价值

为超深井碳酸盐油藏裸眼分段注水的实施提供良好技术支撑，提高碳酸盐油藏注水效果，降低无效注水。

七、封隔器设计加工及室内测试评价

1. 技术背景

为了避免层间矛盾，扩大波及面积，提高注水效果，利用纵向发育和平面展布的致密层实施分段注水很有必要。但在塔河油田碳酸盐岩油藏实施分段注水时，裸眼分段注水成功实施的关键部件——常规裸眼封隔器，在应用中存在以下问题：①承压可靠性差；②胶筒材料耐温性能差。针对上述问题，采用仿真分析和室内实验，研制胶筒具有良好密封性能，耐高温150℃以上，且解封性能可靠的裸眼井分层注水封隔器，使其在满足现场使用要求的同时，能在规定时间完成相应动作。

2. 技术成果

成果1：裸眼注水封隔器结构优化设计。

改进后的 Y341 型压缩式裸眼封隔器密封单元由一个主胶筒和两个副胶筒组成，中间装有隔离环；采用双面螺纹锁紧机构使其整体受力均匀。特点如下：

（1）用液压压缩坐封，结构简单，可现场灵活组合使用；

（2）组合式胶筒单元结构，防突能力更强，密封能力更强；

（3）两个副胶筒、一个主胶筒且采用不同硬度，提高适应裸眼井间隙的范围；

（4）采用双面螺纹锁紧机构整体受力均匀，没有应力集中，且各零部件最大 Mises 应力较小（图 3-2-16）。

成果2：封隔器胶筒橡胶实验优选，数字仿真分析。

（1）优选橡胶种类，通过添加剂的种类和加量，通过数字仿真分析和室内实验，优选出丁腈橡胶，胶筒硬度范围为 80~85HS；

（2）优化橡胶的硫化工艺和硫化工艺参数，达到封隔器胶筒的耐温和承压性能（图 3-2-17）。

图 3-2-16 封隔器总体结构

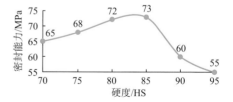

图 3-2-17 硬度与密封能力关系曲线

成果3：封隔器样机试制及性能评价实验。

（1）据封隔器优化设计结构和优选胶筒橡胶，加工封隔器样机。

（2）封隔器性能评价实验：

①锁紧机构锁紧试验，验证锁紧性能是否满足设计要求。

②不同井径、不同温度、不同坐封压力下密封性能试验，验证密封性能是否满足设计要求。

③裸眼封隔器双向承压密封试验，验证是否满足设计要求。

④封隔器不同硬度胶筒坐封力封隔试验，优选合适的胶筒硬度。

图3-2-18 封隔器试验装置打压坐封

⑤胶筒性能检测与评价，验证橡胶材料性能是否满足设计要求（图3-2-18）。

3. 技术创新点

创新点：通过室内实验和数字仿真分析，优化改进封隔器结构，优选胶筒橡胶材质，采用有限元力学分析方法，确定封隔器的各项性能参数。通过室内整机实验，保证封隔器的耐温和承压能力。

4. 推广价值

针对碳酸盐岩超深井分段注水裸眼封隔器在胶筒材质、耐温及承压方面存在的不足，开展裸眼封隔器结构优化研究。从胶筒材质的优选、加工工艺、受力分析等方面进行研究，优化胶筒结构，提高封隔器在高温条件下的承压能力。同时，加工胶筒样机，进行耐温及承压试验，并进行实验数据分析，为现场作业提供指导。针对碳酸盐岩长裸眼段分段注水工艺，此类封隔器有一定的推广应用价值。

八、大杆径抽油杆疲劳寿命检测实验评价

1. 技术背景

塔河油田泵挂深度深、高含 H_2S、高含 CO_2，高矿化度等特点显著，近几年检泵频繁，抽油杆断裂问题占检泵原因的30%，抽油杆断裂的影响因素较多，主因不定，从而使技术对策针对性不强。需要对抽油杆疲劳断裂开展攻关研究，确定影响因素，提出优化调整方案，确保机抽系统高效长期运行。

2. 技术成果

成果1：完成了抽油杆疲劳模型仿真分析，得到了缺陷门槛值。

基于损伤力学模型，利用 ANSYS 软件建立抽油杆试件损伤模型，模拟仿真了不同损伤（裂纹、蚀坑、偏磨）对不同杆径 HL 级抽油杆疲劳寿命的影响，设计正交试验，拟合剩余寿命计算公式并分析结果（图3-2-19~图3-2-21）。

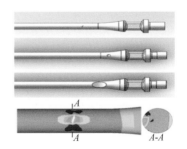

图3-2-19 ANSYS 软件建立抽油

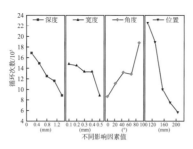

图 3 - 2 - 20　裂纹影响因素对疲劳寿命影响　　　图 3 - 2 - 21　抽油杆疲劳杆试件损伤模型

成果 2：完成了抽油杆疲劳测试，形成了检测报告。

对 HL 级新杆、旧杆进行拉伸试验，抗拉强度均处于标准范围；对 HL 级新杆、旧杆进行疲劳试验，得到了抽油杆损伤界限值，并对在用杆制定了分类管理方法（图 3 - 2 - 22、图 3 - 2 - 23）。

图 3 - 2 - 22　试验试件　　　　　　　　图 3 - 2 - 23　万能试验机

成果 3：完成了抽油杆断裂原因分析，形成了治理对策。

通过问题调研、理论模拟、实验分析得到塔河油田抽油杆断裂的主要原因为腐蚀、疲劳、偏磨，并提出相对应的治理对策。

3. 技术创新点

创新点 1：采用有限元分析软件，建立抽油杆在不对称循环载荷作用下的疲劳寿命模型。

创新点 2：用校正后力学分析模型，针对抽油杆蚀坑深度、工作参数等进行模拟，根据计算结果找到影响抽油杆疲劳的主要影响因素。

4. 推广价值

确定了超深超稠油井用抽油杆断裂的主要影响因素，有效解决抽油杆疲劳断裂问题，确保机抽系统高效长期运行。

九、注气采油抽油泵设计测试实验评价

1. 技术背景

塔河油田针对碳酸盐油藏注水失效的油井，通过注氮气驱替顶部剩余油提高采收率技术获得了重大突破，但部分注气井在注气、转抽生产过程中存在腐蚀结垢现象，导致上修增加作业成本、影响生产时效，仅2015年上半年已有125口井因腐蚀结垢异常，其中上修作业38井次，另外部分采用注采一体化管柱结构的油井注气焖井后，腐蚀结垢产物在静止状态逐步堆积附着在抽油杆、柱塞、泵筒内，导致转抽柱塞下发不到位，生产过程中易出现泵卡等问题，亟需通过泵型改进提高注气井的生产时效。

通过对注气井腐蚀结垢的具体原因进行详细分析，找出故障井抽油泵结构存在的问题，提出可行的改进方案，并设计加工适合于注气井使用的抽油泵。

2. 技术成果

成果1：针对注气井结垢问题，设计了气水混注一体化抽油泵。

该泵由两支不同泵径的抽油泵串联而成，进油阀和出油阀均装在柱塞上，同时设计有注气孔、刮垢环和存垢空间，通过改变注气通道，封闭泵内空间，增加防护层等措施，使得该泵具有很强的防腐、防垢功能，可不动管柱实现反复注气与转抽任意转换（图3-2-24、图3-2-25）。

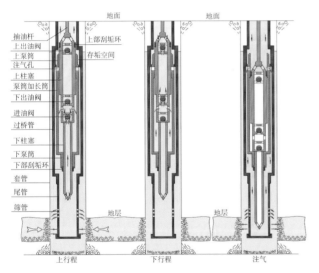

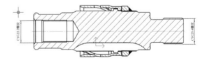

图3-2-24　气水混注一体式抽油泵结构图　　　　图3-2-25　刮垢机构

成果2：加工制造塔河油田常用抽油泵模型。

设计制造出了适应长期存放的抽油泵模型，模型泵共12种，每套抽油泵模型所有零部件均采用防锈蚀金属材质设计制造，并通过精密的数控机床合理地切割解剖，将抽油泵内外部结构清楚明了地展现出来（图3-2-26）。

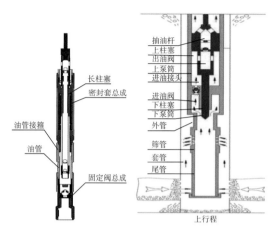

图 3 - 2 - 26 塔河常用抽油泵原理图

3. 技术创新点

创新点 1：提出了设计有注气孔、特殊结构的刮垢机构和存垢空间的气水混注一体化抽油泵，此种泵融合了目前国内外注气井防垢泵设计的两种主流设计思路的优点，既不影响泵的过流通道，又能有效防垢。

创新点 2：根据西北油田分公司常用抽油泵种类，选出其中 12 种最典型的品种作为模型泵，长度原则控制在 1.5m 内，其余按原泵 1∶1 比例制造及解剖生产，模型泵内外部结构清晰明了，并附原理图和使用说明，易于用作参观和教学。

4. 推广价值

在常用增产注气工艺中可大幅降低井下抽油泵等设备故障率，延长检泵周期，改善因为腐蚀结垢对注气工艺的制约，具有较大推广价值和应用前景。

十、自动引流式智能掺混装置的测试评价

1. 技术背景

针对掺稀稠油井稀稠油自然混合降黏效果差，井筒稠油呈段塞流易造成抽油泵故障等问题，需要攻关研发一套适应不同掺稀比油井的井下智能掺混装置，来提高稀稠油的混配效果，降低稀油开采用量。

2. 技术成果

成果 1：开发了新型自动引流式掺混装置。

利用芯管引流式结构和文丘里管式结构，具有掺混效率高，对稠油系统能耗的增加量少，有利于降低能耗，减少抽油设备的故障率（图 3 - 2 - 27）。

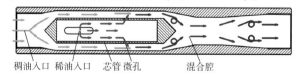

图 3 - 2 - 27 "自动引流式稠油掺稀混合器"结构方案与掺稀原理

提出的一种新型稠油掺稀混合器，包括有外筒体和芯管。在芯管管壁上开设有若干微孔，微孔轴线沿着芯管半径方向或与径向呈一定夹角；在芯管上部的混合腔段，外筒体内径呈"缩小－不变－扩大"趋势的变径过渡特征（即文丘里管状特征段，简称"文氏管段"）；在芯管与外筒体间设置有一个或多个连通的稀油入口通道，其截面形状可以为键槽形、菱形或圆形等。

地层稠油由稠油入口进入混合器内腔，并上返流经芯管与混合腔，稀油由油套环空经稀油入口进入芯管内，再通过微孔射流进入混合腔并与稠油完成一次掺混过程。混合油继续上返至文氏管段时，由于还未掺混充分的稠、稀油密度、黏度不同，油液流速将发生变化并形成湍流，完成二次掺混过程。与现有常规筛管式结构相比，其射流力的大小和稠油径向厚度直接决定了掺混效果。采用引流的方式，使稀油外射至内部环空可有效提高射流掺混效率。

成果 2：完成了数值模型建立及计算。

完成优化设计理论与方法研究，形成仿真优化结论，对混配效果和敏感性参数进行分析评价。

混合器结构参数较多，选取对混配效果影响比较直观的参数作为研究对象，分别为微孔直径、微孔密度、喷射角度、内锥角和出入口压差 5 个参数。根据所拟定方案，分别建立三维模型，并抽取流体计算域，采用四面体非结构性网格进行划分模型。调研了塔河油田采油二厂作业区井下稠油（70℃井温环境下）和掺稀稀油的参数特性，稠油黏度为 4520.9mPa·s，密度为 980kg/m³；稀油黏度为 8.56mPa·s，密度为 910kg/m³；稠油入口压力为 13.38MPa（图 3－2－28）。

通过分析获得了"不均匀度系数"和"掺稀比"两项指标参数，并计算了各自的极差值。可以看出，通过芯管微孔外射形式，可以达到稀油掺混的目的。并且对图 3－2－28 中所示"文式管段"内锥两侧截面 1 和截面 2 进行体积分数分布情况进行对比，如图 3－2－29 所示，截面 1 处稀油不均匀度系数为 0.4242，截面 2 处为 0.0364，说明此处"文氏管段"的二次掺混达到了明显的效果。

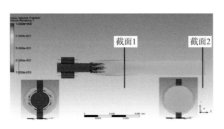

图 3－2－28　芯管式稠油掺稀混合器
掺稀过程的稀油体积分数分布云图

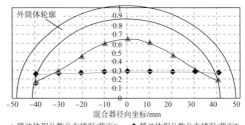

图 3－2－29　芯管式稠油掺稀混合器
内锥两侧（截面 1、截面 2）稀油
体积分数分布情况对比

成果 3：完成了设计室内实验方案、搭建实验装置并完成室内实验。

通过室内测试实验，对相同尺寸的新型工具和尾管式掺混工具对比分析可知，在相同实验条件下，掺稀比显著提高，压力降有所增加，混合液的黏度显著降低（图 3 - 2 - 30、图 3 - 2 - 31）。

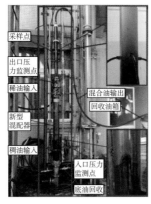

图 3 - 2 - 30　实验操作过程说明

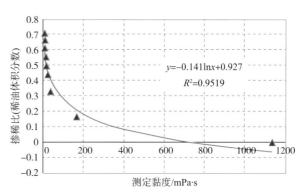

$$y=-0.141\ln x+0.927$$
$$R^2=0.9519$$

图 3 - 2 - 31　黏度 - 掺稀比函数关系曲线

成果 4：完成了新型工具成品加工。

同时，制定了试验选井原则、入井设计思路及施工方案（图 3 - 2 - 32）。

图 3 - 2 - 32　新型自动引流式稠油掺稀混合器后处理及装箱

3. 技术创新点

创新点 1：创新性地设计开发了具有芯管引流式和文丘里管式两种掺混结构的新型掺稀油混配装置，从原理上具有掺混效率高，对稠油系统能耗的增加量少，有利于降低能耗，减少抽油设备的故障率。

创新点 2：通过"正交实验法"的数值模拟及产品室内测试实验，对工具进行敏感性参数分析及优化，同时研制相同尺寸的新型工具和尾管式掺混工具对比，掺稀比显著提高，压力降有所增加，混合液的黏度显著降低。

4. 推广价值

该工具可在不增加动力设备的基础上改善稀稠油混配效果，降低稀油用量，结构简单，在各类型掺稀稠油井中均可应用，具有广阔的推广应用前景和经济效益。

十一、稠油井解堵抑堵剂注入管柱优化

1. 技术背景

塔河稠油富含蜡、重质油成分（胶质、沥青质）和机械杂质（油泥、油砂等），它们相互影响和作用，极易在井筒内聚结堵塞生产管柱，如 TP16、TP12 - 1、TP7、TP7 - 3、

TP7－1X 等油井发生井下管柱严重堵塞现象，造成油井停喷。解决井下堵塞的有效方法之一就是注入解堵剂和抑堵剂，受塔河油田深井、稠油等特殊条件影响，目前注入工艺存在一定的技术难题，拟通过地面工艺优化和设备选型以及井下管柱优化，形成塔河油田稠油井解堵剂、抑堵剂注入综合配套技术，为现场提供重要的理论支持，使该类井直接受益，同时对国内同类油井具有重要的借鉴作用。

2. 技术成果

成果 1：明确塔河现场稠油堵塞物成分，优选解堵抑堵剂。

塔河稠油井筒堵塞物的主要成分为沥青质，质量分数约为 57%，调研确定沥青分散稳定剂 SLAD－02 和复合解堵抑堵剂 RPDA－02 可以满足塔河现场生产需求。

成果 2：分析塔河现场稠油堵塞部位，确定现场解堵工艺。

现场堵塞部位主要在油管、抽油杆和柱塞 3 个部位，其中油管堵塞最严重；针对油管未堵死井，推荐油管正注工艺；针对稠油堵死井，推荐连续油管＋强力冲洗接头，配合沥青解堵剂解堵（图 3－2－33、图 3－2－34）。

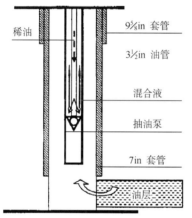
图 3－2－33　机采井油管正注工艺示意图

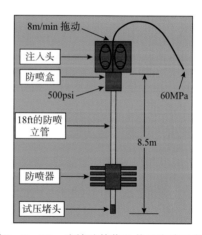
图 3－2－34　连续油管作业井口防喷示意图

成果 3：进行参数敏感性分析，优化解堵剂注入管柱。

通过对连续油管管径、注入量、含水率敏感分析和强度校核，最终确定塔河油田解堵剂注入管柱：选用 3 段壁厚分别为 0.204in、0.190in、0.175in 和尺寸为 2in 的内径逐渐变细的连续油管（锥形管），注入流量设计值应为堵塞部位以上油管容积的 1.5～2 倍体积。

成果 4：分析现场抑堵剂注入问题，设计抑堵剂地面均衡注入工艺。

设计了 5 种加药工艺：

（1）针对低压机抽井且加药量较小时，推荐井口连续加药装置。

（2）针对施工条件较差且加药量需要调整的井，推荐平衡自动连续加药装置。

（3）针对胶质、沥青质沉积在抽油泵以下的井，推荐井下点滴工艺。

（4）针对新井、情况复杂油井（堵塞位置近井口），推荐毛细管配合化学剂注入阀。

（5）针对含硫化氢较高的井，推荐油管外绑定毛细管完井管柱或同心毛细管实现药剂加注（图3-2-35~图3-2-37）。

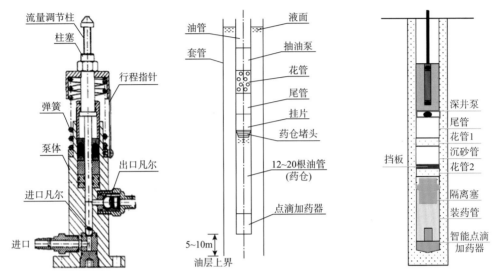

图3-2-35　自动加药装置　　　图3-2-36　毛细管加注　　　图3-2-37　井下智能加药管柱结构

3. 技术创新点

创新点：结合塔河油田实际，提出解堵剂注入方案及抑堵剂方案。

4. 推广价值

为出现井下堵塞的油井提供重要的理论支持，使该类井直接受益，同时对国内同类油井具有重要的借鉴作用。

十二、塔河油田不压井作业技术

1. 技术背景

针对目前塔河油气田开发状况进行不压井作业技术适应性研究，研究和优选适合塔河油田现场的不压井作业技术和配套设备，能达到提高作业时效，降低油层污染的最终目的。前期塔河油田现场开展了低压维护井的不压井作业试验，但存在一些不足之处，如井筒堵塞装置坐封不严、井口装置复杂、作业时效低等。因此，针对油田井况和施工的实际需要，优化配置井筒堵塞和井口密封的带压作业系统，设计出适用于塔河油田不同井况、不同施工的不压井作业装置。

2. 技术成果

成果1：塔河油田不压井作业技术方案和推荐配套装备。

针对塔河油田生产的高压气井作业、钻顶塞作业等，建议适当压井后，使用现有作业装备配合国产成套的辅助式不压井作业装备，推荐采用国产的辅助式BYJ-18-21/35型号的成套不压井作业装备；针对塔河油田的注水井、低压自喷井、偶尔间喷能力的抽油井、高气油比的抽油井，建议放压后不压井作业，使用现有作业装备配合国产低矮型的辅助式不压井作业装备，推荐采用国产的低矮型辅助式 BYJ－18－14/21 型号的成套不压井作业装备；针对低压维护井建议不压井作业，使用现有作业装备配合自封封井器＋手动封井器组＋手动卡瓦进行作业，自封器用于起下作业，封井器组用于井内升压时应急封井，卡瓦用于管柱防顶。

成果2：简易不压井作业装置的研制。

（1）油管自封封井器。

油管自封封井器主要用于一般抽油井维护作业的起下油管，首先具有起下油管时动密封的功能，套用自封封隔器的原理设计胶芯，反喇叭抱紧油管，在井内有压力时有自动抱紧的作用，由于橡胶的伸缩性，能适用一定范围的变径（图3－2－38）。

（2）抽油杆自封封井器。

采用液压充填使胶筒内挤的结构，采用两端本体有密封钢结构的胶筒，配合充液缸筒，在缸筒和胶筒的间隙充填液体实现胶筒内挤；设计内径 Φ62mm，抽油杆接箍能自由通过（图3－2－39）。

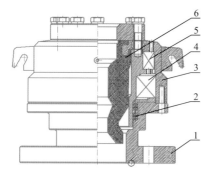 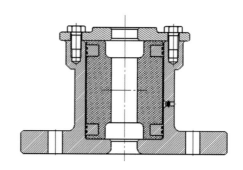

图3－2－38 油管自封封井器示意图　　　　图3－2－39 抽油杆自封封井器示意图
1—底法兰；2—密封组件；3—上壳体；
4—滚针轴承；5—推力球轴承；6—钻杆密封胶芯

3. 技术创新点

创新点：低压维护井不压井作业系统配套研发的油管自封封井器和抽油杆自封封井器，使用简单，投资小、操作简便，适合目前的砂岩井低压维护井的不压井作业。

4. 推广价值

不压井作业技术的推广与应用，能较好地避免因压井带来的地层伤害，减少水井作业注入水的排放量；缩短放压周期，是一种清洁、高效的作业方式；针对地层敏感的碎屑岩油气井作业有一定的推广意义。

十三、深井声呐工具研发技术及微型水力脉冲采油设备可行性论证

1. 技术背景

西北油田分公司井下作业目前依靠铅印获取井下落物信息，信息获取量有限，造成打

捞困难。若能研发一种在深井中详细探测井下落物的仪器，则能极大地提升井下作业的成功率，大幅度减少作业成本。现有声呐设备能否满足塔河高温、高压条件，还需要进一步咨询调研。

另一方面，采油过程中地层水黏度小，易水窜、水锥，若能在缝洞体顶部下入激震器，形成振动源，在油层内形成人工潮汐，可达到避水提高开发效果的目的。通过调研国内外相关技术设备研究现状，明确上述技术在深井中的应用方案，为塔河油田相关工具的研发应用提供依据。

2. 取得认识

认识 1：深井声呐工具具备一定可行性，但开发成本相对高。

声呐系统由超声探头、成像系统和通信系统三大部分组成。根据目前声呐系统的情况，这三大模块可选的技术方案为：探头模块，可以选择单阵元探头、线阵探头、面阵探头和十字阵探头这 4 种结构。对应的成像系统包括用二维马达带动单阵元探头移动，实现二维成像；用马达控制线阵探头实现二维成像；用电子控制十字阵实现二维成像。如果希望实现实时成像，则需要选择合适的通信系统，由于应用需求中对成像帧频没有要求，为了降低系统复杂性，也可选择非实时成像，无需考虑通选问题，井下记录数据，升井后处理即可。

根据塔河油田的具体应用环境，确定深井声呐工具的各项指标见表 3－2－1。

表 3－2－1　深井声呐工具的各项指标

技术指标	值
耐温/℃	≥150
耐压/MPa	≥70
换能器频率/MHz	1~2
尺寸/mm	140（钻具投送）或 50 以内（管柱内）
探测深度/m	≥0.5
分辨率	满足基本应用需求的情况下越高越好
帧频	无要求
成像模式	A/B 模式，二维图像
采样频率	≥4MSPS
外壳材质	耐腐蚀（盐水、硫化氢）

根据深井声呐技术指标要求，结合调研结果和多年来在超声成探测领域的经验积累，设计了 5 套系统设计方案，详见表 3－2－2。

表 3 - 2 - 2　设计方案

序号	系统方案	功能	特点	开发周期/年	分辨率/mm	费用/万元
1	线阵 本地存储	非实时 二维成像	成像效果较好，技术成熟度较高	2	4	366
					2	
2	线阵 实时通信	实时 二维成像	成像效果较好，可以实时观测，有利于提高一次探测成功率	3	4	412
					2	
3	单探头 本地存储	非实时 二维成像	成像效果一般，技术成熟度高	1.5	8	243
					4	
4	单探头 实时通信	实时 二维成像	成像效果一般，有利于提高一次探测成功率。	2	8	307
					4	
5	十字阵 本地存储	非实时 二维成像	成像效果较好，无机械旋转零件	3	4	377
					2	

建议优先考虑单探头模式、本地存储方案。该方案采用单束超声脉冲回波，对井下落物进行扫描探测，接收井下的反射回波，利用回波的幅度和时间对井下的反射系数进行成像，记录由于井下落物的几何形状而引起的声波回波幅度和传播时间两个参数的变化，扫描检测出井下落物的轮廓图像。这种成像模式算法相对成熟，电路上收发和采集的控制不涉及多通道的切换等工作，因此使用 DSP 进行采集和控制是完全可以胜任的。

认识 2：微型水力脉冲采油设备测试评价。

水力脉冲器作为井下振源下到目的井段，地面供液源按一定压力和排量将工作液泵入脉冲器，脉冲器依靠流经它的液体来激励产生一定的水力脉冲波，从而对油层施加作用，实现振动波处理油层。

国外该工具的井下部分由连接到生产油管末端的静态部分和连接到抽油杆的动态部分组成，其液流旁通阀、限位开关，以及其他电子控制设施可对脉冲进行自动调整。迄今为止，国外市场上主要低频水力脉冲设备有加拿大波前技术方案公司研制的井下压力脉冲工具 Powerwave、美国地震应用研究公司 Seismic Stimulation 工具和哈里伯顿公司研发的水力振荡工具 Pulsonix TFA 等。

国外市场上比较成熟的用于油田增产的井下水力脉冲设备有 Powerwave™ 工具和 Seismic Stimulation 工具。这两种工具的作用距离比较远，适合一口井安装，同时实现周围多口井增产。为了提高水力脉冲设备的作用距离，其频率越来越低，主流产品的频率小于 1Hz，振动幅度越来越高，可以达到 30MPa，作用距离最远可达 2.2km。

国产水力脉冲设备中，用于水力脉冲 - 化学复合解堵等方面，取得了不错的效果。该设备有 90mm 和 114mm 两种规格，设计使用深度为 2000m。

对于水力脉冲采油设备在塔河油田的应用，建议优先考虑 Powerwave 工具和 Seismic Stimulation 工具。这两种工具产品成熟，作用距离远，增产效果明显。

3. 下步建议

建议 1：建议进一步对声呐成像进行深入研究，并进行成本优化，取得超深井声呐成像突破。

建议 2：水力脉冲作为新型增产措施，目前国内外对于超深井研究较少，需要进一步研究深井适应性。

第三节 凝析气藏

一、碎屑岩二氧化碳泡沫驱提高采收率技术可行性论证

1. 技术背景

塔河油田凝析气藏气层薄，边底水发育活跃，水体能量大，造成边水突进及底水锥进，窜入井筒，气井水侵严重，产气量大大降低，更为严重导致气井停喷。针对以上凝析气藏开发难题及开发需求，目前已采取了排水采气、堵水、解水锁、解反凝析等多种治理手段，整体效果不明显，有效率低，有效期短。为进一步提高凝析气藏开发效果，急需开展新的控水、治水技术研究。因此，提出了气溶性泡沫控水技术，利用气体携带泡沫剂，在地层中泡沫剂与地层水剧烈混合产生均匀泡沫，打破水相连续相，选择性封堵水侵通道。

2. 技术成果

成果 1：明确了 CO_2 泡沫在凝析气藏中的控水可行性。

对比分析国内外凝析气井控水手段，提出了 CO_2/泡沫控水方法，并开展了 CO_2 泡沫控水实验评价模拟。实验表明，CO_2 可有效降低反凝析，且控水效果优于 N_2，而 CO_2 泡沫控水产生的压差（1.44MPa）要远远高于 CO_2 气体产生的压差（0.68MPa），泡沫产生堆积强度要高于单纯贾敏效应产生的阻力，在相同注入量条件下，CO_2 泡沫控水率是 CO_2 气体的 2 倍以上。因此，CO_2/泡沫在凝析气藏控水是可行的（图 3-3-1）。

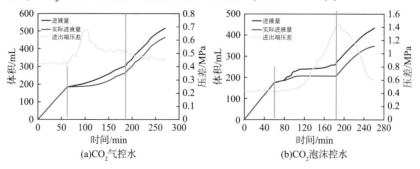

(a) CO_2 气控水　　(b) CO_2 泡沫控水

图 3-3-1　注 CO_2 和 CO_2 泡沫控水效果对比

成果2：研发出适合油藏应用的气溶性起泡体系。

气溶性泡沫体系是非水体系，气溶性发泡剂以超临界或液态二氧化碳为携带介质，在地层中含表面活性剂二氧化碳与地层水剧烈混合产生均匀的泡沫，从而起到流度控制、选择性封堵水侵通道的作用。通过室内攻关研发形成一套气溶性

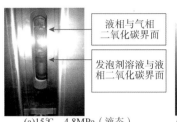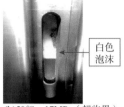

(a)15℃，4.8MPa（液态） (b)50℃，17MPa（超临界）

图3-3-2 气溶性泡沫在高压状态下的起泡形态

泡沫体系，起泡剂耐温140℃，耐盐 20×10^4 ppm，起泡体积209.4mL，半衰期80.5min，气溶性发泡剂 CO_2 中的溶解度0.6%~1%，其中18MPa下泡沫在气体中的溶解度1.9%（>0.8%最小值），阻力因子达到27.1（图3-3-2）。

成果3：研发了一套塔河气井油套双采工艺。

形成了超深层环空采气-油管人工举升排液工艺技术，采用套管采气，油管泵抽排液，管柱配置包括双采井口、抽油泵、井下气液分离器、封隔器、集气罩等工具，研发的油套分采管柱耐温135℃，耐压45MPa，有效期1年以上（图3-3-3）。

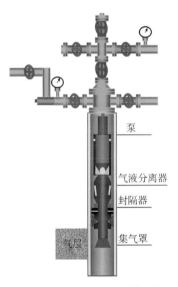

图3-3-3 深层气井油套双采管柱设计图

3. 主要创新点

创新点：研发出了一套适合塔河凝析气藏应用的气溶性起泡体系，起泡剂耐温140℃，耐盐 20×10^4 ppm（1ppm = 10^{-6}），起泡体积209.4mL，半衰期80.5min，CO_2 中的溶解度0.6%~1%，具有很好的选择性封堵水侵通道的功能，达到了同行业领先水平。

4. 推广价值

气溶性起泡体系具有很好的选择性封堵水侵通道的作用，为凝析气藏选择性封堵水提供了一个新方向。研发的耐温耐盐气溶性起泡体系，耐温140℃，耐盐 20×10^4 ppm，起泡体积209.4mL，半衰期80.5min，CO_2 中的溶解度0.6%~1%，达到了同行业领先水平，在高温高盐油气藏选择性封堵水具有广阔应用前景。

二、凝析气藏排采机理及配套工艺技术

1. 技术背景

边底水凝析气藏随着开发推进，边底水水侵后在近井地带产生水锁阻隔效应，显著降低油气相渗透率，同时形成局部区域性水封气，导致产能快速降低直至停产，严重影响气井产量，亟需开展排水采气技术攻关，解决气井积液问题。因此，本研究主要结合塔河深

层凝析气藏的开发特征，研究排液强度对气井产能和邻井产能的影响，同时研究油管穿孔气举排液采气工艺技术，为后期排水采气工艺现场试验奠定基础。

2. 技术成果

成果1：建立了凝析气井水侵强度评价方法。

基于物质平衡理论形成3种水侵量计算方法，其中"图版法"对水体能量较强的计算误差大，建议采用"压降差值法"和"视地质储量法"的平均值。并依据实测压力数据计算了水侵对气井产能的影响，随着气井水气比的增加，气井的无阻流量减小，表明地层水体侵入量增加会严重影响气井的产能（表3－3－1）。

表3－3－1 典型井水侵量及典型井水体能量评价结果

方法 典型井	压降差值法/ $10^4 m^3$	图版法/ $10^4 m^3$	视地质储量法/ $10^4 m^3$	取值（平均值）/ $10^4 m^3$	活跃程度/ $10^4 m^3$
1	12.957	12.094	13.064	12.705	次活跃
2	4.609	4.700	4.583	4.631	次活跃
3	9.422	5.055（去掉）	10.341	9.882	活跃

成果2：初步明确了凝析气藏排采机理，并制定了排液强度等参数。

建立了典型凝析气藏某区块数值模型，开展了气井排液强度对产能影响和邻井排水受效干扰分析。一是剩余油气分布模拟表明，储层下部受边底水影响整体水侵严重，而上部水侵较弱剩余气富集，且井间剩余气动用程度低。二是典型井组排采模拟研究表明，低部位1井排液采气，能提高本井的产能，同时降低高部位气井4井的水侵强度、提高邻井气井产能。三是开展不同水侵强度敏感性分析，认为排液强度>50m³/d后排采效果明显变缓，最终确定50m³/d作为最佳的排液强度。四是低部位1井排液能有效抑制邻井底水水侵，邻井水侵流线由原先的"由下向上"转变

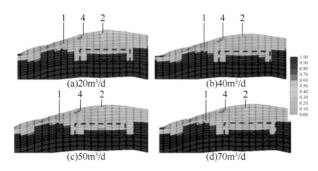

图3－3－4 1井不同排液强度对邻井4井的产能影响

为"由上向下"，表明水体开始向下运动（图3－3－4）。

成果3：形成了凝析气井气举和电泵排液采气设计方法。

基于PIPESIM软件，形成了气举和电泵排水采气设计方法，并完成3、1井的方案设计。一是利用油管穿孔气举设计方法，分析了不同参数对排液量的影响，穿孔深度越深越有利于排液，但会造成启动压力高、压差越大，穿孔孔数和孔径不宜过少，建议1m井段螺旋开孔4个、孔径8mm。二是提出了电泵排液泵挂深度与级数优化建议，电泵的选择需满足深井耐温要求。1井泵挂深度超过3500m，3井泵挂深度超过3900m，井温将超过

120℃，需选用耐温超过120℃的电泵，电泵排采时吸入口含气率将高于85%，建议采用两级涡流串联分离器提高分离效率（图3-3-5、图3-3-6）。

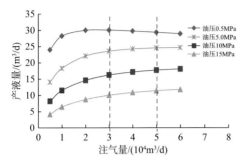

图3-3-5 不同注气量对排液量的影响曲线　　图3-3-6 不同孔眼直径对最大注气量的影响

3. 主要创新点

创新点1：初步明确了气井排水采气作用机理。

创新点2：建立了超深气井油管穿孔气举设计方法。

4. 推广价值

初步明确了凝析气藏井组排采作用机理，对于指导低排高采的排液强度设计具有一定的指导作用。同时，形成的超深油管穿孔气举设计方法，能有效地指导气井的排液采气工艺设计，具有很好的推广应用价值。

三、气井微胶堵剂优化和性能实验评价

1. 技术背景

西北油田分公司针对凝析气藏高含水停躺井问题，前期开展了排水采气、堵水等多种治理手段，但有效率低、有效期短。为进一步提高凝析气藏开发效果，急需开展新的控水、治水技术研究。结合塔河气藏高温高盐特点，气井治理优选气相微胶复合堵水技术，而常规的聚合物不适应，为了保证现场试验的实施效果，迫切需要评价微胶体系的性能指标，优选适用的微胶体系。

2. 技术成果

成果1：研发了两套耐温抗盐的气井用微胶体系。

通过室内实验，研发了WJ-2和WJ-3两套耐温抗盐的微胶体系，并对不同参数进行了敏感性分析，随着微胶浓度的上升，成胶强度不断增加、成胶时间不断减少，微胶浓度越高微胶长期老化稳定性越好，而随着交联剂浓度的上升，成交强度不断增加、成交时间不断减少，但是当交联剂浓度过高时，微胶的长期老化稳定性变差，因为过度交联使成胶后的分子三维网络结构收缩，因此排出水分子造成脱水现象。通过多组次的室内评价实验，最终优选出WJ-2微胶体系配方为微胶浓度3% + 交联剂浓度2%，而WJ-3微胶体系推荐使用微胶浓度4% + 交联剂2%（图3-3-7）。

图 3 - 3 - 7　150℃下微胶老化 30 天的情况
（WJ - 2、WJ - 3）和扫描电镜中粒径分布

成果 2：评价了微胶体系的封堵、耐冲刷等控水性能。

建立了不同渗透率的均质岩心模型，开展了微胶堵水性能实验，评价了微胶的封堵能力、残余阻力系数等性能参数。一是微胶 WJ - 2 和 WJ - 3 在成胶后表现出较好的封堵能力，封堵率可达 90% 以上。二是微胶 WJ - 2 和 WJ - 3 具有良好的耐冲刷性能，在后续水驱中残余阻力系数分别最高可达 17.4 和 22.84。三是微胶 WJ - 2 和 WJ - 3 的水测封堵率明显高于气测封堵率，说明微胶体系具有一定的选择性封堵能力（表 3 - 3 - 2）。

表 3 - 3 - 2　不同微胶体系封堵前后参数变化对比表

岩心编号	微胶种类	水测渗透率（实验前）/ $10^{-3} \mu m^2$	水测渗透率（实验后）/ $10^{-3} \mu m^2$	气测渗透率（实验前）/ $10^{-3} \mu m^2$	气测渗透率（试验后）/ $10^{-3} \mu m^2$	封堵率（水测）/%	封堵率（气测）/%	吸附量/（mg/g）
1	WJ - 2	20.42	1.99	42.89	21.21	90.21	50.55	8.2
2	WJ - 3	23.29	1.65	51.24	27.08	92.91	47.15	7.4
3	WJ - 3	53.71	3.72	114.94	68.24	93.07	40.63	8.1
4	WJ - 2	58.18	4.92	120.39	74.75	91.54	37.91	7.4
5	WJ - 3	82.44	5.19	165.24	122.63	93.7	25.79	8.6
6	WJ - 2	83.2	6.58	168.45	119.84	92.08	28.86	9.2

3. 主要创新点

创新点：研发形成了两套耐温抗盐的微胶体系。

4. 推广价值

攻关形成的两套适用于气井控水的微胶体系，具有较好的封堵、耐冲刷性能，并具有一定的水气选择性封堵特性，可应用高含水凝析气井的治理。

第四节　流道调整

一、缝洞型油藏覆膜弹性调流剂体系实验评价

1. 技术背景

碳酸盐岩缝洞型油藏储集空间以溶洞和大型裂缝为主，空间展布复杂，非均质性极

强，随着缝洞型油藏单元水驱开发的深入，单元注水水窜问题日益突出，注水效果变差、无效井组逐渐增多，亟需开展专项治理，提高缝洞型油藏井间剩余油动用程度。前期开展5井组的缝洞型油藏调剖现场试验，仅1井组见效，目前调驱剂存在密度大、强度低等问题，调驱过程中漏失进入底水中难以避免，造成调驱剂利用率低，效果差。因此，需要研发弹性调流颗粒，卡缝优势水窜通道，提高井间次级通道剩余油的动用。

2. 技术成果

成果1：研制出一套耐温抗盐覆膜剂体系并确定其评价方法。

通过筛选评价，形成一套密度 $1.05g/cm^3$ 的颗粒覆膜体系，满足高温液化对颗粒进行覆膜，实现调流颗粒密度可控，高温下（>130℃）可软化分离，实现调流颗粒定点放置（图3-4-1）。

成果2：优选出一套适合流道调整工艺的弹性颗粒。

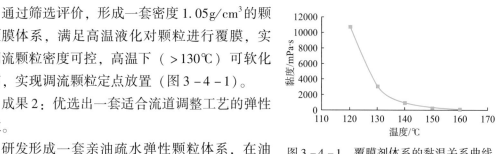

图3-4-1　覆膜剂体系的黏温关系曲线

研发形成一套亲油疏水弹性颗粒体系，在油水相均不溶解，密度介于油水之间，130℃条件下老化后可粘连形成油水界面稳定"屏障"的弹性颗粒系，实现对油藏底水的高效封堵（图3-4-2）。

(a)0天　　　　(b)5天　　　　(c)油水界面分布情况

图3-4-2　弹性颗粒高温高矿化度老化稳定实验

成果3：形成了三种覆膜弹性颗粒工艺。

建立了三种覆膜造粒工艺：改进覆膜砂工艺、高温滚圆造粒覆膜工艺、高温挤出覆膜工艺（图3-4-3、图3-4-4）。

(a)混合加热　　　(b)搅拌均匀　　　(c)分离冷却

图3-4-3　改进覆膜砂工艺

成果4：初步形成了三种覆膜弹性颗粒体系。

通过攻关研究形成了三套不同用途的覆膜用剂体系。一是变密度体系，通过覆膜体系在

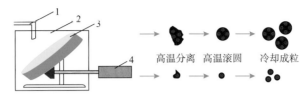

图 3 - 4 - 4 高温滚圆造粒覆膜工艺

1—高温分离装置；2—恒温箱；3—圆盘；4—动力系统

地层温度下与核心颗粒分离，实现变密度；二是变粒径药剂体系，以橡胶颗粒为核心，表层覆膜高温下粘连体系，实现在地层条件下粘连长大目标；三是油水选择性体系，地层条件下该体系具有遇油收缩，遇水稳定的特性，可以有效封堵出水通道而不堵油道（图3 - 4 - 5）。

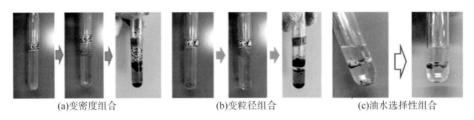

(a)变密度组合　　　　　(b)变粒径组合　　　　(c)油水选择性组合

图 3 - 4 - 5 三种覆膜弹性颗粒体系

3. 主要创新点

创新点 1：研制出一套耐温抗盐覆膜剂体系并确定评价方法，可表征高温高压调流药剂形态。

创新点 2：初步形成了三种覆膜弹性颗粒体系，填补国内石油行业药剂空白。

4. 推广价值

裂缝是断控岩溶油藏主要连通通道，由于认识不清楚，药剂颗粒粒径无法确定，需要调流颗粒具有变粒径功能，因此研发形成覆膜药剂以及工艺可以实现变粒径变密度功能，为断控岩溶治理提供一种有效的手段。

二、适应于流道调整的延迟膨胀体系实验评价

1. 技术背景

针对缝洞型油藏单元注水变差问题，前期采用稠化液携弹性颗粒体系进行流道调整，在区域裂缝尺度一致的假设下，弹性颗粒过大易近井卡堵，弹性颗粒过小远井聚集架桥性能差。因此，提出了优选延迟膨胀和粘连长大调流剂，并通过系统调研与评价，形成了密度可控、膨胀时间、软化粘连时间等指标符合流道调整需求的产品，为提高碳酸盐岩油藏调驱水平提供了药剂支撑。

2. 技术成果

成果 1：优选适合缝洞型油藏的预交联水膨基础颗粒。

系统调研了市场上现有的具有膨胀性能的颗粒，收集样品 13 种，通过基本参数对比，

对其中6种产品进行综合评价，通过实验测定其密度、粒径、膨胀性能、老化稳定性等，优选一套密度1.30g/cm³左右，120℃体积膨胀 > 5.0倍，质量膨胀 > 8.5倍，膨胀时间28h的预交联水膨颗粒（图3-4-6）。

(a)体膨颗粒调驱剂　　(b)延迟膨胀型颗粒堵漏剂TP　　(c)预交联水膨剂

图3-4-6　延迟膨胀颗粒部分产品

成果2：攻关形成了粘连调流体系。

系统调研了市场上现有的粘连调流类产品，收集粘连调流颗粒用剂15种和液体用剂1种。通过基本参数对比，筛选了9种产品，评价了其密度、粒径、软化点、熔融指数及高温增黏性能，优选出性能优良的粘连调流颗粒用剂3种。（图3-4-7）

(a)萜烯酚醛树脂　　(b)ABS再生料颗粒　　(c)聚丙烯熟料颗粒

图3-4-7　部分粘连调流产品

成果3：形成了体膨颗粒延迟膨胀的可控改性方法。

通过对现有水膨体的双层覆膜改性实现了水膨体膨胀性的可控，使其在注入流道的前期基本不发生膨胀，后期随着时间延长，物理屏蔽作用消失，水分子逐渐进入颗粒内部，颗粒体积增大在特定位置实现流道调整（图3-4-8、图3-4-9）。

图3-4-8　双层覆膜改性颗粒

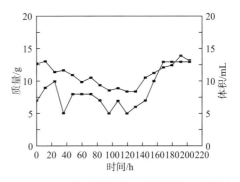

图3-4-9　改性后颗粒体积和质量随时间的变化

3. 主要创新点

创新点：形成了体膨颗粒延迟膨胀改性方法，实现了体膨颗粒的延迟膨胀。

4. 推广价值

研发形成了延迟膨胀调流体系及工艺方法，覆膜改性得到的产品实现了膨胀的可控性，使其根据不同的地质条件具备不同的膨胀需求，在满足现有调驱要求的同时，对于其他药剂体系的延迟释放覆膜提供了指导，为新型智能产品的开发提供新的思路。

三、深部流道调整颗粒体系优选与高温高压性能评价

1. 技术背景

目前，流道调整主要采用密度较大（1.16~1.19g/cm³）的弹性调流颗粒，为实现深部调流常采用两种方式：一是采用胍胶稠化液携带调流颗粒，减缓下降速度；二是采用大排量压裂车泵注，提高提供颗粒运移距离。但是，这两种方式均存在施工成本高的问题，为实现深部调流改善井组水驱，需要优选低成本、低密度的颗粒体系，并建立"密度、强度、粒径、油水"四个可控的性能评价方法，为后期药剂的系统评价提供设备支持。

2. 技术成果

成果1：系统评价不同类型调流体系，初步选定4套低密度调流剂。

收集目前国内的聚氨酯、石油树脂、橡胶、水膨体颗粒等低成本工业品，优选出低密度调流体系，均具有密度小于1.14g/cm³、耐温130℃、抗盐20×10⁴mg/L，同时满足油水选择性（图3-4-10）。

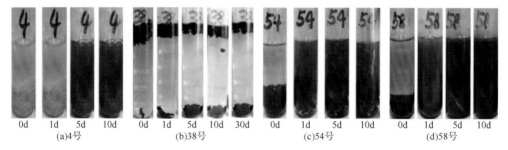

图3-4-10 优选的四种低密度调流剂体系

图3-4-11 高温高压（130℃、20MPa）粒径变化测试装置图

成果2：建立了调流剂粒径、密度、强度性能评价方法。

粒径可控评价仪：粒径可控评价仪为自主设计设备，使用 Scope Image Plus 分析软件，对拍摄的照片中颗粒和参照物进行换算，得到调流剂颗粒在高温高盐条件下的粒径大小特征（图3-4-11）。

密度可控评价仪：密度可控评价仪为自主设

计设备，采用质量守恒原理，将容器内气体排出后进行升压升温测量颗粒密度，装置可承受温度150℃、压力30MPa以上。

强度可控评价仪：强度可控评价仪为自主设计设备，采用填砂管原理，通过改变药剂用量和段塞组合确定调流剂组合强度特征，装置可承受温度150℃、压力30MPa以上。

成果3：建立了一套调流颗粒与裂缝匹配性表征方法。

（1）高温高压裂缝模型流动封堵实验装置。

自主设计了高温高压裂缝模型流动封堵实验装置，可承受温度150℃、压力30MPa以上，实现高温软化调流剂与裂缝尺寸匹配性评价（图3-4-12）。

不同宽度裂缝封堵实验表明，注入速度30mL/min下，3mm粒径聚氨酯颗粒不能进入3mm裂缝，而5mm裂缝比9mm裂缝封堵能力强，说明存在最优化封堵匹配性（图3-4-13）。

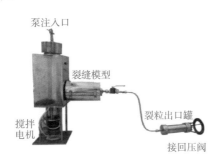

图3-4-12 高温高压裂缝模型
流动封堵实验装置

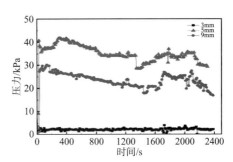

图3-4-13 3mm聚氨酯颗粒与
裂缝封堵特征曲线

（2）常温透明裂缝模型封堵实验装置。

建立常温透明裂缝模型封堵实验装置，主要是对刚性颗粒进行颗粒粒径与裂缝尺寸匹配评价，并形成了裂缝封堵匹配性图版（图3-4-14、图3-4-15）。

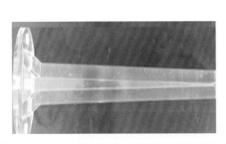

图3-4-14 常温透明裂缝模型封堵实验装置　　图3-4-15 裂缝尺寸与颗粒粒径、浓度匹配图版

3. 主要创新点

创新点1：设计了粒径可控、强度可控、密度可控3套评价仪，可以实现高温高压调流药剂形态表征。

创新点2：建立了楔形卡、缩缝物理模型，形成了裂缝封堵匹配性图版，为调流剂粒径、浓度设计提供依据。

4. 推广价值

创新设计了粒径可控、强度可控、密度可控 3 套评价仪，实现了对高温高压调流药剂形态表征，可以对后期药剂进行性能评价。同时，裂缝封堵匹配性图版明确了调流剂粒径、浓度设计原则，对方案设计药剂优选具有指导意义。

四、缝洞型油藏调流剂运移特征和参数设计方法

1. 技术背景

针对碳酸盐岩缝洞型油藏单元水驱存在的注水低效、注水水窜难题，前期开展流道调整现场试验，取得了一定的效果，但流道调整机理、颗粒运移的规律、颗粒沉降特征均不清楚，如何实现有效调流，高效调流？因此，建立可视化平板裂缝模型，采用物理模拟和数值模拟相结合的手段，研究调流剂在裂缝中的运移规律和沉降特征，构建影响颗粒在裂缝中运移距离的影响因素图版，形成流道调整参数优化设计方法，指导现场试验。

2. 技术成果

成果 1：明确了调流颗粒在裂缝的沉降规律及影响因素。

不同于层状连续砂岩，颗粒定点放置至井间溶洞体内是实现调流的前提条件，设计采

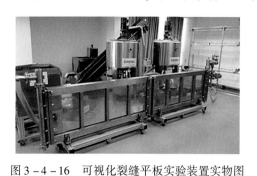

用三维可视化裂缝物理模型，研究了不同参数条件下的调流颗粒运移距离。包括颗粒密度、颗粒浓度、粒径、携带液密度、黏度、注水排量等参数。初步明确颗粒密度、黏度、粒径和排量是影响颗粒运移距离的主要因素（图 3 - 4 - 16）。

成果 2：基于管流软件，建立调流数学模型。

图 3 - 4 - 16 可视化裂缝平板实验装置实物图

基于管流软件，明确颗粒沉降距离计算方法，建立调流剂输送模拟的计算流体力学模型，以物理模拟实验为基础优化模型，通过不同参数模拟结果提取相应规律（图 3 - 4 - 17）。

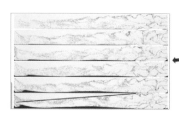

图 3 - 4 - 17 调流剂在裂缝中模拟评价（物模 + 数模拟）

成果 3：不同参数下的运移距离计算图版。

通过数值模拟，放大垂向高差为 50m，得出主图版，并做 5 个影响因素敏感性分析，

颗粒粒径、裂缝倾角、携带液黏度对运移距离影响较大，裂缝宽度和颗粒浓度影响较小（图3-4-18）。

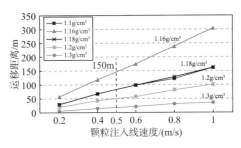

图3-4-18　调流剂定点放置运移主图版（50m高差）

3. 主要创新点

创新点1：构建了可视化裂缝模型，研究了颗粒在裂缝中的运移规律。

创新点2：建立了影响颗粒在裂缝中运移距离的影响因素图版。

4. 推广价值

实验研究构建了调流颗粒运移规律研究模型，明确了影响调流颗粒在裂缝中的运移的主要因素，建立了影响因素图版，对指导工艺参数设计和现场试验具有重要意义。

第五节　注气三采

一、缝洞型油藏注气方式及参数优化

1. 技术背景

塔河缝洞型油藏具有高温、高压、缝洞结构及连通关系复杂和原油黏度高等特点，注气作为提高采收率的重要手段，目前已推广应用，成为继注水替油后又一战略接替技术。但随着注气开发的进行，受底水能量、构造部位等因素影响，注气效果差异大，同时缝洞油藏的特殊性给现场注气参数优化造成了很大的难度。本研究拟研究注入气体与原油的相互作用，通过室内物理模拟实验，对典型缝洞油藏注气方式和注采参数进行优化，为矿场注气提供理论依据和技术支持。

2. 技术成果

成果1：建立了两类三维仿真物理模型和一类二维可视化剖面模型。

利用地质、地震、测井、测试及开发认识相结合的综合方法，建立了针对阁楼油的注气吞吐物理模拟模型、针对井间剩余油的气驱提高采收率三维物理模拟实验装置、二维可视化注气模拟剖面模型三类物理模型。

（1）三维物理模型。

圆柱状岩心是以碳酸钙粉末和树脂按一定比例混合压制的人造胶结岩心，并在每个圆柱状岩心上刻画缝洞。圆柱状岩心直径为400mm，厚度为50mm，6块圆柱状岩心按照特定的顺序叠加放置，四周为两个耐压钢圈（图3-5-1、表3-5-1）。

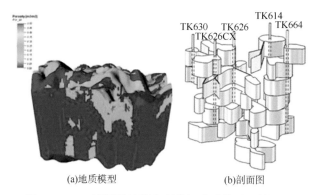

(a)地质模型　　　　　　(b)剖面图

图3-5-1　缝洞型油藏典型井组地质模型及剖面图

表3-5-1　三维模型每层的油藏原型结构图、设计图、实物对应图及相关参数

层位	地质结构示意图	设计图	实物图	模型体积相关参数
第一层 （顶层）				孔隙度：3.96%； 裂缝孔隙度：1.92%； 溶洞孔隙度：2.04%
第二层				孔隙度：8.06%； 裂缝孔隙度：0.70%； 溶洞孔隙度：7.35%
第三层				孔隙度：7.84%； 裂缝孔隙度：0.96%； 溶洞孔隙度：6.89%

续表

层位	地质结构示意图	设计图	实物图	模型体积相关参数
第四层				孔隙度：10.98%； 裂缝孔隙度：0.57%； 溶洞孔隙度：10.41%
第五层				孔隙度：10.69%； 裂缝孔隙度：0.74%； 溶洞孔隙度：9.95%
第六层 （底层）				孔隙度：5.70%； 裂缝孔隙度：0.47%； 溶洞孔隙度：5.24%

（2）二维可视化剖面模型。

模型制作采用石蜡填充与环氧固封相结合的方法，通过岩心的表面处理与环氧树脂固化工艺，提高环氧树脂与天然或人造岩石表面的结合强度，以防止在实验过程发生壁流现象（图3-5-2）。

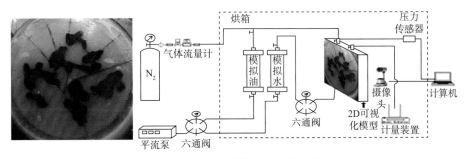

图3-5-2 可视化模型及实验流程图

成果2：明确了缝洞型油藏不同注入气体的作用机理。

油藏条件中，氮气的主要机理包括增能、重力分异置换、穿透性；二氧化碳的主要机理包括溶胀降黏、溶解气驱、控水，干气、复合气性能介于二者之间（图3-5-3）。

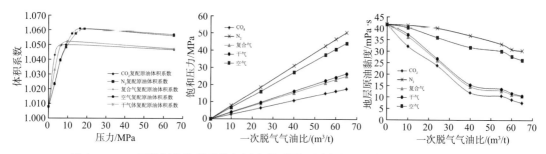

图 3 - 5 - 3　五种气体体积系数与压力关系图、原油饱和压力、原油黏度变化图

成果 3：多井缝洞单元气驱注气方式优化。

采用物理模拟手段，开展了多井缝洞单元气驱注气方式优化，注气部位优选高注低采、注气方式优选周期注气。（图 3 - 5 - 4）

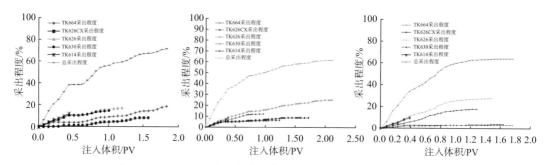

图 3 - 5 - 4　反向注气、周期注气、脉冲注气各井采出程度对比

成果 4：缝洞型油藏单井注气注采参数优化。

利用数值模拟方法，对 4 套典型模型（中型储集体、小型储集体、近井裂缝发育小型储集体、强底水储集体）的缝洞型油藏注采参数优化研究，探讨了动用部位、边底水发育情况、缝洞发育情况、伴注水情况对注气吞吐效果的影响，归纳了最优工艺参数范围和界限。

（1）缝洞体的大小不能决定注气量的多少，主要是由于连通的缝洞体越大，能量平衡后升压幅度越小，因此相同注入量下，采油量不多；在增大注入量的情况下，近井原油外推远移现象明显，此时的压力升高未必能够抵消此矛盾。

（2）相同体积的缝洞体，近井裂缝发育时，可以注入更多的气体，以扩大吞吐产油量。

（3）最优闷井时间主要受地层渗流能力控制，近井裂缝控制的地层闷井时间较长。

（4）对于具有一定避水高度的强底水型储集体，油井强水淹后，CO_2 吞吐效果优于 N_2。

（5）注气吞吐周期注气量一般控制在 $(50 \sim 200) \times 10^4 m^3$，闷井时间一般控制在 15 ~ 30 天，采液速度一般控制在初期产能的 0.125 ~ 0.25 倍，在根据生产测井和生产动态确定油藏类型和动静态特征的基础上，优选注入介质。

成果 5：7 口典型注气井注气效果预测。

利用数值模拟预测了 7 口井注气效果，给出了不同注气量下经济换油率界限为 0.56 ~ 0.84t/t。

3. 主要创新点

创新点 1：建立了缝洞型油藏单井和井组三维物理模拟超高压实验装置。

创新点 2：明确了缝洞型油藏不同注入气体作用机理。

采用注气吞吐、气驱三维物理模拟、二维可视化剖面模拟模型和数值模拟过程仿真，提出了缝洞型油藏中氮气的增能、重力分异置换、穿透油藏能力突出，二氧化碳的溶胀降黏、长期溶解气驱、控水能力突出，干气、复合气性能介于二者之间且复合气具有协同效应的缝洞型油藏注气吞吐增效机制。

创新点 3：建立了缝洞型油藏单井注氮气驱油参数优化方法。

基于典型模型与实际模型，实现了中型储集体、小型储集体、近井裂缝发育小型储集体、强底水储集体 4 类缝洞型油藏的注采参数优化，得到了注气介质、注气时机、注气量、注气速度、焖井时间、产液速度的工艺参数界限，明确了动用部位、边底水发育情况、缝洞发育情况、伴注水情况对注气吞吐效果的影响规律，归纳了最优工艺参数范围和界限。

4. 推广价值

(1) 缝洞型油藏三维物理模型制作方法的形成，为同类油藏物理模型的制作提供了借鉴。

(2) 缝洞型油藏不同介质注气机理、单井注气参数优化方法的建立，为缝洞型油藏的注氮气高效开发奠定了基础，为同类油藏的技术发展指明了方向。

二、塔河油田单元注气工艺参数优化及化学防气窜体系

1. 技术背景

针对注水替油失效的难题，提出了气驱作为接替技术。现场气驱提高碳酸盐岩油藏采收率效果差异大，其中注气时机、注气量、注气速度等一系列注采参数优化研究不完善。本书通过板状模型物理模拟和可视化玻璃模型物理模拟实验揭示了不同接替方式的采油规律以及注入速度、气水比等参数对采油规律的影响和规律发生的内在机制，形成适合于缝洞型油藏的气驱段塞；研发了适用于高温高盐地层环境的稠化泡沫和泡沫冻胶两种防窜体系。

2. 技术成果

成果 1：对不同的驱替方式进行多角度对比分析。

板状缝洞模型物理模拟研究表明，从提高采收率的角度分析，泡沫驱 > 气水混注 > 纯氮气驱 > 大段塞气水交替 > 小段塞气水交替；从采油速度的角度分析，纯氮气驱 > 气水混注 > 泡沫驱；从经济成本的角度分析，气水混注 > 纯氮气驱 > 泡沫驱（图 3 - 5 - 5 ~

图 3 – 5 – 7)。

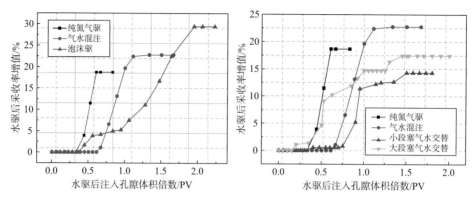

图 3 – 5 – 5　水驱后不同接替方式采收率

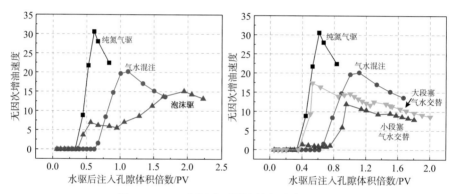

图 3 – 5 – 6　水驱后不同接替方式产油速度

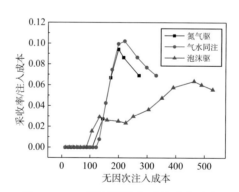

图 3 – 5 – 7　不同驱替方式的成本对比

成果 2：得出了缝洞体中不同驱替流体的行进规律。

可视化模型研究表明，水、气体、泡沫在缝洞介质中流动特征可概括为：气往高处去，水往低处流，泡沫高低都能走。水驱后注气主要作用于高部位"阁楼油"，对低部位"阁楼油"不起作用。水驱后注入泡沫，既可波及高部位"阁楼油"，又可波及低部位"阁楼油"；泡沫既可置换洞中"阁楼油"，又可在油水界面驱油（图 3 – 5 – 8 ~ 图 3 – 5 – 11）。

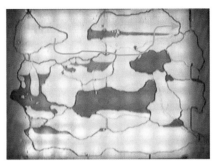

图 3 - 5 - 8 水驱转注气剩余油分布（箭头示气进方向）

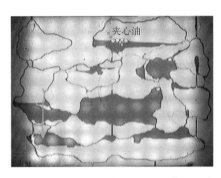

图 3 - 5 - 9 水驱转气水混注剩余油分布

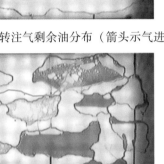

图 3 - 5 - 10 泡沫同时进入高部位缝洞和低部位缝洞

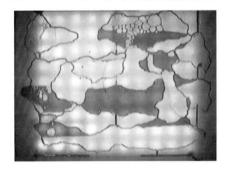

图 3 - 5 - 11 泡沫对阁楼油的置换和顶替作用

成果 3：研制了适合塔河油田的冻胶体系。

通过耐温耐盐聚合物的选择和使用复合交联剂，研制了可满足 100 ~ 140℃、盐含量 20×10^4 ~ $25 \times 10^4 \, mg/L$、Ca^{2+}、Mg^{2+} 含量 $2 \times 10^4 \, mg/L$ 的地层使用的冻胶体系。该体系 130℃成胶时间为 12h，在 130℃、$22 \times 10^4 \, mg/L$ 盐含量的水中热处理 2 个月脱水率低于 20%（图 3 - 5 - 12）。

图 3 - 5 - 12 Ⅰ型冻胶 130℃热处理不同时间

成果 4：研制了可用于高温高盐碳酸盐岩油藏封堵气窜的起泡剂。

由甜菜碱两性表面活性剂与生物表面活性剂复配，通过生物表面活性剂提高体系的黏弹性，可构建出耐温耐盐的起泡体系，其消泡半衰期比单纯表面活性剂高近 6 倍（表 3 - 5 - 2）。

表 3 - 5 - 2   高温高压下泡沫性能评价

温度/℃	120	120
压力/MPa	1	5
泡沫高度/cm	26.4	37.9
消泡半衰期/min	58.5	83.1

3. 主要创新点

创新点1：研发了适用于塔河高温高盐地层环境的稠化泡沫和泡沫冻胶两种防窜体系。

创新点2：明确了缝洞型储集体中水、气体、泡沫的流动规律。

4. 推广价值

随着氮气驱规模增加，气窜井组势必增加，研发出的防窜体系适用于高温高盐地层环境。

三、注气多轮次效果变差井增效技术

1. 技术背景

本研究针对随注气轮次增加，注气增油效果变差的问题，拟在缝洞型碳酸盐岩油藏注气增油效果分析的基础上，利用油藏工程、物理模拟和数值模拟等手段开展不同类型缝洞结构下注气效果研究，并结合现场实际，分析对不同缝洞结构的油藏注气效果变差原因，为注气增油提供技术指导和理论支撑。

2. 技术成果

成果1：开展了注气增油效果油藏工程分析研究。

在多轮次注气井动态变化特征上，轮次产油量呈逐轮次降低趋势。轮次平均递减率为：第二轮次递减率在4%，第三轮次递减率在20%。溶洞型储集空间中相同轮次的产油量：风化壳溶洞型 > 断控溶洞型 > 暗河溶洞型。

根据地质分类结果，从产油量、轮次生产时间、含水、油压、方气换油率五个生产指标，对比分析不同类型注气井注气后生产动态变化特征（表3-5-3）。

表 3 - 5 - 3   注气井指标动态特征

生产指标	指标动态特征总结
产油量	轮次产油量呈逐轮次降低趋势，第二轮次递减率在4%，第三轮次递减率在20%
轮次生产时间	轮次生产时间差异较大/平均轮次生产时间229天，暗河岩溶 > 风化壳岩溶 > 断控岩溶
含水变化	总体呈下降趋势/一、二轮次呈下降趋势，三、四轮次开始上升/溶洞型上升最快，裂缝型储集体上升较慢
油压变化	溶洞型注气井油压下降较慢/裂缝-孔洞型注气井油压下降最快，压力水平最低
方气换油率	呈递减趋势/均值在0.7左右/风化壳溶洞型 > 风化壳裂缝孔洞 > 断控溶洞型 > 断控裂缝 > 暗河溶洞 > 断控裂缝孔洞

基于不同岩溶背景，对储集体特征、井储关系、距T_7^4距离、剩余油类型、轮次注入、产出量、含水上升类型等方面，从矿场分析角度开展多轮次注气效果影响因素分析（表3-5-4）。

表3-5-4　不同岩溶背景分析

影响因素	不同岩溶背景分析
储集体特征	溶洞型储集体周期产油高、周期生产时间稳定/裂缝孔洞储集体周期增油不稳定
距T_7^4距离	整体上注气效果好的井集中于T_7^4下30~60m
井储关系	多周期注气井周期递减速度：顶部>中部>边部
剩余油类型	根据动态分析和静态识别综合反推出4种模式的剩余油曾油效果：水平井上部>残丘型>裂缝型>底水未波及
轮次注入、产出量	稳定注入下：轮次产液量风化壳岩溶呈递减趋势，断控岩溶呈上升趋势
含水上升类型	含水台阶上升、波动上升型、缓慢上升型油井注气效果好；暴性水淹型注气置换效果最差

成果2：建立了多轮次注气增效模拟实验模型。

以注气效果动态分析结果为基础，根据不同效果变差的类型，综合地下缝洞结构特征，建立各类典型缝洞单元概念模型，并利用雕刻技术，用有机玻璃板材料制作各种类型的缝洞物理模型（图3-5-13）。

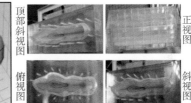

图3-5-13　物理模型的建立

基于缝洞雕刻和地质认识建立了3种反映不同缝洞结构特点的机理模型（图3-5-14）。

成果3：明确了多轮次注气增效影响因素。

通过实验对比影响注气效果因素主要表现为：

（1）底水能量弱，利于气体弹性能量发挥，注气开发效果较好。

（2）注气量越大，存气量越大，气体弹性能量释放越多，阶段产油量越多。

（3）油藏压力较小，释放出更多气体弹性能量，开发效果较好。

（4）产液速度越大越容易产生底水锥进，含水上升越快；同时气锥较严重，存在于地

图3-5-14　T416强底水增效模型

层发挥作用的气量减少，阶段产油量较低。

成果 4：开展了缝洞型油藏储集体剩余油分布模式研究。

基于矿场典型的注气井储集空间类型及注气效果总结 6 种剩余油模式（表 3 - 5 - 5）。

表 3 - 5 - 5　缝洞型油藏剩余油分布模式

序　号	剩余油分布模式	挖潜方法
1	致密层遮挡	上返酸压
		下返酸压
2	缝洞体连通差型	酸化
		压裂
3	阁楼油	注气
4	底水封挡	卡堵水
5	分支河道	钻井
6	井间未动用缝洞型	注水

成果 5：提出了多轮次注气增效技术对策。

（1）堵水模型：封堵通道越多，最终采油量越多，但只有完全封堵才能最好地起到增油作用。

（2）隔层模型：只有大量的连通裂缝开启，形成油气回流通道，才能有效地进行油气置换，起到增油作用。

（3）洞穴模型：可通过逐轮次增大注气量、逐轮次减小采液量、适当延长焖井时间改善多轮次注气效果。

3. 主要创新点

创新点 1：建立 4 个不同缝洞结构物理模型。

创新点 2：构建 3 个不同缝洞结构的油藏机理模型。

创新点 3：形成 2 ~ 3 种针对性的增效技术。

4. 推广价值

本研究开展碳酸盐岩油藏不同缝洞结构下多轮次注气效果变差影响因素研究，并优选增效技术对策。研究成果的应用将有效指导现场多轮次注气开发，改善油藏开发效果，提高油藏采收率。

四、缝洞型油藏注气物理模型设计与制作方法

1. 技术背景

塔河油田缝洞型碳酸盐岩油藏非均质性极强，油藏埋藏深度大，储集空间多样，原油密度差异明显。2012 年注气三次采油的突破，标志着塔河油田由二次采油向三次采油的革命性转变，三年已累计完成产量 39×10^4 t，成为继注水替油后又一战略接替技术。但随着

注气开发的进行，缝洞油藏的特殊性给现场注气参数、方式、工艺配套等都造成了很大的难度。为此，通过研究，以油藏地质模型为基础，建立一整套缝洞型碳酸盐岩油藏物理模型制作技术，设计加工物理模型，刻画不同剩余油分布特征，为注气参数优化、注气高效开发提供指导。

2. 技术成果

成果1：系统调研缝洞型油藏物理模型研究现状。

缝洞型油藏物理模型从尺度上可分为微观和宏观两大类，而宏观模型又可进一步分为二维平板模型和三维缝洞模型。二维模型结构过于简单，与实际油藏复合度低；三维模型尺度小，仅能开展相关技术机理研究，不能有效对裂缝通道进行描述（表3-5-6）。

表3-5-6 不同类型缝洞型油藏物理模型现状

类型	模型类别	优点	缺点
二维模型	缝网机理模型	可视	概念模型
	小尺度机理模型	可视	概念模型
	大尺度机理模型	以地震相图为基础；可视；尺度大	结构表征片面
三维模型	高温高压模型	以地震相图为基础	不可视；尺度小
	常温常压模型	以地质体为基础；可视；尺度大	刻画溶洞体为主

成果2：形成了缝洞型油藏三维物理模型制作方法。

基于前人研究成果，以三维地质原型为基础，从三维（二维）角度对溶洞体结构特征进行描述，再结合蚂蚁体等缝洞描述手段，设计相关裂缝连通通道。具体制作方法包括3步：

（1）地质模型提取及预处理。

提取缝洞体振幅变化率切片图（2ms/张）和蚂蚁体图，根据研究对象去掉不相关部分（图3-5-15）。

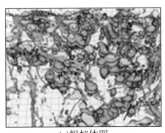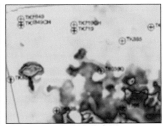

(a)蚂蚁体图　　　　　　　　(b)振幅变化率图　　　　　　　　(c)处理后振幅变化率图

图3-5-15 某缝洞单元蚂蚁体及2ms振幅变化率图

（2）三维数值模型重构。

利用克里金法则对处理的图片进行模型三维重构，对模型中破损部分进行修补及光滑处理；同时根据蚂蚁追踪体的显示，结合实际生产情况，在各个孤立溶洞体之间建立大小不等的连通通道，为了方便雕刻，将三维模型转换（图3-5-16）。

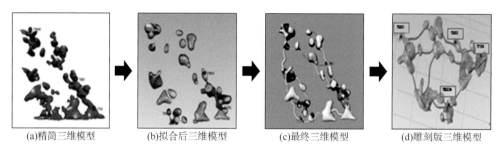

(a)精简三维模型　　(b)拟合后三维模型　　(c)最终三维模型　　(d)雕刻版三维模型

图3-5-16　某缝洞单元模型重构流程图

（3）物理模型装置加工。

对模型打孔定位、布置井位，进行分层处理；利用三维分层雕刻技术，以有机玻璃为原材料，利用雕刻机逐层雕刻，将数值模型转化为三维实物模型（图3-5-17）。

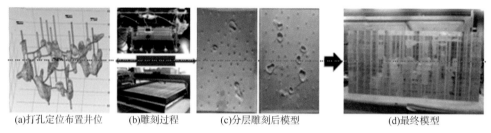

(a)打孔定位布置井位　　(b)雕刻过程　　(c)分层雕刻后模型　　　　(d)最终模型

图3-5-17　某缝洞单元模型加工过程示意图

成果3：完成了4套缝洞型油藏典型地质模型的制作。

以三维地震属性资料为基础，利用缝洞型三维物理模型制作技术，制作了风化壳和断溶体2类油藏4个典型气驱单元模型，包括两个断溶体油藏三维物理模型，两个风化壳油藏三维物理模型（表3-5-7）。

表3-5-7　四套模型具体参数表

单元	生产井/口	溶洞/个	通道/个	排气井/口	排水井/口	容积/mL	尺寸（长×宽×高）/m
断溶体油藏1	4	20	24	12	6	4000	0.85×0.55×0.42
断溶体油藏2	2	3	5	4	6	6010	0.85×0.55×0.24
风化壳油藏1	4	14	19	3	8	810	0.58×0.39×0.21
风化壳油藏2	5	9	11	4	6	1100	0.58×0.39×0.26

3. 主要创新点

创新点：缝洞型油藏三维物理模型制作方法。

（1）提出了以三维地震数据体为基础，蚂蚁追踪体为参考，等比缩放和等效变换为手段的一套针对缝洞型油藏井组单元物理模型研究与制作的技术，实现了模型有效表征缝—洞三维空间复杂结构特征。

（2）利用三维重构，分层刻画及三维雕刻技术，解决了复杂缝洞结构模型的三维实现难题，利用该技术设计并加工了大型井组单元物理模型。通过与蚂蚁追踪体的对比，认为该模型能够对所研究区域的缝洞储集空间进行表征。

4. 推广价值

（1）缝洞型油藏三维物理模型制作方法的形成，为同类油藏物理模型的制作提供了借鉴。

（2）通过制作物理模型，可以开展注水、注气参数优化，为缝洞型油藏注气开发提供指导。

五、注氮气井垢样分析及不同含氧量注氮气腐蚀性实验评价

1. 技术背景

塔河油田注氮气现场试验中凸显出氮气含氧对管柱造成不同程度的腐蚀的问题，目前针对氮气含氧对管柱的腐蚀没有开展深入的研究，对腐蚀结垢的过程认识不清，无法提出有效的解决方案。为此，针对含氧注水、含氧注气及水气交替注入过程中井筒管材的腐蚀问题，利用动态循环高温高压釜，开展不同注入工艺对不同井筒材质的腐蚀评价，结合实际典型井的腐蚀特征，评估当前注气面临的腐蚀风险和腐蚀程度，得出不同工艺条件下管材的腐蚀速率，得出腐蚀结垢井垢样的成分，为腐蚀失效分析和制定针对性的井筒防腐工艺提供基础数据。

2. 技术成果

成果1：不同注入工艺对井筒管材的腐蚀影响规律。

气水混注工况下的P110、P110S钢的腐蚀速率极其严重，其次为纯注水工况，纯注气工况下的腐蚀速率最低，符合油田腐蚀防护控制指标0.076mm/a，三种工况下的腐蚀速率均依次相差一个数量级（图3-5-18）。

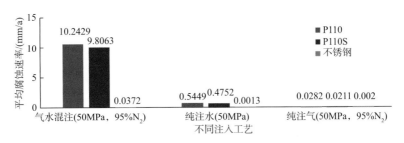

图3-5-18　不同注入工艺下的腐蚀速率对比

成果2：不同氧分压对井筒管材的腐蚀影响规律。

（1）气水混注工况下，注入氮气的纯度从95%→99%→99.9%→99.99%依次提高，可以显著降低P110、P110S钢的腐蚀速率（测试实验周期3天），每提高一次注入氮气纯度，相比于上一个工况，P110S钢的腐蚀速率依次降低29%、88%、69%（总压50MPa）

和67%、87%、35%（总压30MPa），从最高的9.8063mm/a降低至0.2058mm/a，但是其最低腐蚀速率仍远高于油田腐蚀防护控制指标0.076mm/a。该情况下，油管存在很大的腐蚀风险，同时由于套管的不可更换，在未安装井下封隔器的情况下，套管腐蚀风险也较高（图3－5－19）。

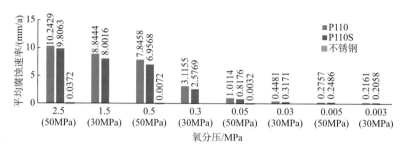

图3－5－19　气水混注工况不同氧分压条件下的腐蚀速率对比

（2）纯注气工况下，注入95%N_2时，P110、P110S钢的腐蚀速率（测试实验周期3天）最大为0.0282mm/a，满足油田腐蚀防护控制指标0.076mm/a的要求，注入氮气的纯度从95%→99%→99.9%→99.99%依次提高，P110钢的腐蚀速率依次降低39%、23%、16%（总压50MPa）和49%、4%、19%（总压30MPa）。因此，不需提升太高注入氮气的纯度，采用纯注气工艺就可以使井下管柱的腐蚀程度降低至安全范围内（图3－5－20）。

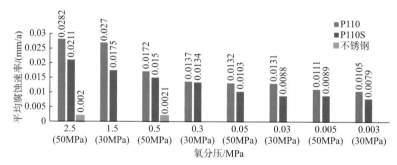

图3－5－20　纯注气工况不同氧分压条件下的腐蚀速率对比

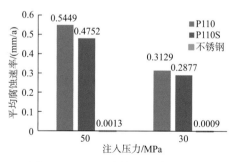

图3－5－21　不同氧分压条件下的
腐蚀速率水中溶解氧含量

成果3：注入暴氧油田水工况下，注入压力对管材的腐蚀影响规律。

P110S钢在50MPa和30MPa注入压力下的腐蚀速率（测试实验周期3天）分别为0.4752mm/a、0.2877mm/a，但仍高于油田腐蚀防护控制指标0.076mm/a。因此，应当严格控制注入水氧含量，可适当采用除氧剂，并减少暴氧环节。推荐采用气水分注方法，在合注高氧腐蚀风险段采用耐蚀合金钢（图3－5－21、图3－5－22）。

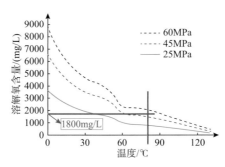

图 3-5-22 根据亨利定律计算的不同压力及温度下结果对比图

成果 4：现场垢样及室内实验腐蚀产物成分分析。

（1）现场采集的井下管柱腐蚀垢样主要以铁的氧化物（Fe_3O_4 和 Fe_2O_3）为主，还含有少量的 Cr_2O_3（猜测为油管渡铬层脱落）、无机盐 $CaCO_3$ 和泥沙 SiO_2（图 3-5-23、图 3-5-24）。

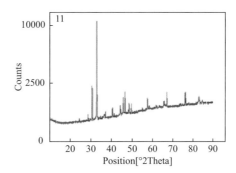

图 3-5-23 油田现场采集垢样 　　图 3-5-24 注气井井下腐蚀产物 XRD 衍射分析

（2）室内实验试样腐蚀产物主要为铁的氧化物（Fe_3O_4 和 Fe_2O_3）（图 3-5-25）。

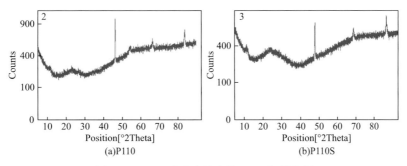

图 3-5-25 试片腐蚀产物 XRD 衍射分析

成果 5：不同工况下考虑腐蚀的管柱安全服役年限评估。

（1）在气水混注工况下，注入氮气的纯度从 95% 提高到 99% 时，管柱的服役寿命仅增加了 0.1~0.5 年，且服役寿命均小于 1 年；注入氮气的纯度从 99% 提高到 99.9% 时，管柱的服役寿命增加了 2.5~5.5 年；注入氮气纯度为 99.99% 时，两种钢的使用寿命均能达到 10 年左右。

（2）纯注水工况下，两种钢材在 30MPa 注入压力下的使用寿命（8.6 年左右）约是 50MPa 下（5.1 年左右）的两倍（表 3-5-8）。

表 3-5-8　气水混注和纯注水工况下井下油管的安全服役寿命估算

模拟工况		安全服役年限/年			
		上段（2200m）		下段（3000m）	
		P110	P110S	P110	P110S
气水混注	（50MPa、95% N_2）	0.25	0.26	0.26	0.27
	（30MPa、95% N_2）	0.28	0.31	0.3	0.33
	（50MPa、99% N_2）	0.32	0.36	0.34	0.38
	（30MPa、99% N_2）	0.81	0.97	0.85	1.03
	（50MPa、99.9% N_2）	2.49	3.08	2.62	3.25
	（30MPa、99.9% N_2）	5.61	7.93	5.93	8.37
	（50MPa、99.99% N_2）	9.12	10.12	9.63	10.68
	（30MPa、99.99% N_2）	11.64	12.22	12.28	12.9
纯注水	50MPa	4.62	5.29	4.87	5.59
	30MPa	8.04	8.74	8.46	9.23

3. 主要创新点

创新点 1：采用循环管路流动动态腐蚀测试方法，接近真实地模拟了现场气水混注、纯注气、纯注水三种工况下氧对井筒管材的腐蚀行为，在评估方法上有所创新。

创新点 2：测试了不同实验周期（3 天和 30 天）条件下管材的氧腐蚀行为，在实验设计上有所创新。

4. 推广价值

本书通过实验评价了注气井腐蚀影响因素，提供了纯注气和气水分注两种注气方式，并给出最优适用条件，评估了不同工况下管柱安全服役年限，对注氮气井井筒防腐措施和注入工艺优化具有指导意义。

六、注氮气除氧与抗氧腐蚀技术可行性论证

1. 技术背景

塔河油田碳酸盐岩油藏自 2013 年底开展注氮气现场试验以来增油效果显著。但注入氮气含氧及注入水含氧对管柱造成不同程度的氧腐蚀，对于已发生的管柱腐蚀及结垢问题，未找到有效的控制手段，对于除氧剂、氧缓蚀剂、抗氧材质三方面能否有效控制注气条件下的氧腐蚀及经济性尚不清楚。针对该问题持续跟踪调研国内外氧腐蚀控制技术新进展，明确国内外化学剂除氧技术，找出国内外新型抗氧腐蚀材质、国内外抗氧腐蚀缓蚀

剂，通过模拟现场工况的实验研究，评估化学缓蚀剂抗氧腐蚀技术的可行性，为制定针对性的井筒防腐工艺提供指导。

2. 取得认识

认识1：无机除氧剂中的亚硫酸盐以及有机除氧剂中的肟类除氧剂均表现出较好的除氧效果，综合考虑除氧剂的用量、毒性、除氧效率以及腐蚀性，推荐亚硫酸盐＋肟类复合除氧剂，其次是肟类除氧剂、丙酮肟和亚硫酸盐＋联氨除氧剂。

（1）各种除氧剂除氧效果对比（表3－5－9）。

表3－5－9　除氧剂除氧效果对比与优选

除氧剂类型	除氧剂的理论用量（氧浓度的倍数）	复配比	毒性	除氧效率（100%）所需时间/min		腐蚀性	除氧效果
				1000mg/L	2000mg/L		
亚硫酸盐	8	—	低毒，轻微刺激性	25	19	较小	优
联氨	1	—	较大	无法完全除氧溶解氧最小值为0.2mg/L		极强	中
丙酮肟	4.47	—	无毒	25	30	较小	优
碳酰肼	2.6	—	低毒	无法完全除氧溶解氧最小值为0.3mg/L		较小	良
异抗坏血酸	9.9	—	无毒	30	24	较小	中
亚硫酸盐＋联氨	6.1	2:1	较大	23	20	极强	优
亚硫酸盐＋肟类	6.8	1:8	低毒，轻微刺激性	20	16	较小	优

（2）现场不同注入工艺下加注除氧剂的成本预算。

采用亚硫酸盐＋肟类除氧剂为例，单价约4000元/吨。

现场制氮：氮气纯度95%～99%，氧含量按2.5%计算，$50 \times 10^4 m^3$氮气含氧约17.86t，需加注除氧剂约121t，预计48.4万元，除氧药剂成本近1元/立方米。

注入水溶解氧：为降低注气压力，注气同时还注入了低pH值、高Cl^-的盐水，平均每井次注入$1150m^3$，溶解氧按$2g/m^3$计算，则千方盐水含氧<2kg，全油田每年$400 \times 10^4 m^3$油田水的最大携氧量仅8t，需加注除氧剂约54.4t，全油田注入水每年除氧药剂成本约21.76万元。

认识2：当前缺乏抗氧腐蚀的油井管选材标准和图版，现有的标准和图版主要用于指导含CO_2和H_2S腐蚀环境的选材。通过对抗氧材质的文献调研分析，结合高温高压釜模拟现场工况的实验评价，表明新型不锈钢、825镍基合金、钛合金在模拟现场工况下具有很好的耐氧腐蚀性能，并且屈服强度能满足使用要求。

（1）不锈钢耐氧腐蚀性能评价。

模拟工况：①气水混注，95％N_2；②气水混注，99％N_2；③纯注水，50MPa

实验温度：$T=80℃$；液相介质：模拟注入水；搅拌转速：300r/min；时间：$t=72h$（表3-5-10）。

表3-5-10　不锈钢在不同模拟工况下的腐蚀速率

工况	平均腐蚀速率/（mm/a）		
	气水混注		纯注水
	（50MPa、95％N_2）	（50MPa、99％N_2）	50MPa
不锈钢	0.0372	0.0072	0.0013

（2）钛合金、9Cr钢、13Cr钢耐氧腐蚀性能评价。

材质：9Cr钢、13Cr钢、钛合金；模拟工况：50MPa，99％N_2（氧分压0.5MPa）。

实验温度：80℃；时间：72h（表3-5-11）。

表3-5-11　不同材质的均匀腐蚀速率

材质	编号	实验前质量/g	实验后质量/g	损失质量/g	腐蚀速率/（mm/a）	均匀腐蚀速率/（mm/a）
9Cr	111	10.1522	10.1201	0.0321	0.4361	0.4281
	238	10.0236	9.9928	0.0308	0.42	
13Cr	211	9.8261	9.8048	0.0213	0.2938	0.3179
	155	9.6606	9.6359	0.0247	0.342	
钛合金	23	4.1866	4.1865	0.0001	0	0
	21	3.9197	3.9196	0.0001	0	

（3）成本预算（表3-5-12）。

表3-5-12　单井油管采用不同耐蚀合金的费用成本

材质	单价/（吨/万元）	上段（2200m）费用/万元	下段（3000m）费用/万元	总费用/万元
P110	0.7	23.25	18.6	41.85
P110S	1.5	49.82	39.87	89.68
不锈钢	20	699.17	559.54	1258.72
825镍基合金	32	1118.68	895.27	2013.96
钛合金	30	563.71	451.13	1014.84

认识3：缓蚀剂在应用过程中应当注意和除氧剂、地层水的配伍性。通过采用电化学与高温高压釜实验相结合的方法，筛选出了与现场注入水配伍性好且具有较好缓蚀效果的缓蚀剂，在模拟注99％N_2工况、800ppm缓蚀剂浓度下的缓蚀效率达到76％，采用化学缓蚀剂抗氧腐蚀技术具有一定的效果。

（1）缓蚀剂筛选（图3-5-26、图3-5-27）。

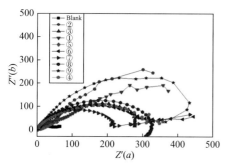

图3-5-26　缓蚀剂阻抗谱对比

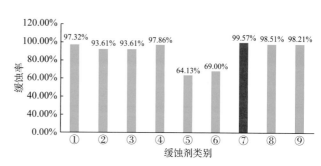

图3-5-27　缓蚀剂缓蚀率对比

优选出⑦号缓蚀剂，进一步开展模拟工况下的高温高压釜测试。⑦号缓蚀剂主要成分由钼、钨、钾离子元素、有机磷、缓蚀添加剂、缓蚀增效剂等复配而成。

（2）注入99%N₂工况下氧缓蚀剂防护效果评价。

材质：P110钢、P110S钢；缓蚀剂：⑦号，800ppm。

氧分压：0.5MPa（50MPa，99%N₂）；实验温度：80℃；时间：72h（表3-5-13）。

表3-5-13　不同材料的缓蚀率

材质	环境	编号	实验前平均质量/g	实验后平均质量/g	损失质量/g	腐蚀速率/（mm/a）	均匀腐蚀速率/（mm/a）
P110	气相	2	6.8443	6.6522	0.1921	3.5914	3.106
		3	6.822	6.6816	0.1404	2.6205	
	液相	33	6.8767	6.8383	0.0384	0.715	0.7161
		34	6.8352	6.7967	0.0385	0.7171	
P110S	气相	12	6.7934	6.6818	0.1116	2.0877	2.274
		13	6.809	6.677	0.132	2.4604	
	液相	43	6.836	6.7981	0.0379	0.7061	0.7068
		44	6.8181	6.7802	0.0379	0.7076	

P110钢、P110S钢气相中的腐蚀均比液相中的严重，试片表面可见大量的局部腐蚀坑，试片表面腐蚀产物膜多为铁氧化合物。而在添加了缓蚀剂的液相环境中，试片表面整体平整，以均匀腐蚀为主，说明⑦号缓蚀剂具有良好的缓蚀效果，在注入水中添加缓蚀剂对于井筒油套管的腐蚀有一定的防护作用。

认识4：以注99%N₂工况为例，假设油气井服役10年，对采用碳钢管柱、碳钢+缓蚀剂、采用耐蚀合金钢三种腐蚀控制手段分别进行成本预算，结果表明：采用碳钢+缓蚀剂的防腐工艺具有最优的经济效益；当服役年限超过20年时，采用耐蚀合金也具有较好的经济效益（表3-5-14）。

表 3 – 5 – 14　不同工况下三种腐蚀控制手段的成本预算结果

腐蚀控制手段	服役 10 年经费估算/万元	
	注三个月停一个月	注一个月停一个月
碳钢管柱	420	294
碳钢 + 缓蚀剂 + 除氧剂	371.33	230.95
采用耐蚀合金钢	1014	

3. 下步建议

建议 1：现场制氮采用除氧药剂成本高达近 1 元/立方米，而注入水完全除氧的药剂成本仅 0.08 元/立方米，建议采用气水分注工艺，注入水加注除氧剂，在合注井段采用耐蚀合金钢。

建议 2：单井油管采用合金钢（约 30 万元/吨）的一次性投入成本均较高，达到 1000 多万。不同耐蚀合金在实际应用中各有不足：新型不锈钢质量控制要求高，镍基合金加工成本相对更高，钛合金对氢氟酸等酸性环境敏感。因此，在现场应用中建议综合考虑应用环境、材料性能、以及经济成本等因素选择最优材质。

建议 3：筛选出的缓蚀剂绝对腐蚀速率为 0.7161mm/a，仍远远高于腐蚀防护控制指标 0.076mm/a，建议继续进行抗氧缓蚀剂的优选和评价，确定合理的加注浓度。

第六节　碎屑岩提高采收率

一、耐温抗盐多尺度冻胶分散体研制与评价

1. 技术背景

针对塔河油田河道砂油藏中间高渗、边缘低渗、注水效率低的问题，通过注入微纳级调驱颗粒，利用颗粒膨胀与粘连特性，实现地层深部微观液流转向，达到扩大波及体积的目的。目前，常规用剂存在耐温耐盐差、有效率低等问题，通过研发耐温抗盐多尺度冻胶分散体，并设计搭建多尺度冻胶分散体规模化工业在线生产流程，形成低成本在线调驱技术体系。

2. 技术成果

成果 1：研发形成 0.3% 功能聚合物 + 0.9% 交联剂的快速交联本体冻胶体系，具有耐温 143℃，耐矿化度 20×10^4 mg/L，成冻时间 3 ~ 15h 可控，成冻强度 0.028 ~ 0.045MPa 可调（图 3 – 6 – 1）。

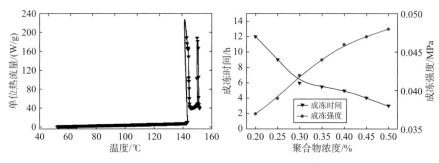

图 3 – 6 – 1 冻胶耐温范围及成胶性能

成果 2：完成了冻胶分散体影响因素评价分析。结果表明：剪切速率是制备冻胶分散体的主控因素，剪切时间越长，粒径越小，黏度越低（图 3 – 6 – 2）。

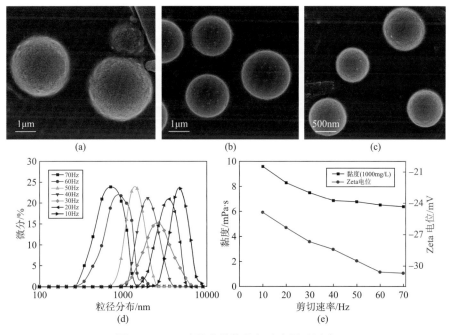

图 3 – 6 – 2 冻胶分散体剪切速率影响因素

成果 3：搭建了小型撬装自动化冻胶分散体在线生成设备，包括本体冻胶反应釜、分散体胶体磨、控制系统，以及传输体系四部分组成，并配套完成了粒径控制软件开发（图 3 – 6 – 3）。

成果 4：完成了冻胶分散体基础性能评价，以及储层微观调控评价实验。该体系具有比聚合物黏度高、抗剪切能力强、注入性好、高膨胀、耐冲刷和高封堵强度等特点。利用物模和数模，表明该体系为单个颗粒直接封堵、多个颗粒架桥、吸附对储层进行微观调控（图 3 – 6 – 4、图 3 – 6 – 5）。

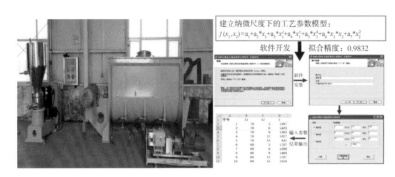

图3－6－3　冻胶分散体生成设备与粒径控制软件

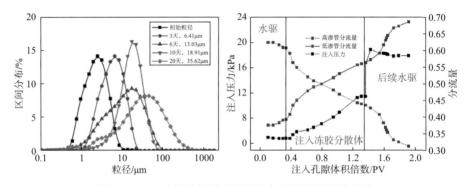

图3－6－4　冻胶分散体膨胀性能与剖面调整性能曲线

图3－6－5　冻胶分散体可视化物模以及数值模拟实验

3．主要创新点

创新点1：创新设计搭建了小型撬装式冻胶分散体生产设备，可降低方剂使用成本30%以上，满足现场在线注入。

创新点2：研发形成的冻胶分散体体系，较常规颗粒体系具有耐高温、抗高盐、膨胀倍数高、制备工艺简单等优势。

4．推广价值

该技术形成了针对河道砂岩油藏调驱用的多尺度冻胶分散体体系，具有耐温耐盐、膨胀倍数大、成本低等优势，同时设计搭建了小型撬装生产设备，具有搬运灵活、满足工区内大规模在线注入等优势，可实现高渗条带内微观液流转向，扩大波及体系，为河道砂油藏改善水驱提供技术支撑。

二、耐温抗盐聚合物体系研发及评价

1. 技术背景

针对塔河油田碎屑岩油藏非均质性强，注入水易窜进，井间剩余油难波及动用的问题，开展改善水驱技术研究。通过技术调研，明确聚合物驱的应用现状及前景，进行耐温（120℃）、抗盐（22×10^4 mg/L）的聚合物体系筛选与性能评价，根据评价结果，优选适应性强的聚合物体系，为塔河油田碎屑岩油藏调驱提供建议和方向。

2. 技术成果

成果1：明确了适用于塔河油田碎屑岩高温高盐油藏的聚合物研发方向。

调研了国内外聚合物的研究现状，对六大类水溶性聚合物的耐温抗盐机理及从分子结构对聚丙烯酰胺进行的改性方向进行了分析，指出了现有耐温抗盐水溶性聚合物在溶解、增黏和抗剪切方面存在的缺陷，重点阐述了疏水缔合型耐温抗盐聚合物、聚合物微球以及某些天然类耐温抗盐聚合物在耐温抗盐驱油剂等方面的应用前景。

成果2：优选出4种耐温耐盐的聚合物 N_2、S_3、K_1 以及天然高分子 B_0。

（1）筛选出的聚合物具有优异的耐温耐盐性能。

在塔河地层水中，质量浓度为0.2%的 K_1、S_3 溶液具有明显的热增黏现象，B_0 溶液在120℃时剩余黏度很高且黏度保留率在50%以上，具有良好的耐温性能（图3-6-6）。

（2）筛选出的聚合物具有良好的抗剪切能力。

当剪切速率为7.34 s^{-1} 时，K_1 表观黏度为697.5mPa·s，S_3 表观黏度为1121mPa·s，B_0 表观黏度为267.4mPa·s；剪切速率为400 s^{-1} 时，K_1 表观黏度为12.85mPa·s，S_3 表观黏度为14.1mPa·s，B_2 表观黏度为22.31mPa·s，黏度剩余率与高剪切速率下的黏度都相对较高。K_1 与 B_0 具有良好的抗剪切性能（图3-6-7）。

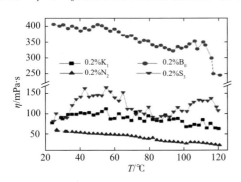

图3-6-6　质量浓度为0.2%的耐温性能相对较好的样品的黏度-温度（$\eta - T$）图

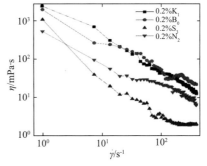

图3-6-7　0.2%的样品黏度—剪切速率（$\eta - \dot{\gamma}$）图

（3）筛选出的聚合物具有较好的稳定性。

质量浓度为0.2%的 S_3 在10 s^{-1} 的测试条件下，老化15天后，黏度剩余率在5%；B_0 在10 s^{-1} 的测试条件下，老化14天后，黏度剩余率降至68%，但剩余黏度相对较大，为

171mPa·s；老化15天后，黏度大幅度降低，再老化17天黏度剩余率为30%，剩余黏度值在75mPa·s左右；老化19天后，黏度值几乎接近0，B_0在120℃环境下稳定的时间可达15~17天（图3-6-8、图3-6-9）。

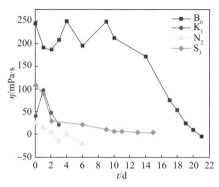

图3-6-8 几种聚合物的黏度—老化时间（$\eta-t$）关系图

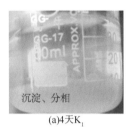  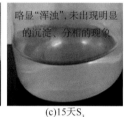 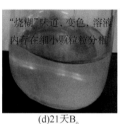

(a)4天K_1　　　　(b)6天N_2　　　　(c)15天S_3　　　　(d)21天B_0

图3-6-9 不同老化时间的聚合物溶液外观图

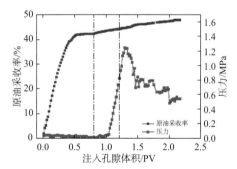

图3-6-10 质量浓度为0.05%B_0溶液的驱油效果

（4）筛选出的聚合物驱替性能优异。

针对性能最佳的天然高分子B_0开展了岩心驱替实验。85℃，水测渗透率在$300×10^{-3}\mu m^2$左右时，B_0在模拟环境下不堵塞岩心，且B_0可提高10.2%的原油采收率；105℃，B_0可提高原油采收率为5.6%（图3-6-10）。

成果3：明确了适用于塔河油田碎屑岩高温高盐油藏的聚合物研发方向（表3-6-1）。

表3-6-1 塔河油田碎屑岩高温高盐油藏的聚合物特点

性能	评价方法	评价指标	量化指标
基本性能	物性参数评价，包含固含量、分子量、水解度与溶解速度等	参考"SY/T 5862—2008"的"驱油用聚合物技术要求"；国标"GB 12005.8—8.9"	固含量≥88%；分子量≥400×10^4；水解度=20%~27%；溶解速度≤2h等

续表

性能	评价方法	评价指标	量化指标
耐盐性能	溶于现场盐水后的溶液状态及黏度；变化盐浓度观察溶液的黏度变化	参考相关文献文献。溶液状态，剩余黏度与黏度剩余率	溶液是否沉淀分相，剩余黏度 >7mPa·s（原油黏度，模拟环境下）
耐温性能	温度扫描，观察黏度随温度的变化	参考相关文献。剩余黏度与黏度剩余率	$C_p \leqslant 0.2\%$，剩余黏度 >7mPa·s
抗剪切性能	剪切速率扫描；固定剪切速率下，观察溶液黏度随剪切时间的变化	参考相关文献。剩余黏度与黏度剩余率	$C_p \leqslant 0.2\%$，剩余黏度 >7mPa·s
长期热稳定性能	无氧条件下，模拟温度下长期剩余率	参考大庆油田。黏度剩余率及老化后的溶液状态	$C_p \leqslant 0.2\%$，剩余黏度 >7mPa·s；黏度剩余率 $\geqslant 50\%$；溶液是否沉淀分相
岩心驱替实验	模拟下温度的流动实验与驱油实验	参考相关文献阻力系数、残余阻力系数以及驱油效率	在一次水驱基本上有所提高

3. 主要创新点

创新点1：形成两套适合塔河碎屑岩油藏耐盐抗温聚合物体系，耐温120℃，抗盐 $22 \times 10^4 \text{mg/L}$。

创新点2：建立了一套聚合物体系评价标准。

4. 推广价值

通过研发耐温抗盐聚合物体系，为塔河油田碎屑岩油藏井间剩余油波及动用提供技术支撑，为同类油藏开采提供借鉴意义。

三、底水砂岩油藏井间剩余油驱替工艺实验评价

1. 技术背景

在塔河油田碎屑岩底水油藏开发过程中，底水锥进造成油井水淹严重，剩余油主要分布于井周低渗段、储层高部位以及井间未动用区。前期主要采用油井堵水方式控制底水，挖掘井周剩余油潜力，但多轮次堵水后，堵水效果急剧变差。后期采收率方向逐步转向井间及顶部剩余油，但由于苛刻的油藏条件，常规三采技术无法应用，急需寻求经济高效的采收率方法。本研究基于相似准则，设计底水油藏可视三维物理模型，通过物理模拟实验优选调驱工艺，再次通过数值模拟和物理模拟方法优化底水油藏的开发模式。通过技术研究，明确适合底水油藏调驱工艺，形成适合底水油藏的开发模式。

2. 技术成果

成果 1：底水油藏物理模型及驱替装置建立。

技术基于几何相似、运动相似及动力相似原则，设计并建立三维可视物理模拟实验装置。本模型具有可视、可测场的变化、体量大等特点。

设计模型整体内部尺寸为长×宽×高尺寸 70cm×5cm×30cm；侧面每隔 5cm 设计一个可开关的水平井植入口，方便设计水平井位置；底部也每隔 5cm 设计一个可开关的底水入口，方便调节底水能量；水平井设计两种，一种是水平方向与井位置连线平等，一种是水平方向与井位置连线垂直；模型整体采用钢结构，正面采用钢化玻璃，可清楚观测到油水界面变化、底水上升及剩余油分布情况，有针对性地提出增产措施。

模型主体增加了饱和度及压力场电子监测系统。为了实时监测模拟地层中饱和度场和压力场变化，在模型背面植入饱和度和压力电子探头，共计 14×6＝84 个监测点，可根据需要调整饱和度与压力测点，绘制饱和度与压力场分布云图，定量分析饱和度与压力场随时间和增产措施的变化（图 3-6-11、图 3-6-12）。

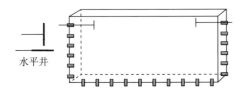

图 3-6-11 可视化大底水侧向调驱实验装置

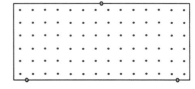

图 3-6-12 饱和度与压力点分布示意图

按模型的设计原理及最终模型设计，完成了底水油藏物理模型的机械加工图纸（图 3-6-13～图 3-6-15）。

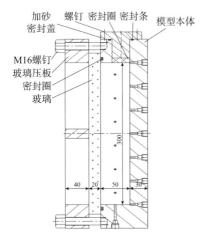

图 3-6-13 底水油藏物理模型侧面及局部剖面图

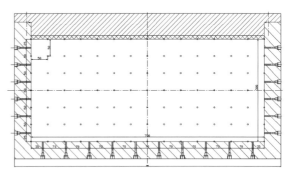

图 3-6-14 底水油藏物理模型背面及探测点分布图

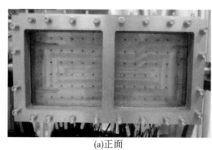

(a)正面　　　　　　　　　　　　　(b)背面

图 3 - 6 - 15　三维可视模型实物图

成果 2：侧向调驱物理模拟与工艺适应性评价。

（1）调驱方式优化。

运用三维可视物理模拟实验装置进行底水油藏开采实验。对比分析注 0.4 PV$_{油层}$交联聚合物、氮气泡沫、氮气各阶段采收率，影响采收率的关键在于后续水驱阶段采收率，注交联聚合物对水流优势通道封堵效果明显，驱油剂转向在油层中侧向波及，后续水驱阶段采收率为 34.14%，明显优于注氮气泡沫、注氮气。优选调驱方式为注交联聚合物。

（2）交联聚合物体系配方优化。

通过室内实验，调驱体系类型优选为 HTS 酚醛体系，综合考虑交联聚合物体系强度、流动性和经济成本，优选交联聚合物配方：0.2% HTS + 0.03% ~ 0.05% REL&MNE。交联聚合物体系注入越早，交联聚合物形成隔板半径越大，采收率增加值越高；油层注入侧向调驱较水层注入能明显改善后续水驱侧向调驱效果，提高采收率；水平井注/水平井采能够取得更高的采收率效果。

（3）工艺适应性评价。

通过数值模拟研究发现，侧向驱技术施工参数对最终增油量的影响程度排序为：注入时机 > 整体用量 > 注入速度 > 段塞比例 > 段塞顺序；堵剂平面上距注入井 1/3 井距，纵向上由上往下呈现波及范围变大再变小至无堵剂分布的规律，对水层起到良好的封隔作用；对比泡沫驱，隔板生产等提高采收率手段，侧向驱降低含水率效果显著，更为有效地提高了原油采收率，更具有应用前景。

成果 3：侧向调驱数值模拟研究及效果预测。

通过对比底水油藏侧向驱技术与底水隔板技术发现，底水隔板生产仅仅适合于水体倍数较大的底水油藏，而侧向驱在理论上的开发效果和适用性远远优于底水隔板生产。

通过数值模拟可得，在侧向驱选井时，应选择构造幅度在 5°之内的井；厚度变化不大，构造相对平缓、水体能量充足的区域；应选择水井位于油层中上部，油井位于油层中下部；注采井之间距离越小，侧向驱和水驱的开发效果都越好；侧向驱对储层非均质性适应性较好。

3. 主要创新点

创新点 1：根据相似准则，建立并制作了三维可视化底水油藏物模装置。

创新点 2：明确适合底水油藏的井间侧向调驱工艺。

创新点 3：形成适合底水油藏的开发模式。

4. 推广价值

该实验评价针对夹层发育井组出现油井提液邻井降水增油情况，开展砂岩油藏局部侧向驱替增效可行性论证，为塔河油田碎屑岩底水油藏进一步提高采收率提供技术支持。

四、河道砂调驱用耐温抗盐低黏交联聚合物研发及评价

1. 技术背景

针对塔河碎屑岩河道砂油藏储层非均质性极强，其河道中央水窜、河道两翼难动用的问题，目前常规聚合物性能在强度、耐温抗盐性等方面不能满足塔河需要。通过研发低黏交联聚合物（以下简称"凝胶"）调驱体系，并配套调驱工艺参数，达到耐温抗盐、有效改善水油流度比、提高水驱效率、扩大波及体积，改善河道砂注水开发效果的目的。

2. 技术成果

成果 1：研发形成耐温抗盐凝胶，基本组成为：0.2% ～ 0.4% AN125SH 聚合物 + 0.8% ～ 1% FQ - 1 交联剂 + 100 ～ 200mg/L 稳定剂 WJ。该体系采用清水配置，成胶强度 C 级，初始黏度 1800 ～ 9000mPa·s，稳定时间 >80 天，黏度保持率 >80% （图 3 - 6 - 16）。

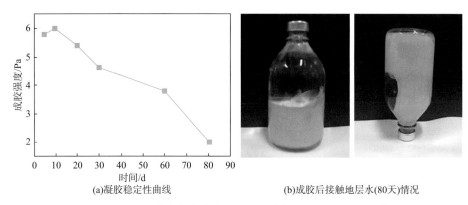

(a)凝胶稳定性曲线   (b)成胶后接触地层水(80天)情况

图 3 - 6 - 16   凝胶稳定性曲线和成胶后接触地层水（80 天）情况

成果 2：设计了三维平板物理模型，完成了单一介质驱油效果评价。结果显示：泡沫（7.85%） > 聚合物（6.86%） > 微球（6.11%） > 表面活性剂（4.34%） > 凝胶（3.39%）（图 3 - 6 - 17）。

成果 3：利用物模，完成了多段塞复合驱油效果评价。结果显示：微球 + 表面活性剂 + 水驱 + 凝胶 + 聚合物 + 水驱 + 表面活性剂 + 水驱 + 泡沫 + 水驱，该段塞组合提高采收率46.46% （图 3 - 6 - 18）。

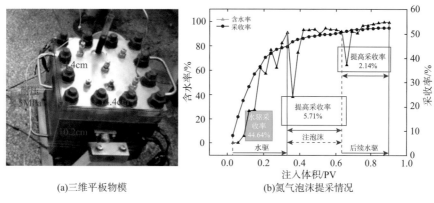

(a)三维平板物模   (b)氮气泡沫提采情况

图3-6-17 三维平板物模和氮气泡沫提采情况

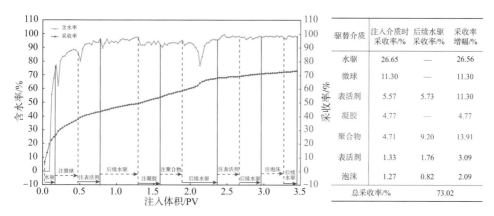

驱替介质	注入介质时采收率/%	后续水驱采收率/%	采收率增幅/%
水驱	26.65	—	26.56
微球	11.30	—	11.30
表活剂	5.57	5.73	11.30
凝胶	4.77	—	4.77
聚合物	4.71	9.20	13.91
表活剂	1.33	1.76	3.09
泡沫	1.27	0.82	2.09
总采收率/%		73.02	

图3-6-18 复合调驱提采曲线与数值

成果4：设计加工了三维可视化物模，定性分析了复合驱替（图3-6-19）效果，明确了主通道剩余油大于两翼，微球能有效挖潜高渗带，泡沫可实现均匀驱替，凝胶能有效封堵高渗带。

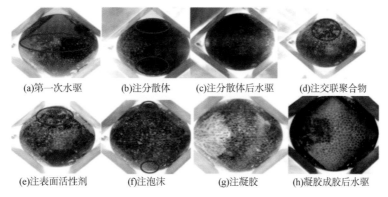

(a)第一次水驱   (b)注分散体   (c)注分散体后水驱   (d)注交联聚合物

(e)注表面活性剂   (f)注泡沫   (g)注凝胶   (h)凝胶成胶后水驱

图3-6-19 可视化复合调驱过程

成果 5：利用数值模拟，完成了井组调驱方案设计及优化。最佳驱替方式为凝胶 + 氮气泡沫，其中凝胶注入量 $7500m^3$、凝胶浓度 0.25%；注泡沫量为 $10.2 \times 10^4 m^3$（泡沫液体积）、气液比为 $1:1$、起泡剂浓度为 0.325%（图 3 - 6 - 20、图 3 - 6 - 21）。

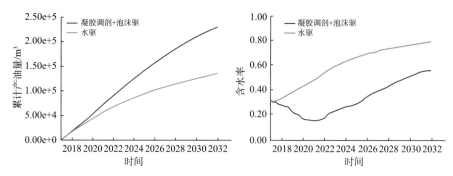

图 3 - 6 - 20　调驱方式与产油量、含水率效果对比

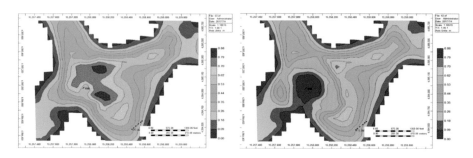

图 3 - 6 - 21　凝胶 + 氮气泡沫复合调驱前后剩余油分布对比

3. 主要创新点

创新点 1：研发形成低黏交联聚合物体系。该体系具有耐温 $110℃$、抗盐 21×10^4 矿化度，成胶强度 C 级，黏度 $1800 \sim 9000mPa \cdot s$，稳定期 >80 天等特点。

创新点 2：设计加工了三维平板物模与可视化模型，孔渗分布按照对应目标井非均质性特性进行布置，同时结合物模与数模结果，提出了凝胶 + 氮气泡沫为最优复合调驱方式。

4. 推广价值

该技术形成了针对河道砂岩油藏调驱用的低黏交联聚合物体系，形成了最优复合调驱方式为凝胶 + 氮气泡沫，可采用封堵高渗条带，氮气泡沫驱扫两翼的方式，均衡驱替井间剩余油。

五、高温高盐底水油藏氮气泡沫调驱技术

1. 技术背景

针对塔河油田碎屑岩油藏储层非均质性导致水驱效果不理想，部分采油井底水锥进或脊进严重的问题，常规调堵水技术难以动用井周低渗区域、储层高部位及井间未控制区域

剩余油。通过利用氮气泡沫流体摩阻低、对储层伤害小、堵大不堵小、堵水不堵油等优良特性，扩大波及体积，提高洗油效率；前期已开展起泡剂性能研究，仍需对泡沫调驱工艺进行优化，形成氮气泡沫调驱技术体系。

2. 技术成果

成果1：氮气泡沫具有超覆和驱油能力，顶部和井间明显动用。

（1）三维平板物模实验表明，在竖放方式超覆作用下，上部低渗韵律层提高采收率要高8.68%（图3-6-22、表3-6-2）。

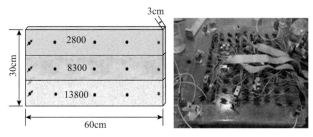

图3-6-22　正韵律物模及饱和度探测

表3-6-2　氮气泡沫驱替实验

方案		水驱提高采收率/%	泡沫驱提高采收率/%
竖直存在超覆作用	低渗	13.19	37.21
	中渗	29.43	23.43
	高渗	37.89	22.12
平放无超覆作用	低渗	13.38	28.53
	中渗	29.14	21.72
	高渗	38.87	21.05

（2）可视化物模实验表明，氮气泡沫可提高井间剩余油动用，提高采收率幅度达15.66%（图3-6-23）。

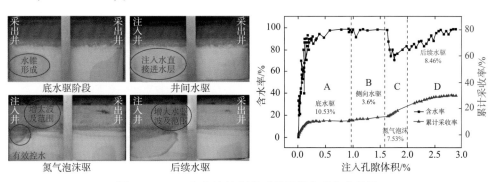

图3-6-23　氮气泡沫驱替过程及提高采收率效果

成果 2：利用物理模拟，优化了氮气泡沫驱工艺参数。

（1）注入量对提高采收率的影响：高渗岩心采收率提高幅度在 8.13% ~ 15.30%，低渗岩心采收率提高幅度在 15.40% ~ 30.95%。从提高采收率和经济角度考虑，泡沫调驱注入量应该控制在 0.5PV 左右（图 3 - 6 - 24）。

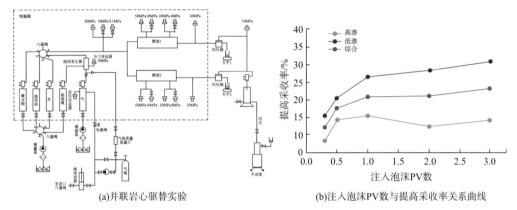

(a)并联岩心驱替实验 (b)注入泡沫PV数与提高采收率关系曲线

图 3 - 6 - 24　并联岩心驱替实验和注入泡沫 PV 数与提高采收率关系曲线

（2）渗透率级差对提高采收率的影响：随着渗透率级差的增加，综合采收率提高幅度先增加后减小，当级差为 10 左右时，采收率提高幅度最大。当级差大于 16 后，综合采收率提高幅度降低（图 3 - 6 - 25）。

（3）注入时机对提高采收率的影响：在水驱至不同含水率时注入泡沫，采收率提高值在 17.1% ~ 24.75%。但是综合看来，含水 80% ~ 90% 注入泡沫效果最好（图 3 - 6 - 26）。

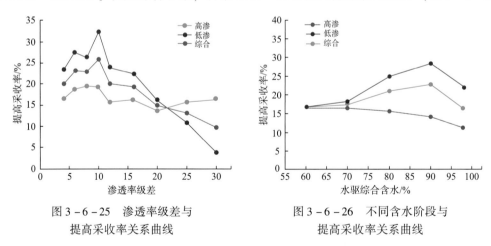

图 3 - 6 - 25　渗透率级差与
提高采收率关系曲线

图 3 - 6 - 26　不同含水阶段与
提高采收率关系曲线

（4）注入速度对提高采收率的影响：采收率随注入速度增加而增加，当注速升高时，气体产生严重的滑脱效应，气液混合不充分，岩心剪切作用不理想，使得泡沫较疏松，稳定性降低，容易破灭，表现为阻力因子增加幅度趋于平缓（图 3 - 6 - 27）。

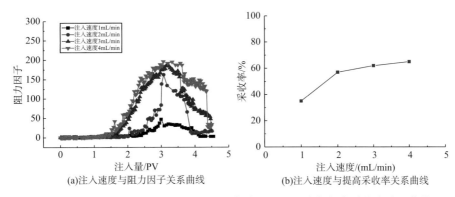

(a)注入速度与阻力因子关系曲线　　　　(b)注入速度与提高采收率关系曲线

图 3 - 6 - 27　注入速度与阻力因子关系曲线和注入速度与提高采收率关系曲线

成果 3：现场试验 1 井组，累计增油 1900t。

形成 TK202H 驱替方案，分三轮次均采用段塞方式，即泡沫 - 气 - 泡沫 - 气的方式注入，每个轮次注气量为 $50 \times 10^4 m^3$ 时，需起泡剂溶液 $540m^3$（包括顶替用起泡剂溶液 $40m^3$，伴气注入起泡剂溶液 $500m^3$）。邻井均见效，累计增油 1700 余吨（图 3 - 6 - 28）。

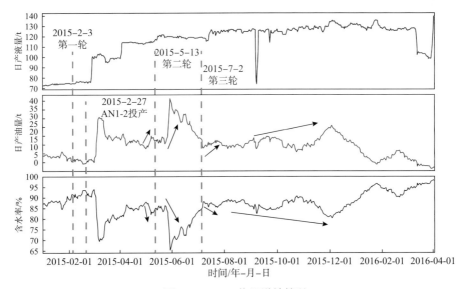

图 3 - 6 - 28　井组增效情况

3. 主要创新点

创新点：利用三维平板物模，采用竖直和平放两种摆放方式对比，明确了氮气泡沫具有超覆和驱油能力，顶部和井间明显动用。

4. 推广价值

该技术优化了氮气泡沫注入工艺，通过现场试验，可采用高注低采的方式，均衡驱替井间剩余油。

六、塔河碎屑岩油藏高温高盐氮气泡沫复合驱实验评价

1. 技术背景

针对塔河碎屑岩油藏底水油藏水平井高含水的特点，前期开展了氮气泡沫先导试验取得了一定的效果，为了进一步提高油藏采收率，拟在耐温抗盐表面活性剂结构与性能深入分析的基础上，通过构筑具有活性剂驱和泡沫驱优势的低张力泡沫剂，形成高温高盐氮气泡沫复合驱油技术，为碎屑岩油藏提高采收率奠定理论基础。

2. 技术成果

成果1：建立了高温高盐泡沫复合驱物理模型。

设计制作了"可视化汇聚型微通道模型"与"可视化微孔喉模型"、均质、非均质的"微观仿真孔隙可视化模型"，以及"非均质大平板油藏物理模拟模型"（图3－6－29、图3－6－30）。

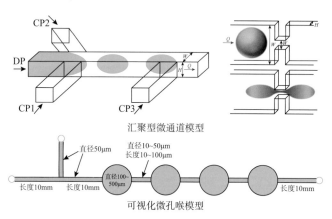

汇聚型微通道模型

可视化微孔喉模型

图 3 － 6 － 29　可视化汇聚型微通道模型与
可视化微孔喉模型

图 3 － 6 － 30　三维非均质大平板物理
模型实物图

图 3 － 6 － 31　HTS － 1/甲酸钠
复配体系老化 30 天

成果2：优选出既有优良起泡性能，同时具备低界面张力的复配体系：0.25% ～ 0.30% HTS － 1 ＋ 0.20% ～ 0.22% 甲酸钠。

该体系具有良好的起泡性能及降低界面张力能力；耐温耐盐能力及稳定性好，高温高盐条件下老化30天后，仍具有良好的起泡性能及降低界面张力能力；随温度升高，泡沫性能有所降低，随着压力的升高，泡沫性能提高（图3－6－31～图3－6－33）。

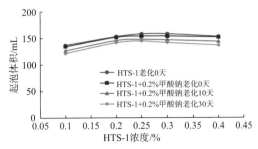

图 3-6-32　起泡剂老化前后起泡体积变化

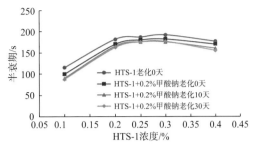

图 3-6-33　起泡剂老化前后半衰期变化

HTS-1/甲酸钠复配体系和地层水的配伍性较好，老化 30 天无沉淀、无析出，溶液澄清透明，甲酸钠的加入对 HTS-1 起泡剂起泡性能影响不大，且 HTS-1/甲酸钠复配体系在老化 30 天后，仍然能够有很好的起泡能力，起泡体系的起泡体积、半衰期变化不大，老化前后降低界面张力能力变化不大，说明复配体系具有良好的耐温耐盐能力及稳定性（图 3-6-34）。

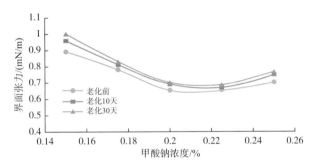

图 3-6-34　HTS-1/甲酸钠复配体系界面张力随老化时间的变化

成果 3：明确了氮气泡沫复合体系驱替机理。

（1）汇聚型微通道模型研究结果表明，存在临界孔喉比为 1.75，小于该值气泡不发生破裂；泡沫再生破裂受流速、连续相黏度、气液比影响；黏度大，气泡不易破裂；流速大，气泡直径变小。

（2）可视化孔喉模型研究结果表明，低气液流速下，泡沫在大喉道处弹性收缩变形通过，在小喉道处破裂、聚并通过；高气液流速下，起泡较小且稀疏，气泡顺利通过。高气液比下，气泡以界面夹断的形式，低气液比下以聚并的形式通过喉道。

（3）微观可视化实验表明，低张力泡沫相比于普通泡沫，具有更强的洗油效率，提高采收率效果明显。优选的氮气泡沫体系可扩大波及范围，主要通过贾敏效应、乳化效应、挤压效应和拖拽效应实现采收率的显著提高。

（4）非均质大平板实验表明，低张力泡沫体系能有效地封堵高渗通道，迫使后续水驱转向低渗区域，增大了水驱波及范围，从而有效地提高二次水驱时的采收率。

成果 4：针对塔河油藏条件，结合优选的泡沫体系，建立了数学模拟方法，并设计了施工参数优化方案。

（1）选取化学驱应用广泛的 CMG 数值模拟器，有效地应用实际模型对泡沫驱进行模拟；采用正交设计方法，设计了泡沫驱施工参数方案，并对方案进行了数值模拟计算，得到了最佳施工参数，分析了泡沫驱的主控因素。

（2）实际模型泡沫驱模拟表明，泡沫分布沿油水界面展布至约 1/3 井距，对底水起到良好的封堵性能。

3. 主要创新点

创新点 1：研发 1~2 套低张力活性剂体系，耐温 120℃，耐盐 $20 \times 10^4 mg/L$。

创新点 2：明确氮气泡沫复合驱作用机理。

4. 推广价值

（1）氮气泡沫复合驱技术在底水油藏具有较为广阔的应用空间。目前，底水油藏已有 150 余口井含水大于 80%，氮气泡沫驱油技术可为这些井的治理提供一定支撑。

（2）弱能量油藏是该技术的后续扩展阵地。注水开发是弱能量油藏后期开发的主要方式，受优势通道的影响井间水窜逐渐凸显，氮气泡沫技术可作为改善单元水驱波及的技术手段之一。

（3）氮气泡沫可以应用于碳酸盐岩油藏中部剩余油动用和改善气驱。实验表明，目前缝洞型油藏常规氮气、地层水驱油，由于重力原因仅能驱替顶部和底部原油，驱替效率 45%，中部位剩余油富集，而等重泡沫驱是中部位剩余油动用的手段之一。

七、薄互层岩性油藏表活剂吞吐实验评价

1. 技术背景

塔河油田薄互层岩性油藏具有埋藏超深（4800~5500m）、低孔、中低渗、油层厚度 3~8m 的特点，属于构造 – 岩性复合圈闭油藏。目前，薄互层岩性油藏多数井已低产低效，但缺乏有效的治理手段和措施。

2. 技术成果

成果 1：优选形成耐温抗盐表活剂体系 Gemini12 – 3 – 12 和 FT101329 复配，复配比例为 2 : 1。

从与地层水和原油的配伍性、界面张力、表面张力、乳化能力、发泡能力、温度影响、盐度影响、岩石稳定性等几个方面，通过对不同表面活性剂体系筛选评价优化，最终形成耐温抗盐表面活性剂复配体系 Gemini12 – 3 – 12 和 FT101329 复配，其复配比例为 2 : 1。

成果 2：建立了薄互层油藏（S70 井组）储层结构模型以及储层参数模型。

针对薄互层的地质特征，综合钻测井、变差函数分析以及储层概率分布等参数，采取相控随机建模的方式，建立了薄互层油藏储层结构模型以及储层参数模型。建立的储层结构模型结果表明：井区具有薄层状、砂泥交互的特征（图 3 – 6 – 35）。

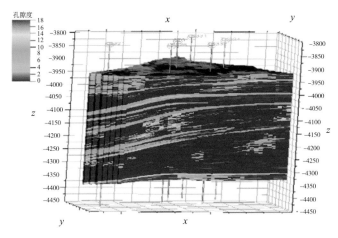

图 3 - 6 - 35 三维孔隙度模型图

成果 3：建立了薄互层油藏表活剂吞吐物理模型和数值模拟模型。

根据保护层油藏地质特征建立了：并联填砂管物理模型、S70 井组数值模拟模型，开展了表面活性剂吞吐技术模拟研究，综合物理模拟及数值模拟方法，形成了薄互层油藏表面活性剂吞吐工艺参数：用量的优化结果为 0.5PV、注入浓度 0.4%、注入速度为 30m³/d、焖井时间 12~14 天（图 3 - 6 - 36~图 3 - 6 - 39）。

图 3 - 6 - 36 并联岩心物模实验

图 3 - 6 - 37 孔隙度分布

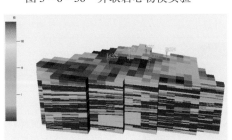

图 3 - 6 - 38 渗透率分布

图 3 - 6 - 39 原始含油饱和度分布

成果 4：通过物模方法明确了注入压力、渗透率非均质性以及堵剂复合对表面活性剂吞吐提高采收率的影响。

注入压力/速度的增加，初期有利于强制渗析提高采收率，但是注入压力过大反而对提高采收率不利；渗透率非均质性差异（级差）越大，表活剂吞吐效果越差，不利于吞吐表活剂提高采收率；冻胶堵剂的注入有利于表活剂由高渗透层转向低渗透层，可大幅度提高表活剂吞吐效率。

3. 主要创新点

创新点 1：形成一套耐温（120℃）、抗盐（22×10^4 mg/L）超低界面张力表面活性剂体系：Gemini12-3-12 和 FT101329 以 2：1 比例复配。

创新点 2：建立了薄互层油藏表面活性剂吞吐物理模型及地质模型。

4. 推广价值

本技术通过研发耐温抗盐表活剂体系，建立薄互层油藏地质模型及数值模拟模型，工艺参数优化设计，形成了薄互层砂岩油藏表面活性剂吞吐技术体系。为薄互层油藏低产低效井提供治理手段，为薄互层油藏提高采出程度、改善开发效果提供技术支撑。

八、井筒堵塞物成分分析及解堵抑堵剂实验评价

1. 技术背景

通过本技术研究，测试塔河油田井筒堵塞物组分，分析堵塞机理，并建立现场堵塞物简易评价判断方法，为解堵防堵提供依据；同时通过"调、堵、疏"一体化技术综合治理，改变地层油水相渗透率，封堵出水段，疏通产液通道，实现降水增油目的，有效改善油藏开发效果，提高经济效益。

2. 技术成果

成果 1：分析井筒堵塞物成分，建立堵塞物现场简易判别方法，井筒堵塞物成分分析。

收集不同油管和套管堵塞物，从外观看有较大差别；油管堵塞物相对完整，形状较大，呈柱状，以黑色油状物为主，能看出混有明显的黄色砂土，质地较硬，以油为主，污手，含油；2 份套管堵塞物样品外观相似，成颗粒状，有光泽，用手捏有软泥特性，有颗粒感，污手，含油较多（表 3-6-3）。

表 3-6-3　堵塞物目测结果表

序号	来源	深度	外观	目测
1	油管	—		1. 柱状，成大块； 2. 油和黄色砂土的混合物； 3. 含油并以油为主，污手
2	套管	3062.67—3264.55		1. 成颗粒状，有光泽； 2. 用手捏有软泥特性； 3. 有颗粒感，含油，污手
3	套管	4602.55—4725.50		1. 成颗粒状，有光泽； 2. 用手捏有软泥特性； 3. 有颗粒感，含油，污手

测试堵塞物在不同介质中的溶解性，有机无机堵塞物分离等方法，对井筒堵塞物成分进行测定。通过对比堵塞类型与堵塞现象对照表，初步确定堵塞类型，再结合简单化学分析，进一步确定堵塞组分，最后通过数学统计公式验证堵塞类型，建立堵塞物现场简易判别方法（图 3-6-40）。

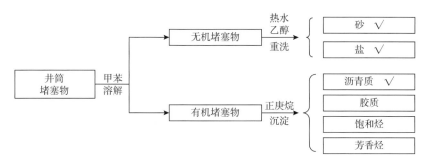

图 3-6-40 井筒堵塞物化学分析简易判别方法

成果 2：通过调研水平井找堵水技术前沿明确了找堵水技术方向。

通过调研水平井找堵水技术，分析国内外水平井堵水技术现状和技术进展，从调研结果看，国内水平井找堵水常用 C/O、PND、硼中子等饱和度测井技术，如胜利油田在辛109-平1井利用 PND+硼中子找水效果很好；西北油田在 5 口井采用 PND 技术找水均获成功。国外在储层参数评价测井方面技术已经比较成熟。过套管电阻率测井技术是一种电阻率测井方法，斯伦贝谢公司 CHFR，阿特拉斯 TCRL，俄罗斯 ECOS 仪器已经逐渐在生产中得到应用，并且进行了现场试验和初步研究工作。

成果 3：评价"调、堵、疏"体系性能，确定一体化治理体系配方。

"调、堵、疏"体系分别对应的是微观油水调控体系、硅盐树脂体系、硅盐树脂堵水剂解堵体系。

（1）"调"：微观油水调控体系。配方组合和添加，形成最佳的体系配方，优选出该体系的最佳浓度是 $2000mg/L B_1$ + 润湿剂 $2000mg/L A_2$，界面张力为 $0.07 \sim 0.09 mN/m$，体系润湿角由 $61.5°$ 降低为 $25°$，做岩心驱替物模实验发现，微观油水调控体系能较好地提高原油采收率，同时具有较好的油水选择性。适用于塔河油田高温高盐油藏水平井调驱水窜治理（图 3-6-41）。

（2）"堵"：硅盐树脂。硅盐树脂由无机盐类物质组成，强度高、耐温耐盐，满足水平井的堵水需求。该堵剂初始黏度低为 $15 \sim 20 mPa \cdot s$，堵剂可以有效通过筛

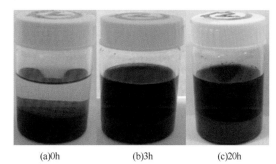

(a)0h   (b)3h   (c)20h

图 3-6-41 微观油水调控体系高温老化洗油效率

管。堵后成胶固体强度大（D-F级），可在强底水下高强度封堵；耐高温、抗高盐（$110 \sim 150℃$、$22 \times 10^4 mg/L$），油水选择性强，可降解，能够实现不动管柱堵水，体系适用于塔

河油田高温高盐油藏水平井堵水水窜治理（图3-6-42、图3-6-43）。

图3-6-42　硅盐树脂体系成胶情况

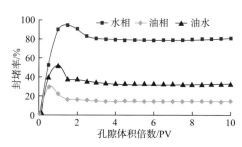

图3-6-43　硅盐树脂体系油水选择性实验

（3）"疏"：硅盐树脂堵水剂解堵体系。解堵剂体系组合为氧化剂+激活剂；通过岩性实验解堵剂对硅盐树脂造成的堵塞进行可解性实验，实验结果表明，解堵前、后的阻力系数降低了80%。硅盐树脂堵水剂具备了可解性能，若在堵水施工时造成了误堵现象，可以通过解堵剂完全解除堵塞（图3-6-44）。

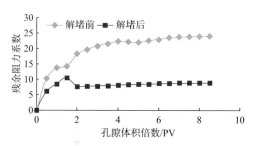

图3-6-44　解堵前后注入孔隙倍数与阻力系数变化图

3. 主要创新点

创新点1：对井筒堵塞物成分分析测定，初步确定堵塞类型，结合化学分析，建立了堵塞物现场简易判别方法。

创新点2：形成了"调、堵、疏"药剂体系，可实现对目标区块的"调、堵、疏一体化综合治理"。

4. 推广价值

（1）建立了堵塞物现场简易判别方法，可对塔河稀油井有机垢井筒堵塞物判别分析，提出针对性的解堵措施，防止堵塞井筒，该技术可有效推广。

（2）形成的"调、堵、疏"药剂体系，满足塔河苛刻的油藏条件，在塔河碎屑岩油藏区块有较高的应用价值，实现对目标区块的"调、堵、疏一体化综合治理"。

九、水平井复合堵水增效机理实验评价

1. 技术背景

针对塔河油田碎屑岩油藏水平井堵水存在成功率低、增油效果差，储层非均质性极

强，水平井出水机理复杂等问题，目前常规单一的颗粒、乳化油、冻胶堵水增效已逐渐变差。本技术通过复合堵水增效技术适应性分析，开展复合堵水增效技术室内实验研究，明确水平井复合堵水增效技术机理，同时进行堵水＋表面活性剂驱复合、堵水＋二氧化碳驱复合、堵水＋氮气泡沫驱复合三项复合增效技术工艺参数优化研究，形成水平井复合堵水增效技术，提高碎屑岩水平井措施有效率，为碎屑岩油藏提高采收率提供技术保障。

2. 技术成果

成果1：利用三维物理模型进行多组实验，通过对比分析回压7MPa和8MPa条件下的实验结果，得到8MPa回压下水平井的复合堵水增效技术方案。

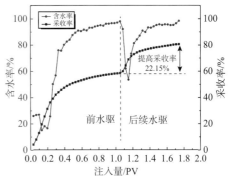

图3-6-45 堵水＋泡沫驱替增效

堵水＋氮气泡沫效果最好，采收率提高值可达到22.15%；堵水＋表面活性剂次之，采收率提高值为21.41%；堵水＋二氧化碳较差，采收率提高值仅为15.34%（图3-6-45）。

成果2：两种二维可视平板模型实验结果表明，堵水可通过有效抑制底水上窜、提高底水在低渗层的波及效率等机理，实现控水增油目的。

凝胶＋表面活性剂复合堵水和凝胶＋氮气泡沫复合堵水的提高采收率机理更完善和全面，先注的表面活性剂或氮气泡沫，在底水上窜通道被封堵后，绕过近井地带高渗区的凝堵封堵带，进入含油饱和度高的低渗区，在扩大波及体积及油层动用程度的同时，进一步提高了驱油效率（图3-6-46～图3-6-48）。

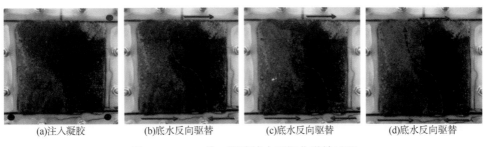

(a)注入凝胶 (b)底水反向驱替 (c)底水反向驱替 (d)底水反向驱替

图3-6-46 单一凝胶堵水可视化增效过程

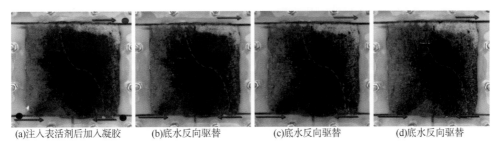

(a)注入表活剂后加入凝胶 (b)底水反向驱替 (c)底水反向驱替 (d)底水反向驱替

图3-6-47 表活剂＋凝胶堵水可视化增效过程

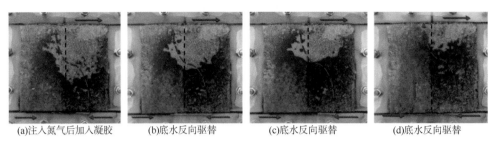

(a)注入氮气后加入凝胶　　(b)底水反向驱替　　(c)底水反向驱替　　(d)底水反向驱替

图 3 – 6 – 48　氮气泡沫 + 凝胶堵水可视化增效过程

成果 3：通过数模完成了复合堵水增效技术工艺研究，确定了表活剂 + 冻胶复合堵水增效措施合适的方案。

堵水剂注入量 562.5m³，堵水剂注入浓度 0.25%，堵水剂注入速度 125m³/d；表活剂注入量 1687.5m³，表活剂浓度 0.3%，注入速度 125m³/d，先注入表活剂段塞 + 再堵水剂段塞（图 3 – 6 – 49）。

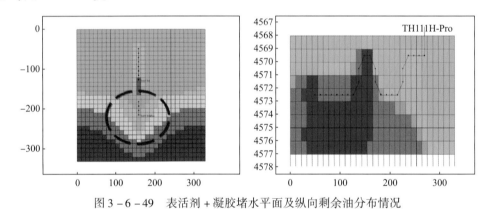

图 3 – 6 – 49　表活剂 + 凝胶堵水平面及纵向剩余油分布情况

3. 主要创新点

创新点：设计加工了耐温耐压的三维物模，承压能力 10MPa 以上，可提高 CO_2 混相临界条件下的复合堵水的驱替实验准确性。

4. 推广价值

该技术形成了针对碎屑岩底水油藏井周深部挖潜难题，形成了表活剂 + 冻胶复合堵水工艺，明确了其复合提高采收率机理及效果，该技术具有可复制、单井增效明显等优势，可实现井周高渗条带内深部封堵，扩大波及绕流。

第七节　主要产品产权

一、核心产品（表3-7-1）

表3-7-1　核心产品表

类别	核心产品
化学类	1. 交联聚合物调驱体系； 2. 耐温抗盐聚合物体系； 3. 耐温抗盐泡沫调驱体系； 4. 耐温抗盐表面活性剂体系； 5. 耐温抗盐多尺度冻胶分散体系； 6. 耐温抗盐低黏交联聚合物体系； 7. 低密度覆膜弹性颗粒调驱剂； 8. 流道调整延迟膨胀体系； 9. 低密度深部流道调整颗粒体系
工具类	1. 18型齿轮-齿条型抽油机； 2. 潜油直驱螺杆泵； 3. 气水混注一体化抽油泵； 4. 新型自动引流式掺混装置； 5. 油管自封封井器； 6. 抽油杆自封封井器
其他类	1. 碎屑岩油藏可视化物理模型； 2. 薄互层油藏S70井组三维地质模型； 3. 河道砂油藏耐温抗压三维物理模型； 4. 河道砂油藏亚克力可视物模； 5. 三维平板物模以及可视化物模； 6. 小型撬装冻胶分散体生产装置

二、发表论文（表3-7-2）

表3-7-2　发表论文表

论文作者	论文名称	期刊名称
王硕亮 于希南 桑国强 等	凝胶泡沫数值模拟方法	断块油气田
焦军伟 万巍 房明 等	新疆A油田X井组PVT参数拟合研究	石油化工应用
万巍 焦军伟 房明 等	塔河河道砂油藏YT2-18X井组数值模拟及剩余油分布研究	辽宁化工
Di Li Jianhai Wang	Estimation of Proppant Size Distribution Using Image Analysis	Particulate Science & Technology

论文作者	论文名称	期刊名称
李亮 王彦玲 张建军 等	羟基磺基甜菜碱氟碳表面活性剂在油水界面的扩张黏弹性	应用化学
张潇 刘小琳 刘磊	塔河油田井筒管柱结构安全性分析	石油实验地质
王建海 焦保雷 曾文广 等	塔河缝洞型油藏水驱后期开发方式研究	特种油气藏
伍亚军 马淑芬 张建军 等	单体复合凝胶在裂缝型油藏侧钻井中的应用	特种油气藏
赖思宇 甄恩龙	碳酸盐岩缝洞型油藏注水效果评价及影响因素分析	石油化工与应用
曹畅 彭振华 张建军 等	超深有杆泵井流线型助抽器的研究与应用	石油机械
郭继香 杨乔琦 张江伟 等	超稠油复合降黏剂SDG－3的研究和应用	精细化工
程仲富 杨祖国 何龙	中质油掺稀密度优化分析	地质科技情报

三、发布专利（表3－7－3）

表3－7－3　发布专利表

专利作者	专利名称	备注
王硕亮 张媛 付强 等	一种基于凝胶泡沫的数值模拟方法	201510295337.4
王雷 魏新勇 王彦玲 等	气湿反转处理剂组合物及反转岩石表面润湿性方法	ZL201410252174.7
吴锋 曾文广 王雷 等	一种缝洞型油藏三维单井注气替油模拟实验装置	CN104727788A
王雷 王永康 杨祖国 等	模拟解堵剂解堵的装置	201520514626.4
杨欢 王雷 罗跃 等	电热式井下蒸汽发生器	201610531573.6
杨欢 王雷 罗跃 等	单向减压阀及电热式井下蒸汽发生器	201620712265.9
任向海 王雷 许强 等	分流式井下混配器	CN105971570A

四、其他成果

冻胶分散体粒径控制软件。

参考文献

[1] 苏玉亮，杨建，张鸣远，等. 变形介质中黏弹性稠油驱替特征 [J]. 西安石油学院学报（自然科学版），2002，01：35-38+3-2.

[2] 苏玉亮，杨健，张鸣远，等. 非均质地层中黏弹性稠油的驱替特征 [J]. 西安石油学院学报（自然科学版），2002，04：32-35+4-3.

[3] 路士华，牛乐琴，苏玉亮，等. 变形介质中宾汉稠油驱替特征 [J]. 新疆石油学院学报，2003，01：51-54+50.

[4] 苏玉亮，奕志安. 不平衡对稠油驱替的影响 [J]. 石油勘探与开发，1996，02：70-74+117.

[5] 钟会影. 黏弹性聚合物驱替普通稠油微观渗流机理研究 [D]. 东北石油大学，2017.

[6] 苏玉亮. 黏弹性稠油的松弛特性对其注水开发的影响 [A]. 中国力学学会、中国石油学会、中国水利学会、中国地质学会. 第九届全国渗流力学学术讨论会论文集（一）[C]. 中国力学学会、中国石油学会、中国水利学会、中国地质学会，2007：4.

[7] 徐刚. 相场理论在稠油热采驱替过程中的应用 [D]. 中国石油大学（华东），2016.

[8] 宫宇鹏. A区块稠油油藏蒸汽驱物理模拟实验研究 [D]. 东北石油大学，2016.

[9] 项新耀，徐世杰. 热采稠油的新设备——井下蒸汽发生器 [J]. 油气田地面工程，1997，16（06）：23-26.

[10] M. Chaar, M. Venetos, J. Dargin, D. Palmer. Economics of steam generation for thermal enhanced oil recovery [C]. SPE 172004, 2015.

[11] 邹国君. 塔河油田超深超稠油藏采油新技术研究 [J]. 西南石油大学学报（自然科学版），2008，30（04）：130-134.

[12] 徐进良，陈听宽，陈宣政. 井下蒸汽发生器的研究进展和应用前景 [J]. 核能动力工程，1991，6（06）：312-315.

[13] 张毅，王弥康. 井下蒸汽发生器和蒸汽-燃气发生器 [J]. 石油机械，2001，29（10）：51-53.

[14] 王志国，马一太，李明东，等. 注汽过程井筒传热及热损失计算方法研究 [J]. 特种油气田，2003，10（05）：38-41.

[15] 李胜彪，张振华，徐太宗，等. 井筒电加热技术在稠油开采中的应用 [J]. 油气田地面工程，2005，24（01）：29-30.

[16] 马保松，鄢泰宁，蒋国盛，等. 稠油热采井下电热蒸汽发生器技术研究 [C]. 石油技术发展研讨会论文集，2005：232-239.

[17] 陈宝. 一种井下电加热蒸汽发生器的研究设计 [J]. 制造业自动化，2015，37（03）：89-91.

[18] 罗咏涛，李本高，秦冰. 塔河油田稠油井解堵抑堵剂研制 [J]. 石油炼制与化工，2015，4602：1-6.

[19] 王艳婷，郭继香. 沥青质沉积分散技术发展探讨 [J]. 广东化工，2016，4314：79-80.

[20] 田初明，刘华伟，周薛，等. 海上油田稠油井自生热复合解堵工艺研究 [J]. 天津科技，2017，4402：69-72.

[21] 穆金峰，吕有喜，魏三林，等. 超深稠油井解堵技术研究与应用 [J]. 油田化学，2010，2702：

149 – 152.

[22] 王艳婷，郭继香．沥青质沉积分散技术发展探讨 [J]．广东化工，2016，4314：79 – 80.

[23] 亓迟春红，张道光，严易明．浅析减黏裂化工艺应用与技术发展 [J]．石油化工设计，2010，2702：25 – 27 + 5.

[24] 杜鹃．减黏裂化技术的改进和应用 [J]．石油化工应用，2007，02：32 – 36.

[25] 闫平祥，刘植昌，高金森，等．重油催化裂化工艺的新进展 [J]．当代化工，2004，33 (3)：136 – 140.

[26] 许昀，山红红．渣油催化裂化工艺及技术进展 [J]．石油天然气与化工，2001，30 (2)：79 – 82.

[27] 钟孝湘．张执刚，黎仕克，等．催化裂化多产液化气和柴油工艺技术的开发与应用 [J]．石油炼制与化工，2001，32 (11)：1 – 5.

[28] 杨阳．吡啶类离子液体对稠油改质降黏研究 [D]．大庆石油学院，2009.

[29] 刘昱．灵活双效催化裂化 (FDFCC) 工艺的工程设计及工业应用 [J]．炼油设计，2002，32 (8)：24 – 28.

[30] Pel rine B P, Comolli A G, Lap – Keung. Iron – based ILs cat alysts for hydroprocessing carbonaceous f eeds [P]. US6139723, 2003.

[31] 尹清华．催化裂化装置的能量系统优化 [J]．石油炼制与化工，2001，32 (2)：39 – 43.

[32] 尹成刚．减压渣油减黏裂化工艺过程优化 [D]．天津大学，2005.

[33] 陆柱．水处理技术 [M]．上海：华东理工大学出版社，2000.

[34] Stamatakis E, Haugan A, Chatzichristos A. Study of Calcium Carbonate Precipitation in the Near – Well Region Using 47Ca²⁺ as Tracer [J]. Paper SPE 87436, 2004：1 – 7.

[35] 张景来，冯英华，李丹，等．除垢剂的研究进展 [J]．安徽工程科技学院学报，2008，23 (3)：75 – 79.

[36] 钱学文．中国能源安全战略和中东、里海油气 [J]．吉林大学社会科学学报，2006，46 (2)：39 – 44.

[37] 王瑞飞，宋子齐，何涌，等．利用超前注水技术开发低渗透油田 [J]．断块油气田，2003，3 (10)：43 – 45.

[38] 刘生福，吴建军，王咏梅，等．塔里木轮南油田油井结垢影响因素研究 [J]．化工时刊，2001，12：42 – 46.

[39] 周红生，刘燕琳．新疆油田老区注水系统调整改造研究 [J]．油气田环境保护，2004，4 (14)：45 – 46.

[40] 王凤春，石杰，赵雄虎．吐哈油田注水堵塞机理实验研究黄海啸 [J]．大庆石油地质与开发，24 (2)：62 – 63.

第四章

储层改造工程技术进展

  随着塔河油田勘探开发及产能建设的逐步推进，开发对象由主干断裂转向次级断裂带，外扩区块储层的发育程度逐渐变差，储层以裂缝型为主，油藏埋深逐渐变大，储层闭合应力高，温度高，对储层改造液体性能要求更高，在保持性能优良的同时还需要降低成本。复杂的储层地质条件导致常规储层改造工艺技术建产稳产难度大，需要研发经济高效的储层改造工艺技术。

  针对塔河油田储层改造存在的难题和技术需要，近几年储层改造重点从基础理论研究、液体材料体系研发、酸压工艺技术、水力压裂工艺技术等方面开展了大量的研究工作，对塔河油田储层改造技术发展有指导意义的新工艺进行了调研探索，并对下步发展方向提出了建议。

  （1）基础理论研究方面。一是针对碳酸盐岩油藏酸压过程中天然裂缝对酸压效果的提高有较大影响，研究建立了水力裂缝与天然裂缝相交时的裂缝延伸模型，对天然裂缝的开启机理进行了研究，对人工裂缝与天然裂缝沟通形成复杂缝导流能力进行了研究评价，为后期酸压工艺选择和工艺参数优化提供指导，能解决塔河高闭合应力储层稳产能力弱的问题。二是针对复杂缝酸压、暂堵分段酸压、重复酸压等重点工艺技术存在的理论基础薄弱，基础实验研究不到位，缺乏有力的地质基础模型等难题，开展了一系列的针对性研究：①复杂缝酸压，开展了裂缝型储层体积压裂物理模拟实验、缝网压裂真三轴物理模拟实验分析及声发射监测等研究，在实验室内对张开型随机天然裂缝对体积裂缝扩展形态的影响进行了分析，使用声发射监测技术实时监测碳酸盐岩中水力裂缝的动态扩展过程，确定了岩石力学参数在酸蚀和温度条件下的变化规律，制定了有利于形成分支裂缝的现场泵注程序，为裂缝型储层改造施工设计优化提供了理论依据。②暂堵分段酸压，塔河油田碳酸盐岩储层天然裂缝发育且形态多样，为了提高暂堵分段酸压工艺针对性和有效性，开展了压前裂缝宽度预测、超深碳酸盐岩水平井分段酸压应力场模拟研究，建立的孔隙弹性力学模型可以模拟缝洞储集体在生产过程中的孔隙压力扩散以及动态应力场的变化，为重复酸压提供基础参数。建立了层间暂堵与缝内转向封堵强度的计算方法、转向工艺参数优化算法，在压前裂缝宽度预测和高强度纤维复合暂堵剂实验评价的基础上优化暂堵剂组合、浓度及用量，对储层暂堵转向酸压关键技术进行了实验评价，为碳酸盐岩储层暂堵转向酸压大规模推广应用奠定了理论基础。三是针对托甫台等高闭合应力区块裂缝闭合快、措施后供液不足等问题，开展了非均匀刻蚀高导流酸压机理及工艺参数优化研究，明晰了塔河油田主要酸液类型及组合刻蚀裂缝的能力规律，对白云岩、外围勘探井加强了岩石力学及地应力实验研究，为储层改造方案优化提供了基础参数。

（2）液体材料体系研发方面。一是随着顺南、顺北区块的开发，对液体的耐温性能提出了更高的要求，研究形成了耐温160℃的地面交联酸液体系、耐温180℃的压裂液。二是随着国际油价的走低，液体性能在提高的同时更要经济，为此研发了低浓度低伤害压裂液体系，胍胶浓度由0.5%降低到0.35%，储层伤害率由38%降低到20%，成本390元/立方米，较压裂液定额（460元/立方米）降本15%。三是针对灰岩储层酸岩反应速度快，酸液有效作用距离短的问题研究形成一种耐温150℃，在地下能够发泡的泡沫酸体系，为深穿透酸压技术提供了一种新的思路。

（3）酸压工艺方面。针对非主应力方向上储层改造难沟通的问题，研究形成暂堵转向工艺和复杂缝体积酸压工艺，酸压工艺研究重点针对这两项工艺。一是暂堵转向工艺，针对老区重复酸压存在滤失严重、液体效率低、水力裂缝扩展受限等问题，建立了考虑缝洞、初始裂缝等影响的地应力场模型，明确了重复酸压缝内转向力学条件，构建了缝洞型油藏油酸两相流渗滤模型，明确了不同类型储层的酸压滤失特征，研究形成暂堵重复酸压关键技术。针对前期暂堵分段酸压选井及设计方法不够明确，暂堵剂加注设备存在加注不均匀漂浮冒顶的现象，开展暂堵酸压工艺优化和现场应用研究，提高暂堵分段酸压改造的针对性和成功性。二是复杂缝体积酸压工艺，针对顺南等勘探区块裂缝发育，钻井过程中存在严重漏失，试采过程中产液下降快，稳产难等问题，建立了人工裂缝与天然裂缝交互扩展的流固耦合模型，获得了形成复杂缝的临界条件，提出了复杂程度率概念，建立天然裂缝等效地质模型，研究形成了复杂缝体积酸压技术，进一步提高单井产能，实现了动用非主力方向剩余油的目的。

（4）水力压裂工艺方面。塔河碎屑岩油藏具有层系多、横向变化快、储层条件差异大、高孔渗储层易污染等特点，老井凝析气藏水锁伤害和反凝析伤害使产能大幅下降,石炭系等多薄层常规改造技术难以有效动用,底水碎屑岩水平井高含水、采出程度低。针对存在的问题对碎屑岩主要层系进行了储层敏感性伤害评价,优选评价出两套适合石炭系储层改造的低伤害压裂液体系(胍胶压裂液伤害率18.2%、聚合物压裂液伤害率18.36%);优化形成石炭系卡拉沙依组不同储层厚度裂缝缝高判别模板,研究形成了低渗透碎屑岩油藏薄层压裂技术和塔河油田碎屑岩油藏储层保护技术。为碎屑岩储层压裂设计参数优化及压裂工艺优选提供了理论依据,为塔河油田碎屑岩的增储上产提供了有力的技术支撑。

(5)储层改造新工艺探索方面。针对储层改造在暂堵分段、有效支撑裂缝短、易砂堵、压裂液摩阻高、碎屑岩储层伤害大、酸压裂缝方位难控制等难题,开展了剪切增稠液暂堵、表面活性剂类降阻剂、液体自聚支撑压裂技术、CO_2压裂技术、层内液体燃爆、等离子脉冲压裂、胶束软隔挡控缝高等新工艺探索,目前这些技术大多处于初步研究阶段。①通过实验初步形成了耐温100℃、120℃二氧化硅/聚乙二醇剪切增稠体系;②采用表面活性剂与聚合物复配优化的方法,可得到耐温140℃、抗剪切以及低摩阻的减阻剂;③建立了超深井(5200m)超临界CO_2压裂中井筒、裂缝温度场模型,明确了塔河深层碎屑岩井注CO_2压裂液过程中温度场变化规律及相态分布规律;④研发了新型CO_2压裂液增稠剂,改善了增稠剂在低温CO_2中的溶解性能,增加了压裂液黏度(10℃,6mPa·s)、携砂性能(支撑剂下沉速度降低23%);⑤基于塔河油田储层岩石特征,开展岩石受动载冲击下的破岩损伤实验,研究储层岩石破裂对冲击载荷的响应规律;⑥提出固液耦合流体混合注入的层内爆燃模式,并基于此开展技术可行性及施工工艺的优化设计;⑦隔挡强度达到12.2MPa的VES-160隔挡材料,与常规隔挡材料相比,可依靠无机盐形成高黏(700mPa·s)液体,隔挡强度达到12.2MPa,可完全破胶,储层裂缝伤害小。

这些技术为储层改造技术提供了新的思路和方向,在降低施工费用、减小施工难度、增大改造效果方面有切实指导意义。

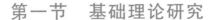

第一节　基础理论研究

一、酸压过程中天然裂缝开启机理及导流能力

1. 技术背景

随着塔河油田勘探开发及产能建设的逐步推进，油气储集体的发育尺寸和数量逐渐减小，导致常规工艺建产稳产难度大，需要通过复杂缝体积酸压增强改造效果。碳酸盐岩油藏酸压过程中天然裂缝受水力和酸蚀两种破坏模式作用后，对酸压效果的提高有较大影响，但天然裂缝的开启机理目前尚不明确，因此，有必要对天然裂缝的开启机理及人工裂缝与天然裂缝沟通形成复杂缝的导流能力进行研究，形成适用于碳酸盐岩油藏复杂缝体积酸压的工艺方案，解决单井稳产能力弱的问题。

2. 技术成果

成果1：天然裂缝发育程度是影响复杂缝形成的重要因素，目标工区34口酸压井中具有复杂缝人工裂缝延伸形态的比例为26.1%，且主要集中在断裂交汇区等裂缝发育区域。

成果2：明确天然裂缝张性破坏和剪切破坏的条件，酸压过程中当逼近角大于52°时，天然裂缝不容易发生张开和剪切破坏；当逼近角小于30°时，天然裂缝容易发生张开破坏；无论逼近角度大小，当裂缝净压力大于10MPa时，天然裂缝才可能发生剪切破坏（图4-1-1、图4-1-2）。

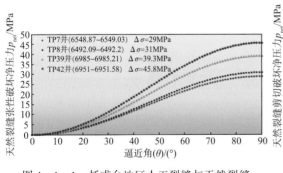

图4-1-1　托甫台地区人工裂缝与天然裂缝相交发生张性破坏净压力条件

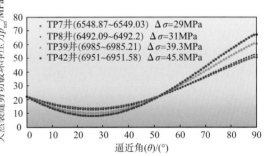

图4-1-2　托甫台地区人工裂缝与天然裂缝相交发生剪切破坏净压力条件

成果3：优化形成复杂缝酸压长期生产时的裂缝参数，酸蚀缝长120~140m，复杂缝裂缝初期导流能力大于$8\mu m^2 \cdot cm$，1000天导流能力大于$2\mu m^2 \cdot cm$（图4-1-3）。

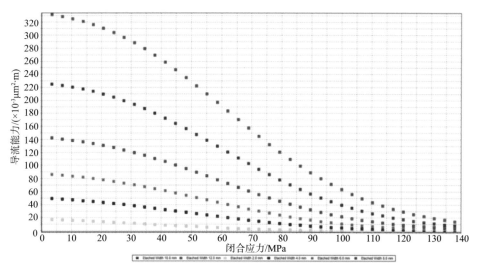

图 4 - 1 - 3　不同闭合应力条件下不同酸蚀裂缝导流能力变化曲线

成果 4：提出了碳酸盐岩油藏复杂缝体积酸压工艺优化方案，以"深穿透、复杂缝、强刻蚀、高导流"为主体的复杂缝体积酸压工艺思路。

3．主要创新点

创新点 1：建立了托甫台西南井区酸压 G 函数经典图版，结合 Waripinski 准则，判定酸压过程中天然裂缝的张性破坏和剪切破坏力学条件。

创新点 2：通过大型真三轴物理模型试验和 ANSYS 有限元数值模拟手段，研究建立了水力裂缝与天然裂缝相交时的裂缝延伸模型。

创新点 3：基于 Blasingame 方法，通过三重介质模型，分析掌握了托甫台前期酸压井的裂缝参数及长期导流能力变化规律，同时利用 Predict - K 拟合优化了复杂裂缝长期导流能力，指导了后期酸压工艺选择和工艺参数优化。

创新点 4：建立了相对可靠的复杂缝长期导流能力评价方法和酸压工艺方案优化流程。

4．推广价值

通过对托甫台区 34 口井进行生产数据分析软件、Predict - K 软件和 SRV 导流能力动态评价软件，明确了复杂缝体积酸压工艺思路及方案，解决了高闭合应力储层提高稳产能力弱的问题，在塔河及其他地区储层改造中具有很好的推广价值

二、非均匀刻蚀高导流酸压机理及工艺参数优化

1．技术背景

塔河油田托甫台等高闭合应力区块裂缝闭合快，以及 8 区等低地层能量导致酸压措施后很快供液不足，停喷转抽后产能降低，形成地产低效井。因此，需要新的工艺提高酸蚀缝长和裂缝导流能力双重改造效果，以提高单井产能，最终达到提高单井开发效益。非均匀刻蚀高导流酸压是基于酸液类型不同酸蚀裂缝导流能力不同机理，形成沟槽状非均匀刻

蚀人工裂缝，实现提高酸蚀缝长和裂缝导流能力目的。但目前对该工艺的具体参数还没有系统研究，有必要开展室内实验研究，夯实技术基础，达到掌握技术核心的研究目的。

2. 技术成果

成果1：明确非均匀刻蚀高导流酸压技术机理。

基于不同酸液酸蚀裂缝导流能力相异特点，不同酸液黏度、排量及反应速度等差异原理，酸液沿着裂缝壁面流动时，在地层中非均匀刻蚀，形成沟槽状、错动非均质支撑的人工裂缝，裂缝在闭合应力下能够保持较高导流能力，实现提高裂缝导流能力的目的（图4-1-4、图4-1-5）。

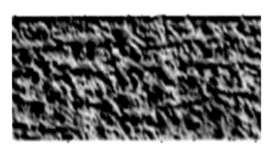

图4-1-4 酸液沟槽状刻蚀形态

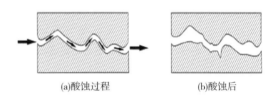

(a)酸蚀过程　　(b)酸蚀后

图4-1-5 裂缝内非均匀刻蚀示意图

成果2：明确了非均匀刻蚀酸压的裂缝刻蚀形态与规律。

（1）不同酸液类型刻蚀形态规律：一是转向酸主要以点蚀、片状刻蚀为主，胶凝酸、交联酸以沟槽为主；二是随着闭合压力增加，转向酸导流能力快速下降；三是胶凝酸形成较复杂的弯曲沟槽状刻蚀且刻蚀体积比交联酸更大，导流能力保持能力更强（图4-1-6）。

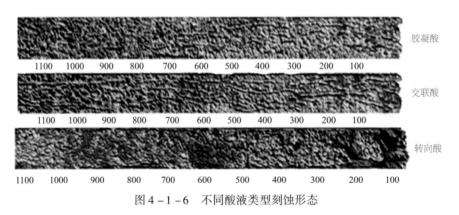

图4-1-6 不同酸液类型刻蚀形态

（2）不同酸及酸液组合刻蚀能力大小规律：胶凝酸+交联压裂液+转向酸＞胶凝酸+转向酸＞交联酸+交联压裂液+转向酸＞交联酸+转向酸＞胶凝酸+交联酸＞胶凝酸＞交联酸＞转向酸（图4-1-7）。

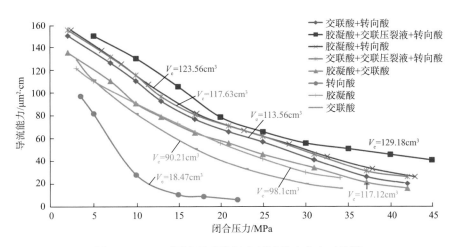

图 4 - 1 - 7　不同酸及酸液组合刻蚀能力大小对比图

成果 3：优化形成了非均匀刻蚀酸压技术的核心工艺参数。

一是酸液浓度影响分析结果表明，优选 20% 为最优酸液浓度；二是排量影响分析结果表明，胶凝酸最佳排量 400mL/min，交联酸最佳排量 300mL/min，转向酸最佳排量 500mL/min；三是接触时间影响分析结果表明，优选胶凝酸接触时间 30min，交联酸接触时间 60min，转向酸接触时间 10min。

成果 4：建立了实验成果到现场施工参数的放大转换数学模型，实现研究成果到现场的应用推广。

实例推荐转向酸最优注入排量 6.5m³/min，最优注入规模 60m³，胶凝酸最优注入排量 5.5m³/min，最优注入规模 160m³，交联酸最优注入排量 4m³/min，最优注入规模 240m³，酸液组合应用时，根据单种酸液最佳施工参数进行，可根据实际情况计算调整参数（图 4 - 1 - 8）。

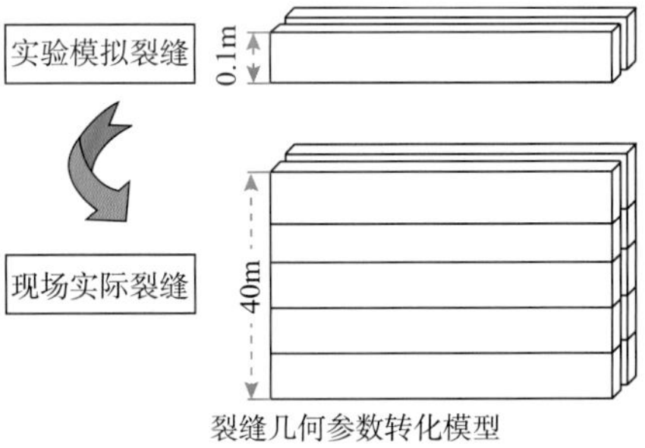

3. 主要创新点

创新点：首次明晰了塔河油田主要酸液类型及组合刻蚀裂缝的能力规律。

图 4 - 1 - 8　工艺参数转换模式示意图

不同酸及酸液组合刻蚀能力大小规律：胶凝酸 + 交联压裂液 + 转向酸 > 胶凝酸 + 转向酸 > 交联酸 + 交联压裂液 + 转向酸 > 交联酸 + 转向酸 > 胶凝酸 + 交联酸 > 胶凝酸 > 交联酸 > 转向酸。

4. 推广价值

该技术可提升高闭合应力裂缝性碳酸盐岩储层及低地层能量区块长期导流能力，提高单井产能，提高单井开发效益。

三、裂缝性储层体积压裂物理模拟及声发射监测技术

1. 技术背景

裂缝性碳酸盐岩油气藏作为一类常见的碳酸盐岩储层，在我国塔里木盆地广泛分布，此类油藏按照常规大规模酸压模式所能沟通的裂缝系统较少，酸液波及体积小，通常能够获得一定的产出，但产量递减快，稳产难度大，因此需要探索出适合缝洞性碳酸盐岩的储层压裂改造措施，目前该储层常规大规模酸压模式存在如下三个问题：

（1）沟通的裂缝系统少。

（2）酸液波及体积小。

（3）能够获得一定的产出，但产量递减快，稳产难度大。

因此，需通过复杂缝体积压裂增加改造效果，通过水力压裂大型物理模拟试验并结合声发射监测，以确定张开型随机天然裂缝及地应力对体积裂缝扩展形态的影响，并提出了完善裂缝性储层体积酸压的生产工艺。

2. 技术成果

成果1：在实际工程中，不同水平地应力差条件下，天然裂缝对水力裂缝扩展的影响。

（1）当水平应力差为28~36MPa时，水力裂缝扩展受天然裂缝诱导较为困难，形成分支缝、转向缝、单一平直裂缝。

（2）当水平应力差为16~28MPa时，水力裂缝扩展会产生分支裂缝+网状缝，且分支裂缝数量随应力差的减小而增加。

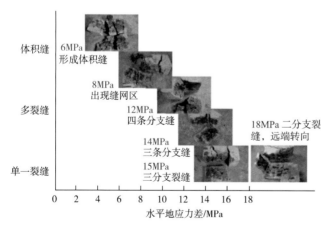

图4-1-9 地应力对裂缝扩展形态的影响

（3）当水平应力差为0~16MPa时，会在距井筒50m范围内形成体积缝，随着地应力差的减小，可能形成的体积缝范围会增大，直到200m。

总体而言，水平地应力差越小，天然裂缝对水力裂缝扩展影响越大（图4-1-9）。

成果2：在实际工程中，压裂液黏度及排量对裂缝扩展形态的影响。

（1）前期低排量（不高于6.25m³/min）裂缝扩展较慢，有利于沟通更多的天然裂缝，形成复杂缝网。

（2）低黏度（≤20mPa·s）的压裂液也会使得水力裂缝更加复杂，产生体积缝。

（3）在压裂前期，压裂液的排量越低，黏度越小，越有利于产生大范围的体积缝。

成果3：天然裂缝的尺寸对水力裂缝扩展的影响。

总体而言，较大的天然裂缝更易产生分支缝与缝网结构（图 4 - 1 - 10），具体影响机制如下：

（1）天然裂缝为 3cm 时（对应现场为 1.8m），水力裂缝会产生少量的分支缝。

（2）天然裂缝为 6cm 时（对应现场为 3.6m），水力裂缝多会在近井筒区域（10m 范围内）产生体积缝。

（3）天然裂缝为 9cm 时（对应现场为 5.4m），体积缝扩展区域会至少延伸到距离起裂点 40cm（现场为 200m 外）。

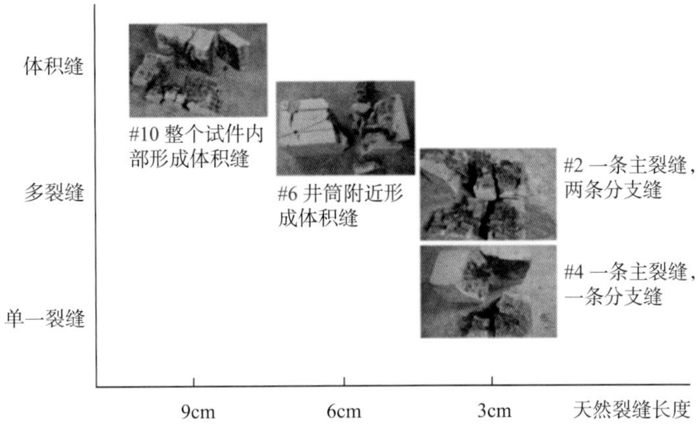

图 4 - 1 - 10　天然裂缝的尺寸对水力裂缝扩展的影响

成果 4：制定了有利于形成分支裂缝的现场泵注程序。

（1）前期低排量注酸激活、刻蚀天然裂缝，井周形成分支主裂缝。

（2）通过低黏度压裂液，高排量延伸主裂缝。

（3）主缝延伸后，高、低排量交替注酸，激活、刻蚀、造缝（表 4 - 1 - 1）。

表 4 - 1 - 1　现场泵注程序表

液体类型	规模/m³	排量/（m³/min）	备　注
注水、酸液	60 + 60	0.5 ~ 2	低于破裂压力，刻蚀天然裂缝，改变天然裂缝的大小及宽度，井周多裂缝起裂
滑溜水/压裂液	300	>7	低黏、高排量，延伸多裂缝
酸液	200	7→3→7→3→7	远端激活、刻蚀、造缝、刻蚀
滑溜水/压裂液	300	>7	低黏、高排量，延伸多裂缝
酸液	200	7→3→7→3→7	远端激活、刻蚀、造缝、刻蚀
滑溜水	20	>7	顶替

3. 主要创新点

创新点 1：国内首次在实验室内对碳酸盐岩开展张开型随机天然裂缝对体积裂缝扩展形态的影响分析。

创新点 2：国内首次使用声发射监测技术实时监测碳酸盐岩中水力裂缝的动态扩展过程。

4. 推广价值

在实验的基础上对现场的施工措施提出了建议，主要在不同水平地应力差条件下天然裂缝对水力裂缝扩展的影响，压裂液黏度及排量对裂缝扩展形态的影响，天然裂缝的尺寸对水力裂缝扩展的影响等方面得到了定量认识，并制定了有利于形成分支裂缝的现场泵注程序，为提高裂缝性储层措施效果提供了理论依据。

四、缝网压裂真三轴物理模拟及声发射监测实验评价

1. 技术背景

裂缝性碳酸盐岩按照常规大规模酸压模式所能沟通的裂缝系统较少，酸液波及体积小，通常能够获得一定的产出，但产量递减快，稳产难度大，因此需要探索出适合缝洞性碳酸盐岩的储层压裂改造措施。

国内外对于天然裂缝对水力裂缝的影响研究较多，而对孔洞及溶洞对水力裂缝扩展规律的影响研究较少。目前，室内实验三维天然裂缝及孔洞的影响尚处于探索阶段。率先通过室内有关三维天然裂缝及孔洞影响的真三轴物理模拟实验，并结合声发射监测，确定缝洞性碳酸盐岩储层水力裂缝形态及扩展的影响因素，为现场的实际生产提供指导。

2. 技术成果

成果1：天然裂缝与最大水平地应力的夹角对水力裂缝扩展的影响。

（1）天然裂缝与最大水平地应力方向平行时（夹角0°），天然裂缝对水力裂缝的形态影响不大，裂缝表面光滑。

（2）天然裂缝与最大水平地应力方向夹角0°~30°时，受天然裂缝诱导作用，水力裂缝表面呈现凹凸不平的形态；有的试件在天然裂缝的诱导下产生了缝网结构或分支缝。

（3）天然裂缝与最大水平地应力方向夹角30°~60°时，受天然裂缝诱导水力裂缝的能力变得很弱，水力裂缝沿天然裂缝扩展的可能性较小；有的试件在较低的水平地应力差条件或较高密度（6%~9%）天然裂缝的诱导下，产生了缝网结构或分支缝，不过情况较为少见。

成果2：从不同裂缝长度、不同裂缝密度、不同地应力条件和不同井型四个方面出发，详细研究了不同条件对裂缝形态及压力曲线的影响。

（1）裂缝长度越小（3cm），压力曲线波动越明显，破裂压力越高。

（2）分支缝或缝网的形成受天然裂缝长度（表4-1-2、图4-1-11）和体积裂缝密度（表4-1-3、图4-1-12）共同控制。裂缝长度在9cm比3cm更容易形成分支缝，6%~9%的裂缝密度容易形成缝网。

（3）地应力差越大（超过11MPa），裂缝倾向于形成单一、平直的水力裂缝。

（4）斜井压裂产生的裂缝容易转向。由此造成裂缝的波及半径可能超过常规平直裂缝，有可能发生不必要的串层等现象。

（5）在确定地应力方位后，定向射孔的效果要比常规螺旋射孔好。

表 4-1-2 不同裂缝长度试件实验结果表

编号	裂缝尺寸/cm	体积裂缝密度/%	水力裂缝数量	水力裂缝形态	形成体积裂缝所克服最大应力差/MPa
1	9	9	1	平直	8
5	6	9	2	平直	8
9	3	9	3	主缝，分支缝转向	8
2	9	9	1	转向	9
6	6	9	1	转向	9
10	3	9	2	平直	9
3	9	9	1	平直	4
7	6	9	2	平直	11
11	3	9	1	平直	4

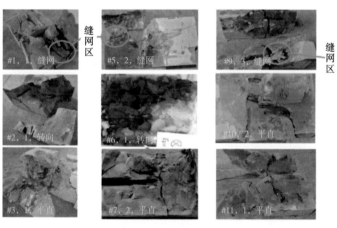

图 4-1-11 不同天然裂缝长度的裂缝形态图

表 4-1-3 不同裂缝密度试件实验结果表

编号	裂缝尺寸/cm	体积裂缝密度/%	水力裂缝数量	水力裂缝形态	有无缝网产生	形成体积裂缝所克服最大应力差/MPa
12	6	6	1	平直	无	1
5	6	9	2	平直	有	8
13	6	12	2	平直	无	8
14	6	6	2	平直	无	11
7	6	9	2	平直	无	11
15	6	12	1	平直	有	11

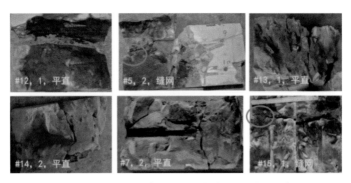

图 4 − 1 − 12　不同天然裂缝密度下的裂缝形态

成果 3：不同排量、不同黏度、不同地应力对含缝洞体试样的裂缝形态及压力曲线的影响。

（1）排量越大（20mL/min），破裂压力越高，压力波动越平缓，裂缝形态变得较单一（表 4 − 1 − 4、图 4 − 1 − 13）。

表 4 − 1 − 4　不同排量条件下试件实验结果表

编号	裂缝尺寸/cm	体积裂缝密度/%	水力裂缝数量	水力裂缝形态	有无缝网产生	沟通缝洞体	排量（Q）/（mL/min）	形成体积裂缝所克服最大应力差/MPa
7	6	9	6	较复杂	有	6	1	11
5	6	9	2	平直	无	3	10	11
8	6	9	2	平直	无	5	20	11

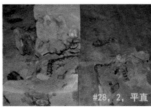

图 4 − 1 − 13　不同排量条件下裂缝形态的对比图

（2）黏度对压力曲线影响不明显。在较低黏度（1mPa·s）压裂液作用下，能够形成复杂裂缝（表 4 − 1 − 5、图 4 − 1 − 14）。

（3）缝洞体能够诱导裂缝发生偏移，低应力差容易沟通更多的缝洞体。

表 4 − 1 − 5　不同黏度条件影响下试件实验结果表

编号	裂缝尺寸/cm	体积裂缝密度/%	水力裂缝数量	水力裂缝形态	有无缝网产生	沟通缝洞体	排量（Q）/（mL/min）	形成体积裂缝所克服最大应力差/MPa
9	6	9	1	平直	无	5	1	4
5	6	9	2	平直	无	3	10	11
0	6	9	1	平直	无	6	40	4

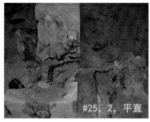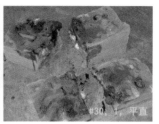

图 4 – 1 – 14　裂缝形态的对比图

3. 主要创新点

创新点 1：研究了不同地质及工艺条件下缝洞性碳酸盐岩的裂缝扩展规律。

创新点 2：使用声发射监测技术实时监测水力裂缝的动态扩展过程。

创新点 3：确定了岩石力学参数在酸蚀和温度下的变化规律。

4. 推广价值

在实验基础上对现场的施工措施提出建议，在天然裂缝与最大水平地应力的夹角对水力裂缝扩展的影响，不同裂缝长度、不同裂缝密度、不同地应力条件和不同井型对裂缝扩展的影响，不同排量、不同黏度、不同地应力对含缝洞体试样的裂缝形态及压力曲线的影响，压裂过程中的微地震特征，岩石力学参数变化规律 5 个方面获得了定量认识，为现场压裂措施的制定提供了依据和指导。

五、裂缝宽度预测技术

1. 技术背景

暂堵分段工艺的实施，首先需要明确暂堵的裂缝尺寸才能进行有针对性的工艺设计，而塔河油田碳酸盐岩储层天然裂缝发育且形态多样，为了提高工艺针对性和有效性，有必要对压前天然裂缝静态缝宽进行预测，并开展酸压施工对天然裂缝及人工裂缝尺寸的影响研究。

2. 技术成果

成果 1：反演了构造应力梯度。

根据构造地形图、相应的杨氏模量、泊松比等岩石力学参数，以及通过酸压施工曲线确定了最大、最小主应力梯度。通过测井资料确定了地应力梯度（图 4 – 1 – 15）。

成果 2：提出了根据岩石应力 – 应变、线密度预测天然裂缝缝宽的方法。

在库仑 – 莫尔准则、格里菲斯破裂

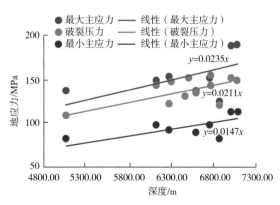

图 4 – 1 – 15　托甫台区块压力梯度

准则等本构模型的基础上，建立了裂缝开度、密度与应力场关系理论模型，并总结出了根据岩石应力－应变、线密度预测天然裂缝缝宽的方法，得到 6 口井的天然裂缝宽度在 10^{-3} cm 数量级（表 4－1－6）。

表 4－1－6　压裂天然裂缝宽度

井号	深度范围/m	最大主应力/ MPa	中间主应力/ MPa	最小主应力/ MPa	缝宽（古应力）/ cm	缝宽（现应力）/ cm
TP38	7004. 29 ~ 7005. 35	167. 44	139. 40	101. 53	0. 002012	0. 000264
TP40X	6210. 55 ~ 6237. 53	147. 96	124. 22	81. 05	0. 005727	0. 001079
TP37	6832. 24 ~ 6911. 64	163. 45	123. 00	94. 45	0. 003834	0. 000556
TP28X	6728. 00 ~ 6728. 3	160. 16	149. 11	99. 74	0. 001852	0. 000256
TP15	6495. 38 ~ 6495. 69	150. 49	133. 93	96. 06	0. 001785	0. 000257
TP32	6443. 63 ~ 6524. 75	149. 37	132. 57	87. 81	0. 009817	0. 001478

成果 3：得到了托甫台区块渗透率模型。

根据补偿中子孔隙度、微电阻测井孔隙度，以及现有缝宽数值，得到了托甫台区块渗透率模型，并以此预测裂缝宽度，天然裂缝宽度在 10^{-3} cm 数量级（图 4－1－16、图 4－1－17 和表 4－1－7）。

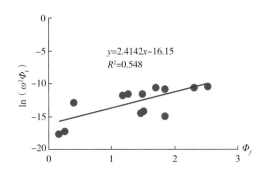

图 4－1－16　裂缝宽度与中子孔隙度关系拟合图

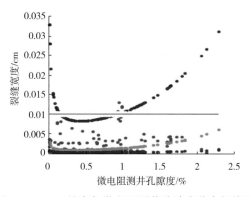

图 4－1－17　缝宽与微电阻测井孔隙度分布规律图

表 4－1－7　中子孔隙度测井预测裂缝宽度

井号	深度/m	测井宽度/cm	孔隙度/%	预测宽度/cm
TP37	6832. 24 ~ 6911. 64	0. 000375	1. 17978	0. 00119
TP32	6489. 94 ~ 6492. 84	0. 000692	1. 14607	0. 00116
TP40	6210. 56 ~ 6210. 86	0. 000617	1. 00000	0. 001041
TP28X	6728. 00 ~ 6728. 30	0. 000550	1. 17391	0. 001185
TP38	7004. 29 ~ 7005. 35	0. 000584	0. 50562	0. 000806
TP32	6489. 95 ~ 6492. 85	0. 000691	0. 97753	0. 001024

成果 4：得到了 6 口井压裂后天然裂缝的宽度。

调整现应力场天然裂缝宽度计算模型，得到了 6 口井压裂后天然裂缝的宽度，其数值为 33~237μm，为现应力场缝宽的 12~18 倍（表 4-1-8）。

表 4-1-8　压裂天然裂缝宽度

井号	深度范围/m	缝宽（现应力）/cm	压裂缝宽/cm	变化率/%
TP38	7004.29~7005.35	0.000264	0.004756	1801.515
TP40X	6210.55~6237.53	0.001079	0.013537	1254.588
TP37	6832.24~6911.64	0.000556	0.009063	1630.036
TP28X	6728.00~6728.3	0.000256	0.004377	1709.766
TP15	6495.38~6495.69	0.000257	0.003354	1305.058
TP32	6443.63~6524.75	0.001478	0.023757	1607.375

成果 5：获得了酸压裂缝的几何形态与流体反应后的特性参数。

通过建立适合塔河油田酸压拟合分析的工作流程、酸压地质模型、酸压流体模型、实际泵注程序、酸岩反应模型等，进行酸压拟合分析，获得了酸压裂缝的几何形态与流体反应后的特性参数，酸压裂缝宽度范围为 0.12~12.8mm，平均宽度为 3.06mm（图 4-1-18）。

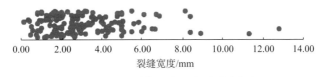

图 4-1-18　塔河油田酸压裂缝宽度

3. 主要创新点

创新点 1：形成了地应力反演预测天然裂缝缝宽、利用测井资料中的补偿中子孔隙度和微电阻测井孔隙度对压前天然裂缝静态缝宽预测的方法。

创新点 2：形成了地应力反演预测酸压天然裂缝缝宽的方法。

创新点 3：通过建立酸压拟合分析的工作流程、酸压地质模型、酸压流体模型、实际泵注程序、在酸岩反应实验基础上，进行酸压拟合分析，得到酸压裂缝宽度范围。

4. 推广价值

塔河油田碳酸盐岩储层天然裂缝发育且形态多样，对压前天然裂缝静态缝宽进行预测、分析酸压施工对天然裂缝及人工裂缝尺寸影响，明确暂堵的裂缝尺寸，对暂堵分段工艺的实施进行有针对性的工艺设计，可提高工艺针对性和有效性。

六、超深碳酸盐岩水平井分段酸压应力场模拟

1. 技术背景

针对低品位碳酸盐岩储层长裸眼段水平井笼统酸压改造动用程度低，改造效果差等难

题，目前采用应力变化自然选择"甜点"的水平井暂堵分段酸压工艺，具有无分段工具、风险低、周期短、压后便于治理等优点，尤其对于侧钻井及复杂水平井无法下入工具进行分段改造时有独特的适用性。但井筒应力场计算方法尚不成熟，暂堵分段酸压过程中的应力变化规律尚不明确，因此，有必要开展水平井应力模拟及分段改造应力变化先导性实验研究，明确整体应力特征及酸压过程中的应力变化规律等问题，指导优化施工设计，提高储层改造效果，为该类油藏的勘探开发工作提供工程技术支撑。

2. 技术成果

成果 1：形成一套超深碳酸盐岩水平井应力计算软件。

采用构造挤压理论，建立碳酸盐岩骨架的体积模量与裂缝的关系，形成裂缝性碳酸盐岩应力计算非均质模型，软件计算精度在 10% 左右，满足对工艺指导需求（图 4 - 1 - 19）。

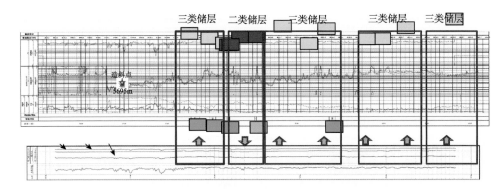

图 4 - 1 - 19　8 区某井岩石力学及地应力分布特征

成果 2：应力阴影改变水平应力场，迫使后续裂缝往最小水平应力方向偏转（相互排斥），随着裂缝间隔增大，应力阴影的作用减弱；当间距达到 120m 时，应力阴影作用可忽略（图 4 - 1 - 20）。

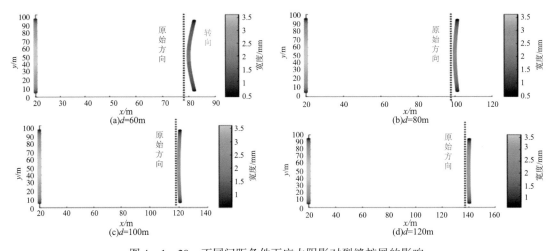

图 4 - 1 - 20　不同间距条件下应力阴影对裂缝扩展的影响

成果3：裂缝间距、裂缝级数、主裂缝周围复杂缝是影响应力阴影大小的重要因素，影响幅度高达40MPa；弹性模量、泊松比、压裂液黏度、排量等岩石力学参数、施工参数对其影响较小，幅度为0.28～2.4MPa。

成果4：自喷阶段随着生产进行，孔隙压力不断扩散，最小主应力变化范围扩大，但最小主应力极值不变，裂缝面受到的最大闭合应力不变。

成果5：机抽液面降低，最小主应力增大，3000m时最小主应力增大30MPa，对裂缝有效导流能力造成损伤，1000m时下降至3000m，导流能力保持率由35%降低至16%，严重影响生产（图4-1-21）。

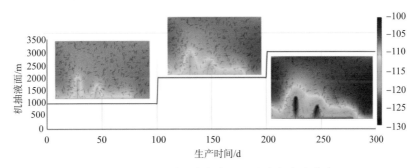

图4-1-21 机抽生产制度下的最小主应力分布

成果6：在生产早期进行注水时，可以有效缓解裂缝附近的应力场，减小裂缝面闭合应力；但注水时机较晚，不能缓解应力场的变化，因此建议停喷后先进行注水补压生产（图4-1-22）。

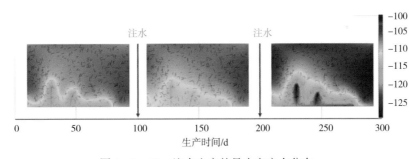

图4-1-22 注水生产的最小主应力分布

3. 主要创新点

创新点1：根据岩石力学参数与测井资料直接完成地应力建模过程，并且其中纳入对孔隙压力和实测资料反演校正功能，通过室内实验和现场实测资料相结合，编制的碳酸盐岩静态应力场软件更加准确。

创新点2：通过流-固耦合的多级顺次起裂的水力压裂力学模型，模拟水力裂缝在应力干扰、天然裂缝诱导作用下的增长规律和空间形态。

创新点3：建立的孔隙弹性力学模型可以模拟缝洞储集体在生产过程中的孔隙压力扩散，以及动态应力场变化，可以优化生产措施设计，为重复压裂提供基础参数。

4. 推广价值

明确了分段酸压过程中应力阴影对裂缝扩展的影响，及不同储层类型、不同生产状态下应力场变化，对长裸眼水平井暂堵分段酸压的优化设计方案提供技术支撑，通过近井筒应力调整技术，提高近井筒的复杂缝网，指导区块开发，对实现水平井高效改造具有重要的指导作用。

七、碳酸盐岩储层暂堵转向酸压关键技术

1. 技术背景

暂堵转向酸压工艺目前已初步形成了裸眼井筒内暂堵转向分段酸压工艺，但缝口暂堵转向分段、缝内暂堵转向起裂模型缺失，暂堵转向起裂所需净压力无法计算，暂堵转向酸压工艺施工参数优化缺乏依据。通过结合区块碳酸盐岩储层物性及室内实验研究，分别建立层间暂堵分段及缝内暂堵转向力学准则 – 封堵强度 – 材料优化算法，优化不同地质条件下碳酸盐岩储层暂堵转向酸压施工参数、暂堵剂组合方式及浓度、用量，提高酸压改造效率。

2. 技术成果

成果1：基于最大拉应力理论，建立耦合原地应力场、温度、注入流体、初次裂缝及天然裂缝的转向裂缝起裂准则。

受天然裂缝走向和倾角的影响，水力裂缝在井壁处起裂可能有三种方式：从岩石本体起裂、沿天然裂缝面张性起裂、沿天然裂缝面剪切破裂（图4 – 1 – 23）。

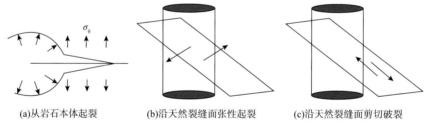

(a)从岩石本体起裂   (b)沿天然裂缝面张性起裂   (c)沿天然裂缝面剪切破裂

图4 – 1 – 23　人工裂缝三种不同起裂方式示意图

成果2：基于损伤力学双线性T – S准则及有限元方法模拟裂缝扩展延伸，基于张性准则及摩尔 – 库伦准则建立水力裂缝与天然裂缝相互作用模式（图4 – 1 – 24）。

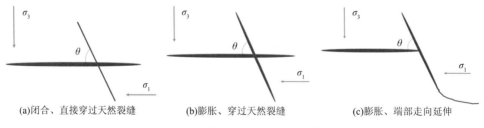

(a)闭合、直接穿过天然裂缝   (b)膨胀、穿过天然裂缝   (c)膨胀、端部走向延伸

图4 – 1 – 24　人工裂缝与水力裂缝相交模式示意图

成果3：建立层间暂堵和缝内转向封堵强度的计算方法，并编制相应程序，完成了研究区块典型的转向强度计算分析，并给出了工艺优化建议（图4-1-25）。

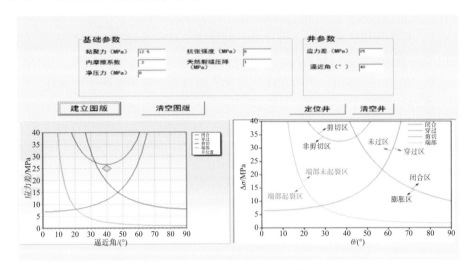

图4-1-25 缝内暂堵转向封堵强度计算程序界面

成果4：自主发明实验装置，针对不同缝宽，优化暂堵剂组合及浓度。

（1）2mm缝。推荐：纤维（1%）+1mm颗粒（1%）+0.4mm颗粒（0.2%）。

（2）4mm缝。推荐：纤维（2%）+3~4mm颗粒（1%）+1mm颗粒（1%）+0.4mm颗粒（1%）。

（3）6mm缝。推荐：纤维（2%）+6mm颗粒（0.8%）+3~4mm颗粒（0.25%）+1mm颗粒（1.5%）。

（4）8mm缝。增加6mm纤维和6mm小球浓度，不能达到有效封堵。

成果5：建立一套转向工艺参数优化算法，并开展实例井参数优化计算（图4-1-26）。

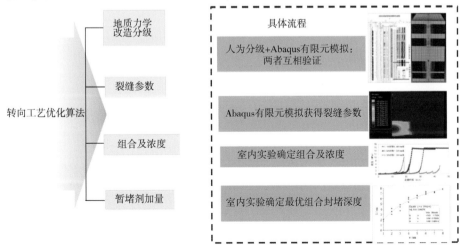

图4-1-26 暂堵转向优化工艺算法

3. 主要创新点

创新点1：建立层间暂堵与缝内转向封堵强度的计算方法，并编制相应程序。该方法可快速选井选层，指定暂堵转向施工方案。

创新点2：自主发明实验装置，可针对不同缝宽，优化暂堵剂组合及浓度。并可持续供液、模拟缝内暂堵以及高成压暂堵。实验方法得以创新。

创新点3：建立一套转向工艺参数优化算法，指导确定现场暂堵材料加量。

4. 推广价值

结合区块碳酸盐岩储层物性及室内实验研究，分别建立了层间暂堵分段（层）及缝内转向力学准则-封堵强度-材料优化算法，优化了不同地质条件下碳酸盐岩储层暂堵转向酸压施工参数、暂堵剂组合方式、浓度及用量，为碳酸盐岩储层暂堵转向酸压大规模推广应用奠定了理论基础。

八、高强度纤维复合暂堵剂实验评价

1. 技术背景

塔河油田重复酸压平均每年施工25～30井次，用液规模大，施工成本高，施工液体难以突破前次酸压改造范围沟通新的储集体。因此，有必要开展针对高效暂堵剂的评价与研究工作，提高暂堵转向造新缝的能力，降低液体滤失，提高液体效率，节约成本。

2. 技术成果

成果1：确定了主体纤维封堵材料的合理长度优选和现场加注浓度。

通过实验，确定了主体纤维封堵材料的合理长度为6～8mm，现场加注浓度不宜超过2%；建立了不同缝宽封堵规律的认识（图4-1-27）。

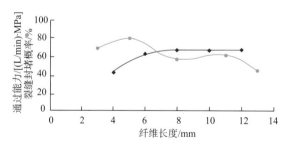

图4-1-27　纤维长度对通过炮眼能力及封堵1.5mm裂缝概率的影响

成果2：研究形成了针对不同缝宽的暂堵优选方案。

根据室内暂堵模拟实验结果与认识，结合经济性需求，形成不同缝宽时考虑经济性的优选方案。

（1）2mm缝宽暂堵方案：用纯纤维（2%）封堵，复合材料建议为纤维1.5%～2.0%+0.4mm球1.5%～2.0%（图4-1-28、图4-1-29）。

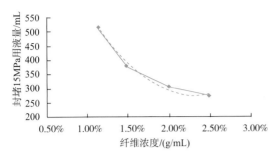

图 4－1－28 不同纤维加量与封堵
至 15MPa 时的用液量关系

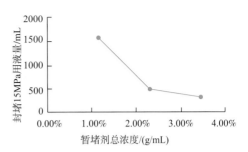

图 4－1－29 纤维 +0.4mm 球复合总浓度与
封堵 2mm 裂缝至 15MPa 用液量关系

（2）4mm 缝宽暂堵方案：纤维 2% +
0.4mm 球 0.5% ~0.75% +1mm 球 0.5% ~1%
+3 ~4mm 球 0 ~0.25% 的组合材料暂堵（图
4－1－30）。

根据极差大小可判断各因素对用液量的影
响强弱，极差越大表明该因素的变化对用液量
的影响越大，图中的表现为：曲线在纵向上跨
度较大。4mm 裂缝暂堵，对用液量影响从大到

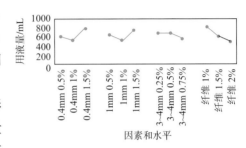

图 4－1－30 用液量与因素和水平的关系

小依次为：纤维 >0.4mm 球 >1mm 球 >3 ~4mm 球（图 4－1－31）。

（3）6mm 缝宽暂堵方案：纤维 2% +6mm 球 0.4% ~0.8% +1mm 球 0.25% ~0.5% +
3 ~4mm 球 0 ~0.25% 的组合材料（图 4－1－32）。

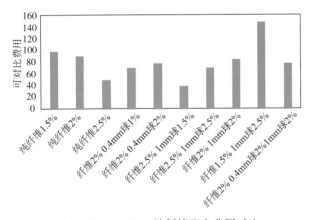

图 4－1－31 4mm 缝暂堵配方费用对比

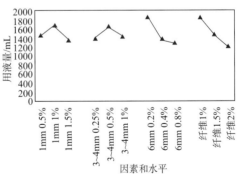

图 4－1－32 用液量与因素和水平的关系

成果 3：确定了单段暂堵剂的用量。

结合塔里木盆地碳酸盐岩储层转向酸压认识，单次转向暂堵剂用量控制在 1.0 ~1.2t；
储层发育差、厚度较小，无明显漏失时则降低暂堵剂用量；储层发育好、厚度较大，有漏
失时则增加暂堵剂用量。

3. 主要创新点

创新点 1：针对缝内暂堵实验，研发了暂堵模拟实验装置。装置可耐高压（15 ~ 35MPa），实现大排量泵注（50 ~ 150 mL/mim）。

创新点 2：针对不同缝宽（2mm、4mm、6mm）裂缝，采用纤维小球（颗粒）的复合暂堵进行大量室内实验研究，优化暂堵材料组合与浓度。

4. 推广价值

通过室内实验优化纤维颗粒复合暂堵材料的组合及浓度，形成了高效暂堵转向技术，该技术将大幅提高重复酸压及复杂地质条件下的酸压成功率并有利于控制成本，可将该技术推广至更多的碳酸盐岩酸压施工井，大幅提高酸压沟通概率，降低作业风险，提高改造率。预计在塔河主体区、顺北区块年应用 15 井次。

九、多级交替酸压工艺技术

1. 技术背景

随着开发的深入和区块外扩，塔河开发对象由主干断裂转向次级断裂带扩展，储层的发育程度逐渐变差，储层以裂缝型为主，油藏埋深逐渐变大，储层闭合应力高。目前的酸压工艺裂缝导流能力保持率仅 20% ~ 30%，致使流体向井筒流动能力变差，抑制油气向井筒流动，稳产时间较短。加砂复合酸压和多级交替注入工艺能提高裂缝长期导流能力，但超深井加砂风险大。通过实验获得多级交替注入实验、酸蚀裂缝导流能力实验获得导流能力影响因素及影响规律，分析酸液在裂缝中作用距离，在此基础上优选出多级交替注入工艺中合适的液体体系、注入工艺，优化注入级数、液体用量、施工参数。

2. 技术成果

成果 1：完成了酸压多级交替注入酸蚀裂缝导流能力影响因素评价分析，结果表明：在相同酸岩接触时间下，低闭合应力时，多级交替注入酸蚀裂缝导流能力与单级酸液注入时导流能力接近；在高闭合应力下，多级交替注入酸蚀裂缝导流能力比单级酸液注入时导流能力高 30% 以上（图 4 - 1 - 33、表 4 - 1 - 9）。

(a)酸蚀前   (b)酸蚀后   (c)导流后

图 4 - 1 - 33　实验前后岩板形态

表 4 – 1 – 9　胶凝酸 + 压裂液交替注入导流能力实验结果

组别	每级时间/min	胶凝酸级数	压裂液级数	岩板溶蚀量/g	短期导流能力/$\mu m^2 \cdot cm$　压力/MPa						
					15	30	45	60	75	90	100
1	30	3	3	48.45	519	229	91.5	32	15.6	10	8.8
2	30	3	3	44.96	467	213	85	29	14	8.9	5.8
3	30	3	3	46.97	503	220	89	30	15.3	9.6	7.4

成果 2：明确了目标储层高闭合应力下长期导流能力变化规律，结果表明：导流能力随时间下降明显，3 天内下降较快，而后下降变缓，7 天左右趋稳；70MPa 下，稳定导流能力不到初期导流能力的 20%，50MPa 下，稳定导流能力为初期导流能力的 30% 左右。长期导流能力中，胶凝酸 + 压裂液注入方式导流能力稍高。从长期导流能力角度，推荐胶凝酸 + 压裂液交替注入方式（图 4 – 1 – 34）。

成果 3：建立了酸压多级交替注入模拟模型，该模型具有的功能：考虑天然裂缝、渗透率非均匀分布下多级交替注入时酸液浓度分布、酸蚀裂缝导流能力分布、酸液作用距离。综合实验导流能力结果和数模预测酸液有效作用距离结果，考虑现场可操作性，推荐注入级数为 4 级或 6 级。推荐每级注入时间为 35min 左右（图 4 – 1 – 35、图 4 – 1 – 36）。

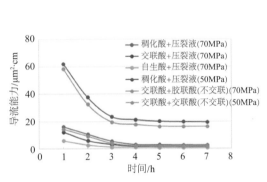

图 4 – 1 – 34　长期导流能力实验结果

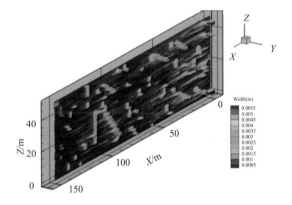

图 4 – 1 – 35　胶凝酸 + 压裂液多级交替
注入酸蚀裂缝形态图

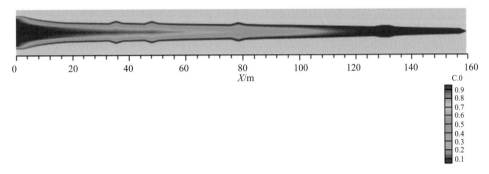

图 4 – 1 – 36　胶凝酸 + 压裂液多级交替注入酸浓度分布图

3. 主要创新点

创新点：建立了考虑天然裂缝影响、非均匀渗透率分布的酸压多级交替注入模型，模拟了多级交替注入中酸液浓度分布、导流能力分布、酸液作用距离，并与实验结果结合优选液体体系、优化注入级数、注入时间。

4. 推广价值

研究成果对深层高闭合应力碳酸盐岩储层酸压改造提高裂缝导流能力具有重要指导意义，为酸压设计提供了理论依据和优化方法，在塔河及其他地区深层碳酸盐岩储层酸压改造中具有推广价值。

十、白云岩油藏储层改造实验评价及工艺优化

1. 技术背景

顺南地区超深（大于6500m）、超高温（120~160℃）白云岩储层为新开发区块，由于岩性主要为白云岩，裂缝发育，白云岩成岩特征及成岩后变化不同于以往开发的灰岩储层，相应的储层改造工艺技术也有所差异。比如，酸岩反应规律、酸液滤失规律、酸蚀裂缝表面形状特征、导流能力变化规律等不同于灰岩储层，所需要的酸液体系及酸压工艺体系也有别于灰岩储层。超深、超高温白云岩酸压工艺没有成熟经验可借鉴，因此需要针对顺南地区白云岩进行酸压改造研究，通过实验研究、理论分析和数值模拟相结合的方法，开发出适合于该地区的酸压改造工艺技术体系，为顺南地区白云岩储层开发提供有力的技术支撑。

2. 技术成果

成果1：明确了白云岩酸岩反应特征，顺南白云岩矿物含量较纯，不利于形成粗糙酸蚀裂缝表面，增加酸岩接触时间，可通过增加粗糙度，来增加导流能力；白云岩表面反应速度比灰岩慢很多，但是，在中高温条件下，白云岩反应速度由传质速度控制，白云岩酸液驱替得到的酸液消耗速度比灰岩慢10%左右（表4-1-10、表4-1-11和图4-1-37）。

表4-1-10 实验前后岩板质量变化

序号	酸型	实验前岩板质量/g	实验前岩板质量/g	岩板质量变化/g
1	胶凝酸	685.677	657.232	28.445
2	胶凝酸	662.26	632.158	30.102
3	交联酸	636.262	615.214	21.048
4	交联酸	676.19	654.012	22.178
5	交联酸	661.482	640.214	21.268

表 4 - 1 - 11　酸液有效消耗时间和酸液有效作用距离

序号	传质系数/ (10^{-6}m/s)	酸液消耗速度/ $[10^{-5}\text{kmol/}(\text{m}^2\text{/s})]$	酸液有效 消耗时间 (t_e)/min	酸液 作用距离/m
1	2.77180	1.59473	24.05	96.2
2	2.93326	1.68763	22.73	90.92
3	2.05100	1.18003	32.50	130
4	2.16111	1.24338	30.85	123.4
5	2.07244	1.19236	32.17	128.68

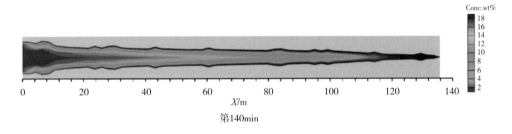

图 4 - 1 - 37　从井筒到裂缝尖端酸液浓度分布

成果2：明确了白云岩酸蚀裂缝导流能力影响因素及规律，建立了导流能力计算模型。典型的注酸条件下，酸蚀裂缝表面粗糙度 1.7~3mm，岩溶蚀量越大，粗糙度越大，要保证足够的酸岩接触时间，获得较大粗糙度；塔河白云岩矿物成分较纯，不易获得粗糙酸蚀裂缝表面，为提高导流能力，需要保证足够的酸岩接触时间（60min 以上）；杨氏模量较高，利于酸蚀裂缝表面在闭合应力下抗变形；温度对导流能力有明显影响，温度越高，反应速度越快，岩溶量越大，对应的导流能力越高；岩板长期裂缝导流能力在初期下降很快，3 天后下降变缓，5 天后导流能力趋于稳定，长期导流能力为初期导流能力的 30% 左右（图 4 - 1 - 38、表 4 - 1 - 12、图 4 - 1 - 39）。

导流能力计算模型：

$$k_f w = 14867 w_i^{1.1477} e^{-0.0733\sigma_c}$$

式中　$k_f w$——酸蚀裂缝导流能力，$\mu\text{m}^3 \cdot \text{cm}$；

w_i——酸蚀裂缝理想宽度，cm；

σ_c——闭合压力，MPa。

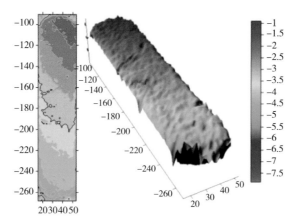

图 4 - 1 - 38　裂缝表面形态

表 4 - 1 - 12　不同酸岩接触时间岩板粗糙度

岩板编号	酸液类型	温度/℃	接触时间/min	岩溶量/g	粗糙度/mm	粗糙度平均值/mm
1 - 1	交联酸	160	30	10.44	1.923	1.775
1 - 2					1.627	
2 - 1	交联酸	160	50	21.04	2.673	2.673
2 - 2					2.446	
8 - 1	交联酸	160	70	32.45	3.032	3.032
8 - 2					3.126	
6 - 1	交联酸	160	70	31.77	2.918	2.918
6 - 2					3.155	
9 - 1	交联酸	160	70	30.95	2.878	2.878
9 - 2					2.854	

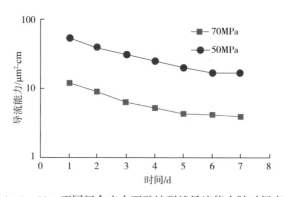

图 4 - 1 - 39　不同闭合应力下酸蚀裂缝导流能力随时间变化

　　成果3：完成了顺南白云岩油藏酸压改造工艺设计：多级交替注入 + 闭合酸化 + 暂堵转向均匀酸压改造工艺。

基质致密坚硬，压裂中难以开启，储层闭合应力高，较难获得较高导流能力，需要增加酸蚀裂缝导流能力储层为发育微裂缝的储层，储层改造主要通过激活、沟通天然裂缝联通储集体，形成体积改造。储层非均质性较强，需通过暂堵转向，实现储层均匀改造，增加裂缝网络覆盖体积，增加对天然裂缝的改造作用，同时降低入井液对天然裂缝的伤害。设计酸压改造工艺为：高温酸液多级交替注入＋闭合酸化＋暂堵转向均匀酸压改造工艺，不同注入阶段注入酸液类型不同，早期注入交联酸，中后期注入胶凝酸。

3. 主要创新点

针对深层、高温白云岩储层主要开展酸岩反应规律研究、储层特征研究、酸压改造工艺设计、参数优化和现场应用，创新点主要体现在白云岩酸压工艺优化方面，具体有两个方面创新：

创新点1：基于白云岩储层特征，设计了酸压改造工艺，优化了施工参数；通过实验和数模结合方法预测了可能的酸液作用距离。

创新点2：通过激光形貌仪获取酸蚀裂缝表面形态，分析酸蚀面特征，建立了酸液类型、酸岩接触时间、温度与酸蚀裂缝表面粗糙度间的关系，建立了导流能力计算模型。

4. 推广价值

研究成果对白云岩储层酸压改造具有指导意义，在顺南及其他地区白云岩储层酸压改造中具有推广价值。

十一、高速通道纤维悬砂复合酸压技术

1. 技术背景

随着开发的深入和区块的外扩，开发对象逐步转至次级断裂，裂缝性碳酸盐岩储层比例逐步增加，储集体类型以裂缝－溶蚀孔洞型为主，油藏埋深＞6500m，温度140℃上下，常规酸压酸液有效作用距离80～100m，改造长度有限，且裂缝远端酸液刻蚀作用较弱，在高有效闭合压力条件下（＞40MPa），裂缝长期导流能力下降较快。该类储层压后初期具有一定产能（20t/d），但随着裂缝进一步闭合，裂缝远端供液通道有限，产能和液面快速下降，稳产难度大，再次进行酸化，产能恢复一段时间，但维持的时间有限。前期尝试加砂复合酸压，具有一定改造效果，但连续加砂风险较大，导流能力仍略显不足，因此有必要探索纤维悬砂加砂复合酸压，增加有效改造距离，提高裂缝长期导流能力，延长稳产期。

2. 技术成果

成果1：优选及评价了塔河油田托甫台区高速通道纤维悬砂压裂材料体系，其中筛选的纤维耐温达300℃，优选纤维加量0.6%，纤维直径6mm，能满足不同pH值下的工作液体系，其中酸液体系对纤维的影响很小（图4－1－40、图4－1－41）。

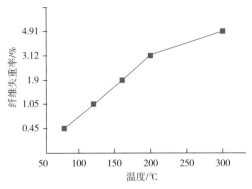

图 4 - 1 - 40　纤维的质量随温度的变化情况图

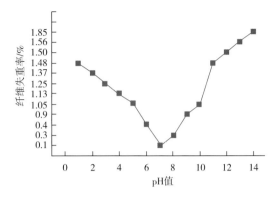

图 4 - 1 - 41　纤维的质量随 pH 值的变化情况图

成果 2：通过测试不同纤维加入、不同排量、不同支撑剂粒径下的支撑剂铺置实验测试，得出纤维加入比例为 0.6%，通道压裂施工排量为 4 ~ 5m³/min，支撑剂粒径对于支撑剂铺置影响不大，脉冲时间 60 ~ 90s，砂比在 10% 以上（图 4 - 1 - 42）。

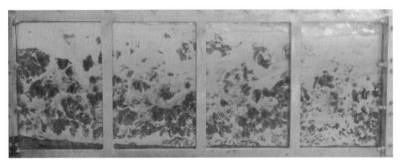

图 4 - 1 - 42　支撑剂团在裂缝的运移规律测试

成果 3：一方面，建立了支撑剂柱的应力 - 应变关系曲线，并评价了支撑柱的导流能力，通过导流能力实验测试，支撑剂柱的导流能力明显优于均匀铺砂；另一方面，通过酸压前后导流能力测试，支撑柱的导流能力明显优于均匀铺砂（图 4 - 1 - 43、图 4 - 1 - 44）。

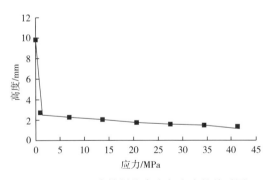

图 4 - 1 - 43　支撑剂柱高度与应力的关系图

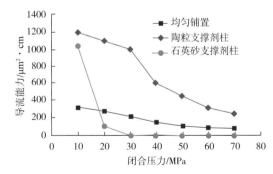

图 4 - 1 - 44　不同支撑剂铺置方式下导流能力

成果 4：建立了考虑储层、支撑柱力学性质的选井选层数模模型，利用该模型针对塔河油田托甫台区开展通道压裂适应性评价，通过评价适应性指数 Ratio 指数大于 220，适合通道压裂（图 4 - 1 - 45）。

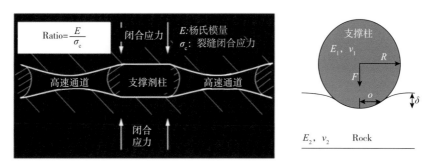

图 4 - 1 - 45　考虑储层、支撑柱力学性质的选井选层地质模型

成果 5：形成了"脉冲加砂 + 酸液 + 脉冲加砂 + 酸液 + … + 顶替液"多级交替注入的纤维悬砂高速通道复合酸压工艺，并优化了支撑缝长、酸蚀缝长、施工规模、加砂量等复合酸压工艺参数。

3. 主要创新点

创新点 1：创新形成了高速通道纤维悬砂用纤维材料技术，纤维耐温达 300℃。

创新点 2：建立了考虑储层、支撑柱力学性质的选井选层数模模型。

创新点 3：形成了高速通道纤维悬砂复合酸压工艺技术，优化了脉冲时间、裂缝参数、施工参数。

4. 推广价值

该技术可有效提高裂缝导流能力及裂缝缝长，可解决常规压裂或常规酸压有效缝长短、导流能力低等技术瓶颈，具有较大的推广价值。

十二、外围勘探井储层改造岩石力学及地应力实验评价

1. 技术背景

岩石力学参数和地应力场参数是储层改造设计、方案优化的重要依据。地应力场的方向决定了酸压人工裂缝的延伸方向，地应力大小和岩石力学参数共同刻画压裂裂缝延伸高度发展状态，是获得最终酸压导流能力的重要参数。塔中北坡、巴麦、玉北、天山南等外围区块的探井，井深 7000m 左右，缺乏前期参考资料，给酸压改造设计带来了很大的困难。因此，采用现有成熟的岩石力学实验设备和方法进行研究，对外围勘探井、评价井进行岩石力学参数及地应力测试，为储层改造方案提供基础参数。

2. 技术成果

成果 1：对 BT4CX、顺北 2 井、顺西 3 井、顺北评 2H 井岩心样品进行了岩石力学参数测试实验，BT4CX 井各样品强度参数与弹性参数对应关系好，样品间储层岩石弹性及强度参数非均质性强；顺北 2 井各样品强度参数与弹性参数没有明显的对应关系，与围压大小相关性差，反映出储层岩石内在强度参数与弹性参数之间关系复杂；顺西 3 井、顺北评

2H 井各样品弹性参数与抗压强度都随着围压增加而升高，压缩实验中，弹性参数、抗压参数以及抗拉强度波动范围大，反映出储层岩石学参数非均质性强（图 4-1-46）。

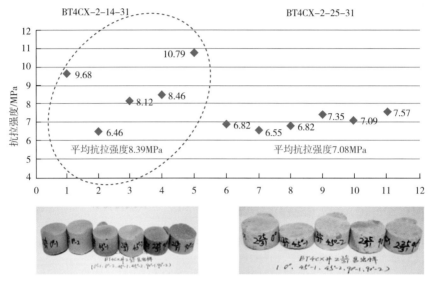

图 4-1-46　岩石力学参数实验

成果 2：对 BT4CX、顺北 2 井、顺西 3 井、顺北评 2H 井岩心样品进行了 kaiser 声发射测试实验，垂直地应力梯度 0.0224 ~ 0.025MPa/m，水平最大主应力梯度 0.021 ~ 0.023MPa/m，水平最小主应力梯度 0.017 ~ 0.019MPa/m，各井垂直地应力梯度 > 水平最大主应力梯度 > 水平最小主应力梯度（图 4-1-47）。

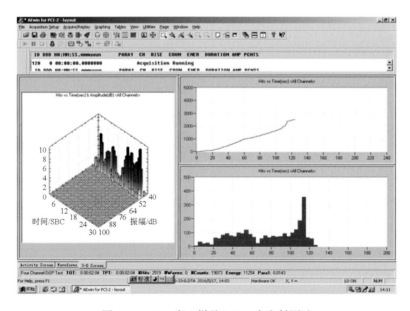

图 4-1-47　岩心样品 kaiser 声发射测试

成果3：对BT4CX、顺北2井、顺西3井、顺北评2H井岩心样品进行了岩心样品古地磁、波速各向异性测试，BT4CX井水平最小主应力方位处于NE（144.8°~158.76°），顺北2井最小主应力方位处于NE330.26°附近，顺西3井水平最小主应力方位处于NE25.8°附近，顺北评2H井水平最小主应力方位处于NE（157.46°~197.25°）之间（图4-1-48）。

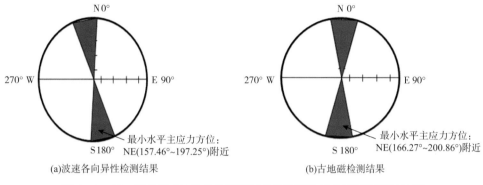

(a)波速各向异性检测结果　　　　　　　　(b)古地磁检测结果

图4-1-48　顺北评2H井古地磁测试与波速各向异性测试结果对比图

3. 主要创新点

创新点：采用测井数据，经室内实验数据拟合，计算出了顺北2井、顺西3井、顺北评2H井地应力剖面，两者误差0.04%~1.32%，可信度高。

4. 推广价值

对探区的岩石力学参数研究提供了重要参考，并为储层改造设计优化提供了重要依据。

第二节　液体材料体系研究

一、低浓度胍胶压裂液用交联剂合成及中试研究

1. 技术背景

常用压裂液体系存在胍胶使用浓度大，残渣含量高，高温性能不稳定，配方优化后成本进一步降低难等问题。在深入调研国内外压裂液用交联剂研究及应用现状的基础上，通过交联剂分子结构设计、合成影响因素分析及放大中试研究，形成可现场应用、具有独立知识产权的耐140℃低浓度压裂液交联剂工业化产品。并通过压裂液破乳剂、温度稳定剂、杀菌剂的优选，最终形成低浓度压裂液配方。

2. 技术成果

成果1：室内研发合成了多头交联螯合交联剂。

产品具有多交联点的特性，能与更少量胍胶交联形成三维空间网状结构，大幅降低胍胶使用浓度，降低储层伤害及成本（图4-2-1、图4-2-2）。

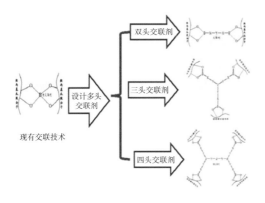
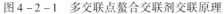

图 4 - 2 - 1　多交联点螯合交联剂交联原理　　　　图 4 - 2 - 2　合成交联剂外观

成果2：形成了点滴加入、控制搅拌和强行冷却生产工艺，成功生产交联剂2.8t。

生产中由于流体聚集规模大，热量释出较慢，对于反应热比较明显的产品，需要采用点滴加入泵进行分批次添加和控制搅拌、强行冷却降温系统，可防止合成反应温度过高（图4-2-3）。

图 4 - 2 - 3　交联剂放大生产反应釜及工艺

成果3：优选了破乳剂、杀菌剂等助剂，形成了0.35%胍胶加量低浓度压裂液。

具有延迟交联时间3~4min；140℃下，170s^{-1}剪切90min后黏度≥80mPa·s，破胶后黏度<10mPa·s，1h破乳率≥95%，残渣含量<500mg/L的特性（图4-2-4）。

图 4 - 2 - 4　低浓度压裂液基液及交联性能

图 4-2-5　技术人员现场生产工艺学习

成果4：完全掌握交联剂室内合成方法及现场生产工艺。

包括基本合成原理、原材料选择、生产工艺过程和安全注意事项，大幅提升相关技术人员综合素质，实现了成果全部吸收（图 4-2-5）。

3. 主要创新点

创新点：自主创新研发合成了低浓度压裂液交联剂及配套压裂液体系。

与常规压裂液体系相比，低浓度低伤害压裂液体系可大幅降低胍胶浓度（由 0.5% 降至 0.35%），降低储层伤害率（由 38% 降至 20%），大大提升高温稳定性，新体系成本 390 元/立方米，较压裂液定额（460 元/立方米）降本 15%。

4. 推广价值

研发的交联剂及配套低浓度压裂液可全部替代常规压裂液体系，预计在塔河主体碳酸盐岩区块年应用 60 井次，可实现年累计降本 168 万元。

二、低摩阻高相对密度耐高温压裂液技术

1. 技术背景

针对顺北储层改造用压裂液耐超高温性能差、降阻性能有限以及静液柱压力低，导致施工井口压力高、排量受限的问题，通过交联剂分子结构设计、合成影响因素分析，形成耐高温有机锆交联剂。优选稠化剂、温度稳定剂等辅剂，形成一套适用于顺北超深、高温次级断裂储层的低摩阻可加重耐高温压裂液体系，从而降低施工风险、提高顺北区块改造效果。

2. 技术成果

成果1：研发了耐高温、温控型机锆交联剂 ZJ-60。

在加量为 0.65%（质量分数）、酸性条件下可使稠化剂加量为 0.3%（质量分数）交联压裂液耐温 195℃。且交联剂合成工艺简单，原料经济且商业可得，有利于放大工业化生产（图 4-2-6、图 4-2-7）。

图 4-2-6　合成实验装置

图 4-2-7　有机锆交联剂 ZJ-60

成果 2：形成一套耐温达 195℃的不加重压裂液体系。由 0.3% 稠化剂 + 0.6% 交联剂组成，195℃、170s[-1] 条件下剪切 90min，黏度仍能保持在 100mPa·s 左右，具有耐超高温性能好的特性（图 4 - 2 - 8、图 4 - 2 - 9）。

图 4 - 2 - 8 HAAKE MARS Ⅲ 流变仪

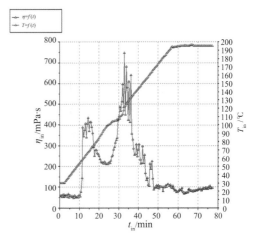

图 4 - 2 - 9 195℃流变曲线

成果 3：形成一套耐温达 180℃的低摩阻、高相对密度、耐高温压裂液体系。

由 0.5% 稠化剂 + 0.65% 交联剂 + 20% 氯化钾加重剂组成，具有耐温 180℃、液体密度 1.1g/cm³，60~70℃快速交联（延迟交联性能好）、降阻率 >60% 的特点，可大幅降低地面的施工泵压，各项性能满足顺北改造要求（图 4 - 2 - 10）。

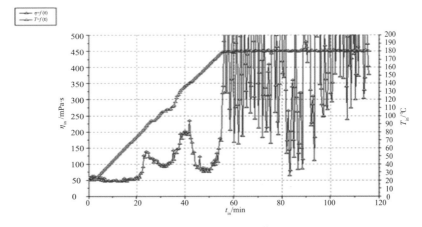

图 4 - 2 - 10 180℃流变曲线

3. 主要创新点

创新点 1：形成一套适用于超深储层的低摩阻、高相对密度、耐高温压裂液体系。

该压裂液 60~70℃交联成胶、降阻率 ≥60%，具有低摩阻特性。与常规压裂液相同稠化剂用量情况下（0.5%），将该压裂液体系耐温从 140℃提高到 180℃，密度从 1.0 g/cm³ 加重到 1.1g/cm³，大幅提高了液体造缝能力。

创新点2：创新合成了一种有机锆交联剂 ZJ－60。

改进了目前市售硼交联剂的不耐高温的缺陷，使得压裂液达到了适合高温深井（≥180℃）的高水平。生产工艺简单、合成原料成本低，批量生产无任何技术难题。

4. 推广价值

研发的低摩阻、高相对密度、耐高温压裂液体系可满足顺北区块等埋藏超深、温度超高储层的压裂改造。测算液体单方成本为570元/立方米，较同类型Ⅳ－1型压裂液（160~180℃）定额790元/立方米成本低，具有较高的推广价值。

三、低摩阻低成本重复酸压压裂液研究

1. 技术背景

远距离靶向酸压技术是深层碳酸盐储层改造的重要技术，随着国际油价持续走低，该技术在应用过程中存在压裂液摩阻大、成本高的问题，限制了其推广应用，为此研究开发摩阻小、成本低的压裂液体系，以保证靶向酸压的有效性和经济性，具有重要的现实意义。

2. 技术成果

成果1：以提高分子间交联密度和交联强度为主要思路，通过单剂优选，形成耐温性好、成本低的压裂液体系。

（1）稠化剂优选。

三种增稠剂产品性能相差不大，但 SRG－1 临界交叠浓度、临界缠结浓度、临界交联浓度更低，分子量更高，宜作为低摩阻、低成本压裂液的增稠剂（图4－2－11）。

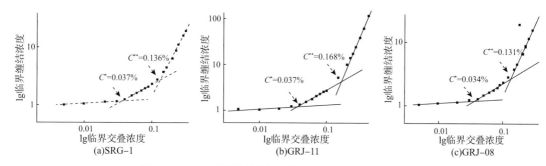

图4－2－11　增稠剂的临界交叠浓度和临界缠结浓度

（2）交联剂优选。

有机硼交联剂 TB－1 可以通过调整基液 pH 值来调整交联时间，体系交联时间为1~3min，乳液交联剂 HTC－E 是通过乳化强度调整交联时间，体系交联时间为1~8min，在增稠剂浓度为0.45%时，两种交联剂在140℃、$170s^{-1}$条件下剪切2h后表观黏度均大于100mPa·s。从降低成本角度考虑，优先选择有机硼交联剂 TB－1（图4－2－12）。

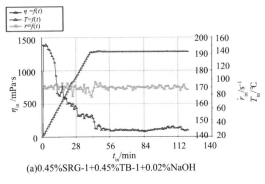
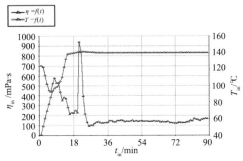

(a)0.45%SRG-1+0.45%TB-1+0.02%NaOH   (b)0.45%SRG-1+0.5%HTC-E+0.5% HTC-S+0.2%Na₂CO₃

图 4-2-12　耐温耐剪切曲线

（3）压裂液体系综合性能测试。

压裂液体系破胶时间小于 1.5h，破胶液表面张力小于 28mN/m，残渣 257mg/L，120℃条件下滤失系数为 $1.7 \times 10^{-5} m/min^{\frac{1}{2}}$，对岩心渗透率伤害约 20%，完全满足压裂施工要求。

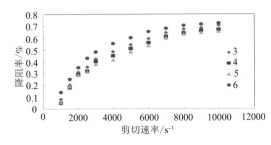

图 4-2-13　压裂液体系降阻率曲线

（4）压裂液体系成本测算。

对比某区块压裂液费用，使用常规胍胶压裂液体系单价为 396 元/立方米，低成本压裂液单价为 316 元/立方米，低成本压裂液体系成本降低 20.2%。

成果 2：开展压裂液体系摩阻性能测试，形成低摩阻低成本压裂液体系（图 4-2-13）。

随着交联比增加，体系降阻率略有降低；随着基液 pH 值增加，体系降阻率明显增加。基液 pH 值从 9.5 增加到 12 后，交联时间从 40s 增加到 180s，正是由于交联时间的延长导致体系摩阻降低。因此，通过降阻率实验形成了调整基液 pH 值可以调整压裂液体系降阻率的主要认识。

3. 主要创新点

创新点 1：形成低摩阻、低成本压裂液体系，成本较常规压裂液成本降低 20%。体系中增稠剂浓度为 0.45%，140℃、$170s^{-1}$ 条件下剪切 2h，黏度 ≥ 100mPa·s，残渣含量 257mg/L，对岩心渗透率伤害约 20%。

创新点 2：调整基液 pH 值可以调整压裂液体系降阻率，压裂液体系降阻率大于 70%。

4. 推广价值

低摩阻、低成本重复酸压压裂液具有成本低、耐温性好、伤害小、摩阻低等特点，可广泛应用于深井压裂、酸压等储层改造措施中，具有较好的推广应用前景。

四、超深超高温白云岩深穿透酸液体系

1. 技术背景

顺南地区超深、超高温白云岩油藏储层，由于岩性不同于以往开发的灰岩储层，且酸岩反应规律、酸液滤失规律不同于灰岩储层，酸压中对酸液体系的要求也不同，由于在顺南地区酸压白云岩所用酸液体系没有成熟经验可借鉴，因此需要进行相关研发。通过调研、理论分析，筛选耐高温的聚合物结构，优化支链结构，合成耐温、增黏性能良好的聚合物；通过流变实验，评价聚合物增黏性能、高温条件下稳定性能、耐剪切性能，基于黏度要求优化聚合物加量。再通过配伍性实验、流变实验，优选添加剂类型，优化加量。优化出适合顺南高温白云岩储层酸压改造的酸液体系。

2. 技术成果

成果1：研发了基于四种单体聚丙烯酰胺（PAM）、2-丙烯酰胺-甲基丙磺酸（AMPS）、乙烯基吡咯烷酮、丙烯酸（2:2:1:0.12）的高温酸液稠化剂，具有耐温160℃、溶胀时间低于30min、基液黏度30mPa·s以下性能（图4-2-14、图4-2-15）。

图4-2-14　四元共聚物结构式　　　　图4-2-15　最优条件下合成的稠化剂

成果2：研发了基于离子键交联的酸液体系有机锆交联剂，具有耐温160℃、交联时间3~5min性能（图4-2-16、图4-2-17）。

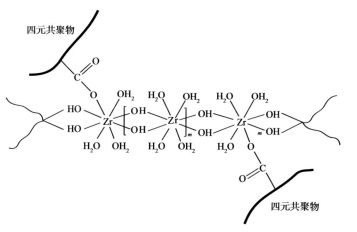

图4-2-16　多核羟桥络离子与羧基形成配位键而产生交联　图4-2-17　最优条件下合成的交联剂

成果3：优化形成耐温160℃的地面交联酸液体系：x%盐酸+1%稠化剂LHZ-1+0.45%助溶剂+0.6%缓蚀剂BSF-PP+1%铁离子稳定剂FRK-TW6+1.2%助排剂FRK-ZP2+2%黏土稳定剂HL-4+1%交联主剂LJL+1%交联辅剂LJL-1+0.2%破胶剂（0.1%乙二胺四乙酸EDTA+0.1%胶囊破胶剂），160℃条件下稳定剪切黏度约100mPa·s。新型酸液体系氢离子扩散系数为$7.11709 \times 10^{-6} cm^2/s$，160℃时，在典型施工条件下，酸液在裂缝中消耗时间约32min（图4-2-18、图4-2-19）。

(a)交联酸基液   (b)交联后   (c)微观照片

图4-2-18 交联酸基液、交联后、微观照片

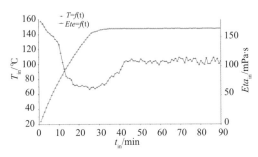

图4-2-19 交联酸（1%稠化剂+1%交联主剂+1%交联辅剂）160℃，$170s^{-1}$下的剪切曲线

3. 主要创新点

创新点：新型酸液稠化剂、交联剂，其耐温达到160℃，综合性能达到酸液现场施工要求。

4. 推广价值

耐高温酸液体系满足了顺南高温碳酸盐岩储层酸液对酸液体系的要求，在塔河及其他地区高温深层碳酸盐岩储层酸压改造中具有推广价值。

五、高温地下起泡深穿透酸实验评价技术

1. 技术背景

针对塔河地区储层埋藏深，温度高，导致酸岩反应速度快，酸液有效作用距离短的问题，提出利用泡沫酸深穿透酸液体系实现碳酸盐岩非均质储层的深穿透酸压工艺。通过室

内实验和理论研究，预期能形成一种耐温150℃，在地下能够发泡的泡沫酸体系。

2. 技术成果

成果1：通过起泡效果和稳泡效果的综合分析，优选出两种起泡剂，分别是浓度为0.9% SDS 和浓度为0.9% FRC－1；从稳泡剂在酸液中的起泡能力和稳泡效果优选出的稳泡剂为0.3%的 CNC（图4－2－20）。

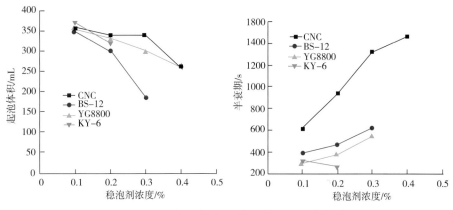

图4－2－20　稳泡剂浓度与起泡体积和半衰期关系

成果2：纳米粒子能大幅度提高泡沫酸体系的稳定性。优选出纳米粒子的最适宜浓度为1.5%（图4－2－21）。

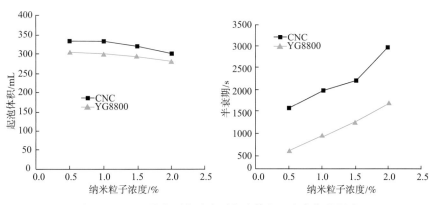

图4－2－21　纳米颗粒浓度对起泡体积和半衰期的影响

成果3：形成了20% HCl +助排剂0.5% +铁离子稳定剂1% +1%破乳剂 +缓蚀剂1% +0.9%起泡剂 FRC－1 +0.3%稠化剂 CNC，具有耐温150℃，矿化度 $> 10 \times 10^4$ mg/L（图4－2－22、图4－2－23）。

成果4：在低闭合应力下，胶凝酸酸岩反应速率快，酸蚀裂缝导流能力高，在高闭合应力（60MPa）下，三种酸液酸蚀裂缝导流能力接近，因此泡沫酸可获得与其他酸液体系相近的改造效果（图4－2－24）。

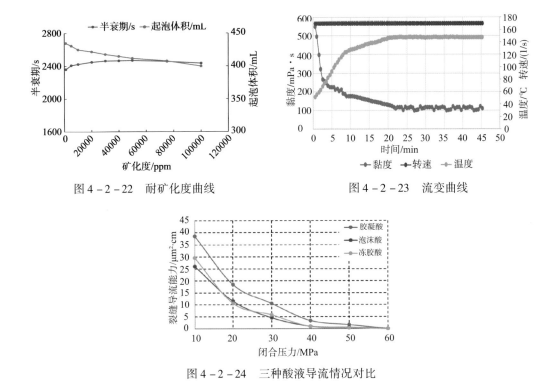

图 4-2-22　耐矿化度曲线　　　　　　　图 4-2-23　流变曲线

图 4-2-24　三种酸液导流情况对比

3. 主要创新点

创新点 1：形成了一种耐温 150℃，耐盐超过 10×10^4 mg/L，具有良好起泡性能和稳泡性能的地下起泡酸液体系，该体系酸岩反应速率较慢，能够实现深穿透性能。

创新点 2：通过实验及理论计算，以泡沫酸的最佳使用气液比为基础，得到了增泡液和泡沫酸使用比例应大于 1:1.7，推荐施工作业方式为增泡液和泡沫酸交替注入。

4. 推广价值

成果为碳酸盐岩储层深穿透酸压技术提供了一种新的思路和液体体系，特别是在高温高压的储层条件下，利用地下起泡的特性在储层中实现均匀布酸有利于酸压改造效果。

第三节　酸压工艺

一、暂堵重复酸压关键技术

1. 技术背景

重复酸压存在滤失严重、液体效率低、水力裂缝扩展受限等问题，导致酸压措施有效率低。通过酸压过程中井周局部应力场模拟研究和滤失特征模拟研究，形成不同天然裂缝条件下，缝周新缝起裂、转向延伸等的力学及工程条件，明确不同缝洞条件下酸压滤失规律，达到动用非主力方向剩余油的目的。

2. 技术成果

成果1：基于 ABAQUS 软件渗流应力耦合模块，构建了考虑单一人工裂缝、天然裂缝、单洞、人工裂缝 + 天然裂缝、人工裂缝 + 溶洞及人工裂缝 + 天然裂缝 + 溶洞的数值模型，模拟了不同地质工程参数及生产条件下局部应力场变化情况，揭示了复杂条件下应力场变化规律，为重复酸压方案制定提供有力指导（图 4 - 3 - 1）。

应力差/MPa	最大集中应力/MPa	最大主应力方向
5	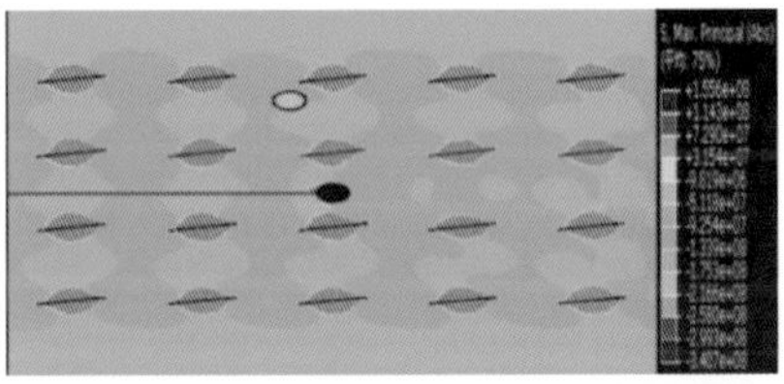	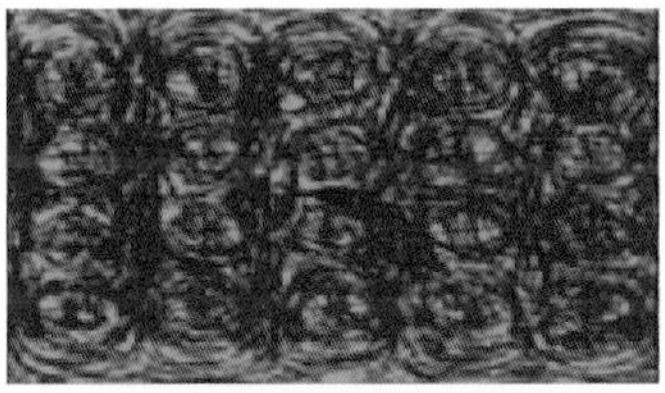
15	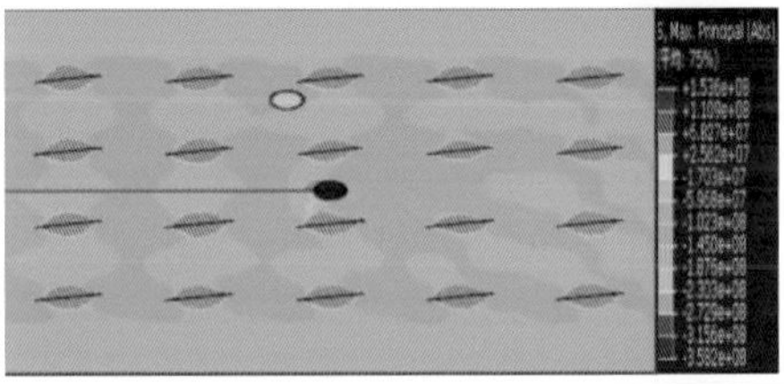	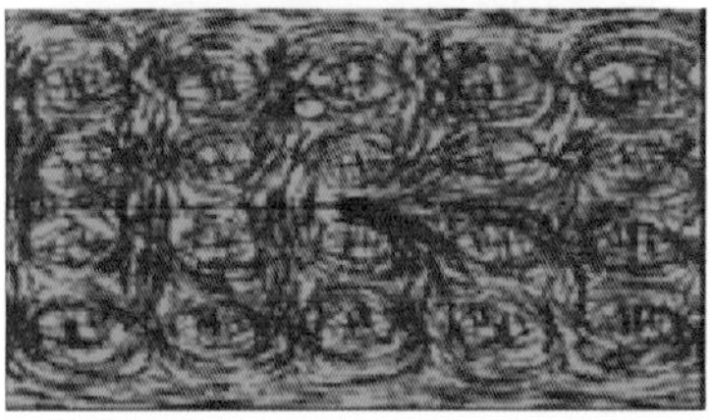
25	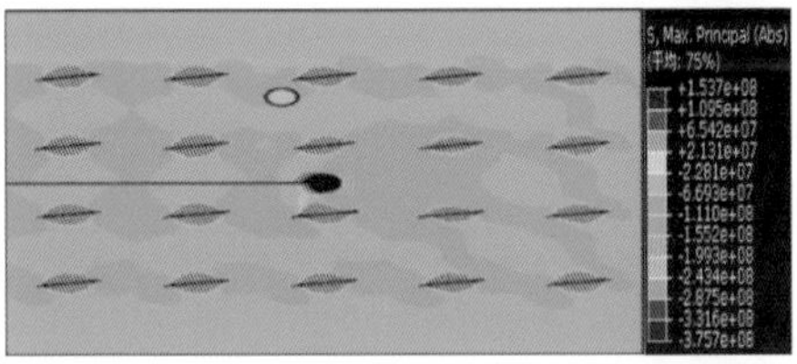	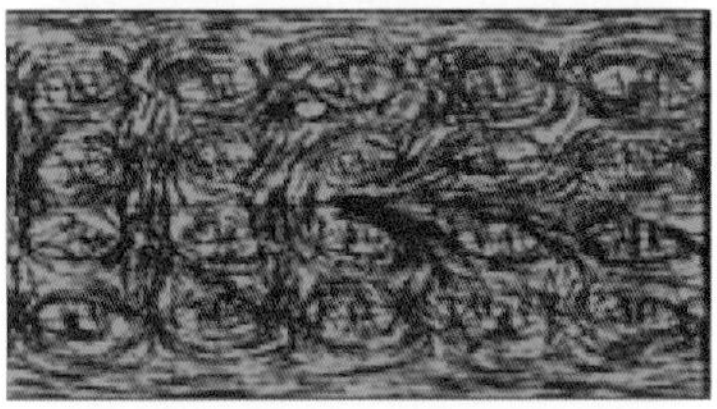
25	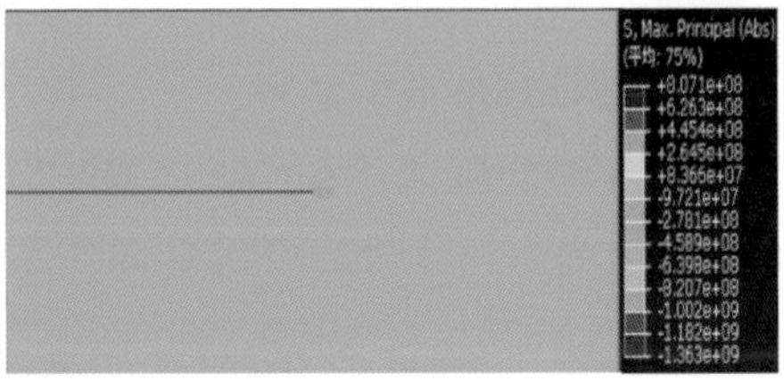	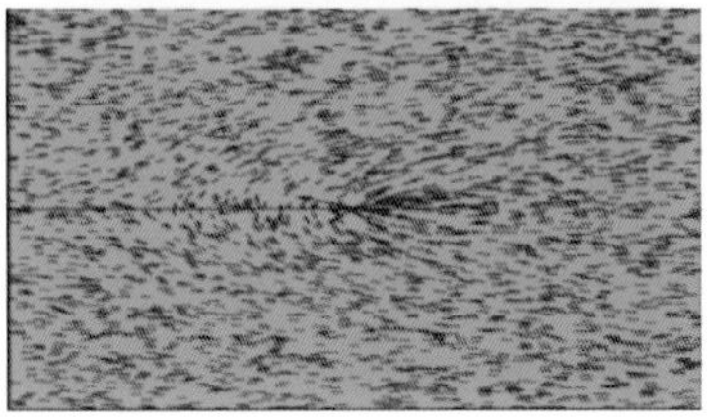

图 4 - 3 - 1　人工裂缝 + 天然裂缝 + 溶洞模型在不同应力差下地应力模拟结果

成果2：基于均质及强非均质储层应力场变化特征，建立转向半径模型，评价不同地质工程条件下裂缝转向力学及工程条件，同时结合不同暂堵剂封堵承压能力，提出了针对性的转向工艺。

（1）井周天然裂缝不发育情况：

①储集体偏离最大主应力方向距离 <20m，选纤维或纤维 + 颗粒组合暂堵。

②储集体偏离最大主应力方向距离 >20m，所需较高净压力，选液体转向剂。

（2）井周天然裂缝发育情况：

要实现较远距离转向，所需净压力均较高，推荐液体转向剂，具体用量由地质条件决定。

成果 3：建立了一套考虑酸液流经裂缝 – 蚓孔 – 基质滤失模型，模拟了不同地质工程参数下酸液滤失速度变化，揭示复杂介质下酸液滤失机理，明确了裂缝性质、流体性质及施工参数等对酸液滤失影响程度及变化规律，并结合不同类型降滤剂降滤能力大小，提出了针对性的降滤措施。

（1）酸液滤失规律：

①裂缝孔隙性碳酸盐岩储层，裂缝是酸液滤失的主要场所，酸液向基质渗滤速度较裂缝中小 2 个数量级，且滤失的时间比裂缝更短，小于 10min 内。

②双重介质裂缝渗透率增加，滤失速度增幅较大，滤失速度在 5 ~ 10m/min 数量级，较大裂缝小 1 ~ 2 个数量级。

③降低微裂缝滤失是提高酸压效果的关键。

④酸液黏度增加，裂缝系统初期滤失速度及滤失量均大幅降低；黏度由 20mPa·s 升至 200mPa·s，滤失速度和滤失量降幅均达到 50%，采用黏度 100mPa·s 以上的酸液施工可大幅度提高酸化施工效率。

⑤地层压力降低（缝内外压差增加），裂缝系统滤失速度及滤失量均增加，压力降低 20MPa，滤失量增幅可达 1 倍；低压井重复酸压应先注水补压，恢复地层能量，再酸压施工效率会大幅增加。

⑥基质孔隙度越大，裂缝系统滤失速度及滤失量均显著增加（进入基质孔隙酸量增大，溶蚀效果也相对越好），基孔大于 3%，应该采取降滤酸压措施。

（2）控制滤失措施分析：

①对于孔隙碳酸盐岩储层，稠化酸就能够控制酸液的滤失；

②对于裂缝性碳酸盐岩储层，可采用化学微粒降滤，粒径与缝宽匹配关系以 1/3 ~ 1/2 为宜，颗粒浓度 6% 架桥性最佳，封堵降滤能力好；此外，纤维转向体系能够更为有效地解决 1mm 缝宽酸液过度滤失问题。

3. 主要创新点

创新点 1：建立了考虑缝洞、初始裂缝等影响的地应力场模型，明确了重复酸压缝内转向力学条件。

创新点 2：构建了缝洞性油藏油酸两相流渗滤模型，明确了不同类型储层的酸压滤失特征。

创新点 3：优选一套高效的暂堵、转向材料。

4. 推广价值

根据不同缝洞条件下酸压滤失规律，结合暂堵剂封堵承压实验结果，优选出满足不同储层条件的转向工艺，可广泛应用于酸压作业，为动用非主力方向剩余油、提高油藏采收率提供了有力保障。

二、暂堵分段酸压工艺优化技术

1. 技术背景

塔河外围区块全井段笼统酸压改造效果相比主体区大幅降低，工具分段酸压主要存在费用高、后期治理困难等问题，开展无工具暂堵分段酸压技术研究与应用来提高单井产能。针对前期暂堵分段酸压选井及设计方法不够明确，暂堵剂加注设备存在加注不均匀漂浮冒顶的现象，开展暂堵酸压工艺优化和现场应用研究，提高暂堵分段酸压改造的针对性和成功性。

2. 技术成果

成果1：研发了一种聚酯类耐温120℃的暂堵剂。

暂堵剂在20%HCl、120℃中2h溶解率为3.3%（小于40%的指标要求）；8~12h可完全降解，满足现场使用需求。并可按照需求做成不同尺寸、粒径的暂堵材料（图4-3-2、图4-3-3）。

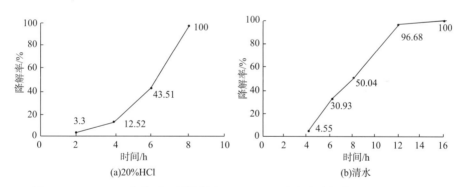

图4-3-2 120℃条件下，暂堵剂在20%HCl及清水中降解率随时间变化曲线

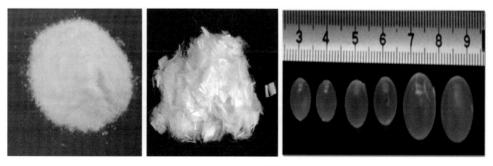

图4-3-3 不同形状、不同粒径的暂堵材料

成果2：优化出交联压裂液作为暂堵剂的携带液。

采用暂堵纤维2%＋1mm暂堵球1%的暂堵剂，对4mm缝宽进行压裂液基液和交联压裂液暂堵实验，结果显示，交联压裂液作为携带液效果更优，能在缝口进行有效暂堵（图4-3-4）。

(a)基液　　　　　　　　　　　　(b)交联压裂液

图4-3-4　基液及交联压裂液对4mm缝宽暂堵情况

成果3：确定5MPa、10MPa及15MPa围压下最优暂堵剂加注浓度，推荐单段暂堵剂用量为1～1.2t。

通过三种不同围压下，对于4mm缝宽，5MPa及10MPa围压下推荐组合为暂堵纤维2%＋1mm暂堵球0.5%，15MPa下推荐暂堵纤维1%＋0.25%暂堵球；地层闭合压力越大，越容易暂堵，且暂堵剂使用浓度越低。结合塔里木油田经验，单段暂堵剂用量1～1.2t较合适。

成果4：形成了地质工程一体化分段方法及单段差异化设计方法。

通过计算井眼应力剖面，寻找低应力点，结合井眼方位确定工程分段数，再根据测录井综合优选甜点，确定最终分段数（图4-3-5）。

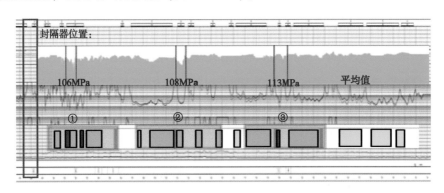

图4-3-5　地质工程一体化分段方法示例

根据优选甜点处储集体与井眼距离，确定每段所需缝长，应力最低段为改造第一段，以此类推，采用PT模拟确定每一段施工规模（图4-3-6）。

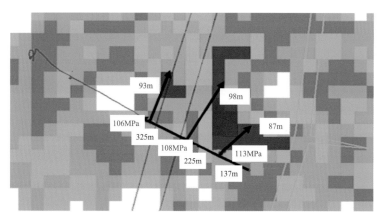

图 4 - 3 - 6　甜点附近有利储集体展布确定每段缝长示例

成果 5：研发出鼓风机和预混合装置两套暂堵剂加注设备。

鼓风机加注时分散均匀，可满足 30kg/min 以下低排量、低黏度、低浓度加入需求。但其加入量低，加入过程中受液面影响大，容易出现跑冒现象。预混合装置加注时暂堵剂分散均匀，加入量大（80kg/min），流量控制精准，有效解决了鼓风机设备量大卡泵、跑冒引起的安全环保问题，可满足现场不同排量、不同液性、不同浓度随时调整的要求（图 4 - 3 - 7）。

(a)鼓风机加注设备

(b)预混合加注设备

图 4 - 3 - 7　鼓风机加注设备和预混合加注设备

3. 主要创新点

创新点 1：创新研发了一种聚酯类耐温耐酸的暂堵剂，与常规的水溶性暂堵剂相比，耐温提高 30℃（由 90℃ 提高至 120℃），且耐酸能力大幅提高，在 20% HCl、120℃ 中 2h 溶解率小于 40%，常规的暂堵剂几乎完全溶解。

创新点 2：研发了一套暂堵剂预混合加注设备，与前期的加注设备相比，加量可提升 1 倍（由 40kg/min 提高至 80kg/min），能满足现场不同排量、不同液性、不同浓度随时调整的要求，并且加注更均匀，解决纤维团漂浮跑冒引起的安全环保问题。

4. 推广价值

研发的耐温120℃聚酯类暂堵剂，可满足塔河现场暂堵分段酸压改造使用需求，并配套形成了暂堵剂加注设备，形成的碳酸盐岩储层暂堵分段酸压工艺技术，按分3段计算，单井比工具分段酸压技术可节约费用156万元，可广泛应用在超深储层直井分层改造和水平井分段改造中。

三、裂缝型碳酸盐岩油藏复杂缝体积酸压工艺技术

1. 技术背景

开发区块外扩至外围新区，对象由主干断裂转向次级断裂，储集体发育的尺度变小，传统酸压储集体沟通率逐步下降，稳产期变短（由438天下降至218天）。为了增大侧翼方向的沟通范围，探索研究复杂缝体积酸压工艺，将线性沟通转变为网状沟通，增加沟通概率，提升单井产能。通过酸压复杂缝形成条件、选井评层方法、体积酸压用液体体系及其组合、体积酸压工艺及设计优化技术、体积酸压压后评价技术研究，初步形成裂缝型碳酸盐岩油藏复杂缝体积酸压工艺技术，达到增加沟通概率，提高单井产能的目的。

2. 技术成果

成果1：明确复杂缝酸压可行性，塔河碳酸盐岩油藏天然裂缝和水力裂缝低－中等角度相交，储层逼近角（0°～45°），主断裂裂缝密度2.71，脆性指数（65.7），应力差10.1～31.1MPa，裂缝发育储层具备复杂缝形成条件。

成果2：建立了人工裂缝与天然裂缝交互扩展的流固耦合模型，获得了形成复杂缝的临界条件。水平应力差＞20MPa、逼近角≥60°的储层不适宜进行复杂缝网酸压；黏度越高，越有利于天然裂缝张开；酸损伤有利于天然裂缝张开；排量≥6m³/min时，天然裂缝可张开（图4－3－8）。

成果3：明确了4类酸压裂缝沟通储层模式，提出了不同模式判别指标。统计分析表明，施工压力降幅10MPa、20MPa，停泵压力降幅5MPa可作为阈值，该压力与储集体地质显示、钻井过程中放空漏失情况、酸压后生产特征相结合，判断酸压井储集体沟通情况（图4－3－9）。

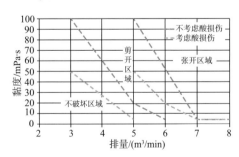

图4－3－8　天然裂缝破坏条件包络线（30°逼近角－15MPa应力差）

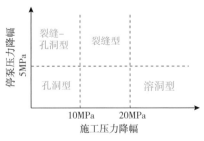

图4－3－9　酸压沟通压力区间示意图

成果4：优化形成复杂缝酸压裂缝参数与工艺参数。模拟优化酸压裂缝长度140m，导流能力35μm²·cm；实验优化注酸排量7m³/min、注酸时间70min（图4-3-10、图4-3-11）。

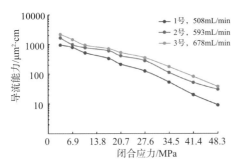 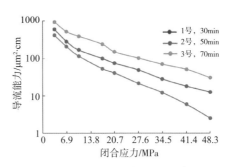

图4-3-10 酸蚀裂缝导流能力随闭合压力的变化　图4-3-11 酸蚀裂缝导流能力随闭合压力的变化

成果5：形成了裂缝复杂程度的评价方法。G函数拟合评价快速，无需成本，推荐G函数曲线作为多裂缝特征分析方法，微地震监测结果与G函数分析方法结果一致，证明该方法准确性较高（图4-3-12、图4-3-13）。

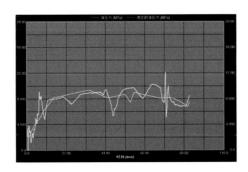 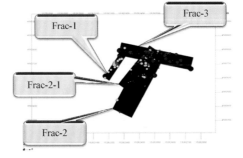

图4-3-12 S72-17井净压力拟合结果　　图4-3-13 S72-17井微地震监测结果

3. 主要创新点

创新点1：建立了人工裂缝与天然裂缝交互扩展的流固耦合模型，获得了形成复杂缝的临界条件。

创新点2：提出复杂程度率概念，建立天然裂缝等效地质模型。

4. 推广价值

塔河裂缝型碳酸盐岩油藏约占全区总面积的66%，储量巨大，复杂缝体积酸压有助于实现该类储层的有效动用，极大地提升增产效果，应用潜力巨大，在其他裂缝型碳酸盐岩储层中也具有广泛的推广前景。

四、塔中北坡裂缝型碳酸岩储层体积改造工艺技术

1. 技术背景

顺南区块具有超深、超高温、高压特点，裂缝发育，同时部分井钻井过程中存在严重

漏失。主要存在常规酸压工艺改造效果较差，试采过程中均表现为压力、产液快速下降特征，稳产难度较大等问题。将天然裂缝描述与水力裂缝延伸相结合描述酸压裂缝延伸模式，开展高温高压岩石力学参数室内实验为酸压设计提供技术参数依据；评价天然裂缝对压后产能的影响，明确高闭合应力下提高导流能力的方法，复杂裂缝体积改造工艺技术。

2. 技术成果

成果 1：顺南地区裂缝平均密度为 2.55，裂缝平均长度为 1.92/m，裂缝平均宽度为 3.91×10^{-3} cm，裂缝平均孔隙度为 4.52×10^{-5}，裂缝发育以细微裂缝为主，裂缝产状以中 – 高角度裂缝为主，裂缝倾向以南南东、北北西倾为主。

成果 2：建立了基质 – 天然裂缝 – 人工裂缝气井产量数学模型，当天然裂缝渗透率从 $0.2 \times 10^{-3} \mu m^2$ 增加到 $1.0 \times 10^{-3} \mu m^2$ 和 $2.0 \times 10^{-3} \mu m^2$，则气井产量增加幅度大约为 28% 和 50%。显然，天然裂缝渗透率对产量有较大影响（图 4 – 3 – 14、图 4 – 3 – 15）。

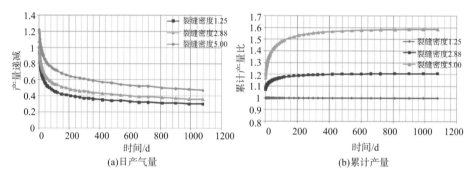

图 4 – 3 – 14　天然裂缝密度对日产气量、累计产量的影响

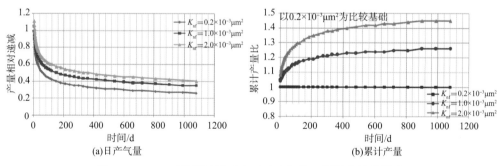

图 4 – 3 – 15　天然裂缝渗透率对日产气量、累计产量的影响

成果 3：顺南地区岩石弹性模量平均 50Pa，岩石泊松比平均 0.2942；抗压强度平均 245.4MPa。弹性模量随深度增加逐渐增大，抗压强度随深度增加逐渐减小，泊松比随深度增加逐渐减小。应力分布规律为：最小水平主应力 < 最大水平主应力 < 垂向应力（图 4 – 3 – 16）。

成果 4：酸压裂缝与天然裂缝相交后以穿越为主，人工裂缝复杂程度低。对于应力差异系数较小（<0.2）的地层中天然裂缝剪切破坏逼近角有显著影响；对于应力差异系数

较大（＞0.2）的地层中天然裂缝剪切破坏逼近角影响甚微（图4－3－17）。

图4－3－16　纵、横波速实验测试关系图

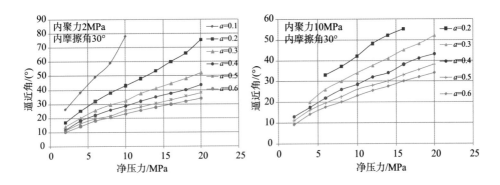

图4－3－17　净压力对不同应力差异系数储层最大破裂逼近角的影响

成果5：顺南地区难以形成剪切网络裂缝，推荐采用主缝＋复杂缝酸压技术，减阻水＋酸液交替注入以强化形成复杂裂缝。优选降阻率大于60%，黏度10mPa·s的滑溜水、耐温180℃压裂液和耐温160℃交联酸和高温胶凝酸，设计复杂缝规模1000m³。

3. 主要创新点

创新点：首次明确提出了在超深井进行主缝＋复杂缝酸压增产的技术思路，并提出了采用滑溜水＋酸液强化裂缝复杂程度的具体技术手段，相比传统页岩气体积压裂更适合顺南超深井特点。

4. 推广价值

研究成果可直接用于顺北次级断裂带超深井酸压增产改造，且对塔里木盆地超深裂缝型油气藏酸压具有重要借鉴意义。

五、水平井分段改造产能监测技术

1. 技术背景

针对碳酸盐岩储层长裸眼段水平井分段酸压技术实际分段数与产能贡献评价难的问

题，在深入调研国内外水平井分段改造产能监测技术的基础上，优选出能直观认识分段压裂井产出剖面的示踪剂产能监测技术，形成一套利用示踪剂评价水平井各级裂缝产能贡献的测量方法，并进行现场试验，获得各压裂段产能贡献的直观认识，为压裂效果评价提供参考依据。

2. 技术成果

成果1：优选出示踪剂产能监测方法作为塔河油田缝洞型碳酸盐储层水平井分段压裂改造产能监测技术。

水平井分段压裂改造产能监测三种方法：

（1）水平井生产测井：是油田现场常用产能监测技术。

（2）水平井产能预测：建立分段压裂水平井近井地带及远井油藏渗流模型和水平井产能预测模型。

（3）示踪剂产能监测技术：嵌入到分段压裂工艺当中，通过检测产出液中不同油性/水性示踪剂浓度变化，直观认识各压裂段产能贡献。最终优选出示踪剂产能监测方法，具体见表4-3-1。

表4-3-1　塔河油田分段压裂水平井产能监测技术适应性分析

监测方法	目　　的	适应性分析
水平井生产测井	1. 测量水平井各井段流体性质及流速； 2. 水平井产油产水位置及其产量； 3. 综合评价水平井各井段产油产水贡献	1. 塔河油田水平井多为裸眼酸化完钻，受井深、井下工具复杂等因素影响测井仪器下入困难； 2. 目前没有能够准确给出水平井某一截面分流量的测井系列； 3. 原油高黏度，低流量，流量仪易糊死
水平井产能预测	1. 建立分段压裂井产能预测模型； 2. 预测各压裂段产油产水贡献	1. 缝洞型碳酸盐储层的流动模型研究尚不成熟； 2. 微地震监测储层改造体积监测存在一定程度误差
示踪剂产能监测	定性定量各压裂段产油产水贡献	1. 直观认识各压裂段产油产水贡献； 2. 对示踪剂性能要求高

成果2：筛选出耐高温150℃溶水、油两类清洁示踪剂体系。

进行了大量室内实验：①示踪剂耐温耐酸性良好：实验温度150℃、20%盐酸条件下，放置48h，无沉淀产生，检测浓度数据基本无变化（>99%），表明高温酸性环境条件下稳定性良好；②吸附性能良好：常温与温度150℃两种条件下，试剂与地层基本不吸附，吸附率均小于1%；③与压裂液配伍性能良好：表观上压裂液无沉淀，140℃流变性能与空白样差别不大；④与暂堵剂配伍性能良好：与暂堵用纤维吸附率均小于0.01%；⑤环保检测安全：无放射性，清洁无毒，安全环保（图4-3-18）。

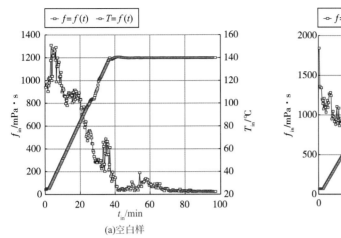
(a)空白样

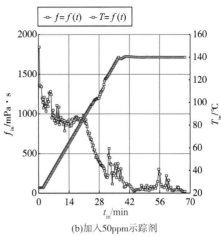
(b)加入50ppm示踪剂

图 4 – 3 – 18　示踪剂与压裂液配伍流变实验评价

成果 3：形成水平井分段产能监测示踪剂加注参数设计。

形成示踪剂加注参数：①示踪剂浓度、用量设计优化：以 500m³ 液量计算，推荐用量示踪剂 50L，示踪剂推荐浓度为 50ppm。②示踪剂加注时机、注入速度：水性示踪剂压裂过程中全程加入；油性示踪剂只需随酸开始注入，酸液注入完成；注入排量随施工注入排量优化。③现场加注工艺：油剂加注设备与压裂车低压管汇相连，水剂加注设备与供液车液添装置相连。④返排采集及分析方法：水样在压裂液返排开始取样 30 天，油样在生产开始后进行连续取样 30 天，通过分析示踪剂在返排液中的浓度变化，据此判断各级产出情况。

示踪剂现场施工浓度

$$C_W' = A_W / (V_W \cdot Q_W) \qquad A_W = C_W \cdot V_{WP}$$

$$C_O' = A_O / (V_O \cdot Q_O) \qquad A_O = C_O \cdot V_{OP}$$

式中　C_W'——压裂施工水性示踪剂配液浓度，ppm；

$\quad\quad V_W$——压裂液注入量，m³；

$\quad\quad Q_W$——水性示踪剂有效浓度，%；

$\quad\quad C_O'$——压裂施工油性示踪剂配液浓度，ppm；

$\quad\quad V_O$——酸液注入量，m³；

$\quad\quad Q_O$——油性示踪剂有效浓度，%。

示踪剂注入速度：

$$V_W = C_W' \cdot V$$

$$V_O = C_O' \cdot V$$

式中　V_W——水性示踪剂加入排量，L／min；

$\quad\quad V_O$——油性示踪剂加入排量，L／min；

$\quad\quad V$——压裂施工排量，m³／min。

成果 4：现场试验 1 井，有效率 100%。

示踪剂产能监测技术现场试验顺利完成，直观认识各压裂段产油产水情况，根据采样检测结果判定分段压裂有效。

3. 主要创新点

创新点：创新形成示踪剂定性定量评价分段压裂改造效果的评价方法。

通过分析示踪剂在返排液中的浓度变化，据此判断各级压裂段产出情况，并绘制示踪剂产出特征曲线；对示踪剂的产出峰值形态、产出曲线进行定性、定量分析。

4. 推广价值

西北油田超深碳酸盐岩长裸眼侧钻井、顺北油田及低品位油藏储量巨大，是油气战略开发的重要接替阵地，需要水平井多目标分段改造动用提高单井开发效益，但目前还缺少有效的产能评价技术为高效开发保驾护航，以便油藏后期开发提供优化完善依据。因此，水平井分段产能监测技术具有较好的推广应用前景。

第四节　水力压裂工艺

一、低渗透碎屑岩油藏薄层压裂技术

1. 技术背景

塔河石炭系卡拉沙依组碎屑岩油藏垂向层数多，横向变化快，前期仅少数井进行过笼统压裂，缺乏多薄层碎屑岩储层分层压裂改造经验和技术；特别是笼统压裂无法通过多层砂体的整体动用提高改造效果，导致单井产能降低速度快，地质采收率低（15.2%）；同时，现有压裂液无法满足石炭系低渗储层低伤害压裂的需求。

2. 技术成果

成果 1：明确了石炭系部分储层工程地质特征，储层纵向上表现为目的层相邻水层、单套薄油层以及多套油层三种类型；石炭系储层闭合应力梯度在 0.0146 ~ 0.0157MPa/m；延伸压力梯度约为 0.021MPa/m，储隔层应力差为 4.6 ~ 5.5MPa。

成果 2：通过室内实验评价两套适合石炭系低伤害压裂液体系（胍胶压裂液伤害率 18.2%、聚合物压裂液伤害率 18.36%）（表 4 - 4 - 1）。

表 4-4-1　低伤害压裂液体系综合性能指标

序号	成果		行业指标	0.45%胍胶	聚合物压裂液
1	表观黏度/mPa·s	0.25% HPG	65.5~67.5	30~100	34.5
		0.30% HPG			45.0
		0.35% HPG			57.0
2	pH 值			11~12	7
3	交联时间（80℃）/min	稠化剂浓度 0.25% 100:0.5	1~5	1.25~1.67	4.5~5.0
		稠化剂浓度 0.30% 100:0.5			4.0~4.5
		稠化剂浓度 0.35% 100:0.5			4.0~4.5
4	耐温耐剪切性能	120℃、0.35% HPG/mPa·s	>50	390	60
5	破胶性能	破胶时间（90℃）/min	≤720	25~40	25~210
		破胶液黏度/mPa·s	8h, ≤5.0	2.5	3.1~4.8
		破胶液表面张力/(mN/m)	≤28.0	25.8~26.9	19.61~20.59
6	配伍性	压裂液破胶液滤液与模拟地层水按 1:1、2:1、3:1 的体积比混合，室温环境下分别静置 0.5h、2h、24h		复配液体均无沉淀、分层现象	
7	残渣含量/(mg/L)	0.04% APS 破胶	≤600	373	87
		0.04% 专用破胶剂破胶			95
8	压裂液滤液对岩心基质渗透率损害/%			18.20	18.36

　　成果 3：优化形成石炭系各类储层施工参数，参数优化模拟参考的具体参数如下（图 4-4-1、表 4-4-2）。

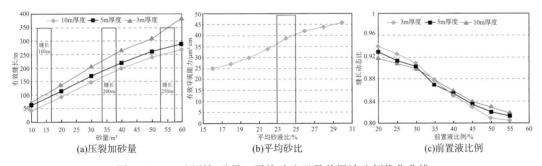

(a)压裂加砂量　　(b)平均砂比　　(c)前置液比例

图 4-4-1　压裂加砂量、平均砂比以及前置液比例优化曲线

表 4-4-2　不同储层厚度施工参数优化结果

油层厚度/m	有效缝长/m	前置液比例/%	加砂规模/m³	入地液量/m³	平均砂厚/m
3	100	30~40	15	100	23~25
5	200	30~40	35	230	23~25
10	250	30~40	55	370	23~25

成果4：在一定施工参数条件下，临界隔层厚度曲线将储隔层条件划分为两个区域，其中区域Ⅰ目的层压裂改造无法有效兼顾相邻油层，即无法实施穿层合压工艺，方案优选采用机械分段。而区域Ⅱ目的层压裂改造能够有效兼顾相邻油层，即目的层与兼顾层在压裂改造过程中能够同时有效改造，方案优选穿层合压工艺（图4-4-2）。

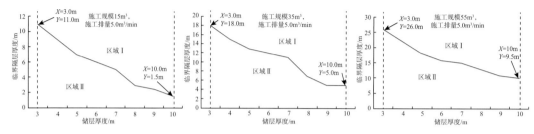

图4-4-2　不同加砂规模条件下储隔层临界图版

成果5：尽量加大排液速度，减小储层污染以及避免支撑剂过多沉降，同时避免出砂，根据储层厚度选择强制闭合或自然闭合模式（表4-4-3）。

表4-4-3　石炭系不同储层条件下直井压后排液制度

储层厚度/m	加砂规模/m³	停泵压力/MPa	闭合应力梯度/（MPa/m）	储层滤失系数/（10^{-3}m/min$^{1/2}$）	排液制度	
					井口压力/MPa	油嘴/mm
3	15	40	0.0157	1.776	>37	5
					28～37	6
					15～28	7
					0～15	10 或敞防
5	35		0.0150		>35	6
					25～35	7
					15～25	8
					0～15	10 或敞防
10	55		0.0146		自然闭合模式	

3. 主要创新点

创新点1：优化形成石炭系卡拉沙依组低伤害胍胶和聚合物压裂液体系，与行业指标相比，残渣含量较低（胍胶残渣含量373mg/L，聚合物残渣含量87～95mg/L），对储层基质伤害（岩心伤害率18.2%～18.36%）。

创新点2：优化形成石炭系卡拉沙依组不同储层厚度裂缝缝高判别模板，对压裂设计参数优化以及压裂工艺优选提供帮助。

4. 推广价值

石炭系储层薄层压裂技术以储层地质特征为基础，依据建立的缝高判别模板，形成针对不同储隔层特征的压裂设计参数和工艺，同时优化出适合储层特征的低伤害压裂液体系。缝高判别模板对于压裂设计方案的优化具有良好的指导性，而压裂液体系具有高温储层耐温、耐剪切、低残渣、低伤害的特点，能够满足致密储层压裂改造和储层改造需要，不仅适合于西北油田石炭系卡拉沙依组储层，而且在进行国内外多薄层油气藏压裂改造以及高温储层压裂改造时，研究形成的缝高判别模板和压裂液体系均可以借鉴和推广，具有广阔的推广应用前景。

二、塔河油田碎屑岩油藏储层改造保护技术

1. 技术背景

随着碎屑岩领域勘探开发力度增大，外围（BT4、胡杨1）均取得了较好试油效果。塔河碎屑岩油藏具有层系多、储层条件差异大、高孔渗储层易污染等特点。前期仅针对部分探井进行过单井储层敏感性评价，未对碎屑岩主要层系储层伤害情况、保护机理和常用低伤害压裂液性能进行系统评价。为有效支撑碎屑岩油藏勘探开发，并合理优化压裂设计，需要进行储层保护及低伤害压裂液优选技术研究。通过对塔河碎屑岩主要层系进行岩石基础物性测试分析、岩石矿物孔隙结构分析、储层岩心敏感性实验、压裂液体系伤害实验以及后续压裂液性能评价实验等研究，以分析储层特征、评价储层敏感性、研究储层伤害机理、筛选适应于该储层的压裂液体系。

2. 技术成果

成果1：塔河碎屑岩主要层系储层特征分析，东河塘组岩石以碎屑岩为主，岩石颗粒以细 – 中粒结构为主，总体碎屑占到岩石的 70% ~ 80%。矿物成分以石英为主，含量高，通常占到 90% 左右；见少量方解石、长石、云母等矿物；黏土含量只占 1%；平均渗透率 $0.78 \times 10^{-3} \mu m^2$，平均孔隙度 5.91%（图 4 – 4 – 3 ~ 图 4 – 3 – 6）。

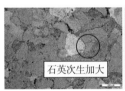

图 4 – 4 – 3　薄片鉴定图

图 4 – 4 – 4　电镜扫描图

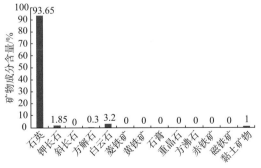

图 4 – 4 – 5　X 衍射全岩分析结果

图 4 – 4 – 6　能谱分析图

成果2：塔河碎屑岩主要层系储层敏感性伤害评价：①速敏中偏弱；②水敏程度难以判断，可能存在微粒运移现象；③无酸敏；④强碱敏；⑤应力敏感性极强（图4-4-7~图4-4-10）。

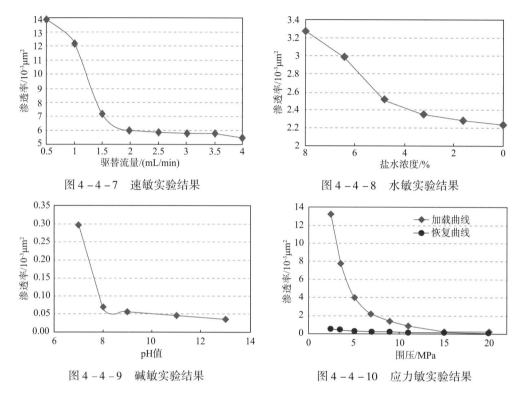

图4-4-7　速敏实验结果　　　　　图4-4-8　水敏实验结果

图4-4-9　碱敏实验结果　　　　　图4-4-10　应力敏实验结果

成果3：低伤害压裂液体系优选评价，对11种压裂液体系进行了伤害评价，江汉体系可作为塔河油田碎屑岩储层低伤害压裂液（图4-4-11、图4-4-12）。

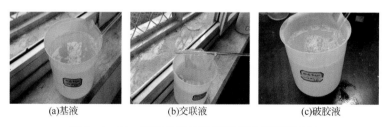

(a)基液　　　　　　　　(b)交联液　　　　　　　　(c)破胶液

图4-4-11　江汉油田体系交联前后及破胶后图

图4-4-12　离心后压裂液体系

3. 主要创新点

创新点：使用劈裂岩心进行敏感性实验。按照行业标准使用基质岩心进行实验时，流量过小，测试结果不准确。使用劈裂岩心进行敏感性实验，有效解决了流动性过低带来的实验难题。

4. 推广价值

明确了泥盆系东河塘组的储层特征及敏感性，优选了与储层配伍且性能良好的压裂液，可以为塔河油田增储上产活动提供有力支撑。创新点为使用劈裂岩心进行敏感性实验可以在油田储层敏感性评价中进行推广，解决行业标准有时不适用的问题。

三、超深碎屑岩储层改造技术可行性论证

1. 技术背景

塔河油田碎屑岩储层改造主要存在以下问题：

（1）老井方面，凝析气藏水锁伤害和反凝析伤害使产能大幅下降。

（2）石炭系等多薄层剩余潜力较大，但常规改造技术难以有效动用。

（3）底水碎屑岩水平井高含水，采出程度低，剩余油潜力较大，难以经济动用。针对以上问题开展技术咨询，有针对性地提出下一步新工艺试验建议。

2. 取得认识

认识1：针对塔河超深致密碎屑岩油藏储层埋藏深、闭合压力高特征，推荐耐温120 ~ 140℃的常规胍胶压裂液体系和高温清洁压裂液体系、耐压86MPa的高强度陶粒作为支撑剂，选择使用可钻桥塞分段多簇体积压裂工艺技术（图4 - 4 - 13）。

认识2：针对塔河油田低渗凝析气藏属于强水敏、高温深层致密砂岩储层，建议在储层水锁及反凝析伤害分析基础上，试验大段塞前置 CO_2 + 水基加砂压裂工艺（图4 - 4 - 14）。

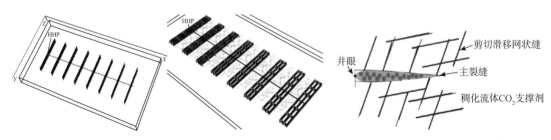

图4 - 4 - 13　常规多簇压裂与多簇缝网压裂示意图　　　　图4 - 4 - 14　CO_2压裂裂缝示意图

认识3：针对单一薄层建议采用人工隔层 + 变排量 + 变黏压裂液综合控缝高技术，针对薄互层主要采用大排量体积压裂，有效穿透隔夹层。

3. 下步建议

针对塔河油田低渗凝析气藏的强水敏高温深层致密砂岩储层，LPG 压裂以及二氧化碳干法压裂技术对储层几乎无伤害，适用于"低孔渗、低压、水敏性储层"，但对压裂设备及配套技术要求较高，且加砂量较少，建议进一步开展试验论证。

第五节　储层改造新工艺探索

一、剪切增稠液研究现状及分段酸压用暂堵剂技术

1. 技术背景

塔河现用纤维类暂堵剂主要存在暂堵强度低、费用高的问题，已严重制约了该工艺的推广应用。剪切增稠液在高速剪切下增稠，吸收75%能量，十分有利于分段酸压暂堵，通过技术咨询，掌握剪切增稠液国内外研究现状及应用情况，论证剪切增稠液在塔河油田分段酸压用暂堵剂可行性，为直井分层酸压、水平井分段酸压等提供一种新的耐高温、高强度暂堵剂。

2. 取得认识

认识1：流体剪切增稠原理关键是液体中"粒子簇"结构的形成。

其增稠原理为：液体中的颗粒在高剪切速率下，受剪切黏性作用力以克服阻力，从而相互团簇，形成"粒子簇"结构，使得黏性增强，触发剪切增稠效应。增黏后的体系黏度可达 10^3Pa·s，强度类似固体（图4-5-1）。

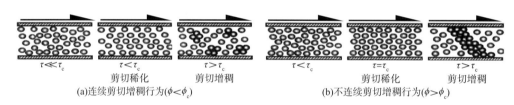

(a)连续剪切增稠行为($\phi < \phi_c$)　　　　(b)不连续剪切增稠行为($\phi > \phi_c$)

图4-5-1　剪切增稠液"粒子簇"形成过程

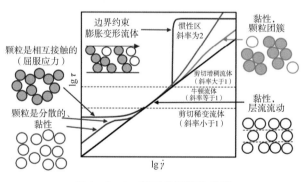

图4-5-2　剪切增稠流体分类

认识2：明确了暂堵分段用剪切增稠液类型为非连续性剪切增稠液。

这种增稠液黏度随着剪切速率非连续性上升，当达到临界剪切速率，体系迅速由液态变为类固态，满足暂堵材料性能要求（图4-5-2）。

认识3：明确了温度和纳米颗粒浓度是剪切增稠体系高温增稠性能两大关键因素，并且对临界剪切速率和黏度呈相反影响。

足够大的分散相浓度是剪切增稠的必要条件，浓度越大，越有利于产生剪切增稠；温度上升十分不利于剪切增稠，温度的升高导致变稀的程度加剧，黏度下降程度加大，文献

至今未到80℃以上增稠现象（图4-5-3、图4-5-4）。

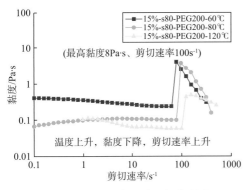

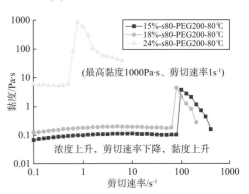

图4-5-3 温度对增稠性能影响   图4-5-4 颗粒浓度对增稠性能影响

认识4：通过实验初步形成了耐温100℃、120℃二氧化硅/聚乙二醇剪切增稠体系（图4-5-5、图4-5-6），主要存在：

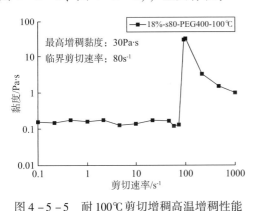

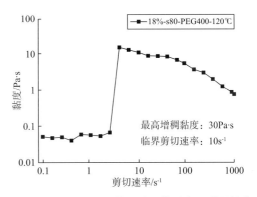

图4-5-5 耐100℃剪切增稠高温增稠性能   图4-5-6 耐120℃剪切增稠体系高温增稠性能

（1）高温最大增稠黏度小30Pa·s（要求≥100Pa·s），暂堵性能差。

（2）无法满足140℃高温增稠要求，耐高温性能差。

（3）120℃体系临界剪切速率低$10s^{-1}$（要求$80 \sim 100s^{-1}$），井筒内增稠注入困难。

3. 下步建议

建议1：针对高温剪切增稠液存在的问题，开展大量纳米颗粒浓度、片状石墨烯等固体外加剂等实验研究，增大温度140℃增稠黏度和延长临界剪切速率。

建议2：针对高温下剪切增稠难度大的问题，开展pH、高温等其他条件下实现液体增稠可行性研究，多思维研发增稠暂堵材料。

二、压裂液用耐高温表面活性剂减阻技术

1. 技术背景

高温、超深井储层改造中常用聚丙烯酰胺类压裂液降阻剂主要存在高速剪切下，分子链易被剪断，减阻能力大幅降低的问题。表面活性剂在高剪切速率下减阻率可达70%，降

阻性能好，但存在耐温低（60℃）问题。通过技术咨询，掌握表面活性剂类降阻剂最高降阻性能和耐温能力，论证在塔河油田超深高温井中应用可行性，为新型降阻剂材料的研发及应用提供理论支撑。

2. 取得认识

认识1：完成了减阻机理调研，明确了湍流脉动抑制理论可行性更高。

其机理概括为：在流动剪切应力作用下，减阻剂分子相互交错形成空间立体网状结构，使溶液具有黏弹性流体性质，抑制流体的湍流状态，表现出减阻效应（图4-5-7）。

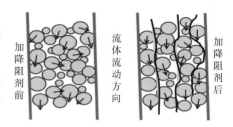

图4-5-7 湍流脉动抑制说降阻原理

认识2：表面活性剂类型、减阻剂浓度和管柱剪切速率是减阻剂性能的关键影响因素。

调研表明，高分子聚合物以及表面活性剂类减阻剂减阻性能优于胍胶类减阻剂；随着减阻剂浓度增大，减阻效果越好；流体流速越快，管柱中剪切速率越大，减阻性能越低（图4-5-8～图4-5-10）。

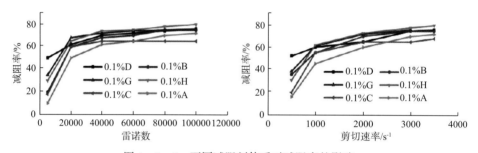

图4-5-8 不同减阻剂体系对减阻率的影响

A—非离子聚丙烯酰胺；B—阴离子聚丙烯酰胺；C—速溶胍胶；

D—阳离子聚丙烯酰胺；G—阴离子表面活性剂；H—弱阴离子两性聚丙烯酰胺

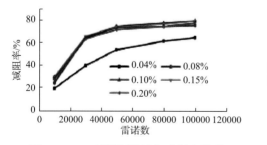

图4-5-9 减阻剂浓度与减阻率关系

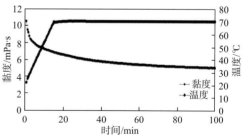

图4-5-10 剪切速率对降阻率的影响

认识3：根据表面活性剂缠绕成团及抗剪切特性，理论上论证了表面活性剂减阻剂具有作为压裂液减阻剂的可行性。

调研表明，表面活性剂流动作用下可形成有序网状结构、网状黏弹结构，吸收小尺度涡结构耗散能量并在高剪切层中释放能量，减少了流体动能耗散，从而达到减阻效果。并且，表面活性剂具备剪切恢复性，因此具有作为压裂液减阻剂可行性（图4-5-11）。

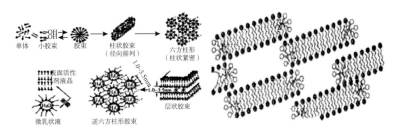

图 4 - 5 - 11　表面活性减阻剂结构转化图

认识4：采用表面活性剂与聚合物复配优化的方法，可得到耐140℃、耐抗剪切以及低摩阻的减阻剂。

调研表明：车莹等研发了阳离子聚合物与阴离子表面活性剂组合（HAS - 2）两种复配体系具有耐温140℃和较好的耐剪切性能。

3. 下步建议

针对单一类型表面活性剂的减阻剂体系性能有限、成本较高的问题，建议开展表面活性剂 + 聚合物复配降阻评价实验，优选出耐高温、低成本高效降阻剂。

三、无砂自支撑液体体系可行性论证

1. 技术背景

支撑剂是裂缝获得导流能力的关键材料，由于井深和支撑剂密度较大等问题，传统压裂过程中的砂量、砂比、排量等往往受到限制，在高滤失储层和缝洞发育储层易发生砂堵风险，且有效支撑裂缝短，导致压裂效果不理想。无砂自支撑压裂技术能提供足够高导流能力的同时，还能改变传统压裂工艺流程，简化压裂施工设备，解决压裂砂堵、裂缝填砂距离短等问题。目前，无砂自支撑液体体系未见应用，液体材料在地层温度下如何实现有效固化，形成高强度的、有效的分散支撑体需要对此进行调研，并通过简单实验进行可行性支撑，论证其在塔河油田应用的可行性。

2. 取得认识

认识1：认识到无砂自支撑压裂技术以原位自支撑压裂和相变压裂为主（表4 - 5 - 1、表4 - 5 - 2）。

表 4 - 5 - 1　无砂自支撑压裂液体系组成

组　成	相变液体	非相变液体
原位自支撑压裂液体系	原油、酒精、脂肪酸等有机溶剂	盐水、海水或油等有机溶剂
相变压裂液体系	超分子构筑单元：三聚氰胺、三烯丙基异氰脲酸酯； 超分子功能单元：乙酸乙酯、丙烯腈或其混合物； 活性剂：十二烷基苯磺酸钠、十六烷基三甲基溴化铵； 无机盐：磷酸钠、氯化钙、氯化镁； 氧化剂：双氧水、过硫酸铵或重铬酸钠； 助溶剂：聚乙二醇、聚乙烯吡咯烷酮或其混合物； 溶剂：甲苯、邻二甲苯、间二甲苯或对二甲苯	原油、酒精、脂肪酸等有机溶剂

表4-5-2 无砂自支撑压裂液性能参数

参 数	相变条件		液体性能		固体性能			
	相变温度/℃	相变时间/min	黏度/mPa·s	圆球度	粒径/mm	密度/(g/cm³)	耐压强度/MPa	导流能力/μm²·cm
原位自支撑压裂液体系	65	15~240	40	0.8	1~10	体: 0.68 视: 1.05	96	—
相变压裂液体系	60~120	20~300	45	0.9	0.2~0.8	体: 0.65 视: 1.05	96	14.5 (60MPa)

认识2：提出了无砂自支撑压裂相变材料选择、压裂液性能控制、压裂液分布特征和地层温度场模拟4项关键技术。

相变材料的选择倾向于高温热致小分子有机凝胶；压裂液性能控制包括相变条件控制和液固性能控制；压裂液分布特征决定固体形态和铺砂方式；地层温度场模拟指导施工设计（表4-5-3、图4-5-12和图4-5-13）。

表4-5-3 无砂自支撑压裂液性能参数

分类方法	类 别		性 质	相变条件	相变过程	可否用作相变液体相变材料
	具体类别	典型代表				
溶剂类型	有机凝胶	高分子水凝胶	体积相变	温度、溶液组成、pH、电场、光强	同一状态	×
	水凝胶					
分子质量	小分子凝胶	小分子有机凝胶	热响应性	温度为主	高温热致	溶胶-凝胶-固体	√
	高分子凝胶				低温冷致	凝胶-溶胶-固体	×

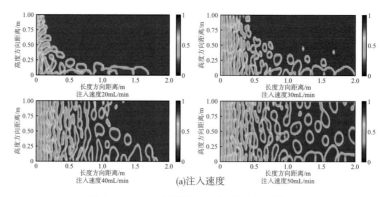

(a)注入速度

图4-5-12 非混相压裂液分布模拟结果

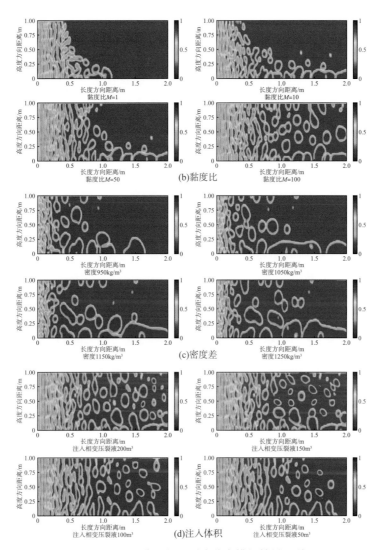

图4-5-12 非混相压裂液分布模拟结果（续）

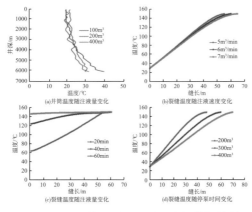

图4-5-13 塔河油田地层温度场模拟结果

认识3：明确了无砂自支撑压裂液通过超分子自组装固化形成块状或珠状聚合物的固化原理。

无砂自支撑压裂液固化原理为相变液体在非相变液体中通过超分子自组装形成具有一定功能的聚集体，在一定的时间与温度下，聚集体与聚集体之间相互叠加、交联，最后形成块状或珠状聚合物（图4-5-14）。

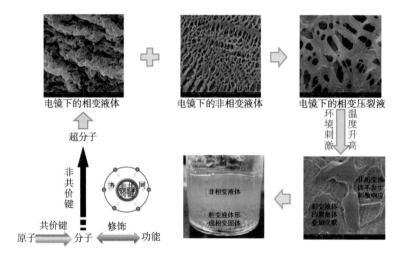

图4-5-14 无砂自支撑压裂液固化原理

认识4：从相变条件和液体性能等方面论证无砂自支撑压裂在碳酸盐岩储层应用中具有一定的适应性。

无砂自支撑压裂适用于常规砂岩和碳酸盐油气藏及其他复杂油气藏的压裂增产增注改造。压裂液的相变条件和液体性能，以及相变固体常规性能和导流能力适应碳酸盐岩储层条件（表4-5-4）。

表4-5-4 碳酸盐岩储层特点和无砂自支撑压裂液性能

碳酸盐岩储层特点	储层深度和厚度		储层温度和压力		储层空间和类型	
	深度/m	厚度/m	温度/℃	压力/MPa	储集空间	孔隙类型
	480~6600	30~500	120~150	55~70	缝洞	次生
无砂自支撑压裂可行性分析	液体可行性			固体可行性		
	相变温度/℃	相变时间/min	黏度/mPa·s	粒径/mm	密度/（g/cm³）	耐压强度/MPa
	60~120	20~300	45	0.2~0.8	1.05	96

认识5：无砂自支撑压裂在塔河油田应用存在滤失严重、相变温度和时间难以控制，及缺乏两相流体流动分布控制技术三大问题，提出提高液体黏度降低虑失等三条改进方案。

优选出的无砂自支撑液体体系在塔河油田注入可行、支撑可行、导流可行。主要存在三大问题：一是缝洞发育，压裂液滤失严重，液体效率难以保证；二是高温深井，相变温度和相变时间难以控制；三是狭窄缝内相变液体与非相变液体流动分布控制技术缺乏。

提出了三点建议：一是提高液体黏度至 $60\sim80\text{mPa}\cdot\text{s}$，控制压差缩短施工时间，降低压裂液滤失；二是注入前置液降低温度，采用两级注入工艺，防止过早发生相变；三是构建无砂自支撑压裂的物模装置和数学模型，优化压裂施工方案（图 4-5-15～图 4-5-18）。

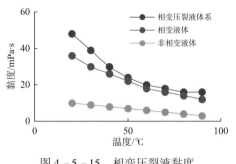

图 4-5-15　相变压裂液黏度

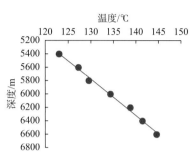

图 4-5-16　塔河油田地层温度

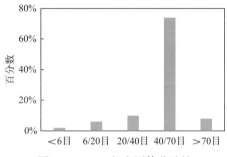

图 4-5-17　相变固体分选性

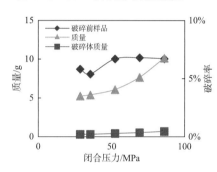

图 4-5-18　相变固体导流能力

3. 下步建议

针对目前缺乏狭窄缝内相变液体与非相变液体流动分布控制技术的问题，进行无砂自支撑压裂物理和数学模拟，研究不同地质工程条件下压裂液分布特征，确定合适的注入速率、黏度比、密度差、界面张力和注入体积比，进而改进无砂自支撑压裂液体系，优化施工方案参数，以达到预期的相变固体的形状、粒径和分布。

四、液体自聚支撑压裂技术可行性论证

1. 技术背景

现有的支撑剂压裂存在携带能力受限、有效支撑裂缝短、对地层适应性差、高滤失储层和天然裂缝发育储层端部易脱砂等难题。急需寻找新的裂缝支撑替代技术，解决现有支撑剂压裂易砂堵、导流能力受限的难题。

2. 取得认识

认识1：乳液聚合不适用于制备多孔结构。

针对设计的液体支撑剂的初步体系，制定实验方案，制备多孔结构。实验发现，该方法得到的结构为块体，且不同固化比例得到的块体刚性不同，存在弹性体（图 4-5-19）。

图 4 – 5 – 19　不同乳化剂乳化固化后得到的韧性块体材料

认识 2：悬浮聚合可制备多孔结构，且低搅拌速率有利于多孔结构的形成。

悬浮聚合常温制备得到的多孔结构超景深图像如图 4 – 5 – 20 所示。可见，试样表面结构为凹凸不平、形状不规则的细小沟槽，长度最长可达 4.6mm，但宽度只有 300 ~ 400μm。孔径为 0.4 ~ 1mm 的孔占大多数，孔深基本都在 2.7mm 以上，其中最深达 4.04mm。形成连通孔后，可通过黏度≤1000mPa·s 的液体。

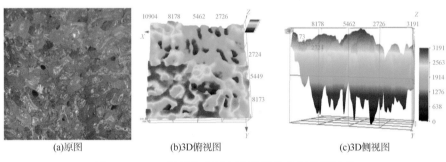

(a)原图　　　　　　　(b)3D俯视图　　　　　　　(c)3D侧视图

图 4 – 5 – 20　悬浮聚合制备多孔样品的超景深图像

认识 3：确定了制备多孔结构时的树脂相和水相的比例。

A 相（树脂相）、B 相（水相）比例变化对生成物的形貌有很大影响：

A 相：B 相比例为 1：1 时得到的是小颗粒；A 相：B 相比例为 1：0.7 时得到的是大颗粒；A 相：B 相比例为 1：0.5 时得到多孔结构；A 相：B 相比例为 1：0.3 时得到的为多孔结构；A 相：B 相比例为 1：0.2 时得到的为块状结构。

所以，制备多孔结构时需要控制 A 相：B 相比例为为 1：0.5 ~ 1：0.3。

认识 4：悬浮聚合法不适合高温高压下制备连通多孔结构。

在高温 120℃、高压 3MPa 下悬浮制备得到内部多孔、表面致密树脂层封孔的结构，没有形成内部与表面的连通（图 4 – 5 – 21）。

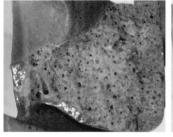

图 4 – 5 – 21　悬浮聚合高温高压下制备得到的内部多孔、表面封孔结构

3. 下步建议

塔河油田现行灌注体系要求液体支撑剂的体系黏度≤1000mPa·s，建议工艺流程进行修改。

五、塔河油田深层碎屑岩超临界 CO_2 压裂技术

1. 技术背景

塔河特（超）低渗、泥质含量高、强水敏、凝析气藏等储层，水基压裂液体系存在储层伤害大、返排率低等缺点，措施增产能力弱，严重制约上述油藏的高效开发。CO_2 压裂技术无水相、无残渣、超低界面张力，对地层无伤害，其蓄能有助于压后返排，对水敏、低渗砂岩储层适应性较好。CO_2 压裂与常规水力压裂差异较大，比如液体流变性能、液体增黏、携砂性能、温度场分布、液体相态、现场施工设备与工艺和常规水力压裂区别显著。通过针对超深层特点开展相关技术研究，形成塔河油田深层碎屑岩超临界 CO_2 压裂技术，解决深层碎屑岩油气藏（强水敏、凝析气藏）改造增产能力弱的问题。

2. 技术成果

成果1：建立井筒、裂缝温度场模型，并形成 CO_2 相态变化规律，计算结果误差率低于5%。

初期深部储层为超临界状态，随着时间推移，温度不断降低，液态－超临界状态界面（31.1℃）不断下移，20min 以后，近井带裂缝（30%～50%）CO_2 为液态，其余位置的 CO_2 为超临界状态（图4－5－22）。

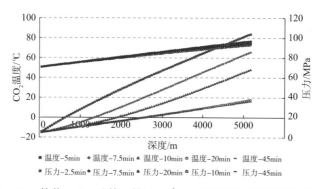

图4－5－22　某井4.5in 油管＋排量6m³/min 时井筒温压剖面随时间的变化

成果2：形成不同井深条件下管柱推荐组合，井深3800m 左右，推荐采用3½in 油管，4500m 左右，推荐4in 油管，5200m 左右，推荐4½in 油管（图4－5－23）。

成果3：优化 CO_2 增黏剂分子结构，形成 CO_2 压裂液体系，2%（质量分数）增黏剂加量、10℃下黏度可达到6mPa·s 左右，具有较好携砂性能（支撑剂下沉速度降低23%），具有一定的降阻性能（降阻率12%），液体与地层配伍性较好（图4－5－24、图4－5－25）。

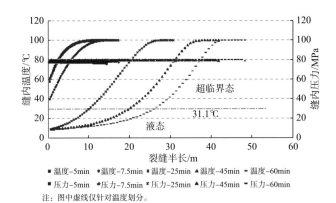

图 4 – 5 – 23　某井（4in 油管、6m³/min）裂缝内 CO_2 相态划分

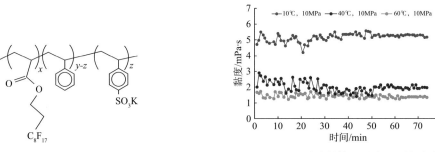

图 4 – 5 – 24　CO_2 压裂液增黏剂 ZCJ – 1 分子结构　　图 4 – 5 – 25　2% 增黏剂体系黏度 – 时间变化曲线

成果 4：形成 CO_2 压裂参数优化及工艺设计方法（以胡杨 2 井为例），优化的裂缝半长约 35m，导流能力为 $40 \sim 50 \mu m^2 \cdot cm$，推荐 30/50 目陶粒为支撑剂，排量 6m³/min 左右，$4\frac{1}{2}$in 油管，预测井口施工压力约 85MPa（图 4 – 5 – 26、图 4 – 5 – 27）。

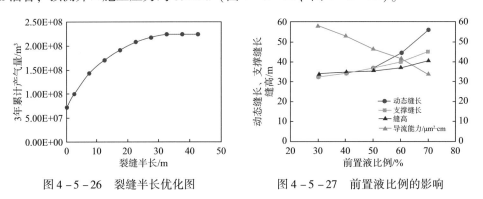

图 4 – 5 – 26　裂缝半长优化图　　　　图 4 – 5 – 27　前置液比例的影响

3. 主要创新点

创新点 1：建立了超深井（5200m）超临界 CO_2 压裂中井筒、裂缝温度场模型，明确了塔河深层碎屑岩井注 CO_2 压裂液过程中温度场变化规律及相态分布规律。

创新点 2：研发了新型 CO_2 压裂液增稠剂，改善了增稠剂在低温 CO_2 中的溶解性能，增加了压裂液黏度（10℃、$6mPa \cdot s$）、携砂性能（支撑剂下沉速度降低 23%）。

4. 推广价值

研究明确了 CO_2 压裂中井筒及裂缝中温度分布规律及液体形态分布特征，研发了新型 CO_2 压裂增稠剂，解决了塔河深层敏感性碎屑岩改造效果不理想难题，在塔河及其他地区敏感性储层改造中具有很好的推广价值；同时，其良好的穿透性和降破裂压力性能可推广至缝洞型碳酸盐岩储层酸压改造，通过工艺复合实现井周非主应力方向储层动用。

六、碳酸盐岩储层混 CO_2 深穿透酸压技术可行性论证

1. 技术背景

本课题主要针对高温高压碳酸盐岩储层深穿透酸压过程中存在的埋藏深、温度高、地层破裂压力高、地质条件复杂、非均质性强、基质渗透率差、地层压力高等问题，在充分调研国内外相关文献及报告基础上，总结气体辅助深穿透酸压技术的特点、酸岩反应机理、适用条件、施工风险等，结合塔河油田储层地质特征，分析塔河油田混 CO_2 深穿透酸压技术的可行性，并对此提出相关指导性建议。

2. 技术成果

成果 1：与现有技术相比，超临界 CO_2 深穿透酸压具有以下效果：

克服了常规酸压技术由于酸岩反应果快导致酸蚀距离有限、酸液流动方向受控导致酸蚀裂缝形态单一等缺陷，增加了酸液有效波及范围和酸蚀裂缝沟通地下裂缝或溶洞储集体的概率，并提高裂缝体系的综合导流能力，相对于常规酸压具有更好的增产改造效果。

成果 2：混 CO_2 深穿透酸压技术的主要作用机理体现在以下几个方面：

（1）由于泡沫流体具有"堵大不堵小""堵水不堵油"的特性，泡沫酸体系在储层中具有转向酸的功能，酸液大部分进入低渗透率部位。

（2）由于泡沫酸体系与岩石接触面积的减小及 H^+ 传质距离的增加，导致酸岩反应速率大大降低，延长酸液有效作用距离。

（3）泡沫酸体系在储层中滤失量较小，能有效延长酸液的作用距离。

（4）泡沫酸视黏度高，悬浮能力好，利于将酸岩反应生成的微粒带到地面。

（5）酸压结束后，气体膨胀能更好、更快地将残酸及反应液体返排，防止发生二次伤害。

成果 3：利用 CO_2 进行深穿透酸压技术的主要技术风险体现在以下几个方面：

（1）施工过程中 CO_2 处于超临界状态，造成地面施工泵压可能会升高，存在一定的风险。

（2）超临界 CO_2 在井口注入过程中，会吸收大量热量，存在冷伤害的风险，且对地面设备密封性等要求提高。

（3）CO_2 作为一种酸性气体，对管柱及设备会产生一定的腐蚀伤害。

（4）在高温储层中，CO_2 气体注入地下后温度较低，导致原油温度降低，存在原油中沥青质析出的风险。

（5）CO_2 属于温室气体，存在一定的环境污染及 CO_2 窒息的风险。

成果4：通过对所需地面泵压的可行性分析，得出塔河油田超临界 CO_2 深穿透酸液工艺具有施工可行性。

成果5：超临界 CO_2 深穿透酸压工艺技术在塔河油田施工过程中应该注意以下问题：

（1）选择合适的起泡方式，目前泡沫酸的主要起泡方式分为地下及地上起泡两种。地上起泡可形成比较均匀的泡沫，泡沫稳定性较好，但需要增加地面泡沫发生器等一些列装备，存在一定的安全隐患；地下起泡由于利用储层进行剪切形成泡沫，因此，对于储层中含有未充填裂缝等情形，应当避免段塞注入的 CO_2 气体形成窜流，导致施工效果不理想。

（2）根据井的含油饱和度情况，优选不同的酸液体系，适当注入溶剂或气体，驱替近井地带原油，以进一步在储层形成均匀泡沫酸体系。

（3）可考虑研发地下起泡酸液体系，以减缓从地面注入 CO_2 气体导致的地面施工压力升高的情况。

（4）针对储层温度高、矿化度高等情况，研发合适的耐高温耐盐起泡剂体系、稳泡剂体系。

（5）施工过程中注意地面设备的保温情况及施工人员的安全意识培训，保证施工安全。

3. 下步建议

建议1：由于井深，温度高，CO_2 泡沫酸液体系在注入过程中流动状态复杂，与管柱的摩擦阻力难以预测，难以准确进行施工压力预测，因此应该加强 CO_2 泡沫酸液体系注入过程中井筒摩阻计算的研究，建议适当进行室内实验，以充分掌握 CO_2 泡沫酸体系摩阻计算方法及影响因素。

建议2：开展混 CO_2 酸液的酸岩反应研究，为设计施工参数提供参考。

七、塔河油田层内液体燃爆压裂可行性论证

1. 技术背景

塔河油田储层水平应力差异大，人工裂缝一般沿水平最大主应力方向扩展，延伸形态受地应力控制作用强。对于井周区域内不同方向分布的多个缝洞储集体，常规酸压裂缝扩展方向单一，沟通概率小，难以高效动用储层；暂堵体积酸压裂缝主要在破裂压力低、裂缝发育的高渗段偏向水平最大主应力方向起裂，导致非高渗段及非最大主应力方向上的储集体无法沟通。为减少地应力对人工裂缝的控制及井眼坍塌风险，最大程度沟通井周不同方向储集体，提出缝内液体燃爆压裂工艺思路，其主体思想是在酸压主裂缝内注入液体炸药进行燃爆压裂，在不同方向上产生 $10 \sim 20m$ 的随机裂缝，配合酸压工艺，增加人工裂缝波及体积，对主应力及非主应力方向上的储集体进行高效动用。

2. 技术成果

成果1：总结出塔河油田储层岩石燃爆动载下多裂缝起裂规律。

（1）冲击加载速率增加，裂缝条数增多，破坏程度增大。

（2）加载速率超过 13.87MPa/ms，岩心破裂率 100%。

（3）加载速率达到 20.81MPa/ms，所有岩心均被压开多条裂缝（＞2）。

（4）高加载速率下，冲击破坏效果差、稳定性差，建议低于 40MPa/ms。

塔河储层燃爆压裂有效造缝加载速率为 20.81～40MPa/ms（图4－5－28）。

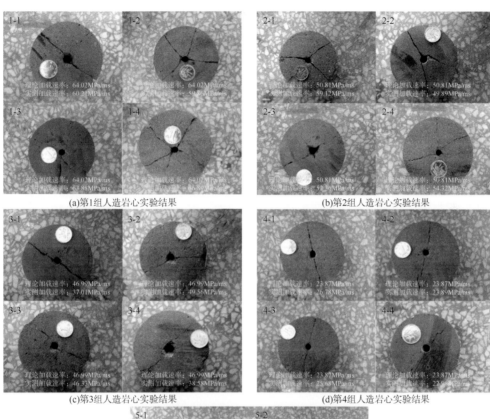

图 4 – 5 – 28　岩石冲击破坏实验结果

成果2：形成塔河油田层内液体燃爆工艺流程（图4－5－29）。

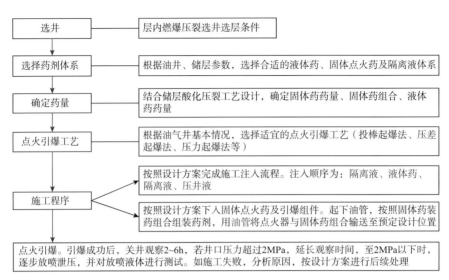

| 选井 | — | 层内燃爆压裂选井选层条件 |

| 选择药剂体系 | — | 根据油井、储层参数，选择合适的液体药、固体点火药及隔离液体系 |

| 确定药量 | — | 结合储层酸化压裂工艺设计，确定固体药药量、固体药组合、液体药药量 |

| 点火引爆工艺 | — | 根据油气井基本情况，选择适宜的点火引爆工艺（投棒起爆法、压差起爆法、压力起爆法等） |

| 施工程序 | — | 按照设计方案完成施工注入流程。注入顺序为：隔离液、液体药、隔离液、压井液 |
| | — | 按照设计方案下入固体点火药及引爆组件。起下油管，按照固体药装药组合组装药剂，用油管将点火器与固体药组合输送到预定设计位置 |

点火引爆。引爆成功后，关井观察2~6h，若井口压力超过2MPa，延长观察时间，至2MPa以下时，逐步放喷泄压，并对放喷液体进行测试。如施工失败，分析原因，按设计方案进行后续处理

图 4 – 5 – 29 塔河储层酸压主裂缝层内燃爆压裂施工设计总方案工艺流程

施工工艺：

（1）按照设计的泵注程序泵注药剂，其顺序为：前置液 – 隔离液 – 液体药 – 隔离液 – 顶替液；在泵注过程中，要确保液体药进入酸化压裂主裂缝中，同时进行裂缝监测。

（2）液体药泵注施工完成后，起下油管，下入固体点火药及起爆器。将设计好的点火药药量换算成药柱节数；将固体点火药药柱按照组合设计由上到下的顺序依次连接，并根据需要通过油管输送至预定点火层位。

（3）安装好井口装置，再次检查工艺流程和点火系统，确认无误后，所有人员撤离井口50m以外安全区域，井口投棒点火，实施层内燃爆压裂。

3. 主要创新点

基于液体火药的裂缝层内爆燃，目前大多基于室内实验研究和理论论证分析，公开发表文献资料中尚未查到成功矿场施工案例。基于塔河油田储层及油井特征，结合当前在裂缝层内爆燃领域的研究成果，研究论证该技术在塔河油田的可行性，并提出可以指导矿场设计、施工的优化工艺。突出创新性体现在：

创新点1：基于塔河油田储层岩石特征，开展岩石受动载冲击下的破岩损伤实验，研究储层岩石破裂对冲击载荷的响应规律。

创新点2：提出固液耦合流体混合注入的层内爆燃模式，并基于此开展技术可行性及施工工艺的优化设计。

4. 推广价值

针对低品位油藏，当前常规的水力压裂或酸化压裂要么施工难以形成复杂缝网，不能很好地释放产能，要么措施成本太高，投入产出比大，开发效益差。层内燃爆压裂及其诱导酸化、诱导水力压裂技术，即可促进开发效果，又可大幅度减小措施成本，同时由于该技术基于高能火药的爆燃，不需要大量的施工液体，对于环境污染的控制也具备良好适应性，具备较高的推广价值。

八、等离子脉冲压裂技术可行性论证

1. 技术背景

塔河油田缝洞型碳酸盐岩油藏因其非均质性强、厚度大、温度高、油藏深等特征，导致现有的酸压工艺形成的人工裂缝通道存在作用距离短、导流能力下降快、裂缝易闭合等的难题。通过调研等离子脉冲压裂在国内外现场的应用实例，归纳等离子脉冲适用条件，并提出适应塔河油田的等离子脉冲发生装置及改进方案建议。

2. 取得认识

认识1：冲击波处理具有脆性破坏特性的致密岩石效果最好；变形具有不可逆特性的岩石-砂岩的效果次之。

国外科研机构开展的研究表明，在几十微秒的时间内冲击波可产生裂缝，并引起裂缝扩展，渗透率的增加是由微观结构的改变引起的，孔隙尺寸的增大是由亚微米级的微观结构破坏引起的（图4-5-30）。

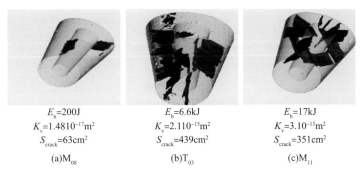

(a)M_{08}　$E_b=200J$　$K_v=1.4810^{-17}m^2$　$S_{crack}=63cm^2$

(b)T_{03}　$E_b=6.6kJ$　$K_v=2.110^{-15}m^2$　$S_{crack}=439cm^2$

(c)M_{11}　$E_b=17kJ$　$K_v=3.10^{-15}m^2$　$S_{crack}=351cm^2$

图4-5-30　不同储能一次冲击放电后3D扫描裂缝分布图（据国外研究）

实验证明冲击波可以致裂砂岩，但需要对冲击波的幅值、能量进行调控。致裂阈值分别为储能30kJ、作业5次。应变半高宽约为$40\mu s$，幅值$860\sim1400\mu\varepsilon$。轴向和环向应变片测得的应变波形存在较为明显的差异，环向应变片测得拉伸效应，基本没有收缩效应，而轴向应变片测得明显的收缩效应（图4-5-31、图4-5-32）。

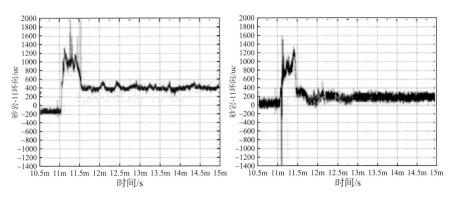

图4-5-31　环向应变测量结果

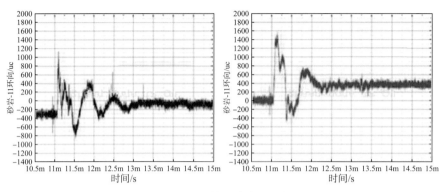

图 4 – 5 – 32   轴向应变测量结果

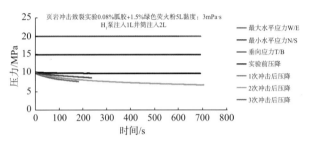

图 4 – 5 – 33   不同次数冲击波致裂后的压降曲线

通过加载三轴应力（上覆压力20MPa、最大水平应力20MPa、最小水平应力15MPa），测试脉冲波压裂效果。如图 4 – 5 – 33 所示，冲击波致裂前，几乎没有漏失；冲击波致裂后，压力下降速度明显加快，说明岩样形成了新的裂缝；将井筒水压卸载后再次加载时，绝对漏失减小，且随加载次数不断减少，说明部分进入样品的液体没有返排而占据了已形成的裂缝。随着冲击波作用次数的增多，致裂范围在缓慢增大。

认识2：经过改进最终形成了电爆炸等离子体驱动含能混合物产生冲击波技术，将冲击波的能量提高了数十倍。

西安交通大学在不断发展和改进脉冲功率驱动源的基础上，将以液电效应产生冲击波的单一机理先发展到金属丝电爆炸产生冲击波，再进步到电爆炸等离子体驱动含能混合物产生冲击波这一世界领先的技术。同时，根据现场应用的不同需求，针对不同储层特点，形成了系列的增透型

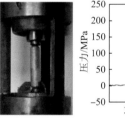
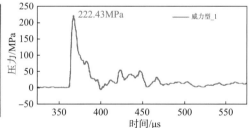

图 4 – 5 – 34   金属丝电爆炸驱动含能混合物
能量转换器及产生的冲击波波形

和预裂型聚能棒，可以产生不同强度的冲击波，已应用于不同类型储层和不同改造需求的现场试验（图 4 – 5 – 34）。

认识3：根据塔河油田的储层物性特征，适用于塔河油田储层的可控冲击波装置必须要耐高温、耐高压、输出两种典型特点的冲击波波形，一种是高幅值、短脉宽，另一种是

低幅值、长脉宽。

3. 下步建议

建议1：装置耐高温能力提升。

可控冲击波装置无法在高于90℃环境温度下工作，主要有几方面原因：

（1）需要的高压电源功率大，关键电气部件自身发热严重。

（2）井筒尺寸限制，无法做隔热或散热结构。

（3）高温条件下绝缘部件变形，导致密封失败和绝缘性能严重下降。

建议2：装置耐高压能力提升。

现有设备由于体积的限制，壁厚只有5~6mm，虽采用了石油行业使用的较高强度的无缝钢管，但也只能工作在小于30MPa的环境中。

建议3：装置输出冲击波波形控制技术。

通过调整聚能棒的配方来调整冲击波的脉宽、控制冲击波的幅值，以减小对储层骨架的损伤，同时增大脉宽，使冲击波仅有解堵作用并提高传播距离。

九、高能电弧压裂破岩实验及可行性论证

1. 技术背景

目前，常规酸压由于受最大水平主应力的影响，改造时只能沟通最大主应力方向的缝洞体，针对此问题，利用井下电弧脉冲器产生高压，通过短路瞬间释放能量，巨大能量使通道中的液体迅速汽化、膨胀并引起爆炸冲击波，作用岩石产生不受地应力控制的随机裂缝，实现增产/增注目的。通过查阅国内外高能电弧压裂技术应用文献，调研高能电弧压裂技术在现场的应用实例并归纳出该技术的适用条件。通过室内实验明确围压、放电能量等不同物理状态对破岩效果的影响，并提出高能电弧压裂井下装置的改进方向。

2. 取得认识

认识1：国内外电弧压裂设备或者电脉冲解堵设备中，单次放电能量较低，耐温受限（85℃）。

表4-5-5为各研究单位的电弧压裂设备参数。

表4-5-5 国内外高能电弧压裂设备一览表

参数	俄罗斯	乌克兰	清华大学	西安交通大学	中科院电工所
工作电压/kV	2.5	30	4	25~30	20
每脉冲能量/kJ	1.5	1	2~5	1.8	10
脉冲重复频率/（次/分）	3	9~17	—	3	3
仪器直径/mm	—	113	90	102	102
仪器长度/m	—	5.5~7	6.2	4	5.5
最高工作温度/℃	—	80	85	80	90
最大作业深度/m	3000	3000	2000	2000	3000

认识2：现场应用岩性主要有致密砂岩、常规砂岩、疏松砂岩；主要应用于油井解堵、水井增注，增产增注效果显著。

表4-5-6为电弧压裂设备在现场作业实例效果举例。

表4-5-6　高能电弧压裂装置处理后的油井现场应用效果统计

井号	施工前		施工后		产液增加/（m³/d）	产油增加/（t/d）	增液/m³	增油/t
	产液/（m³/d）	产油/（t/d）	产液/（m³/d）	产油/（t/d）				
T6-121下	29	4	30	10	1	6	180	1080
T6-213	37	4	63	9	26	5	4680	900
T5-218	32	12	44	13	12	1	1201	98
T4-212	40	17	81	28	41	11	8085	2124
双T223	3	0	4	0	—	—	—	—
下浅4	26	13	21	12	-5	-1	1	1
T5-226	8	3	13	6	5	3	63	73
下浅4	21	12	21	13	0	1	1	79
下浅19	6	3	11	5	3	2	90	54
下观5	29	6	82	3	53	-1	3593	—
T5-215	7	6	10	6	3	—	240	67
T5-310	11	7	30	10	19	3	410	80
T217	9	4	17	8	8	4	260	75
合计							18802	4630

认识3：在放电次数，放电电压相同条件下，围压越大，裂缝高度以及长度越小，但是岩石有一定的微观裂缝，且爆炸源处裂缝数量逐渐增加。

表4-5-7为不同围压条件下电弧压裂实验结果。

表4-5-7　不同围压条件下电弧压裂实验结果

砂岩编码	静水压力/MPa	工作电压/kV	放电次数/次	单次放电能量/kJ	裂缝高度/mm	径向长度/mm	井内裂缝条数
1#	0	15	10	22.5	350	450	一条主缝
2#	5	18	10	22.5	200	190，150	2
3#	10	18	10	32.4	170	30，15，22	3
4#	15	18	10	32.4	160	3，2，2，2	4
5#	20	18	20	32.4	145	横切面径向无明显裂缝	4，一条主缝
6#	25	18	20	32.4	110	3	多裂缝，一条主缝

认识4：在高能量放电时，单次脉冲放电就已达到破碎效果；单次脉冲放电电压越高、单次储能越大、放电次数越多，电弧压裂造缝效果越好。

实验结果如图4-5-35、图4-5-36所示。

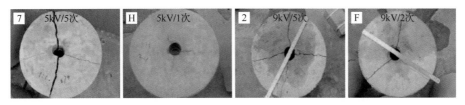

图4-5-35 低能量（0~10 kV）实验结果放电后各编号岩样图片

图4-5-36 高能量（10~20 kV）实验结果放电后各编号岩样图片

3. 下步建议

针对井下高温工作环境，对常规高能电弧压裂装置提出以下三点建议，改造后电弧压裂设备如图4-5-37所示。

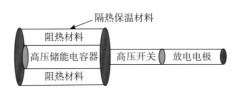

图4-5-37 改造后电弧压裂设备示意图

建议1：升压装置（高压变压器、高压整流模块）放至地面；缺点是充电速度较慢，需要提高充电电源功率，才能进行重复压裂。

建议2：仅需改进储能电容器。

建议3：放电电极采用陶瓷材料：其抗压强度高，熔点在2000℃以上，并对酸、碱、盐具有良好的抗腐蚀能力。

十、胶束软隔挡控缝高酸压技术可行性论证

1. 技术背景

针对三区东、十区碳酸盐岩油藏底水、避水高度低的难题，前期采用三降两配套两技术等手段满足避水高度≥30m的控缝控水。随着老井上返避水高度逐年降低，且目标储层底部无有效遮挡层，裂缝向下扩展极易沟通底水，控缝酸压改造难度大，需要新的控缝技术满足改造需求；同时，控缝高酸压注酸排量低，酸液在缝口过度酸蚀，降低酸液有效穿透距离，影响酸压改造效果及效益。采用胶束软隔挡技术优势：

（1）形成柔性隔挡层，阻止缝口裂缝过度向下延伸，起到控缝高作用。

（2）胶束层阻止鲜酸在近井缝口接触过度酸蚀，促使酸液在裂缝深部有效刻蚀，提高深部导流能力。

2. 技术成果

成果1：明确了胶束软隔挡控缝高酸压技术机理。

胶束软隔挡控缝高酸压技术构建非渗透柔性隔挡层，在前置液阶段注入一定量的高黏胶束液体，充填在裂缝的上、下部位，提高了裂缝尖端的奇异性，从而达到控制缝高的目的，再利用酸液基液黏度小、流动性好的特性进行二次酸压造缝，在近井形成酸液指进，并使裂缝正常向前延伸，保证储层远端得到有效改造（图4-5-38）。

图4-5-38　胶束软隔挡控缝高技术酸液指进物理模型

成果2：研发了高黏弹性清洁可破胶的胶束隔挡控缝材料。

实验研发了清洁可破胶隔挡材料VES-160，其原材料是由芥酸、甲胺为主要材料合成的一种新型淡黄色膏状固体，加入1%~2%的KCl起黏剂后，黏度达到700mPa·s。隔挡控缝高材料清洁破胶彻底，减少人工裂缝的二次伤害（图4-5-39、图4-5-40）。

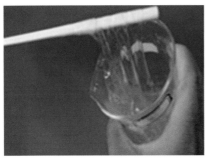

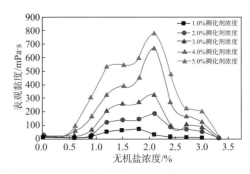

图4-5-39　隔挡材料起黏挑挂效果图　图4-5-40　VES-160隔挡材料黏度性能测试

成果3：优选胶束隔挡材料 VES-160 隔挡强度在 120℃ 条件下达 12.2MPa。

利用高黏液体在岩石裂缝流动中形成的附加阻力原理，对隔挡材料进行隔挡强度测试。实验选用塔河油田露头岩心，并结合了塔河油田地层温度需求，将实验温度设置 120℃。实验结果显示 VES-160 有效成分加量浓度为 5%，120℃ 条件下，隔挡强度可达 12.2MPa（图 4-5-41、图 4-5-42）。

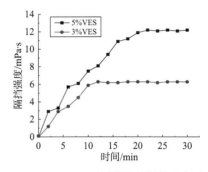

图 4-5-41 隔挡材料隔挡强度测试结果　　图 4-5-42 VES-160 隔挡材料隔挡强度测试结果

成果4：探索了酸液横向逐步突破遮挡层后由近到远裂缝垂向遮挡规律。

通过不同浓度隔挡材料过酸后的导流能力，明确酸液横向逐步突破遮挡层后由近到远裂缝垂向遮挡规律。实验结果表明，随隔挡材料浓度降低，过酸后岩板刻蚀形态越来越严重，4% ~5% 浓度的 VES-160 隔挡材料刻蚀形态不明显，可有效实现垂向酸蚀裂缝遮挡。导流能力随隔挡材料浓度降低逐步提高，5%、4%、3%、2%、1%、0% VES-160 过酸后的导流能力依次为 $0.37m^2 \cdot cm$、$0.53m^2 \cdot cm$、$2.50m^2 \cdot cm$、$4.22m^2 \cdot cm$、$5.72m^2 \cdot cm$、$7.28m^2 \cdot cm$（图 4-5-43、图 4-5-44）。

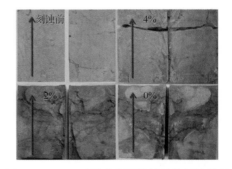

图 4-5-43 深部导流能力酸液配制　　图 4-5-44 不同浓度隔挡材料的刻蚀情况

3. 下步建议

在三区东、十区碳酸盐岩油藏底水、避水高度低区块，可实现满足避水高度≥25m 的控缝技术改造需求，提高酸压改造效果及效益。

十一、超深碳酸盐岩储层不同改造技术可行性论证

1. 技术背景

鉴于长裸眼碳酸盐岩直井/水平井笼统酸压存在井段动用率低、地质储量不能有效动用的缺陷，提出分段酸压技术，但是塔河碳酸盐岩储层超深、高温、长裸眼，非均质性强，对于优选何种工艺有待确定；顺南地区测试结果表明，生产压力、产气量下降快，稳产难，只有进行储层改造，方能稳产、高产，提高区块开发效果，但是顺南气藏超深、超高温、储层厚度大的特点，导致改造范围小，高闭合压力下裂缝长期导流能力低，设计优化难度大。在分析超深碳酸盐岩储层的特点及面临的储层改造新难题的基础上，调研国内外碳酸盐岩储层改造技术现状，分析其在塔河油田的适应性，旨在解决目前主体区和外围区块面临的储层改造难题。

2. 取得认识

认识1：明确长裸眼水平井分段改造工艺的优缺点。

(1) 封隔器滑套分段压裂技术，对封隔器要求高，定位准确。

(2) 泵送桥塞射孔联作多级压裂系统，分层压裂段数不受限制、压裂层位定位精确、封隔可靠性高，但适用于套管井。

(3) 水力喷射分段压裂技术，定点起裂，无需封隔器，但使用深度、排量受限。

(4) 段内多裂缝体积压裂技术，封隔器分段，段内多簇射孔，但无法确定是否能多地同时起裂扩展。综上，塔河油田水平井多采用裸眼完井，封隔器滑套分段压裂技术适用于塔河油田，但对工具要求高，可以尝试无工具暂堵分段酸压。

认识2：优选出暂堵剂类型。油溶性暂堵剂耐温性较差，在高温条件下树脂变软，降低堵塞效果。水溶性树脂分为小颗粒球、大颗粒球、粉末和纤维类，其中粉末类暂堵效果较差，其他三种可混合使用，暂堵不同类型的孔洞。

认识3：明确水平多分支井酸压改造技术现状。由于水平多分支井酸化或压裂存在配套技术少、开窗难度大、密封性能差、层间互窜等困难，所以相关研究较少。目前，多分支水平井分段压裂技术有：

(1) 双油管压裂技术，用于主井眼和分支井的井身结构。

(2) 裸眼封隔器滑套分段压裂技术，采用裸眼封隔器和滑套分别压裂每个分支。

(3) 水力喷射分段压裂技术，分别对每个井筒改造，但井深与排量受限。

认识4：给出超深高温白云岩与碳酸盐岩储层区别，指出下步方向。超深高温白云岩储层温度、破裂压力、闭合压力均较高，且储层孔喉细且连通性差，裂缝密度小，酸液滤失规律非常复杂，白云岩与酸反应较碳酸盐岩慢，其反应速度受许多因素的影响，压后酸蚀裂缝导流能力下降快。多种用于灰岩储层的酸压工艺也用于白云岩，但需要现场试验才能判断其适应性。

认识5：确定燃爆压裂改造技术的适应性。该方法国内外应用报道不多。爆燃压裂技

术作用于近井地带，对塔河沟通远井储层适应性差。

认识6：提出高闭合应力储层深部高导流能力酸压技术方向。为增加导流能力，常用的工艺有：多级交替注入、闭合酸化、加酸携砂等。闭合酸化、酸携砂适用于塔河油田，建议进一步研究多级交替注入对导流能力贡献。

认识7：明确超深裂缝型碳酸盐岩储层产量预测技术现状。包括 Arps 广义递减曲线模型、衰减曲线预测模型、现代产量递减规律模型、基于概率统计的产量预测和油藏数值模拟。前三种方法需要根据生产历史数据推测未来，油藏数值模拟需要较精确的地质模型。由于裂缝型储层非均质非常强，产量预测有很大不确定性，无论哪种方法，其可靠性都较差。

认识8：耐高温、深穿透酸液体系现状。稠化酸140℃条件下黏度能达到30mPa·s，可应用到140~160℃地层；交联酸140℃条件下黏度能达到150mPa·s以上，可应用到140~160℃地层；自生酸在120~150℃下生酸速度较快，起不到有效缓速作用，且黏度较低，不能有效控制滤失；VES酸液鲜酸黏度低，残酸黏度升高，一般用于基质酸化中均匀布酸，酸压中VES酸液无优势，鲜酸黏度低，酸岩反应速度快，酸液滤失严重；乳化酸可用到170℃地层，但由酸和油乳化而成，有易燃危险，且施工摩阻高。

认识9：超深高温裂缝性储层复杂缝酸压改造技术现状。裂缝性储层酸压改造技术与常规酸压改造技术主要有这几方面不同：

（1）天然裂缝加剧酸液滤失。

（2）天然裂缝改变了地应力分布状态，裂缝延伸过程更复杂。

目前，复杂缝酸压技术有：

（1）转向酸压技术，通过暂堵转向增加裂缝复杂程度。

（2）体积酸压改造技术，主要用于水平井分段压裂，扩大裂缝控制体积。

3. 下步建议

（1）水力加砂压裂施工风险高，容易砂堵，因此建议酸压或采用酸携砂而非水力加砂压裂。

（2）针对不同类型储层采取相适应的改造工艺，Ⅰ类储层小规模解堵能得到较好的效果；Ⅱ类储层，采取大规模酸压改造工艺，以提高有效酸蚀缝长为主要目标。

（3）水平井多段酸压可提高致密储层裂缝覆盖体积，段内可采用多簇喷射＋暂堵剂进行段内多段起裂，或全部采用暂堵剂无工具分段，这需要在室内进一步论证和现场应用试验。

十二、超深碳酸盐岩储层改造技术评价新方法

1. 技术背景

塔河油田碳酸盐岩储层具有超深（>5400m）、高温（>120℃）、非均质性强的特性，在一定程度上制约了一些传统酸压压后评估技术的适应性。因此，有必要根据塔河油田自

身情况，对前期的工艺评价方法进行分析与整合，建立一套适用于碳酸盐岩储层的工艺评价方法体系，为酸压新工艺选井，施工相关参数的选取与优化，工艺的改进与完善提供依据。

2. 取得认识

认识1：总结得出成像测井等4类直接法近井评估方法、井下测斜仪等2类直接法远井评估、施工净压力拟合等2类间接法评估、微破裂"四维影像"裂缝监测等2类新型裂缝评价技术，适应于目前碳酸盐岩储层酸压改造效果评价。

总结起来有这几大类方法在塔河油田可应用：

（1）直接法近井评估（表4-5-8）：

表4-5-8　现场直接测试（近井裂缝监测与诊断）

名　称	可能估计的参数					主要优点	主要局限性	在塔河碳酸盐岩储层改造中的适应性
	长度	高度	宽度	方位	倾角			
井下电视				√		可以进行裂缝方位的测试	只能用于套管井，有孔眼的部分	适应性差
成像测井				√	√	可以进行裂缝方位、倾角的测试	只能用于裸眼井	适应较好
井温测井		√				可以获得井眼较范围的裂缝高度	热传导性对测试结果带来误差需要井温基线，压后较短时间内测井温，井温测井得到的裂缝高度比实际的偏低	适应较好
同位素测井		√	√			可以进行裂缝高度、宽度的测试	测试距离短0.6m以内放射性示踪剂测试法获得的裂缝高度比实际的低，在斜井中使用该测试法获得的裂缝高度比实际的会更低	适应好
井径测井				√		可以进行裂缝方位的测试	只能用于裸眼井，取决于井眼质量	适应一般
交叉偶极声波测井		√		√		交叉偶极横波采用了偶极声源，当地层存在裂缝时，横波的各向异性将明显增大，该方法可获得裂缝高度和方位	只适用于近井地带，判断裂缝高度，不能获得裂缝长度、导流能力信息	适应性较好
PND测井						当地层存在裂缝时，横波的各向异性将明显增大，而不存在裂缝时，则各向异性值基本为零	只能获得裂缝是否发育信息，不能获得裂缝参数信息	适应性一般

①成像测井。

②井温测井。

③同位素测井。

④交叉偶极子声波测井。

（2）直接法远井评估（表4-5-9）：

表4-5-9 现场间接测试

名 称	可能估计的参数						主要优点	主要局限性	在塔河碳酸盐岩储层改造中适应性
	长度	高度	宽度	方位	导流能力	体积			
净压力拟合	√	√	√		√	√	可以描述裂缝的延伸情况，进行裂缝高度、长度、宽度解释	结果依赖于模型的假设条件和油藏描述的准确性。需要准确的渗透率 与压力。不能确定裂缝方位	适应性较好
生产数据分析	√				√		可以得到裂缝导流能力、缝长等信息		适应性较好
试井分析	√				√		可以得到裂缝导流能力、缝长等信息		适应性一般

①井下测斜仪。

②井下微地震监测。

（3）间接法评估：

①施工净压力拟合。

②生产数据分析。

（4）新型裂缝评价技术（表4-5-10）：

表4-5-10 酸压效果评价新技术优缺点

名 称	主要优点	局限性	在塔河碳酸盐岩储层改造中适应性
人工神经网络技术	解决高度复杂的非线性问题，能够实现对目标区块目的层的优选和储层改造效果的定量预测，从而优选出施工井层	不适应于对人工裂缝识别评价	适应性差
微破裂"四维影像"裂缝监测	微破裂"四维影像"裂缝监测采用适用于地面监测低信噪比情况的震源定位方法-地震发射层析成像法，利用压裂中的地震波信号获取裂缝三维形态	震级描述和4D输出优点，但解释过程复杂，所需时间长，地面微地震监测受信号弱、干扰大及地震波分辨率等因素的影响，有效人工裂缝的识别需结合多方面的资料，深度受限	适应性一般

续表

名　称	主要优点	局限性	在塔河碳酸盐岩储层改造中适应性
灰色关联理论裂缝评价技术	建立影响因素与目标值间的关联，计算关联度，排序，找出影响目标值的主控因素	只能通过测井曲线判断裂缝是否发育，不能获得裂缝参数信息	适应性一般

①微破裂"四维影像"裂缝监测。

②灰色关联理论裂缝评价技术。

认识2：总结得出以复杂缝软件施工曲线拟合法作为该工艺的评价方法，见表4-5-11。

表4-5-11　各种复杂缝体积酸压评价方法分析

名　称	主要优点	局限性	在塔河碳酸盐岩储层改造中适应性
脆性指数	通过矿物成分、岩石力学参数、地应力等评价储层改造中形成复杂缝网的可行性	定性评价	适应性一般
复杂缝扩展数值模拟	通过建立数学、数值模型模拟复杂天然裂缝条件下裂缝延伸，便于分析各种因素对裂缝形态的影响，明确形成复杂缝的条件	主要从理论角度分析形成复杂缝的条件，目前复杂缝模拟模型不完善，计算速度慢，不能考虑特别复杂的情况，基本为二维模型	具有一定适应性
压裂微地震监测技术	通过检测压裂中的微地震信号反演裂缝三维形态，可获得裂缝覆盖体积，判断裂缝复杂程度	精度受地震信号强弱主导，主要受制于监测点与裂缝距离、储层深、邻井检测距离远，检测可靠性较差，应用储层深度不能太深，邻井距离不能太远	适应性一般
施工曲线拟合	基于实际施工数据，采用裂缝扩展数学模型拟合实际施工数据，获取裂缝覆盖范围	模型较简化，假设纵横垂直相交的裂缝网络，拟合数据依赖于假设的密度分布	具有一定适应性

认识3：总结得出产液剖面测试、示踪剂测试、施工曲线综合分析法作为暂堵分段酸压工艺的评价方法。

3. 下步建议

塔河油田埋藏深、邻井距离较远，储层发育断层、裂缝、溶洞，非均质性强，建议通过各种手段组合使用，辅以理论分析，对酸压改造效果及裂缝诊断进行评价。

第六节　主要产品产权

一、核心产品（表4-6-1）

表4-6-1　核心产品表

序　号	核心产品
1	低摩阻低成本压裂液体系
2	温控交联低摩阻耐高温压裂液
3	低摩阻低成本重复酸压压裂液
4	耐温150℃，耐盐超过10×10^4mg/L的地下起泡酸液体系
5	耐温160℃的地面交联酸液体系

二、发表论文（表4-6-2）

表4-6-2　发表论文表

论文作者	论文名称	期刊名称
李春月 刘壮 王洋 等	裂缝型碳酸盐岩储层体积酸压裂缝参数优化	钻采工艺
赵兵 等	高温深井压裂用低摩阻低成本压裂液体系研究	石油与天然气化工
张雄等	阴离子型葫芦巴胶压裂液体系研究	陕西科技大学学报
张俊江 王洋 李春月 等	塔河油田深层碎屑岩超临界CO_2压裂井筒与地层温度场研究	断块油气藏
张俊江 杜林麟 应海玲 等	耐温抗盐酸液增稠剂TP-17的合成及现场试验	石油钻探技术
张俊江	碳酸盐岩油藏生产过长中的动态应力场变化规律-以塔河油田TP326CH井为例	石油天然气学报
宋志峰 毛金成 王晨等	控缝高隔挡新技术	应用石化

三、发布专利（表4-6-3）

表4-6-3 发布专利表

类型	专利名称	专利号
发明专利	胍胶压裂液交联剂及其制备方法与应用	CN201610392662.7
实用实型	一种暂堵强度测试装置	ZL201520083965.1

参考文献

[1] 熊廷松, 彭继, 张成继, 等. 低浓度胍胶压裂液性能研究与现场应用 [J]. 青海石油, 2013, 31 (1): 78-82.

[2] 廖礼, 周琳, 冉照辉, 等. 超低浓度胍胶压裂液在苏里格气田的应用研究 [J]. 钻采工艺, 2013, 36 (5): 96-99.

[3] 谭佳, 江朝天, 孙勇, 等. 压裂用有机硼交联剂GCY-1的研究 [J]. 石油与天然气化工, 2010: 518-520.

[4] 陈馥, 李圣涛, 刘彝. 不同r_4基团的ves-N结构与性能关系 [J]. 应用化学, 2008, 25 (10): 1229-1232.

[5] 刘朝曦. 耐高温共聚物压裂液体系的研究与应用 [J]. 油田化学, 2013, 30 (4): 509-512.

[6] WEIJERS L, GRIFFIN L G. The first successful fracture treatment campaign conducted in Japan: stimulation challenges in a deep naturally fractured volcanic rock [Z]. SPE77678, 2002.

[7] 郭建春, 王世彬, 伍林. 超高温改性胍胶压裂液性能研究与应用 [J]. 油田化学, 2011 (02): 201-205.

[8] 陈大钧, 陈波, 杜紫诚, 等. 中高温自生酸ZS-1室内评价 [J]. 应用化工, 2015, 44 (1): 192-194.

[9] 许卫, 李勇明, 郭建春, 等. 氮气泡沫压裂液体系的研究与应用 [J]. 西南石油学院学报, 2002, (3): 64-67.

[10] 李兆敏, 杨丽媛, 张东, 等. 复合泡沫酸体系的优选及性能评价 [J]. 科学与技术工程, 2013, 13 (17): 4907-4911.

[11] 袁学芳, 兰夕堂, 刘举, 等. 一种泡沫酸稳定剂及其泡沫酸体系评价 [J]. 钻井液与完井液, 2013, 30 (3): 82-84, 87.

[12] 祝琦. 一种砂岩泡沫土酸体系性能评价 [J]. 石油化工应用, 2014, 33 (7): 89-91.

[13] 王海涛. 交联酸携砂酸压在白云岩储层改造中的应用 [D]. 成都: 成都理工大学, 2007.

[14] 王康军. 低渗透白云岩储层酸压物模与数模研究及应用 [D]. 成都: 西南石油学院, 2003.

[15] 邢德钢, 吕明久, 姚奕明, 等. 酸压技术在河南油田白云岩储层的应用 [J]. 精细石油化工进展, 2003, 4 (8): 39-42.

[16] 杨乾龙, 黄禹忠, 刘平礼, 等. 碳酸盐岩超深水平井纤维分流暂堵复合酸压技术及其应用 [J]. 油气地质与采收率, 2015, 22 (2): 117-121.

[17] 杨建委, 郑波. 纤维暂堵转向酸压技术研究及其现场试验 [J]. 石油化工应用, 2013, 32 (12): 34-38.

[18] 蒋卫东, 刘合, 晏军, 等. 新型纤维暂堵转向酸压实验研究与应用 [J]. 天然气工业, 2015, 35

(11)：87 - 92.

[19] 李栋，牟建业，姚茂堂，等．裂缝型储层酸压暂堵材料实验研究 [J]．科学技术与工程，2016，16（2）：158 - 164.

[20] 鄢宇杰，宋志峰，陈定斌，等．水平井暂堵转向酸压示踪剂监测技术研究 [J]．长江大学学报（自科版），2017，24（23）：80 - 82.

[21] 邹国庆，熊勇富，袁孝春，等．低孔裂缝性致密储层暂堵转向酸压技术及应用 [J]．钻采工艺，2014，12（5）：66 - 68.

[22] 李年银，代金鑫，刘超，等．致密碳酸盐岩气藏体积酸压可行性研究及施工效果——以鄂尔多斯盆地下古生界碳酸盐岩气藏为例 [J]．油气地质与采收率，2016，23（3）：120 - 126.

[23] 孙刚．碳酸盐岩储层纤维暂堵转向酸压技术研究与应用 [J]．内蒙古石油化工，2012，12（1）：112 - 113.

[24] 邓世杨，吴成斌，李军龙，等．纤维暂堵转向酸压在塔里木盆地碳酸盐岩储层的适应范围 [J]．内蒙古石油化工，2015，24，（23 - 24）：141 - 145.

[25] 罗云，赵建，冯轶．塔河油田井筒转向酸压技术研究与应用 [J]．石油地质与工程，2015，29（5）：110 - 112.

[26] 戴军华，钟水清，熊继有．暂堵压裂技术在坪北油田的研究应用 [J]．钻采工艺，2006（06）．

[27] 张丽梅．HPAM/Cr^{3+} 交联暂堵技术在堵水封窜中的应用 [J]．油田化学，2007，24（1）：34 - 37.

[28] 李晖，岳迎春，唐祖兵．超深碳酸盐岩储层水平段复合暂堵酸压工艺应用研究 [J]．应用技术与研究，2016，5.

[29] 时玉燕，刘晓燕，赵伟，等．裂缝暂堵转向重复压裂技术 [J]．海洋石油，2009（02）．

[30] 陈钢花，吴文圣，王中文，等．利用地层微电阻率成像测井识别裂缝 [J]．测井技术，1999，（04）：39 - 41 + 58.

[31] 魏斌，卢毓周，乔德新，等．裂缝宽度的定量计算及储层流体类型识别 [J]．物探与化探，2003，（03）：217 - 219 + 247.

[32] 赵舒．微电阻率成像测井资料在塔河油田缝洞型储层综合评价中的应用 [J]．石油物探，2005，（05）：509 - 516 + 18.

[33] 何胡军，毕建霞，曾大乾，等．基于测井曲线斜率的 KNN 分类算法常规测井裂缝识别——以普光气田礁滩相储层为例 [J]．中外能源，2014，（01）：70 - 74.

[34] 肖小玲，靳秀菊，张翔，等．基于常规测井与电成像测井多信息融合的裂缝识别 [J]．石油地球物理勘探，2015，（03）：542 - 547 + 7.

[35] 赵明，樊太亮，于炳松，等．塔中地区奥陶系碳酸盐岩储层裂缝发育特征及主控因素 [J]．现代地质，2009，23（4）：700 - 718.

[36] 谭成轩，王连捷，孙宝珊，等．含油气盆地三维构造应力场数值模拟方法 [J]．地质力学学报，1997：71 - 80.

[37] 唐湘蓉，李晶．构造应力场有限元数值模拟在裂缝预测中的应用 [J]．特种油气藏，2005，12（2）：25 - 29.

[38] 赵金洲，任岚，胡永全．页岩储层压裂缝成网延伸的受控因素分析 [J]．西南石油大学学报（自然科学版），2013，35（01）：1 - 9.

[39] 陈勉，庞飞，金衍．大尺寸真三轴水力压裂模拟与分析 [J]．岩石力学与工程学报，2000（S1）：868 - 872.

[40] 吴奇，胥云，张守良，等．非常规油气藏体积改造技术核心理论与优化设计关键 [J]．石油学报，2014，35（04）：706 - 714.

第五章

地面工程技术进展

塔河油田是以奥陶系碳酸盐岩古岩溶油藏为主的油田，油藏埋深4200～7000m。油藏分布及流体性质十分复杂，平面上，由东南到西北，油气性质具有凝析气－中质油－重质油变化的特点，原油密度范围0.75～1.017g/cm³，地层水矿化度$20 \times 10^4 \sim 22 \times 10^4$mg/L，伴生气硫化氢$1.0 \times 10^4 \sim 15 \times 10^4$mg/m³，沥青质25%～62%，具有超稠、高含盐、高含硫化氢、高沥青质等特点，给油气集输处理带来更多、更高、更难的要求与挑战。油气集输是把分散的油井所生产的石油、伴生天然气和其他产品集中起来，经过必要的处理、初加工，合格的原油和天然气分别外输到下游用户的全过程。主要包括油气分离、油气计量、原油脱水、天然气净化、原油稳定、轻烃回收等工艺。

在近年的油田开发建设过程中，由于油藏物性复杂多样，以及低油价的冲击，给油气集输处理及配套工程带来了诸多新的难题。地面工程技术人员不断开拓思维，艰苦奋斗，开展了油气集输处理、仪表自控、油田节能、经济评价等方面的技术研究，攻克了管道完整性管理、油水高效破乳分离、天然气高效脱硫尾气处理、多相流计量、标准化设计等一系列生产技术和管理难题，支撑了油田地面工程核心技术不断进步和发展，解决了大部分实际问题，保障了塔河油田的高效开发。

（1）油气集输处理方面。主要开展了高含硫原油脱除、原油脱水等相关技术研究。针对高含硫原油脱除工艺复杂、成本高等技术难题，研发了高效油气脱硫剂，优选脱硫工艺，实现经济高效脱硫，其中研发的负压气提脱硫工艺在塔河油田成功推广应用6套，解决了含硫油气处理的技术难题。针对原油乳化影响脱水效果，开展混合原油物性和界面性质研究，优选破乳剂，解决原油脱水难题。针对天然气尾气处理投资高、产品质量差难题，开展工艺、药剂优化研究，保证了安全、环保、经济、高效。针对中高含水期稠油系统处理难题，开展全系统、全流程优化分析，提高地面油气集输处理系统的适应性。针对轻烃处理系统收率低、装置运行超负荷等难题，立足整体，通过全系统分析优化，提出了系统优化措施，满足生产需求。针对天然气中高含有机硫影响轻烃销售、碱洗处理难度高的难题，研究轻烃中有机硫脱除方法，解决现有脱硫难题。

（2）油气计量及分析化验方面。开展了多相流计量及含水分析监测相关技术研究。针对单井计量运行成本高的难题，开展多相流计量研究，创新提出采用倒 U 型装置测量混合液含水，降低了多相流计量装置的投资，实现多相流计量装置现场成功应用，为单井管线串接提供了技术支持，同时降低了取样化验运行成本。针对原油含水在线检测计量以人工法为主，耗时长、用工多、劳动强度大，取样随机性大、存在较大的人为误差问题，开展在线含水检测关键技术研究，设计制造试验装置，进行现场试验评价，测量偏差不超过 5%，建立了适应塔河油田的含水在线检测技术体系。

（3）在电网优化、系统能效优化及整体生产运行管理方面也开展了相关研究。针对塔河油田电网结构、变电站分布及能耗水平等整体系统分析、诊断不足，系统可优化空间较大的问题，通过油田电网仿真分析方法，建立电网潮流计算模型，开展电网潮流、短路及网损分析优化，实现电网电能损耗较原有损耗减少 2%。针对联合站原油处理系统能效认识不清的问题，开展能耗设备效率、用能状况、能量流向及能耗分布分析评价，建立能效分析模型和方法，提出节能增效优化对策，指导全油田集输系统能耗优化。开发联合站能效与优化评价软件，快速、准确分析联合站能效情况，制定节能优化对策，降低运行成本。针对油田降三倒业务资料累积越来越多，传统人工收集、逐级汇总的数据管理模式无法满足业务需求的问题，开展了油田降三倒技术研究工作及信息化提升，建立一套集三倒业务数据采集、查询、分析、统计等功能的完整体系，实现数据共享和专业化应用，为油田三倒精细管理提供信息化支撑。同时，利用软件建立油气水管网仿真模型，进行系统分析评价，指导优化，提升管网效率。探索建立了健全的长输管道完整性管理体系，结合分公司管道管理特点，提出适合分公司推行和应用的管道完整性管理规范和风险评价方法。开展储气库方案设计、地面工程标准化设计体系研究，做好技术储备，指导分公司地面工程建设。开发塔河油田地面工程项目经济评价软件，对技改项目设计前期咨询、经济评价相关参数进行研究测试，提高项目决策的科学合理性。

塔河油田油气集输系统通过近年的技术攻关，通过集成创新和自主创新相结合，攻关形成了超稠油集输处理技术、智能化集输技术、新能源高效利用等技术，部分技术进行了广泛的现场应用，并取得了良好的应用效果。不但为分公司油气高效开发提供了可靠的技术支撑，也为该类油藏地面集输处理提供了良好的借鉴。

第一节　油气集输

一、顺北 1 井区油气脱硫技术

1. 技术背景

针对顺北 1 井区原油和天然气含硫超标的问题，目前原油脱硫缺少成熟的工艺和药剂，常规天然气脱硫工艺复杂、成本高，通过研发高效原油和天然气脱硫剂，优选脱硫工艺，实现经济高效的原油和天然气脱硫。

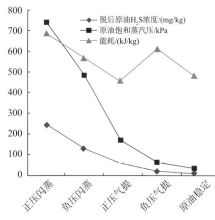

图 5 - 1 - 1　工艺对比分析研究

2. 技术成果

成果 1：通过对 5 种原油脱硫工艺进行系统模拟分析，优选出负压气提脱硫工艺技术，该技术能同时满足原油饱和蒸汽压及脱后原油 H_2S 浓度要求，相比原油稳定能避免重沸器结垢堵塞、腐蚀问题（图 5 - 1 - 1）。

成果 2：研制了一种与轻质原油极性相似的三嗪类高效脱硫剂，有利于脱硫剂与原油的混合，原油脱硫效率达到 97.25%（表 5 - 1 - 1）。

表 5 - 1 - 1　高效原油脱硫剂与常规原油脱硫剂对比

编　号	温度/℃	投加量/ppm	介　质	流　速	脱硫效率/%
高效原油脱硫剂	25	1000	含硫原油	动态	97.52
B	25	1000	含硫原油	动态	76.49
C	25	1000	含硫原油	动态	78.62
D	25	1000	含硫原油	动态	85.19
E	25	1000	含硫原油	动态	63.05
F	25	1000	含硫原油	动态	81.53

成果 3：研制出一种 PMA 天然气脱硫剂，同时在脱硫剂中添加助剂提高再生速度和硫黄分离的效率，形成一种高效复合脱硫剂（表 5 - 1 - 2）。

表 5 - 1 - 2　高效天然气脱硫剂与普通药剂性能对比

项　目	高效脱硫剂	常规氧化还原法药剂
脱硫液硫容/%	>1.0	<0.5
温度适应范围/℃	5 ~80	40 ~60
关键药剂成分	1，4-二-（2，3-二羟丙基）哌嗪，属于有机物	铁氧化剂（提供 Fe^{3+}）
吸收速度/s	<10	30 ~40
再生速度/s	130	>250

成果 4：利用熔硫釜将含硫颗粒较高的硫泡沫提纯，形成块状固体硫，同时脱硫剂回收，形成一套硫黄颗粒回收技术（图 5 - 1 - 2）。

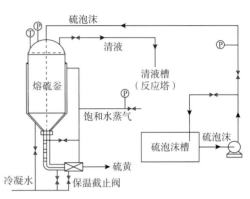

图 5 - 1 - 2　硫黄回收工艺示意图

3. 主要创新点

创新点 1：解决了轻质原油高 H_2S 脱除工艺技术难题，形成了负压气提脱硫稳定一体化工艺，实现了原油中 H_2S 的全回收，商品原油中 H_2S 含量符合原油外输安全阈值。

创新点 2：创新性地将直接氧化还原工艺作为中潜硫量的天然气脱硫新方法，同时研制出一种高效天然气脱硫药剂。

4. 推广价值

该技术形成的负压气提脱硫工艺在同一套装置中实现了原油稳定和脱硫"一塔双效"，为原油稳定和脱硫找到了一条更加经济高效和节能环保的新思路。截至目前，该工艺在塔里木盆地油气田已成功推广应用 6 套，其中塔河油田已完工投产 5 套，中国石油哈拉哈塘油田推广应用 1 套，正在改扩建 2 套。

二、三号联强乳化原油破乳技术

1. 技术背景

TP - 13 计转站原油前期含水 <0.5%，车辆拉运外输；随着含水上升，输送至三号联合站混合后处理，影响原油脱水。破乳剂加量由 130mg/L 增加至 220mg/L，时常出现原油综合含水高于 5% 的现象，影响原油外销。通过对托甫台南区块和三号联原油物性分析，开展托甫台南区块原油对三号联原油破乳脱水影响因素研究，并根据混合原油的界面性质，开展破乳剂优选，解决现有脱水困难问题。

2. 技术成果

成果 1：开展了三号联合站原油乳化液稳定性分析。通过原油的物性、四组分、界面性质、微观结构及其稳定性分析了三号联不同原油乳化液的稳定性。原油四组分、界面特性分析结果表明，现有破乳剂 H_{LB} 值不能满足托甫台南原油脱水要求，需开展破乳剂优选（图 5 - 1 - 3）。

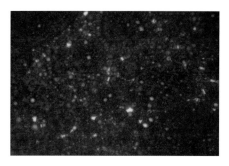

图 5 - 1 - 3　原油乳状液微观特性分析图

成果 2：优选出了适合三号联合站稀油的破乳剂。基于原油乳状液类型和界面活性，优选了水溶性聚醚类（SDP - 12，分子量8000）破乳剂属于 W/O 类破乳剂并作为三号联混合原油破乳剂，浓度达到 120 mg/L 时，2h 内脱水率可以达到 100%（图 5 - 1 - 4）。

成果 3：结合现场处理工艺和破乳剂特性，提出了原油分质分离处理工艺。现场运行表明，托甫台南原油及三号联原油脱水后含水均<0.5%，优于外输标准；破乳剂加量

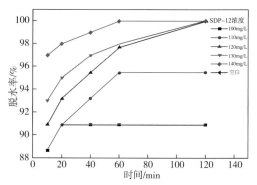

图 5 - 1 - 4　不同破乳剂浓度对原油脱水效果影响

由混合处理的 220×10^{-6} 分别降低至 100×10^{-6}、130×10^{-6}，减少破乳剂加注量 0.96t/d，降低成本 1.44 万元/天（图 5 - 1 - 5）。

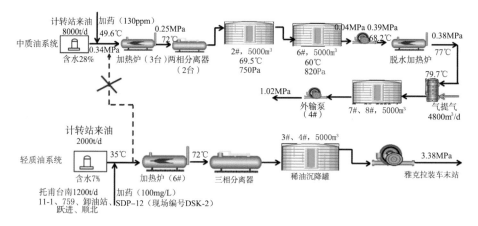

图 5 - 1 - 5　三号联合站原油分质处理工艺流程

3. 主要创新点

创新点：根据三号联合站进站油品的性质和破乳剂界面活性，提出了三号联合站分质脱水处理技术工艺，减少破乳剂加注量 0.96t/d，降低成本 1.44 万元/天。

4. 推广价值

该研究成果表明了不同油品对不同破乳剂类型需求不同，提出了分质脱水工艺技术，为西北油田分公司其他联合站脱水提供借鉴。

三、顺北井区天然气尾气处理技术

1. 技术背景

根据目前各种天然气尾气处理工艺的适用范围，顺北井区天然气脱硫只能选择络合铁工艺，但该工艺存在工程建设投资高、脱硫剂硫容量低、硫黄产品质量差等问题，通过改进现有络合铁工艺和配套的药剂，同时开展新工艺研究，实现安全、环保、经济、高效的尾气处理技术。

2. 技术成果

成果 1：完成现有络合铁工艺配套药剂的改进。以实验为基础，实现药剂成分和加注参数的改进（图 5-1-6）。

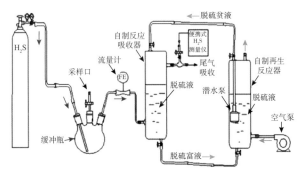

图注：←H₂S流动方向 ←脱硫液流动方向 ←空气流动方向

图 5-1-6 实验流程及生产的硫黄

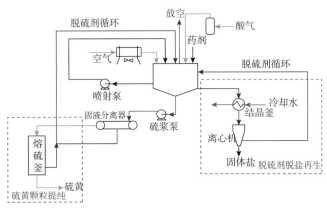

图 5-1-7 改造工艺示意图

成果 2：完成现有络合铁工艺的改进。重点增加脱硫剂脱盐再生装置和硫黄颗粒提纯装置，同时对现有工艺的自控系统、设备材质和硫黄沉积方式进行改进。采用改进后的络合铁工艺和改进后的药剂，折算吨硫综合成本 2630 元，较目前的综合成本 3500 元/吨，运行成本降低 24.9%（图 5-1-7）。

成果3：提出尾气处理新工艺。通过不同工艺的论证，提出酸气直接生产硫酸的新工艺，并完成工艺设计，使用该新工艺可以使吨硫综合成本进一步降低至2200元/吨（图5-1-8）。

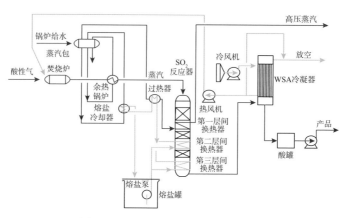

图5-1-8 酸气制硫酸工艺流程图

3. 主要创新点

创新点1：改进后的络合铁工艺和配套的药剂，天然气尾气处理综合成本可降低24.9%。

创新点2：提出酸气直接生产硫酸新工艺，较改进后的络合铁工艺，采用新工艺可进一步降低综合成本16.3%。

4. 推广价值

改进后的络合铁工艺及配套的药剂可以在顺北天然气尾气处理中应用，同时对塔河油田已建的3座尾气处理站场进行改造，降低综合成本。提出的酸气生产硫酸新工艺，受制于新疆特殊的社会环境，可作为技术储备择机实施。

四、中高含水期稠油系统适应性评价及技术对策

1. 技术背景

一方面，随着塔河油田开发进程的深入，油田注水范围和注水量逐渐增大，油田产出液含水上升，导致油气集输处理工艺适应性变差，注水工艺和管网不能满足油田注水需要；另一方面，地面管道、设备服役时间延长，地面设施老化，效率降低，西北油田电力系统配电网功率因数低，网损大。针对西北油田分公司地面工程在生产运行中存在的问题，通过对集输管网、油气处理系统、注水系统、供配电系统的优化，提出实质性地面系统更新改造技术指导意见，为建立更新改造长效机制提供技术依据。

2. 技术成果

成果1：结合顺北油田开发部署以及塔河油田较为成熟的天然气管网现状，根据周边城镇天然气市场需求充分论证近、中、远三期天然气外输管线方案。

已新建塔河－拉依苏天然气管线，总长约60km、10MPa、DN450，拉依苏末站至拉依苏门站连络管线为DN250，总长约6.7km；拉依苏末站至天运化工支线为DN250，总长度约1.5km（已施工完成，计划2018年2月投产）。

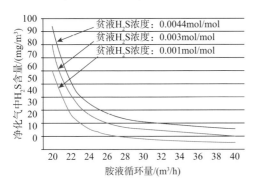

图5－1－9　不同H_2S浓度下胺液循环量与净化气中H_2S含量的关系

成果2：对天然气增压、脱硫、硫黄回收、脱水、轻烃回收等单元进行系统评价，针对存在的问题系统性地提出解决方案；针对MDEA脱硫装置原料气有机硫含量高的特点，优选脱硫吸收剂；同时，建立不同H_2S含量、操作温度、压力下的脱硫工艺运行参数图版，指导优化运行（图5－1－9）。

成果3：对注水管线及注水系统分析评价开展优化研究。提出适用于塔河油田注水系统的一体化注水撬块。优选出适用于塔河油田的新型对置式高效注水泵。

3. 主要创新点

创新点：在天然气处理方面，建立不同H_2S含量、操作温度、压力下的脱硫工艺运行参数图版，指导优化运行。

4. 推广价值

对比离心泵和传统单边柱塞泵，对置式柱塞泵泵效高，排量大，流量均匀。所以，在新建注水站或注水泵置换时，建议优先采用对置式大排量柱塞泵。

五、油气水管网系统优化技术

1. 技术背景

针对塔河油田地面工程由于滚动建设和开发生产方式等因素导致的部分天然气管线能力不足、原油输送效率低、污水管线供水能力不足等问题，利用软件建立油气水管网仿真模型，对塔河油田油气水管网进行系统分析评价，找出问题本原，制定优化方案，实现提升管网效率、节能降耗的目的。

2. 技术成果

成果1：建立塔河油田原油集输系统、注水系统评价指标体系，形成原油集输系统、注水系统评价方法，优选适合塔河油田的多相流水力计算模型为BBM模型，多相流热力计算模型为黑油模型。

成果2：完成油田输油系统集油管网、掺稀管网的分析评价，针对存在问题进行优化，可实现原油管网运行效率提升最高达7.6%以上；优化降低部分计转站的出站温度，可节省费用约245万元/年，约占总费用的10.8%（表5－1－3、图5－1－10）。

表 5 - 1 - 3　管线优化成果对比表

管线名称	压降梯度/（Pa/m）	效率/%	优化措施	优化后压降梯度/（Pa/m）	优化后效率/%
6 - 2—二号联	208.70	69.53	降低 6 - 2 站出站温度至 64℃，增加副管	121.74	75.85
12 - 9—12 - 13	133.66	60.46	降低 12 - 9 站出站温度至 63℃	103.96	68.04
12 - 13—12 - 12	143.48	93.07	串接管线、增加副管	97.83	93.24

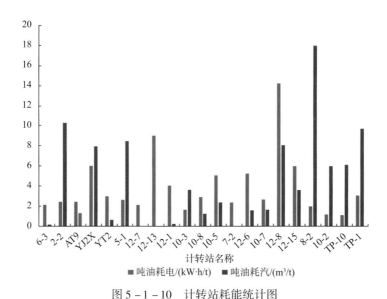

图 5 - 1 - 10　计转站耗能统计图

成果 3：完成采油一厂和雅厂输气管线运行参数分析评价和伴生气管线积液量计算，制定了雅厂注醇方案，确定了需注醇管线的最小注醇流量为 238.5L/h。

成果 4：完成注水管网分析评价和优化。通过对注水管网存在的输送瓶颈和不合理布局进行优化，优化后的注水管网效率相比现有实际管网运行效率可提高约 8.5%。

3. 主要创新点

创新点 1：提出的原油集输管网系统优化方案，可实现原油管网运行效率提升最高达 7.6% 以上，可节省站场运行费用约 245 万元/年，油田管网效率总体可提升 5% 以上。

创新点 2：研究制定了雅厂注醇方案，确定了需注醇管线的最小注醇流量为 238.5L/h，可为现场注醇提供依据。

4. 推广价值

本研究形成了系统的油田管网系统运行评价方法，提出的管网优化改进措施，具有易实施、费用低的优点，目前已陆续开展可行性研究，经论证均具有较好的可行性，对下一步的管网改造提供了技术指导，推广价值较高。

六、二号联硫黄回收装置运行优化技术

1. 技术背景

针对二号联轻烃站硫黄回收装置运行成本高、故障多、超负荷、运行时效低的问题，通过工艺、药剂、运行三个方面研究，提出优化方案，实现对二号联轻烃站硫黄回收装置的优化改造，满足生产需求。

2. 技术成果

成果1：完成国内常用硫黄回收药剂的实验评价。结果表明：日前，二号联在用的药剂效果较差，建议更换药剂；现有设备和管线材质耐腐蚀性能差，需更换为304L材质；控制MDEA再生尾气中CO_2含量，可有效降低硫黄回收药剂成本（图5-1-11）。

成果2：完成药剂加注工艺参数研究，得出最优药剂加注工艺参数是温度40℃，$O_2/H_2S = 8$，气/液 = 10，碱度 = 25g/L（图5-1-12）。

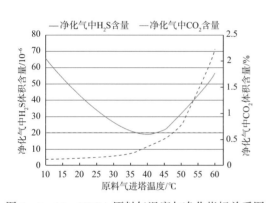

图5-1-11　MDEA原料气温度与净化指标关系图

图5-1-12　加注工艺参数实验装置图

成果3：提出二号联硫黄回收装置改造方案。立足已建系统，对二号联硫黄回收装置进行优化改造，设计了用LO-CAT技术对现有装置改造的方案和二号联硫黄回收装置能力恢复方案，采用两种改造方案改造后的运行成本均可降低20%以上，考虑改造周期，推荐用LO-CAT技术对现有装置改造的方案。

3. 主要创新点

创新点：通过工艺、药剂和运行三个方面研究，提出有针对性的改造方案并提出合理的运行参数，优化后二号联轻烃站硫黄回收装置运行成本降低20%以上，同时解决超负荷问题，满足生产需求。

4. 推广价值

为西北油田分公司九区净化站和三号联轻烃站硫黄回收装置的优化运行提供借鉴，为顺北天然气硫黄回收装置设计提供借鉴。

七、二号联轻烃站系统优化及 9 区凝析气藏地面技术应用评价

1. 技术背景

塔河油田二号联轻烃站多次改造，目前仍存在脱硫深度不够、轻烃收率低、装置运行超负荷等问题，需立足整体，全系统分析，提出优化措施，满足生产需求。塔河 9 区高压高含硫化氢气藏地面系统已经建成并投入运行，需对地面技术进行评价，提出高压高含硫化氢凝析气的集输处理优化技术，为下步类似气藏开发提供借鉴。

2. 技术成果

成果 1：提出二号联轻烃站系统性的优化方案。

通过生产控制参数、各单元关联性、核心设备的分析，提出优化方案，改造后解决超负荷问题，同时实现脱硫合格，C_3^+ 收率由现有的 75% 提高至 85% 以上（图 5 - 1 - 13、图 5 - 1 - 14）。

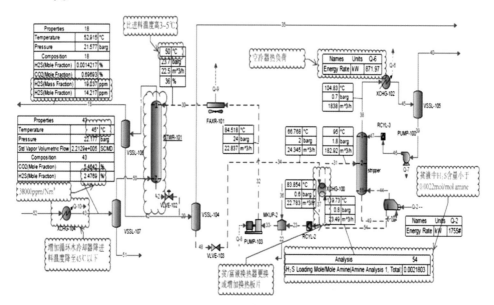

图 5 - 1 - 13　脱硫单元系统优化方案

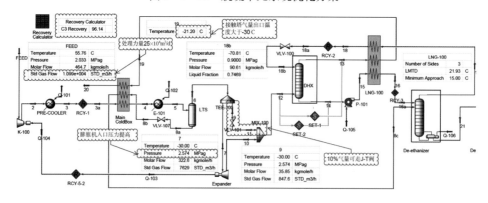

图 5 - 1 - 14　轻烃回收单元系统优化方案

成果2：完成九区凝析气藏地面技术应用评价，对存在的问题提出改造方案。

分类评价不同工况条件下的工艺、材料、设备等地面技术，评价结果可用于指导类似项目的建设；对9区净化站系统进行优化，优化后脱硫再生能耗降低600kW，降低热负荷50%，外输气水露点降低至-15℃，满足国标要求（图5-1-15）。

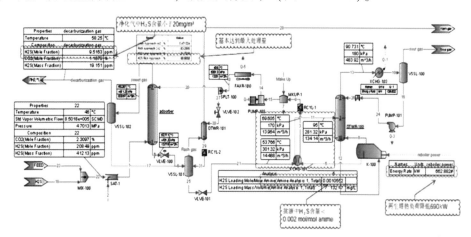

图5-1-15　九区净化站系统优化方案

3. 主要创新点

创新点1：立足整体、加强内部各环节相互影响的分析，从系统角度提出优化方案，优化后净化气中 H_2S 含量小于 $20mg/m^3$，轻烃收率由75%提升至85%以上。

创新点2：九区凝析气藏地面技术应用评价结果可用于指导类似应用的建设。

4. 推广价值

该评价的完成为西北油田分公司已建天然气站场的优化改造提供经验，为高压高含硫凝析气集输处理地面建设提供技术指导。

八、储气库地面工艺技术可行性论证

1. 技术背景

为充分利用油气田天然气资源，缓解油气田冬夏产销不平衡问题，建立储气库是较为有效的措施。为此，开展了可行性论证，旨在为后期西北油田分公司合理高效地开发、利用天然气资源做好技术储备。

2. 取得认识

储气库地面系统属于储气库的配套系统，包括管网、处理设备、注采设备等，对储气库运行的安全稳定具有至关重要的作用。

认识1：通过调研掌握了整个储气库的注采工艺（图5-1-16）。

（1）注气工艺：输气干线富裕的天然气通过分输站至注采站之间的输气支线进入注采站，在注采站内经计量、分离、过滤、增压后，由注气管线输送至注采井场，通过注采阀组、单井管线、单井计量、采气树注入气井。

（2）采气工艺：气井来气经单井计量后，由单井管线输至注采阀组，随后由采气管线输送至注采站，在站内进行分离、脱水、脱烃、调压、计量后，再经输气管道输送至分输站，补充进输气干线。

注采管网类型：针对注采管网类型，调研了国内外 30 多个储气库，多采用放射状管网（图5-1-17、图5-1-18）。

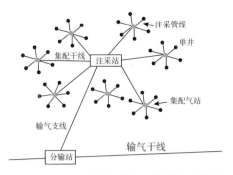

图 5-1-16　采出气脱水工艺管网示意图

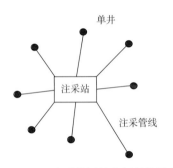

图 5-1-17　注采管网单点辐射状示意图

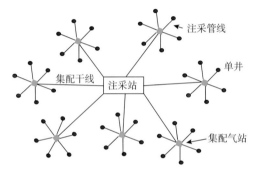

图 5-1-18　注采管网多点辐射状示意图

认识 2：国内储气库增压压缩机大多采用往复式压缩机。通过对压缩机组性能进行模拟计算分析，提出提高中间冷却系统的冷却效果、定时清除冷却器管束沉积物、减少天然气泄漏，以及阀口节流等措施以降低能耗。

认识 3：采出气脱水工艺国内外均多采用三甘醇脱水，通过对脱水单元运行现状和问题的分析提出相关优化措施：采用旋转齿轮能量转换泵、将闪蒸罐闪蒸出的轻烃引入灼烧炉进行燃烧排放，进一步的控制重沸器的温度，保证吸收塔的脱水效果。

认识 4：地下储气井是采用钻井技术，在地面上钻一个深度约为 100～200m 的井，然后将十几根石油钻井工业中常用的套管连接在一起，两头再各安装一个封头，形成一个细长的容器，放至井中，然后在套管外围与井壁之间灌入水泥砂浆，将长筒形容器固定起来，便形成了一个地下储气井。根据加气站的容积需要，可以灵活决定储气井的深度和数量，每口井的间距 1～1.5m，主要用于 CNG 汽车加气站。

认识 5：通过调研认识到储气库建设中地下工程占总投资的 24%～33%，地面工程占总投资的 15%～23%，垫底气费用占总投资的 30%～45%，这几项是地下储气库工程投资控制的核心，是重点加强管理与控制的内容。

3. 下步建议

建议 1：目前，国内缺乏针对储气库管网优化设计的专业软件，因储气库现场情况及生产流程具有与常规气田不同的特点，因此，建议开发一款针对储气库管网优化设计的专业软件，以降低储气库建设和运行成本。

建议 2 ：针对储气库增压脱水系统优化运行提出下措施：

（1）定时清除冷却器管束沉积物。

（2）减少天然气泄漏以及阀口节流。

（3）采用旋转齿轮能量转换泵。

（4）将闪蒸罐闪蒸出的轻烃引入灼烧炉进行燃烧排放，进一步地控制重沸器的温度，保证吸收塔的脱水效果。

建议 3 ：天然气长输管道与天然气地下储气库应该相互结合，在规划天然气长输管道的同时，考虑地下储气库的经济性，用以降低长输管道的总投资及运营费用。

九、轻烃脱除有机硫技术

1. 技术背景

二号联轻烃站轻烃总硫超标，平均总硫含量 0.186% ，不满足《稳定轻烃》（GB 9053—2013）二号轻烃小于 0.1% 的质量要求，导致轻烃滞销。目前，采用碱洗脱硫工艺，存在碱消耗量大，产生废弃碱液，处理难度高的问题。通过技术可行性论证，寻求一种轻烃中有机硫脱除方法，解决现有脱硫难题。

2. 取得认识

认识 1 ：明确了气提气凝液、稳定轻烃、碱洗后混烃的总硫、单体硫及单体烃组分。H_2S 占混烃中总硫的 70.1% ，甲硫醇、乙硫醇占总硫的 27.8% 。碱洗工艺仅能脱除 H_2S、硫醇及部分羰基硫，其他形态的有机硫无法脱除（表 5 – 1 – 4）。

表 5 – 1 – 4　不同工艺混烃脱处有机硫效果对比表

硫化物	负压凝液/%	新分馏轻烃出口/%	碱洗后过滤器出口/%
硫化氢	0.5529	0.0031	0.0077
羰基硫	0.0019	0	0.0005
甲硫醇	0.196	0.0023	0.0067
乙硫醇	0.0232	0.0028	0.0016
二甲基硫醚	0.008	0	0.0116
二硫化碳	0.0014	0	0.0015
异丙硫醇	0.0029	0	0.0004
正丙硫醇	0.0019	0	0
噻吩	0.0008	0.0009	0.0009
乙硫醚	0	0	0
二甲基二硫	0.0001	0	0.0099

认识 2 ：明确了天然气脱硫系统影响的主要因素。二号联轻烃站伴生气 C_3^+ 含量为

19%，导致二号联轻烃站突发性拦液冲塔；脱硫塔塔板数从 15 层增加至 26 层，净化气中硫化氢含量从 210×10^{-6} 减少至 13×10^{-6}，塔板数是影响脱硫效果的重要因素（图 5-1-19 ~ 图 5-1-22）。

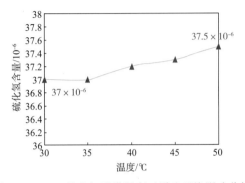

图 5-1-19　伴生气进塔温度对脱硫系统影响分析

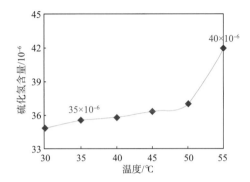

图 5-1-20　MDEA 温度对脱硫系统影响分析

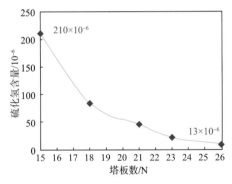

图 5-1-21　塔板数对脱硫效率影响分析

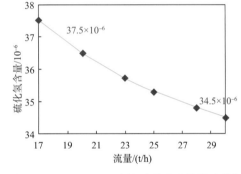

图 5-1-22　MDEA 流量对脱硫系统影响分析

认识 3：分析了现有碱洗脱硫工艺和液-液抽提脱硫工艺不足，提出了混烃分馏脱硫和抑制发泡改造思路。混烃碱洗碱耗量 2t/d，碱渣产生量 5t/d，年处理费用为 474 万元。液-液抽提脱硫工艺对胺液品质影响较大，不能完全再生（图 5-1-23、图 5-1-24）。

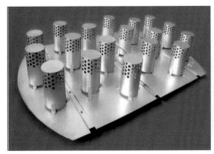

图 5-1-23　立体喷射发泡塔盘

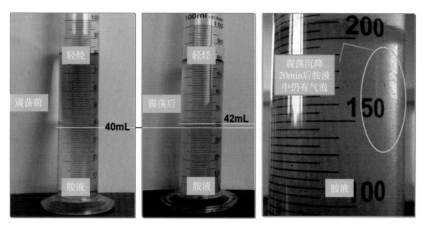

图 5 – 1 – 24　混烃 – 胺液相互夹带实验

3. 下步建议

建议1：采用立体喷射发泡塔盘对天然气脱硫塔进行整改，可以解决脱硫塔发泡拦液问题，降低产品管输天然气的硫化氢含量。

建议2：碱洗脱硫过程对有机硫脱除率低，硫化氢消耗大量碱液，产生大量碱渣，且碱渣不能适用再生处理，建议采用分馏脱硫工艺脱硫混烃中的硫化氢。

十、管道完整性技术

1. 技术背景

西北油田分公司管道完整性管理体系尚未建立，在管道管理方面较为被动，其中，长输管道多、分布广，腐蚀因素多样，敷设环境复杂，随着管道运营年限增长，腐蚀穿孔时有发生，具有较大的风险隐患。针对以上问题，开展管道完整性技术咨询，探索建立健全的长输管道完整性管理体系，在研究分析国内外先进的管理技术应用成果的基础上，结合西北油田分公司管道管理特点，提出适合推行和应用的管道完整性管理规范和风险评价方法；为后期全面开展管道完整性技术应用奠定基础。

2. 技术成果

成果1：对国内外近10家大型管道公司的完整性管理实践进行了调研，完成国内外管道完整性技术调研与分析。结合塔河油田管网的实际特点，提出了需要学习与借鉴的地方，包括相关体系文件与制度、组织机构建设、事故应急管理、巡检制度、数据管理等管理模式方面，以及管道地质灾害评估技术、场站完整性管理配套技术、维抢修技术、内腐蚀检测技术等。

成果2：通过现场访谈、资料搜集与查阅等方式对塔河油田管道完整性管理现状进行了调研，提出了持续改进建议。对塔河油田集输管网的内检测、外检测、清管作业、现场巡线、智能化管道系统、管道修复、高后果区管理、风险评价、应急演练、完整性管理体系、事故处理、质量管理等方面进行了详细调研；详细了解了西北油田分公司油气集输系统数据平台、地理信息基础服务平台等信息化技术发展成果的使用情况及有待改进的地方。针对完整性管理体系制度建设、管道定量风险评价等 12 个方面提出了 2017～2020 年期间共 53 条持续改进建议。

成果 3：参考国内外完整性的最佳实践和行业经验，编制了针对西北油田分公司的管道完整性管理规划指导建议书。从完整性管理体系建设、无人机全数字化巡检、数据采集恢复与入库等 13 个方面进行了详细规划，形成了全面的完整性管理规划指导建议（图 5 - 1 - 25）。

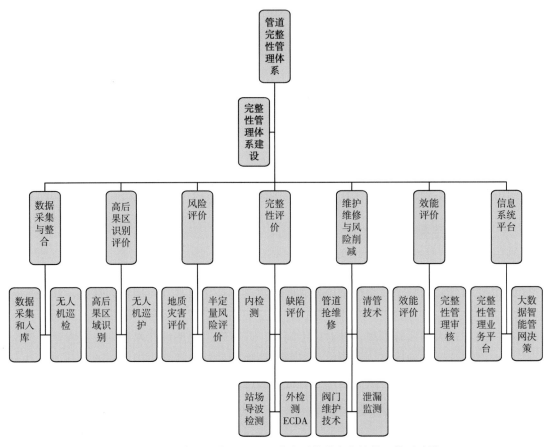

图 5 - 1 - 25　中国石化西北油田分公司管道完整性管理体系建设

成果 4：完成了西北油田分公司管道风险评价方法。制定了一套适合中国石化西北油田分公司的风险评估流程，使用系统的分析评估方法来确定管段发生事故的概率和事故的后果，从而计算分析管道的风险水平。针对风险进行科学排序，合理制定完整性管理计划，优化维修决策，降低管道管理运行成本。包括管道风险评价方法和流程、输气管道周边环境及第三方施工风险识别与评价、输气管道腐蚀风险识别与评价等方面的风险评价方法。可用于西北油田分公司所属管道的风险评价技术与管理（图 5 - 1 - 26）。

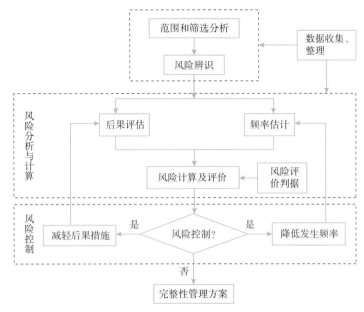

图 5-1-26 风险评价流程图

成果 5：完成了西北油田分公司管道完整性管理规范。为加强管道的安全保护，规范管道完整性管理工作，实现管道安全、平稳、高效运行，制定了管道完整性管理规范。该规范适用于中国石化西北油田分公司管辖的输气管道及附属设施的安全保护与管道完整性管理。

3. 主要创新点

创新点 1：制定了一套适合中国石化西北油田分公司的风险评估流程，包括管道风险评价方法和流程、输气管道周边环境及第三方施工风险识别与评价、输气管道腐蚀风险识别与评价等方面的风险评价方法。

创新点 2：制定了管道完整性管理规范。本办法采用最低、合理、可行原则，将管道风险控制在可接受的范围内，不对员工、公众、用户或环境产生不利的影响，避免重大公共安全责任事故，延长管道寿命，落实三大（政治、社会、经济）责任，实现管道安全、平稳、高效运行，实现完整性管理零伤害、零损伤、零事故的目标。

4. 推广价值

根据本次技术可行性论证的成果，可在西北油田分公司所辖的成品油管道、原油输送管道、天然气管道积极推广并开展管道完整性管理，统一制定有针对性的技术规程和管理规定，使管理可控、风险可控。

十一、塔河油田地面工程标准化设计体系

1. 技术背景

根据中国石化"三化"工作总体部署，针对西北油田分公司目前标准化设计尚未成体系，各设计单位的设计风格、标准仍存在差异；设备撬装化、模块化程度不高，造成设备

种类繁多、占地面积大，工艺流程长，不利于标准化采购、模块化建设工作的顺利推进等问题，开展塔河油田地面工程标准化设计体系研究，通过分析国内油气田的"四化"建设成果在塔河油田的适用性，结合前期西北油田分公司"四化"建设过程中取得的成果和经验，最终形成符合西北油田分公司自身特点、适用性强的"四化"工作系列标准化设计技术文本库，满足油田地面工程在方便管理的需求；实现标准化设计成果快速查阅和共享，提高地面工程标准化设计效率和建设管理水平。

2. 技术成果

成果1：按照总部提出的"油田内部简单工程标准化先简后繁、先易后难、有序推进"的要求，研究分三个标段，分别对天然气系统、稠油系统、中质油系统、注水系统、中高压电力系统、道路系统共37项单体工程进行了标准化设计，完成标准化设计图纸绘制、多轮次修订及完善。油田完善了包括注、采、输、道路各环节共10类29套标准化设计、60个定型模块；气田深化了井场、集气站、计量混输站、天然气脱水（脱硫）单元、收发球筒、输气管道截断阀室、变电所及供电线路和配套系统共7类7套标准化设计、15个定型模块（表5－1－5、表5－1－6和图5－1－27）。

表5－1－5　不同油藏类型地面工艺流程分类表

油藏类型	集输、处理工艺	特色技术
气藏	井口节流高压集输	一级布站、无人值守、远程监控
中质油藏	不加热集输、撬装计量、油气混输与分输相结合	油气混输、数据采集监控、密闭集输、无人值守、远程监控
重质油藏	双管加热集输、三管加热集输、撬装计量、油气混输与分输相结合、掺稀工艺	油气混输、高压流量自控技术、多站合一、数据采集监控、密闭集输、无人值守、远程监控、联合站气提法原油脱硫、大罐负压抽气稳定、多级热化学沉降脱水

表5－1－6　标准化场站模块分类表

模块类型	划分标准	模块构成
工艺模块	工艺流程	由直接相关设备、配管、基础、仪表、防腐等内容构成
建筑模块	使用功能	包括建筑和与之相关的暖通、照明设计等
信息化模块	站场性质	包括站场的监测点设置、站控系统、通信设施等内容

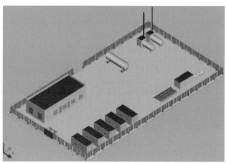

图5－1－27　计量混输站标准化平面布局

成果 2：根据标准化设计图纸，提炼统一的技术要求，编制形成《西北油田分公司地面工程标准化设计手册》。主要确定同类站场的应用范围、自然环境条件、采用的标准规范、统一技术要求等。

成果 3：自 2012 年开展四化工作以来，共新建简单工程 722 项，其中油气井 671 口，拉油流程 17 座，计量阀组 10 座，撬装注水装置 24 座，管道 2220.4km，道路 749km。标准化设计覆盖率 100%、设计图纸重复利用率 80%；设计变更平均减少了 57%，提升了设计质量；设计周期相比标准化设计应用前降低了 25%，提高了整体工程建设进度；比标准化前平均优化地面工程投资 5%（表 5 – 1 – 7）。

表 5 – 1 – 7　简单工程标准化设计实施成果汇总表

	井场	近5年建设数量	采用标准化设计的数量/座	标准化覆盖率目标值/%	标准化设计覆盖率实际值/%	减少占地/亩
井场	油井	629 口	629	85	100	377.4
	气井	42 口	42	85	100	37.8
拉油流程		17 座	17	85	100	73.78
计量站		10 座	10	85	100	9.2
单井注水撬		24 座	24	85	100	
管道		2220.4km	2220.4	85	100	
道路		774km	774	85	100	

注：1 亩 = 666.667m^2。

采用标准化设计新建中型站场工程 10 座，标准化设计覆盖率达到 85%、设计图纸重复利用率 80%。近两年新建设的大中型站场，如跃进 2 脱水站、顺南试采脱硫脱碳装置、顺北 1 集输站，也全部按照标准化、模块化来设计建设，3 座站场标准化设计覆盖率达到 85%、站场模块预制化率 80%。

3. 主要创新点

创新点：通过标准化设计体系研究成果的实施和应用，为今后地面工程的建设提供了有力的技术储备及支持。同时，形成一套西北油田分公司"四化"工作系列设计技术文件，满足油田地面工程在方便管理、优化并加快设计、定型模块、定型设备、加快建设、节省投资等方面的需求；助力推进"四化"理念的持续深入和西北油田分公司油气田地面工程标准化建设的全面实施和推广。

4. 推广价值

研究形成了与西北油田分公司油田相适应的地面工程标准化设计体系，可大幅提高设计、采办和施工效率；有利于推进"经济适用、高效节能、安全环保、绿色低碳"理念的持续深入和西北油田分公司油气田地面工程标准化建设的全面实施和推广。目前，塔河油田新建和改造工程设计全部利用标准化设计体系成果，标准化覆盖率达85%；今后，通过对现有成果的持续提升，结合总部对新区"四化"建设的总体要求，预计标准化设计覆盖率将逐步达到100%。

第二节　仪表自控

一、多相流计量技术

1. 技术背景

塔河油田单井计量主要通过集中轮井切换计量，人工井口取样、化验含水计算产量实现。存在人工取样化验用工量大；样品代表性不强导致产量计算误差大；计量周期长致使油井生产状况分析、作业制度优化时效受到制约等系列问题。为了解决这些问题，开展了多相流计量装置研究。在研究过程中，为满足油井生产和管理的经济性，在多相流计量装置的低成本、可移动性等方面开展技术创新研究。

2. 技术成果

成果1：自主研发了一套基于油气部分分离的撬装式多相流计量装置。室内实验测试不同流量、不同气液比条件下气液计量偏差都在10%以内，总体的平均误差为6.2%。满足油田单井对计量精度的要求（图5-2-1~图5-2-3）。

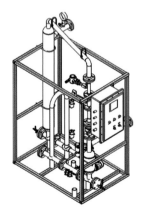

图5-2-1　多相流计量装置整体结构示意图及实际加工试验装置

成果2：完成3口单井现场试验。试验表明：多相流计量装置能正常工作，流量计能正常测量；信号能正常显示和传输。典型单井含水率波动比较大，通过与取样分析的含水率对比，偏差在10%以内，符合精度要求。典型单井产液量18.2~38.45m³/d，在该流量范围内，精度达到±10%以内（图5-2-4）。

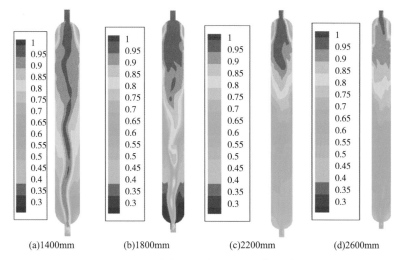

(a)1400mm　　　　(b)1800mm　　　　(c)2200mm　　　　(d)2600mm

图5-2-2　不同分离器长度下的甲烷体积分数分布图

图5-2-3　西安交大气液流量测试平台室内测试

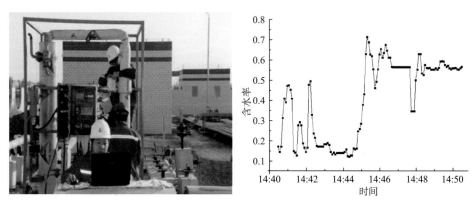

图5-2-4　现场装置调试及试验监测含水曲线图

3. 主要创新点

创新点：创新提出采用倒 U 型装置测量混合液含水，降低了多相流计量装置的投资。

4. 推广价值

推广前景 1：该技术用于单井或计量站，降低取样含水化验频次，改变传统运行模式。以原油含水分析 1580 个样品/天为例，月可减少含水化验次数 44240 次。减少大量的取样、化验生产用工。

推广前景 2：单井独立计量，为单井管线串接提供技术支持，降低单井集输管线投资。借鉴"港西模式"，在新建产能中采用串接工艺可降低单井管线投资 30% 以上。

二、原油在线含水检测计量关键技术

1. 技术背景

针对原油含水在线检测计量技术以人工法为主，耗时长、用工多、劳动强度大，取样随机性大、存在较大的人为误差问题，根据塔河油田原油特性，开展在线含水检测关键技术攻关，分析主要影响因素，并设计制造实验装置，进行现场试验评价，建立适应塔河油田的含水在线检测技术体系，提升管理质量和生产时效，降低劳动强度，优化劳动用工。

2. 技术成果

成果 1：搭建了原油在线含水静态和动态实验平台，完成国内外在线含水检测技术调研及影响因素分析，根据实验分析，在线原油含水检测方法受到原油黏度、温度、含气量、流动状态等的影响较大（图 5 - 2 - 5）。

图 5 - 2 - 5　静态、动态实验装置

成果 2：完成原油含水在线检测关键技术攻关研究和装置研制研发，根据实验分析，在五种检测方法中，电容法适合于低含水即油为连续相的情况，电导法适合于高含水即水为连续相的情况，二者具有互补性。因此，研发将电容法、电导法结合，提出基于电容电导法的测量方案，研发检测装置，装置分别在塔河油田 YT2 - 4H、TK921 - 1H 和 TK127H 井开展了现场试验，塔河油田分段平均值的比较数据偏差 1.3%，总平均值的比较数值偏

差 0.09%，实现检测误差 ≤5%，计量误差 ≤5% 的技术目标（图 5 - 2 - 6）。

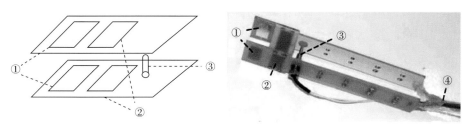

图 5 - 2 - 6 传感器示意图

3. 主要创新点

创新点：首次研发了基于"容导法"原理的原油在线含水检测装置，测量偏差不超过 5%。

4. 推广价值

该实验研发了基于"容导法"原理的原油在线含水检测装置，实现了测量偏差不超过 5% 技术要求，建议装置在西北油田分公司及类似稀油区块扩大应用试验，特别是在顺北新区的应用，将为顺北油气田建成中国石化"高效、低耗、节能、环保"的数字化、智能化样板油田，提高整体开发效益提供技术支撑，应用前景较好。

第三节 油田节能及经济评价

一、塔河油田电网分析及优化

1. 技术背景

针对塔河油田电网结构、变电站分布及能耗水平等整体系统分析、诊断不足，系统可优化空间较大的问题，通过油田电网仿真分析方法，建立电网潮流计算模型，开展电网潮流、短路及网损分析，提出电网优化措施，实现电网电能损耗较原有损耗减少 2%。

2. 取得认识

认识 1：建立了塔河油田电网潮流分析模型。应用 PSASP 仿真软件，完成了塔河油田电网潮流计算与分析，目前全网网损率为 2.29%，在合理范围内。110kV 和 35kV 线路实际载流量均小于线路的最大允许载流值，线路损耗也都在合理范围之内（图 5 - 3 - 1）。

认识 2：完成塔河油田电网最优化潮流分析。布四联线单回线运行，运行可靠性低，故从电网的整体规划和安全运行考虑，建议在四联变和发电二厂之间建一条 110kV 复线，提高供电可靠性（图 5 - 3 - 2）。

图 5-3-1　基于 PSASP 仿真软件搭建的油田电网结构图

图 5-3-2　最优潮流分布结果

3. 下步建议

建议 1：布四联线单回线运行可靠性低，从电网安全运行考虑，建议建一回 110 kV 布四联线复线。

建议 2：从规划建设的 220kV 塔河变引双回 110kV 线路接至瑞祥电厂，保证油田负荷中心的供电需求。此方案从油田电网长远发展考虑，可作为油田电网规划发展的远景方案。

二、原油处理系统效能评价及系统优化技术

1. 技术背景

集输处理系统中能耗主要集中在联合站，操作成本达到整个集输系统的60%以上。目前，西北油田分公司缺乏原油处理系统效能评价方法，无法准确地进行用能优化。通过对联合站原油处理系统的能耗设备效率、用能状况、能量流向及能耗分布进行分析评价，建立能效分析模型和方法，提出节能增效优化对策，为后期全油田集输系统能耗优化作技术铺垫。

2. 技术成果

成果1：通过联合站能流、能效评价模型和计算模块的搭建，建立了能效量化指标，建立了四个维度的原油处理系统评价方法，包括能力评价、质量评价、能效评价和经济评价。

站效计算模型：$\eta_s = \left[(Q_{sa} - Q'_{sb})/Q_{sb} \right] \times 100\%$

管效计算模型：$\eta_1 = \left(G_i C_i t_i' + G_i p_i'/\rho_i \right) / \left(G_i C_i t_i + G_i p_i/\rho_i \right)$

能量利用率计算模型：

$$\eta_{sh} = \left\{ \left[\sum_{i=1}^{n} G_i \cdot C_i (t_i - t_i') \times 10^3 + (Q_5 - Q_5') \right] / B_i \cdot Q_{DW_i}^y \right\} \times 100$$

系统计算模型：

$$\eta_{sy} = \frac{\sum_{i=1}^{n} \eta_{si} \cdot \eta_{li} \cdot (B_i Q_{DWi}^y + w_i \cdot R)}{\sum_{i=1}^{n} (B_i Q_{DWi}^y + w_i \cdot R)} \times 100\%$$

成果2：完成了一、二号联合站能力评价、质量评价、能效评价和经济评价四方面评价。一号联合站总能耗为23045MJ/h，能量利用率为69%，吨液成本为1.64元，吨油成本为8.82元；二号联合站总能耗为20491MJ/h，能量利用率为65%，吨液成本为4.65元，吨油成本为6.47元，扣除掺稀油循环后，处理成本为14.23元。

成果3：制定了一号联原油稳定系统、原油分离系统以及二号联混烃处理系统、原油脱硫系统、机泵节能等6项优化方案，优化措施全部实施后可为联合站带来经济效益约1000万元（图5-3-3）。

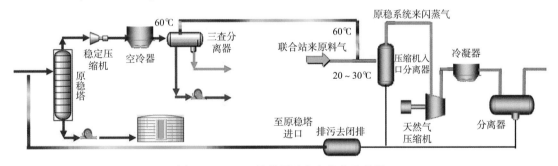

图5-3-3　一号联原油稳定优化示意图

3. 主要创新点

创新点：首次建立了一套原油处理系统运行能耗及成本分析方法。通过对联合站流程和用能环节分析建立了能效量化指标及评价体系，并建立了四个维度的原油处理系统评价方法，包括能力评价、质量评价、能效评价和经济评价，实现联合站能效的全面分析评价。突破国内现有的单一能耗评价的方法。

4. 推广价值

研究建立了一套原油处理系统运行能耗及成本分析方法，可对原油处理系统能效、成本进行全面分析，为系统优化提供优化决策的依据。目前，已在西北油田分公司得到全面应用，为能效评价与优化提供技术支撑。同时，可供国内其他联合站进行能效评价借鉴。

三、联合站能效评价软件设计及应用

1. 技术背景

联合站是油田用能关键点，能耗设备多，工艺流程复杂，人工计算工作量大且难以准确计算。通过联合站能效与优化评价软件开发，快速、准确对联合站能效情况进行分析，并制定节能优化对策，降低运行成本。

2. 技术成果

成果1：基于联合能效评价模型，建立了集联合站能流程仿真、能量分析、效能评价、经济评价于一体的系统能量分析与仿真软件平台（图5-3-4）。

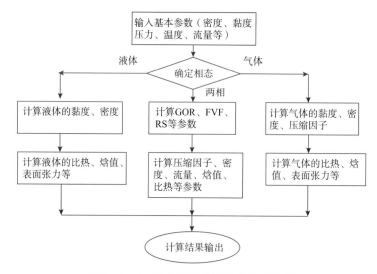

图5-3-4 联合站能效评价软件架构图

成果2：利用联合站能效评价软件分析了塔河油田4座联合站能效及处理成本情况，为联合站用能优化提供基础分析数据。分析指出，一号联合站原油处理成本高达8.648元/吨，其中主要原因为原油高含水，建议采用预分水处理工艺（图5-3-5）。

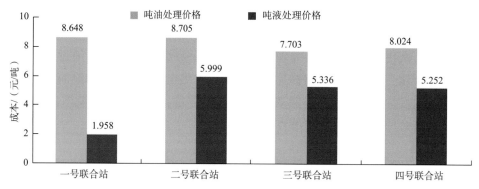

图5-3-5 塔河油田联合站处理成本

3. 主要创新点

创新点1：建立了集联合站内设备、工艺流程及整体系统为一体的分析评价方法。首次实现能流程仿真、能量分析、效能评价、经济评价一体化的计算分析，相比国内单一分析具有分析更准确、更快捷的优点。

创新点2：开发了联合站能效评价软件，能够实现工艺流程模拟、设备及系统能耗分析及评价，且软件具有较好的兼容性、拓展性。首次实现联合站能效分析程序化、软件化，模拟软件具备自动输出结果、自动形成分析对比图等优点，相比传统分析方法提高效率达5倍以上。

4. 推广价值

联合站能效评价软件能为联合站能效评价提供快速、准确的计算结果，指导联合站节能优化方案制定，具有较好的推广价值。

四、油田降三倒数据库技术

1. 技术背景

西北油田分公司自2011年将"降三倒"纳入重点工作之一，通过持续强化降倒工程和管理措施，2013~2015年，三倒量从459×10⁴t降为344×10⁴t。但受油田滚动开发和地面流程影响，以及注水、掺稀、注气等生产需要，截至2015年底，西北油田分公司三倒量（倒油、倒水、倒液量）仍高达10000t/d，年倒运费用7500余万元。随着油田降三倒业务技术的发展，资料累积越来越多，为了解决传统人工收集、逐级汇总的数据管理模式无法满足业务需求的问题，开展了油田降三倒技术研究工作及信息化提升，建立一套集三倒业务数据采集、查询、分析、统计等功能的完整体系，实现数据共享和专业化应用，为油田三倒精细管理提供信息化支撑。

2. 技术成果

成果1：根据三倒管理需求，研究建立了倒运原因分类、倒运措施分类、倒运类型等分类标准，为倒运现状分析、措施优选提供基础（图5-3-6）。

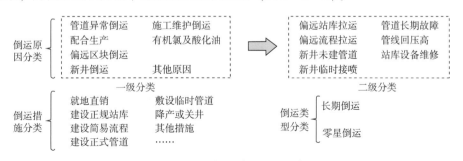

图5-3-6 倒运分类标准示意图

成果2：通过建立潜力分析模型，规范并统一了三倒潜力分析指标的计算方法，为潜力分析指标的单项分析和综合分析奠定基础，从而为三倒措施优选提供依据（图5-3-7）。

举例：投资回收期＝投资预算/日降费用＝投资预算（日降倒量×当年均价）

$$＝投资预算/[（累降倒量❶/天数）×当年均价]$$

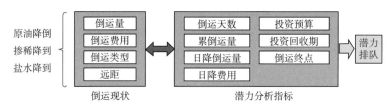

举例：投资回收期＝投资预算/日降费用＝投资预算（日降倒量×当年均价）
＝投资预算/[累降倒量/天数）×当年均价]

图 5 - 3 - 7　倒运潜力分析模型

成果 3：根据三倒效果效益评价办法，建立了三倒效果效益评价模型，实现了从技术和效益两个方面进行三倒综合评价，统一了西北油田分公司效果效益评价方法，减轻收集统计数据进行人工评价的工作量，实现评价结果共享，提升三倒精细化管理水平（图 5 - 3 - 8）。

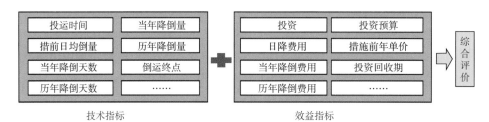

图 5 - 3 - 8　三倒效果效益评价模型

成果 4：结合降三倒业务需求分析，利用了 Windows 开发平台环境，选择 JAVA 开发语言，采用安全可靠性较强的 ORACL10G 数据库研制开发了降三倒管理平台，满足了油田降三倒业务数据管理、三倒运行管理、降倒潜力及效益分析，以及降倒措施管理四方面的业务需求（图 5 - 3 - 9、图 5 - 3 - 10）。

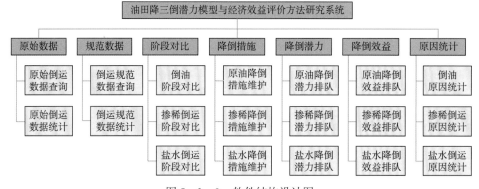

图 5 - 3 - 9　软件结构设计图

❶　累降倒量为前推一年。

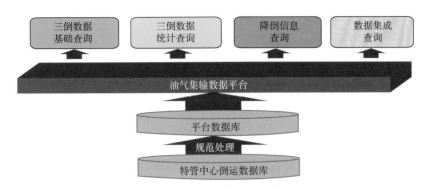

图5-3-10　程序架构图

成果5：通过数据库的实施及运行，提高了降三倒精细化管理水平，降倒效果明显，进而有效降低成本费用，间接提高了经济效益。自2016年1月上线运行近一年后，总倒运量为：204.98×10^4t，其中倒油55.64×10^4t，倒掺稀油23.58×10^4t，倒盐水125.76×10^4t，总体运费为4414.10万元，比2015年同期降倒107.41×10^4t，节约成本2389.06万元。

3. 主要创新点

创新点：通过降三倒数据库技术的实施，为降倒措施优化、降倒潜力分析与经济效益分析提供了信息化支持。同时，通过数据集成应用，满足了数据共享需求，能够及时、准确地了解油田降三倒实际现状以及实施效果；缩短了三倒数据报表的统计时间，改变了人工收集、逐级汇总的数据传统管理模式；较传统模式同比提高管理效率50%以上。同时，实现了三倒措施实施后期的综合分析和跟踪评价体系；可对油田三倒数据进行深度挖掘分析，实现多角度的信息对比，为技术人员分析油田三倒潜力及效果奠定了数据基础；降倒效果显著，年平均降低三倒费用约2500万元。

4. 推广价值

西北油田分公司油气矿产资源均分布在新疆南疆地区，地处塔克拉玛干沙漠腹地，周边水、电、路、通信等配套实施建设不够完善，可依托设施少，部分偏远井常年依靠汽车拉运方式生产；另外，受油田滚动开发和地面流程影响，以及注水、掺稀、注气等生产需要，导致油田三倒量大，生产成本居高不下。开展降三倒技术创新，确立行之有效的降三倒潜力及效益评价方法，并实现三倒数据集成化、信息化管理，以及提高降倒措施及时性、有效性的目标具有重要意义。

第四节 主要产品产权

一、核心产品

多相流在线实时计量装置。

二、发表论文（表5－4－1）

表5－4－1 发表论文表

论文作者	论文名称	期刊名称
李鹏	含 CO_2 的 H_2S 处理 LO－CAT 工艺理论问题研究及改进	应用化工
张菁	塔河油田地面集输管网碳钢管线材质实验研究	油气田地面工程
赵德银	油田污水曝气预处理技术实验研究	石油化工腐蚀与防护
钟荣强	柱式气液旋流分离器结构优化的数值模拟研究	天然气技术与经济
钟荣强	CH_4/N_2 在活性炭上吸附性能的研究	石油与天然气化工
张菁	塔河油田原油管网能效分析及优化	油气田地面工程
张菁	高含硫管道氢致开裂裂纹扩展速率研究	油气储运

三、发布专利（表5－4－2）

表5－4－2 发布专利表

专利作者	专利名称	专利号
钟荣强 叶帆 等	一种撬装式稠油井油气水三相流量测量装置	ZL201720004246.5
孔祥敏 魏新勇 等	一种宽量程单井油气计量装置	ZL201520151564.5
赵德银 时强 等	劣质原油集成脱水装置	ZL 201520543762.6
钟荣强 赵毅 等	一种高温间断清蜡装置	ZL 2015 2 0832511.X
钟荣强	一种天然气中氮气脱除的变压吸附方法	申请中
赵德银	一种原油负压气提脱硫与稳定一体化技术	申请中
黎志敏	一种高效天然气有机硫脱除剂的制备方法	申请中
常小虎	一种低成本天然气尾气处理剂	申请中

四、其他成果

西北油田联合站原油处理工艺模拟与效能评价软件。

参考文献

[1] 赵麦玲，陈俊民. 合成气深度脱硫技术 [J]. 化肥工业，2008，35（6）：27 – 29.

[2] 徐浩，韩国志，沙飞，等. N – 叔丁基哌嗪的合成 [J]. 化工时刊，2007，21（12）. 29 – 30.

[3] Pollard C B；Macdowell L. A new synthesis of N – monophenyl piperazine [J]. Journal of the American Chemical Society，1934，56（10）：2199 – 2130.

[4] 孙人杰，刘清安，桃李，等. N，N′-二（2-羟丙基）哌嗪的合成及其在烟气脱硫工艺中的应用 [J]. 应用化工，2011，40（7）：1145 – 1147.

[5] 于淼，周理. 天然气中 H_2S 的脱除方法 [J]. 天津化工，2002，5：18 – 20.

[6] 唐海飞，韩秀芹，高宇婷，等. 塔河油田伴生气硫磺回收工艺技术 [J]. 天然气化工，2016，41（4）：66 – 69.

[7] 李正有. 对某炼油厂采用 LO – CAT 制硫技术的一些看法 [J]. 炼油技术与工程，2009，39（2）：23 – 25.

[8] 杨建平，李海涛，肖九高，等. 络合铁法脱除酸气中硫化物的试验研究 [J]. 化学工业与工程技术，2002，23（2）：23 – 24.

[9] 罗莹，朱振峰，刘有智. 络合铁法脱 H_2S 技术研究进展 [J]. 天然气化工，2014，39（1）：88 – 94.

[10] 曹叶霞. 硫化氢制酸的生产技术进展 [J]. 无机盐工业，2006，38（4）：10 – 12.

[11] 刘建平. 炼厂酸性气 WSA 硫化氢湿法制硫酸装置试生产 [J]. 炼油技术与工程，2009，39（2）：26 – 29.

[12] Rouleau William K.，Watson，John. Investigating flexible H_2S removal [J]. Hydrocarbon Engineering，2014，19（4）：62 – 64，66 – 67.

[13] 唐海飞，韩秀芹，高宇婷，等. 塔河油田伴生气硫磺回收工艺技术 [J]. 天然气化工，2016，41（4）：66 – 69.

[14] 李正有. 对某炼油厂采用 LO – CAT 制硫技术的一些看法 [J]. 炼油技术与工程，2009，39（2）：23 – 25.

[15] 杨建平，李海涛，肖九高，等. 络合铁法脱除酸气中硫化物的试验研究 [J]. 化学工业与工程技术，2002，23（2）：23 – 24.

[16] 华东理工大学分析化学教研组，成都科技大学分析化学教研组. 分析化学（第四版）[M]. 北京：高等教育出版社，1995：53 – 57.

[17] 刘香兰，申欣等. 催化裂化干气和液化气脱硫装置技术改造 [J]. 化工生产与技术，2006.13（3）：22 – 25.

[18] 朱懊林，沈忠嫩，等. 筛板抽提塔计算方法探讨 [J]. 炼油设计，1984，14（6）：17 – 24.

[19] 冯伯华，陈自新，等. 化学工程手册 [M]. 第 3 版. 北京：化学工业出版社，1989.

第六章

防腐工程技术进展

塔河油田油藏具有超深（6000m）、超稠（1000000mPa·s/50℃）、高温（135℃）、高含 H_2S（100000mg/m³）、高矿化度水（240000mg/L）、$H_2S - CO_2 - Cl^-$ 共存的苛刻腐蚀环境特征，随着开发进程的不断深入，综合含水不断上升，腐蚀环境将变得越来越恶劣。国家新《环境保护法》颁布和全面实施，对油气田安全环保生产提出更高、更严的要求。面对技术挑战，从井下、地面、腐蚀监测和检测、配套工艺四个方面开展系统防腐研究，经现场推广应用后取得了显著的防腐成效，腐蚀穿孔连续五年下降，年降幅大于 10%。

（1）井下腐蚀研究方面。针对超深、高温、强腐蚀的环境特点，重点对井下腐蚀规律、注气防腐、顺北选材等重点、难点开展攻关研究。关于井下管柱腐蚀规律研究，主要针对井下不同温度、H_2S 分压、CO_2 分压等不同注采井况，明确井筒腐蚀机理和规律特征；提出井筒不同腐蚀工况环境下管柱选用原则和选用方法。关于注气腐蚀防护研究，主要明确了注气工况的腐蚀主控因素和腐蚀特征，注采交替不属注气和采油两阶段的简单叠加，而是后阶段在前阶段基础上深入发展，整体出现协同促进作用；研究表明，注采交替出现严重局部腐蚀，O_2 是诱因，H_2S/CO_2 起推动作用；针对苛刻的注气氧腐蚀工况，制定了控制氧含量、耐高温 POK 非金属内衬管，管柱腐蚀得到显著控制。关于顺北选材研究，主要针对高开裂敏感性和腐蚀失重的工况环境，明确顺北井区腐蚀规律，形成管柱选材方案建议。

（2）地面腐蚀研究方面。针对地面管道 $H_2O - H_2S - CO_2 - Cl^-$ 多介质共存腐蚀问题，从金属材质和非金属材质两个方面开展防腐技术研究，并针对腐蚀泄漏预警开展重点攻关研究。金属材质研究，针对国内外选材缺少针对油田实际工况条件进行的适应性评价研究和选材技术体系问题，在塔河油田现有金属材质应用现状分析的技术上，以材料学为主体，利用金属理论、腐蚀理论及现有通用选材标准，结合塔河油田不同区块、不同系统、不同温度的条件，采取 20#钢精炼和材质合金化的两种思路研发耐蚀钢种管材，研发出 BX245 - 1Cr 和 BX245 - 1Mo 两种低合金材料，在力学性能、焊接性能评价结果上均与 20#钢相当，在 CO_2 主控腐蚀环境、$CO_2 - H_2S$ 共同控制腐蚀环境和 H_2S 主控腐蚀环境下，耐腐蚀性能均优于 20#钢和 L245NS 材质。非金属材质研究包含玻璃钢管、塑料合金复合管、柔性连续复合管和非金属内衬修复管等研究，通过评价非金属柔性复合管在不同工况下的服役性能，确定实际工况条件下地面管材标准化选材准则，指导塔河油田非金属管的扩大应用。管道腐蚀及泄漏风险预警技术，论证了基于软件检测6种管道泄漏报警方法优劣，明晰了已建11套管道泄漏系统运行现状，提出了单次声波传感器与压力变送器组合泄漏监测系统技术要求，通过14条管道次声波泄漏监测系统现场测试，表明泄漏检测系统可在塔河油田天然气集输管道和含有溶解气的稠油管道中应用，技术指标均满足及时报警要求。

（3）腐蚀监测和检测方面。主要针对地面高风险弯头检测、埋地管道非开挖检测及井筒油套环空腐蚀监测技术开发与应用开展攻关研究。地面高风险弯头检测技术，针对油气管道发生了弯头泄漏事件，原油管道、油气混输、稀油管道、伴生气、燃料气五类油气集输管道弯头亟待开展风险隐患评价及腐蚀检测，通过对油气混输管线、稀油管线、油气集输等弯头开展检测，风险评价、剩余寿命评估，为后期的安全环保隐患治理工作提供数据支撑。埋地管道非开挖检测技术，针对埋地金属管道某段或局部区域进行腐蚀详测，无法全面、整体掌握腐蚀状况，检测效率低，为5km/d，且对管线本体有损伤，检测费用较高，因此无法进行大规模的推广应用。通过非开挖磁记忆检测技术研究，建立风险指标及评级方法，开展非开挖检测风险识别，提高腐蚀风险预警能力。井筒油套环空腐蚀监测技术研究，主要针对井下挂片腐蚀监测无法实时记录腐蚀过程的难题，通过开展井筒探针式腐蚀监测技术的开发工作，取得了投捞式井筒探针腐蚀监测系统和镶嵌式井筒探针腐蚀监测技术成果，实现井下腐蚀连续监测，为缓蚀剂评价及腐蚀预警提供依据。

（4）防腐配套方面。针对塔河油田腐蚀环境，重点攻关了防腐涂层和缓蚀剂技术。内涂层技术攻关形成了溶剂型、无溶剂型环氧类涂料，并在塔河油田压力容器和管道中开展了应用。目前，国家和行业标准对于酸气分离器、脱硫碱渣罐等高酸、强碱苛刻腐蚀环境下的涂层性能评价缺乏公认的统一评价指标体系，通过对苛刻环境下内涂层筛选和适应性评价，明确了塔河油田内涂层应用现状及失效机制，建立了一套塔河油田涂料、涂层指标评价及应用体系，建立了涂层寿命预测方法，为塔河油田涂层的应用提供技术指导。缓蚀剂防护技术主要针对塔河油田腐蚀环境特点和存在的技术瓶颈，重点从建立评价检测方法、有效成分检测方法和残余浓度检测方法开展研究，形成高含H_2S稠油系统、H_2S与CO_2共存中质原油系统、高盐高氯污水系统的缓蚀剂应用技术体系。

塔河油田经过十余年的攻关研究与应用实践，通过材料创新、工艺创新、技术创新及理论创新，形成一套经济合理、技术可行的综合防腐技术体系，在油气田规模化推广应用，应用效果显著，研究成果为分公司油气田安全高效开发提供了有力保障，给同类油田腐蚀防治提供了技术借鉴，具有广泛的推广前景。

第一节　地面防腐

一、超稠油环境非金属复合管技术

1. 技术背景

针对油气集输内衬管、耐高温柔性连续复合管和耐高压柔性连续复合管，在高温、高压、苛刻腐蚀性介质等工况环境的适应性，通过对不同工况服役后各类非金属管现场取样评价研究，分析了其服役后的综合性能变化规律，并结合对比服役前各项关键理化性能参数，判定上述非金属管长期服役的安全性和可靠性。

2. 技术成果

成果1：明确了油气集输内衬管适用工况及应用边界条件。

HDPE管适用于长期工作温度≤60 ℃的原油、污水集输管道；HTPO管适用于长期工作温度≤75 ℃的原油、污水集输管道；以HDPE为原料的HBPE管适用于长期工作温度≤60 ℃的油气混输、天然气集输管道，以HTPO为原料的HBPE管适用于长期工作温度≤75 ℃的油气混输、天然气集输管道。制定了《油气集输管道内衬用聚烯烃管》石油天然气行业标准。

成果2：明确了高温稠油环境柔性连续复合管长期服役性能。

设计了耐高温柔性连续复合管，压力达4.0MPa、服役温度达90～95℃，管材通过90℃、1000h存活试验，其中偏氟聚乙烯+芳纶纤维增强的柔性连续复合管在服役环境下具有良好的适用性（表6－1－1）。

表6－1－1　高温柔性连续复合管服役前后性能对比

序号	对象	评价项目	服役前	服役后	结果分析
1	内衬层	外观形貌	光滑平整	颜色变深	发生溶胀
2		维卡软化温度/℃	135.2	130.7	发生溶胀
3		结构成分	红外图谱（IR）未变化		未变化
4		耐热性能	TG－DSC曲线未变化		未变化
5	增强层	外观形貌	未发现明显变化		未变化
6	复合管	爆破强度测试（90℃）/MPa	20.1	18.5	略有下降
7		长期服役性能评价（90℃，1000h试验）	通过	通过	管体、接头完好，可满足服役要求
8	接头	材质/外观形貌	316L完好	316L完好	设计与应用一致

成果 3：明确了高压天然气腐蚀环境柔性连续复合管长期服役性能。

设计的交联聚乙烯为内衬层的复合管，满足雅克拉气田设计压力 10.0MPa、设计温度 75℃、长期服役年限 15 年要求；现场服役后复合管试样内衬层下半部出现龟裂、爆破强度衰减，说明未交联改性的聚乙烯材料与现场实际服役工况存在不适应性（表 6 - 1 - 2）。

表 6 - 1 - 2　高压天然气腐蚀环境用柔性连续复合管服役前后性能对比

序号	对象	评价项目	服役前	服役后	结果分析
1	内衬层	上半部分外观形貌	光滑平整	颜色变深	发生溶胀
2		下半部分外观形貌	光滑平整	颜色变深，龟裂	发生溶胀老化降解
3		结构成分	聚乙烯	聚乙烯	未变化
4	增强层	外观形貌	未发现明显变化		未变化
5	复合管	外观形貌	直管	发生屈曲变形	应考虑施工过程
6		爆破强度测试/MPa	33.2	18.4	下降明显，接头端面渗水
7		长期服役性能评价（室温，1000h 试验）	通过	通过	通过降压评价
8	接头	材质/外观形貌	316L/完好	316L/完好	满足设计要求

3. 主要创新点

创新点 1：明确了油气集输内衬用聚烯烃管的适用范围，编制了聚烯烃管石油天然气行业标准。

创新点 2：建立了包括管体、接头、密封材料在内的柔性连续复合管全系统的长期服役性能评价体系。

4. 推广价值

编制了聚烯烃管石油天然气行业标准，规范了石油行业管道非开挖修复领域聚烯烃管应用；研发设计的高压天然气腐蚀环境柔性连续复合管已在雅克拉和顺北井区应用 31.7km，累计降本增效 1068 万元。

二、高酸强碱腐蚀环境内涂层技术

1. 技术背景

针对现有的内涂层防护性能评价和适用范围存在局限性的问题，通过开展塔河油气水环境中高酸强碱特定的工况环境下涂料及涂覆工艺研究评价，达到解决内涂层防护应用的目的，明确内涂层应用边界条件，建立内涂层寿命预测方法，为内涂层防护技术合理可靠应用提供技术支撑。

2. 技术成果

成果1：明确塔河油田腐蚀介质离子渗透导致内涂层失效机制。

明确了塔河油田在用的环氧玻璃鳞片、环氧陶瓷涂层四种宏观失效形式：气泡、溶胀、开裂、剥落，分析原因为涂层/金属界面上存在可溶盐杂质，水和腐蚀性离子渗入后形成浓溶液，渗透压不断增大，导致失效（图6-1-1）。

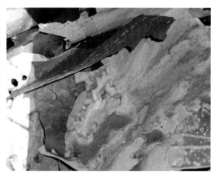

图6-1-1 塔河油田管道设备内涂层失效宏观形貌

成果2：建立了一套内涂层指标评价及应用体系。

通过高酸环境、15% NaOH、30% NaOH 两种环境三个条件下的室内适应性评价以及现场涂覆和补口技术试验应用评价，建立了一套塔河油田涂料、涂层指标评价及应用体系，明确了涂料7项、涂层15项评价指标、现场涂覆及补口工艺6项关键技术指标参数（表6-1-3）。

表6-1-3 涂料/涂层评价及应用指标参数

序号	类型	项目		标准指标	设计指标	试验方法
1	涂料评价	厚度/μm		450	450	SY/T 0457 附录 A
2		固体含量/%		≥98	≥98	
3		细度/μm		≤100	≤100	GB/T 1724
4		干燥时间	表干/h	≤4	≤2	GB/T 1728
5		（25℃±2℃）	实干/h	≤16	≤16	
6		耐磨性		≤120	≤120	GB/T 1768
7		（1000g/1000r CS17 轮）/mg				

续表

序号	类型	项目	标准指标	设计指标	试验方法
8	涂层评价	外观	表面应平整、光滑、无气泡划痕	表面应平整、光滑、无气泡划痕	目测或内窥镜
9		附着力/MPa – 干膜	≥8	≥15	GB 5210（拉拔法）
10		附着力/MPa – 湿膜	≥8	≥8	GB 5210（拉拔法）
11		耐油田污水（80℃，90d）			
12		抗冲击性（25℃）/J	≥6	≥8	SY/T 0442 附录 F
13		耐弯曲（1.5°，25℃）	无裂纹	无裂纹	SY/T 0442 附录 E
14		阴极剥离（48h）/mm	—	≤6.5	SY/T 0442 附录 C
15		耐盐雾（1000h）	1 级	1 级	GB/T 1771
16		耐油田污水（80℃，90d）	防腐层完整、无起泡、无脱落	防腐层完整、无起泡、无脱落	GB/T 9274
17		10% HCl（常温 90d）			
18		3% NaCl（常温 90d）			
19		10% H_2SO_4（常温 90d）			
20		10% NaOH（常温 90d）			
21		透氧率/［cm^3/（$m^2 \cdot d$）］	—	≤6.72	GB/T 5486—2008
22		吸水率	—	≤0.5	GB/T 19789—2005
23	离心式喷涂工艺	旋杯转速/（r/min）	—	23000～25000	现场试验
24		小车行走速度/（m/min）	—	2.5～3.5	现场试验
25		锚纹深度	50～120	50～85	现场试验
26	变频器控制推杆式补口工艺	旋杯转速/（r/min）	—	19000～22000	现场试验
27		小车爬行速度/（m/s）	—	0.4～1	现场试验
28		锚纹深度	50～120	50～85	现场试验

成果 3：建立了一套涂层寿命预测方法。

基于高温高压模拟工况试验基础数据建立灰色理论与人工神经网络寿命预测组合模型，试验周期为变量，腐蚀后阻抗丧失判定该涂层失效的边界条件，微分方程累加逼近拟合获得涂层寿命。预测结果 11 种涂层平均使用寿命约 10 年，结果与现场吻合率超过 80%。

3. 主要创新点

创新点 1：建立了一套塔河油田涂料、涂层指标评价及应用体系，有效指导了涂层的现场筛选与优化应用。

创新点 2：建立的灰色理论与人工神经网络寿命预测组合模型，预测涂层服役寿命，有效指导了涂层的安全可靠推广应用。

4. 推广价值

建立了一套塔河油田涂料、涂层指标评价及应用体系，为后续内涂层的优选提供理论技术支撑，建立的一套内涂层寿命预测方法，可广泛应用于塔河油田内涂层管道，提高涂层可选择性，有效指导内涂层的安全可靠应用。

三、站内汇管腐蚀防护技术

1. 技术背景

塔河油田近几年经过大量管道治理工程的实施，管道腐蚀穿孔问题得到有效抑制，但井口端未治理段及进站汇管处腐蚀问题日益突出，给安全生产和环保造成极大的影响与危害，由于其复杂的异型结构，经济有效的防控措施选择与实施相对困难。针对井口段、进站汇管处等部位典型腐蚀问题，开展腐蚀跟踪、检测评价，分析其腐蚀机理及影响因素，并进行配套防控工艺措施的优选研究，为解决突出腐蚀问题提供支撑。

2. 技术成果

成果1：查明单井及站内汇管腐蚀规律。

单井集油管线腐蚀类型以局部腐蚀、冲刷腐蚀、管体和焊缝开裂为主。井口至加热炉管线、加热炉进出口位置为腐蚀高风险点，随着服役时间的延长，含水率高的区块腐蚀的高发点处于 $10 \sim 15$ 年区间，高含 H_2S 以及 Cl^- 和低 pH 值的区块高发点位于 $5 \sim 10$ 年区间（图 $6-1-2$）。

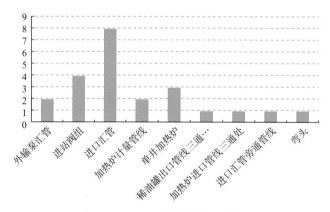

图 $6-1-2$　站内管线腐蚀分布

成果2：优选了汇管腐蚀检测技术。

根据现场检测结果分析，利用超声导波、磁记忆、超声C扫描、超声波测厚分别检测出的缺陷情况以及受到的干扰情况，超声导波检测和接触式磁记忆容易受到阀门、焊缝、三通等异型部位影响，可用于对较长管段进行前期检测。超声C扫描检测与超声波测厚均能有效地对管壁腐蚀情况进行检测，可以结合使用。

3. 主要创新点

创新点1：优选了站内汇管阴极保护材料。

推荐使用带状和环状牺牲阳极。铝合金牺牲阳极在氯离子含量较高时作用较好，这与之前调研的介质成分相对应，因此根据汇管结构狭窄等特点推荐使用环状和棒状的铝合金牺牲阳极。

创新点2：研发出站内管汇阴极保护装置。

通过站内汇管，阴极保护电位模拟计算，得出阴极保护牺牲阳极用量，采用旋塞式结构将牺牲阳极保护装置带压安装于弯头、汇管等高腐蚀风险部位可以有效降低腐蚀。

4. 推广价值

内置牺牲阳极技术单处安装成本较高，但对正常生产无影响，并且后期更换牺牲阳极所需成本较低，适用于内防护措施难度较大的管段区域。可以在油气田站内弯头、三通等容易发生腐蚀的部位推广应用。

四、油气田金属材质研究

1. 技术背景

针对国内外选材缺少针对油田实际工况条件进行的适应性评价研究和选材技术体系问题，在塔河油田现有金属材质应用现状分析的技术上，以材料学为主体，利用金属理论、腐蚀理论及现有通用选材标准，结合塔河油田不同区块、不同系统、不同温度的条件，建立油气田金属材质优选应用技术体系，指导建设初期材质优选和合理设计，源头控制金属材料的腐蚀，保障油气田安全生产运行。

2. 技术成果

成果1：建立了塔河油田地面集输管线选材规范。

完成了常见14个管线钢种在模拟塔河工况环境中的均匀腐蚀、应力腐蚀开裂和NACE标准环境中的硫化物应力开裂评价试验，并结合相关国际标准、国家标准和行业标准，形成塔河地面集输管道选材规范（图6-1-3~图6-1-5）。

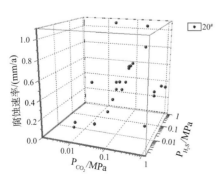

图6-1-3 20#在不同 H_2S 和
CO_2 分压下腐蚀速率

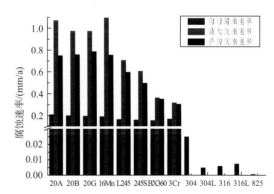

图6-1-4 不同材质腐蚀速率对比

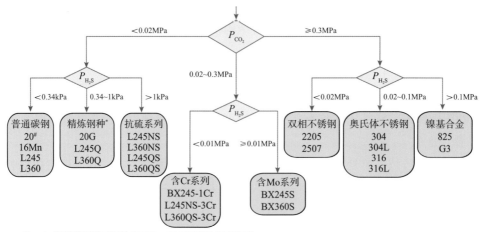

注：* 需模拟实际工况进行HIC、SSC检验后方可使用。
   针对所有钢种，若长期服役于0℃以下含H_2S环境，请务必进行模拟实际工况HIC和SSC检验。

图6-1-5 塔河油田地面集输管道选材规范线路图及结果

成果2：建立了塔河油田油套管选材规范。

完成了塔河工况环境下马氏体不锈钢、双相不锈钢和奥氏体不锈钢应力腐蚀开裂规律研究，结合相关国际标准、国家标准和行业标准和国际油田公司选材规范，形成塔河油套管选材规范（图6-1-6）。

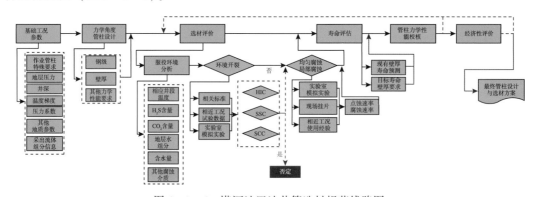

图6-1-6 塔河油田油井管选材规范线路图

成果3：研发一种抗H_2S腐蚀新材质。

通过$20^\#$钢精炼和添加合金元素，研发了一种抗H_2S腐蚀新材质 BX245S-1Mo，与 L245NS 钢对比，均匀腐蚀速率下降 14.31%，点腐蚀速率下降 35.81%。现场监测表明：与 L245NS 钢对比，均匀腐蚀速率下降 44.94%，点腐蚀速率下降 30.84%，在H_2S主控环境下耐蚀性效果更好，同比降低均匀腐蚀速率率 25.32%，点腐蚀速率降低率 39.76%。

3. 主要创新点

创新点1：建立了塔河油田工况环境下地面和井下选材规范。

在前期研究成果基础上，完善相关钢种在塔河油田实际井下工况和地面工况条件下的选材评价实验，结合结合相关国际标准、国家标准和行业标准及国际油田公司选材规范，形成塔河油套管选材规范和地面集输管道选材规范。

创新点2：研发一种抗 H_2S 腐蚀地面集输管线新材质。

通过精炼和合金化手段，研发高含 H_2S 区块的抗 H_2S 腐蚀地面集输管线新材质，可在高含 H_2S 稠油区块推广应用。

4. 推广价值

通过研究编制了《塔河油田油套管选材规范》和《塔河油田输送管选材规范》，可指导塔河油田金属选材，具有广泛的推广前景。

五、管道金属材质防腐技术

1. 技术背景

针对材质应用腐蚀风险预测需求，通过实验室检测评价的方法对油气田已服役的 316L 双金属和将应用的抗 H_2S 新钢种 BX－360S 两种材质防护技术开展评价，系统总结两种材质防护技术应用效果，达到明确两种材质应用适应的工况环境条件结论，为管道腐蚀防护技术应用提供技术支撑的目的。

2. 技术成果

成果1：明确 316L 双金属管防腐技术可应用于雅克拉工况。

316L 不锈钢在现场工况下服役后内壁出现了一定程度点蚀，点蚀速率约为 0.03mm/a，材质基础性能满足相关标准要求，在砂冲击、高 Cl^- 含量协同作用下，促进了钝化膜的破裂与点蚀发展，综合现场管线防腐效果测试分析和 SCC 模拟评价试验结果，参考油田现场设计要求，316L 双金属管可适用于 YK1 服役工况，但需要进一步明确内衬 316L 不锈钢在类似工况环境下的点蚀发展和服役寿命（图6－1－7、图6－1－8）。

 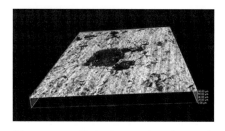

图6－1－7 模拟工况下 316L 微观腐蚀形貌　　图6－1－8 服役后 316L 微观腐蚀形貌

成果2：明确 X－360S 材质不适用于高含 H_2S 稠油区块。

BX－360S 材质在现场工况下服役3年后出现局部腐蚀，点蚀速率 0.1mm/a；在服役工况环境下的腐蚀进程受 H_2S/CO_2 共同控制，模拟高含 H_2S 环境，施加 80% AYS 的 BX－360S 四点弯试样未发生开裂，但出现了严重的局部腐蚀。综合现场管线防腐效果测试分析和 SCC 模拟评价试验结果，BX－360S 材质不适用于 10 区、12 区服役工况（图6－1－9、图6－1－10）。

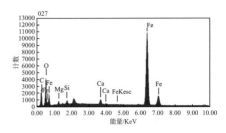

图6-1-9　模拟工况下BX-360S微观腐蚀形貌　　图6-1-10　BX-360S材质腐蚀产物能谱分析

3. 主要创新点

创新点：明确了已服役的316L双金属和将应用的抗H_2S新钢种BX-360S两种材质防护性能及适应性，为管道腐蚀防护技术应用提供技术支撑。

4. 推广价值

形成的已服役的316L双金属和将应用的抗H_2S新钢种BX-360S两种材质防护性能及适应性应用的适应工况环境条件结论为管道腐蚀防护技术应用提供技术支撑。

六、油气田集输系统内涂层技术

1. 技术背景

针对目前塔河油田先后应用的环氧玻璃磷片、99.5%固含量无溶剂环氧涂层随着服役年限的增加，部分内涂层管线出现老化、开裂、剥落等问题，通过分析油气田集输系统内涂层应用现状，开展在役涂层应用案例分析、涂层种类优选、适应性评价和补口工艺优化，建立西北油田分公司油气田集输系统内涂层防护应用标准，达到解决油气田集输系统内涂层应用推广的目的。

2. 技术成果

成果1：明确在役管线两种内涂层技术服役性能满足使用要求。

TP247XCH井-TP-2站原油外输管线风送挤涂工艺效果评价：管线服役4年，服役后涂层厚度、附着力、硬度、耐冲击性、抗阴极剥离性能均满足标准要求，涂层截面微观形貌分析发现存在少量气孔，分析为涂料搅拌时混入空气导致，综合分析内涂层依然具有较好的保护性能（图6-1-11）。

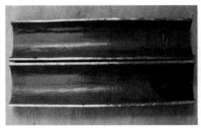
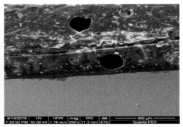

图6-1-11　TP247CH管线宏观形貌及涂层截面形貌

TP-18 站原油外输管线喷涂工艺效果评价：管线服役 4 年，服役后涂层厚度、附着力、硬度、耐冲击性、抗阴极剥离性能均满足标准要求，涂层截面发现气孔，为管道压力变化条件下，涂敷过程中形成的气孔，诱发管道内涂层发生开裂，综合分析涂层依然具有很好的保护性能。

成果 2：论证 5 种内涂层在塔河油田的适用性。

论证了在 H_2S 主控条件、H_2S/CO_2 共同控制条件、CO_2 主控条件三类腐蚀环境下，环氧玻璃鳞片涂层、环氧陶瓷粉末涂层、环氧纳米涂层、双极性涂层的保护性能。其中，环氧白陶瓷涂层在三类腐蚀环境下均出现脱落开裂，不满足塔河油田现场工况使用要求，综合排序为环氧双极性涂层＞环氧纳米涂层＞环氧黑陶瓷涂层＞环氧玻璃鳞片涂层（表 6-1-4）。

表 6-1-4　5 种内涂层模拟工况实验后形貌（CO_2 主控环境）

模拟工况	腐蚀前宏观形貌	腐蚀后形貌（45℃/60℃）	腐蚀后形貌（70℃/85℃）
环氧玻璃鳞片涂层			
环氧白陶瓷涂层			
环氧黑陶瓷涂层			
环氧纳米粉末涂层			

续表

模拟工况	腐蚀前宏观形貌	腐蚀后形貌（45℃/60℃）	腐蚀后形貌（70℃/85℃）
双极性涂层			

成果3：优化应用内涂层补口技术。

调研分析国内外目前内涂层补口四类工艺：先焊后补、先补后焊、焊后不补和机械连接法。结合塔河工况，初步确定四种内涂层现场补口技术行进速度（1.5m/min）、转杯转速（2000r/min）和喷涂流量（0.5L/min）三项关键技术参数（图6-1-12）。

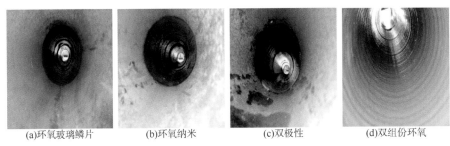

(a)环氧玻璃鳞片   (b)环氧纳米   (c)双极性   (d)双组份环氧

图6-1-12　4种内涂层现场涂覆试验

3. 主要创新点

创新点：首次系统性对塔河油田不同工况环境下的内涂层开展了适应性评价研究，并形成了塔河油田内涂层技术规范，为塔河油田集输系统内涂层防护技术的进一步推广提供了支撑。

4. 推广价值

形成了一套塔河油田内涂层应用技术规范，适用于输送介质温度不高于80℃的原油、天然气、水的油气田集输管道内涂层的设计、施工与验收，可为塔河油田集输系统内涂层防护技术的进一步推广提供技术支撑。

七、单井管道井口端腐蚀治理技术

1. 技术背景

针对高含H_2S稠油区块单井管道井口端腐蚀严重的现状，采取室内实验研究和现场试验评价相结合的方式，借鉴已有研究成果进一步分析腐蚀原因、影响因素及规律特征，有针对性地提出解决腐蚀问题的工艺技术应用方案，采取旁通流程试验应用评价其防腐效果，优选出适应工况条件的单井井口端腐蚀治理工艺技术，同时为单井管线腐蚀预防提供重要技术支撑。

2. 技术成果

成果1：完成了单井管道井口端有机非金属腐蚀治理技术评价。

玻璃钢翻转内衬现场服役后形貌变化不大，耐温性能未发生明显变化，拉伸性能略有降低；PE 内衬管现场服役后形貌变化不大，发生了溶胀现象导致内衬 PE 硬度和拉伸强度略降，韧性增加；柔性复合管现场服役后 PEX 内衬颜色均匀变深，整体光滑平整，未发现明显的裂纹、起泡等失效缺陷（表 6-1-5～表 6-1-7）。

表 6-1-5 玻璃钢翻转内衬服役前后性能检测

试样类型	试样编号	最大拉伸载荷/N	拉伸强度/MPa	玻璃化转变温度/℃	玻璃化转变温度平均值/℃
服役前	1	1813.1	22.60	127.25	127.26
	2	1642.6	19.30	126.64	
	3	1132.3	14.98	127.89	
服役后	1#	1728.3	18.15	125.98	126.13
	2#	1421.2	16.30	126.30	
	3#	1120.6	14.19	126.12	

表 6-1-6 2PE 内衬管服役前后性能检测

样品类型	样品编号	内衬壁厚/mm	结合强度 N/cm²	维卡软化温度/℃	断裂拉伸应变/%	拉伸强度 MPa
未服役	1	3.98	9.42	69.5	680.03	20.34
	2	4.00	9.70	70.7	657.99	21.61
	3	3.96	9.34	69.1	650.64	21.27
服役后	1#	4.12	9.89	68.2	697.99	19.87
	2#	4.10	9.90	67.5	685.67	19.58
	3#	4.16	9.98	67.8	688.26	18.89

表 6-1-7 柔性复合管服役前后性能检测

试样类型	试样编号	维卡软化温度/℃	维卡软化温度平均值/℃
服役前	GXA-1	77.3	77.2
	GXA-2	78.1	
	GXA-3	76.1	
服役后	GXB-1#	75.3	75.7
	GXB-2#	76.8	
	GXB-3#	75.1	

成果2：完成了单井管道井口端无机非金属腐蚀治理技术评价。

玻璃釉涂层具有良好的耐酸碱性能，现场服役后与基管仍结合良好，未发生脱落、鼓包、开裂等失效现象；环氧涂层现场服役后与基管结合良好，未发生脱落、鼓包、开裂等失效现象。整体而言，与未服役管材的结构和形貌相比变化不大（表6－1－8、表6－1－9）。

表6－1－8 玻璃釉涂层耐酸性能检测

样品编号	评价项目	试验前质量/g	试验后质量/g	涂层附着力
NS－1	耐酸性能	8.2312	8.2312	5A级
NS－2		9.1819	9.1815	5A级
NS－3		9.0518	9.0513	5A级
NJ－1	耐碱性能	8.7359	8.7356	5A级
NJ－2		8.6741	8.6740	5A级
NJ－3		9.1392	9.1390	5A级

表6－1－9 环氧涂层服役前后性能检测

试样类型	玻璃化转变温度（T_g）/℃	
	第一次扫描平均值	第二次扫描平均值
服役前	126.07	126.41
服役后	126.91	129.73

成果3：建立了单井管道井口端腐蚀治理技术方案。

依据5种防腐技术稳定性与现场应用效果评价，单井管道井口端防腐技术顺序如下：玻璃釉涂层管＞玻璃钢翻转内衬管＞柔性复合管＞内穿插管＞环氧涂层管（图6－1－13）。

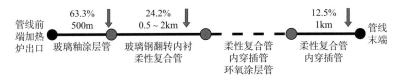

图6－1－13 不同长度区域管线范围内防腐技术应用推荐

3. 主要创新点

创新点：基于玻璃钢翻转内衬、PE内穿插管、柔性复合管、玻璃釉涂层管、环氧涂层管5种旁通试验短节的现场应用效果评价，提出了高含H_2S稠油区块单井管道井口端腐蚀治理技术方案。

4. 推广价值

高含H_2S稠油区块单井管道井口端腐蚀治理技术方案可在单井管线井口端温度较高（如距离加热炉500m内）指导管线选材与腐蚀管线治理，为单井管线腐蚀防护与治理提供重要技术支撑。

八、应急管道用柔性连续复合管技术

1. 技术背景

针对塔河油田集输管线隐患治理工程、临时生产和临时注水均需要应用大量应急管道的问题，鉴于金属应急管道应用存在投用前放线焊接、投用后管线切割、清洗、回收问题，施工周期长、管线消耗多等问题，借鉴柔性连续复合管耐腐蚀、柔性好、接头少、具备快速施工和重复利用的可能性等特点，模拟柔性连续复合管快速施工和重复利用行为，开展柔性连续复合管承压性能变化规律研究，并确定柔性连续复合管快速施工及重复利用技术方案，确保应急管道的安全性和可靠性。

2. 技术成果

成果1：明确了应急管道用柔性连续复合管承压性能变化。

在模拟柔性连续复合管的弯折状态，在其最小存储弯曲半径下，测试复合管的静水压性能及水压爆破强度均满足标准要求。通过对不同结构柔性连续复合管的拉伸性能测试，轴向拉伸层的设计可有效提高管材的拉伸强度，但接头扣压处仍是管材受力薄弱点(图6-1-14)。

(a)弯曲性能　　　　　　　　　　　(b)拉伸性能

图6-1-14　柔性连续复合管弯曲性能和拉伸性能测试

成果2：形成两套适合塔河油田应急管道用柔性连续复合管的快速施工方法。

方案一：如果应急管道应用时间短，同时气候条件允许，快速施工方案可以采取：扫线、布管及敷设（一体化）、管道连接、清扫试压、管道补口、管道浅埋。

方案二：管线需要深埋时的快速施工方案为：扫线、挖沟布管及敷设（一体化或部分一体化）、管道连接、清扫试压、管道补口、管道回填。

成果3：提出了3种柔性连续复合管重复利用施工方案。

明确了非开挖地面敷设法、浅挖法和内穿入套管法3种方案的特点及适用范围见表6-1-10。

表6-1-10　3种柔性连续复合管重复利用施工方案对比

方案名称	优点	缺点	适用范围
地面敷设法	1. 施工快捷； 2. 无需开挖，施工成本低	1. 试压及应用（安全、老化等）风险大； 2. 低温使用受限	适用于应急管道重复利用，不适用于长期服役管道

续表

方案名称	优点	缺点	适用范围
浅挖法	1. 可保障管线正常服役； 2. 回收时浅挖，节约成本	1. 存在开挖； 2. 浅挖深度应试验确定，避免管材回收损伤	适合于沙漠、松土等地面形貌
内穿入法	1. 可保障管线正常服役； 2. 回收时无需开挖	1. 增加前期套管施工； 2. 增加套管成本投入	地面植被、水域、农田等生态敏感地区

3. 主要创新点

创新点：明确了用于应急管道的柔性连续复合管弯曲承压性能，并在此基础上提出应急管道用管材结构设计方案和柔性复合管快速施工和重复利用方案。

4. 推广价值

研究成果评价了柔性连续复合管承压性能变化规律，确定柔性连续复合管现场快速施工及重复利用技术方案，为降低应急管道建设成本，确保应急管道的安全性和可靠性提供了技术支撑。可在塔河油田集输管线隐患治理工程、临时生产和临时注水管线生产中推广应用。

九、天然气管道黑粉积聚防治技术

1. 技术背景

天然气外输管网前期清管作业、过滤器检修及终端用户过滤器检修时发现大量黑粉，造成外输管线管输量下降，并影响下游用户的正常生产，亟需对西北油田分公司天然气管网黑粉分布规律和形成机理进行研究，明确黑粉分布及成因，形成防治对策，从而保证天然气正常管输、外销。

2. 技术成果

成果1：确定了黑粉沉积位置及分布规律。其中，塔轮线黑粉易在距首站5km内的上游低洼段积聚；塔雅线由于管径大、投用时间晚、首末端高程差小，黑粉在距集气总站6km处堆积，呈颗粒状、粉状或疏松的块体（图6-1-15、图6-1-16）。

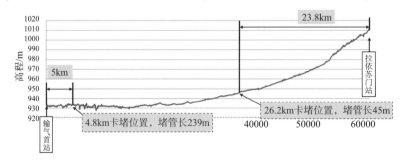

图6-1-15 塔轮天然气管道高程图

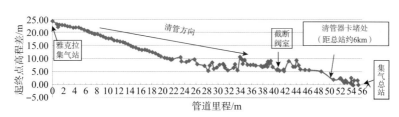

图 6 - 1 - 16　塔雅天然气管道起终点高程图

成果 2：研究了黑粉形成规律及机理。由于天然气中含 H_2S、CO_2 等腐蚀因素，同时局部管道保温差，导致凝析水析出，使管道发生腐蚀，黑粉组分为 $FeCO_3$、FeS、Fe_3S_4；含水量是控制腐蚀的最主要因素，含水升高，腐蚀显著加重，H_2S 和 CO_2 含量对腐蚀影响无明显规律。

3．主要创新点

创新点 1：通过扫描电镜 + 能谱、X 射线衍射（XRD）分析及室内模拟试验，研究黑粉形成机理、规律及黑粉生成主控因素。

创新点 2：提出了加强上游生产流程控制的前预防和消除管线自身腐蚀的后治理技术措施方案。

4．推广价值

通过天然气管道黑粉积聚原因与防治对策研究，明确了黑粉形成的前期预防和后期治理的技术对策，为塔河天然气管道长期安全高效运行提供了技术支撑；研究方法和对策措施对类似天然气管道具有借鉴意义。

十、非金属管材缺陷检验

1．技术背景

针对现有技术不能检测非金属管材细微缺陷和损伤缺陷的技术难题，通过借鉴无损检测技术方法原理，建立非金属管材缺陷检验方法，探讨该方法在检测非金属复合管管体及接头缺陷的可行性，确定常见非金属管材缺陷检验的范围。

2．技术成果

成果 1：调研确定了非金属管无损检测技术。

超声相控阵技术可用于聚乙烯管和钢骨架增强聚乙烯复合管缺陷的无损检测，改进的超声相控阵设备探头关键参数设置（图 6 - 1 - 17）：

（1）阵元：64 阵元。

（2）扫描方式：斜聚焦进行相控阵 S 扫描。

（3）频率：1.5MHz。

（4）波形：纵波。

图 6 - 1 - 17 超声相控阵设备及改进的探头

成果 2：验证了非金属管无损检测技术的适用性。

超声相控阵无损技术适应于聚乙烯管、钢骨架增强聚乙烯复合管无损检测，不适用于玻璃钢管无损检测。能够实现钢骨架复合管 2mm 尺寸的缺陷检测，管壁厚度方向定位准确，具备"空隙型"和"夹杂型"缺陷检测能力（图 6 - 1 - 18、图 6 - 1 - 19）。

图 6 - 1 - 18 聚乙烯管缺陷及无损检测

图 6 - 1 - 19 钢骨架聚乙烯管缺陷及无损检测

3. 主要创新点

创新点 1：首次确定了以聚乙烯为基体的非金属管道的无损检测技术。

创新点 2：首次确定了超声相控阵无损检测技术检测金属增强型聚乙烯复合管缺陷的能力范围。

4. 推广价值

研究成果可在塔河油田内穿插聚烯烃管和钢骨架增强聚乙烯复合管到货抽检中应用，也针对钢骨架增强聚乙烯复合管开展定点实验检测。

十一、金属弯管腐蚀隐患治理技术可行性论证

1. 技术背景

针对塔河油气田日益突出的金属弯管失效问题，开展弯管选材、生产工艺控制等措施优选，为新建工程弯管的选择和降低弯管失效风险提供技术支持；通过调研弯管失效风险评价及检测技术、方法，评价在役弯管失效风险隐患，并对存在失效风险的弯管制定有针对性的治理技术对策。

2. 取得的认识

认识1：形成一套金属弯管失效风险评价方法和技术。

包括定性、半定量、定量评价方法和故障树分析法、基于KENT法的半定量风险评价等评价技术。

认识2：优选推荐一套技术可行、经济合理的现场无损检测技术组合。

其中，对于直管段，采取低频导波方法（低频长距超声波）来进行缺陷检测，对于弯头可采用C扫描进行缺陷检测，对于导波检测盲区可用C扫描补充，在定位出缺陷位置后再用超声波进行精确测厚

认识3：优选推荐1~2套技术可行、经济合理、长期有效、安全可靠的在线治理工艺技术。

重点对碳纤维复合材料修复补强、高性能熔融结合环氧粉末涂料（SEBF）和无溶剂双组分液体环氧涂料、HDPE管穿插法修复旧管道技术、预成型软管内衬玻璃钢修复技术进行了适应性评价和推荐。

3. 下步建议

建议1：以失效为导向，采取针对性的预防和治理措施，有效降低失效比率。

建议2：通过推动技术创新、多领域交叉创新，寻求综合性能优异、经济性更高的腐蚀防治措施。

十二、耐高温、高承压非金属内衬管技术可行性论证

1. 技术背景

单井管道一管双用是依托完备的集输管网和掺稀管网，实现塔河油田单井管道输送原油和输水一管双用、掺稀管道输送稀油和输水一管双用，从而既解决注水管网未配套带来的盐水拉倒运量大、曝氧加剧金属单井管道腐蚀的问题，又可大幅降低注水管道建设的投资，降低配套维护费用及盐水倒运费用。主要研究适用于塔河油田一管双用的耐高温、高承压非金属管材技术，并开展实用性论证评价，为进一步应用提供理论支撑。

2. 取得的认识

主要研究适用于塔河油田一管双用的耐高温、高承压非金属管材技术，并开展适用性论证评价，为进一步应用提供理论支撑。在此基础上，完成内穿插用耐高温、高承压非金

属管的经济性、适用性和工艺技术对比分析。

认识1：耐高温热塑性塑料管调研。

针对塔河油田"一管双用"油水交替变化的介质特点，对各类内衬管的最高运行温度给出以下建议：

（1）HDPE 管材的最高运行温度为60℃，是最为常用且最为经济的管材，耐热聚乙烯（如 HT－PO）的运行温度可以适当提高。

（2）PEX 管材的最高运行温度为70℃，但是加工困难，其产品价格高于 HDPE。

（3）PA11/PA12 管材的最高运行温度为 60～65℃，高温水解限制了其在含水介质中的使用温度上限，其产品的价格高于 PEX。

（4）PVDF 管材的最高运行温度为130℃，且对油气水介质的相容性优异，但是价格昂贵，而且对挤塑工艺有特殊要求（表6－1－11、表6－1－12）。

表6－1－11　油田内衬管用热塑性塑料适用条件

种类	推荐介质类型	最高运行温度/℃	备注
HDPE	水、原油	60	对溶胀、渗透作用敏感；不适用于芳香族油、环烷基油、脂肪环族油介质
PEXa/PEXb	水	80～90	交联工艺和交联度对管道的性能影响很大，加工困难
	原油	70	
PA11/PA12	水	60～65	高温会引发水解
	原油	80～90	不含水或含水很少
PVDF	水、原油	130	推荐选用非塑化的共聚物，对加工和热应力敏感

注：1. 此表中最高运行温度同实际介质组分密切相关，应用前需通过介质相容性试验。

2. 此表中给出的数据主要来源于国际著名原材料制造商和管道制造商，不代表任何产品都能达到。

表6－1－12　耐高温热塑性塑料原材料（管道级）成本

材料	牌号	密度/（g/cm³）	价格/（万元/吨）	同规格管道原料价格（相对 HDPE）/倍
HDPE（PE100 级）	—	0.95～0.96	1～1.5	—
PA11（ARKEMA 公司）	P40 PLX	1.03～1.04	15	10～15
PVDF（Solvay 公司）	Solef® 60512	1.75～1.80	17～18	>20
PEX（Solvay 公司）	Polidan® TUX100	0.955	3	2

认识2：高承压热塑性塑料管调研。

热塑性塑料自身的耐温能力和介质相容性是限制其应用的关键因素；对于 HDPE 管道，只需选择适当的 SDR 值即可满足裸管承压 >0.5MPa 的要求，而无需采取附加的强化措施；PVDF 管和 PA 管的承压能力优于 PE 管，而 PEX 管的承压能力也可以达到 PE 管的水平。

针对塔河油田"一管双用"内衬管的运行条件，对高承压热塑性塑料内衬管的应用给

出下列建议:

（1）对于内穿插管道而言，外部的金属管是承压单元，其结构完整度必须具备独立承载全部内部压力和外部受力的能力，同时内衬塑料管也应当依照设计规范合理选用 SDR 值，以确保热塑性管具有基本的承压能力。

（2）PA、PVDF、PEX 等材料的耐温能力和介质相容性优于传统的 PE，而且强度也优于或达到 PE 的水平，因此当用于中对应的温度介质条件时，这些材料的裸管工作压力可以满足 >0.5MPa 的要求。

（3）建议在设计内衬管时，应首先评价热塑性塑料的耐温能力和介质相容性，这是管道安全服役的前提；进而依据管道设计标准，合理选用 SDR 值，保证管道具有必要的承压能力。

3. 下步建议

调研的非金属材料用于一管双用工艺，既解决注水管网未配套带来的盐水拉倒运量大、曝氧加剧金属单井管道腐蚀的问题，又可大幅降低注水管道建设的投资，降低配套维护费用及盐水倒运费用，建议针对塔河油田 2000 多条单井管道和掺稀管道的系统功能进行优化。

十三、集输系统腐蚀防治技术应用效果评价

1. 技术背景

针对原位更新技术和纳米涂层防护技术应用的可靠性不清晰、适应环境条件不明确的突出问题，一是通过对比原位更新技术施工前后柔性连续复合管力学、承压、连接性能，明确原位更新用柔性连续复合管施工后的应用效果，并建立原位更新施工技术规范；二是通过开展纳米涂层防护技术在注水 – 集输交替、单一注水、稠油集输模拟工况及现场应用效果评价，确定纳米涂层防护技术的可行性及适用环境条件。

2. 技术成果

成果 1：明确原位更新柔性连续复合管关键性能及其应用效果。

柔性连续复合管服役前轴向拉伸强度 21.5t，维卡软化温度 85.6℃；原位更新拖拽施工服役后轴向拉伸强度 17.0t，维卡软化温度 85.8℃，爆破强度 5.2MPa，满足现场试验要求，并编制了非金属管原位更新施工技术规范（图 6 – 1 – 20）。

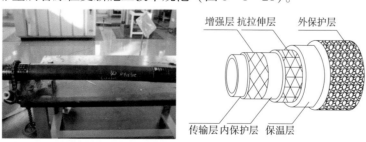

图 6 – 1 – 20　柔性连续复合管及管材结构

成果 2：完成了纳米涂层防腐技术的适用性评价及应用效果评价。

模拟环境评价双组分纳米涂层、单组分纳米涂层和无溶剂环氧涂层均不适应所模拟的苛刻油田工况环境。其中，涂层性能排序，双组分纳米涂层 > 单组分纳米涂层 > 无溶剂环氧涂层。3 种涂层服役后均表现出良好的适用性，涂层外观形貌、硬度基本无变化（图 6 - 1 - 21 ~ 图 6 - 1 - 23）。

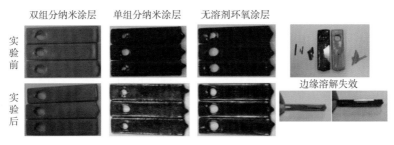

图 6 - 1 - 21　模拟注水 - 集输工况涂层评价结果

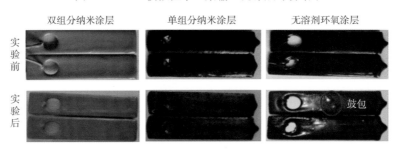

图 6 - 1 - 22　模拟注水工况涂层评价结果

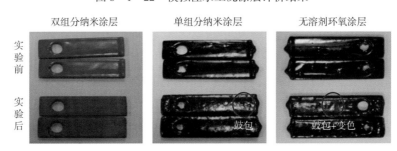

图 6 - 1 - 23　模拟稠油集输工况涂层评价结果

3. 主要创新点

创新点 1：明确了原位更新用柔性连续复合管关键性能指标及应用效果，制定了原位更新施工规范。

创新点 2：明确了双组分纳米涂层、单组分纳米涂层两种不同纳米涂层的环境工况适用性及其应用效果。

4. 推广价值

一是指导了《塔河油田 8 区高风险环境敏感区单井管线环保隐患治理工程》12 条 22.78km 埋地非金属单井管道原位更新工艺的顺利施工，预计降本增效 432 万元；二是为

《塔河油田二号联至 S99 污水外输干线部分管段改造增效工程》和《二号联至三号联污水联络线部分管段改造增效工程》10.7km 管道纳米涂层试验应用提供了一定的技术支撑。

十四、管道腐蚀及泄漏风险预警技术

1. 技术背景

塔河油田腐蚀环境恶劣，腐蚀介质具有"五高一低"的特点，即高 CO_2、高 H_2S、高 Cl^-、高 CO_2、高 O_2、低 pH 值。随着油气田开发的深入，综合含水不断上升，内腐蚀环境更加苛刻，随着服役管道管龄的增长，管道内腐蚀穿孔油气泄漏问题更加突出。由于管道内腐蚀不能提前预判，个别管道内腐蚀穿孔泄漏不能及时被发现，导致抢维修及污染治理费用大幅上升，对油气田安全生产、开发效益、生态环保和企业形象造成严重影响。如何对新建管道预测内腐蚀风险，指导管道建设初期优选管道材质和合理防腐设计，做好源头防腐；如何有效识别和提前预测在役管道内腐蚀风险，及时指导调整防腐措施，降低腐蚀速率；如何及时快速发现管道腐蚀穿孔油气泄漏，精确定位报警，以便采取有效措施，将损失减小到最低，不仅是目前亟待解决的技术难题，也是管道安全环保生产运行的主要任务，更是提高油气田高效开发的技术保障。

2. 技术成果

成果 1：明析了"$H_2O - H_2S - CO_2 - Cl^- - DO$"腐蚀环境下，管道腐蚀穿孔经历了"渐发平缓上升 – 爆发快速上升 – 高发平缓下降"三个过程，从"一突出、三集中"向"一突出、四集中"转变；关键影响因素为"高 H_2S/CO_2 量、低 H_2S/CO_2 分压、中低含水率、多种采输工艺"并存，管道腐蚀穿孔呈现"七多发"特点，为下步管道腐蚀风险分级奠定基础。

成果 2：通过典型失效案例分析，验证了管道腐蚀规律特征认识的正确性；通过对 4 种 20# 碳钢管材质分析，明确了化学元素最佳配备可降低金属管材腐蚀发生概率，为金属材质选材提供技术支撑。

成果 3：论证了管道三类风险评价方法和五种腐蚀风险预测方法，通过腐蚀影响因素流体介质、运行参数、失效后果、其他因素风险识别，建立了腐蚀速率与管道类型、H_2S 含量、人口密集度、自然环境的管道腐蚀风险度分级方法，形成了三级风险评价指标。识别出目前管道腐蚀穿孔泄漏安全风险在 12 区、环保风险在 TP 区，优化改进了腐蚀速率预测法，并提出了腐蚀速率预测法 + Kent 评分法 + 内腐蚀直接评估法组合预测方法的技术思路。

成果 4：采用遗传算法对经典 BP 网络优化改进，建立了基于优化改进的 BP 神经网络算法管道腐蚀速率预测软件，并利用塔河油田地面 114 条管道样本数据评价了软件可靠性误差在 10% 以内，已知风险后果管道预测结果与现场实际风险一致。

成果 5：论证了基于软件检测 6 种管道泄漏报警方法优劣，明析了已建 11 套管道泄漏系统运行现状，提出了单次声波传感器 + 压力变送器组合泄漏监测系统技术要求，通过泄漏检测系统性能模拟测试明确了传感器安装位置，通过14条管道次声波泄漏监测系统现场测试，结果表明泄漏检测系统可在塔河油田天然气集输管道和含有溶解气的稠油管道均可应用，应用效果技术指标均满足及时报警要求。

3. 主要创新点

创新点1：建立了基于优化改进的BP神经网络算法的油气集输管道腐蚀速率预测软件，为塔河油田管道腐蚀风险预测分析提供一种新方法。

创新点2：建立了管道音波泄漏监测系统关键技术参数评价指标，系统开展了油气管道音波泄漏监测装置实际工况模拟测试，为监测系统准确可靠运行奠定了基础。

4. 推广价值

通过开展腐蚀风险预测技术方法应用探索和泄漏报警技术应用评价研究工作，确定适合塔河油田管道腐蚀风险预测的方法，对在役管道或新建管道进行腐蚀风险预测，可在塔河油田高风险管道应用。

第二节　井下防腐

一、塔河稠油井注气配套防腐技术

1. 技术背景

近年来，塔河油田规模推广了注气增产工艺，增油效果显著，但氧腐蚀问题突出，注气开井后腐蚀结垢井占总数的41%。通过实验模拟和理论研究相结合的方法，研究井下管柱腐蚀规律，优选控制氧含量、POK耐高温非金属内衬等防治技术，预期形成一套针对塔河注气工况的低成本防腐技术。

2. 技术成果

成果1：明确了腐蚀规律和主控因素。

注气工况的腐蚀主控因素是O_2，采油阶段主控因素是H_2S/CO_2；有氧存在时腐蚀以局部腐蚀为主，无氧存在时H_2S/CO_2腐蚀以均匀腐蚀为主；注采交替不属注气和采油两阶段的简单叠加，而是后阶段在前阶段基础上深入发展，整体出现协同促进作用，腐蚀速率约为理论值的3倍；注采交替出现严重局部腐蚀，O_2是诱因，H_2S/CO_2起推动作用（图6-2-1）。

图 6 - 2 - 1　注气工况下的微观形貌

成果2：形成注气井防腐措施。

针对苛刻的注气氧腐蚀工况，制定了控制氧含量、耐高温 POK 非金属内衬管，取得了较好的防腐效果。

（1）控制氧含量。

氧含量由 5% 降至 0.01% 时，腐蚀形态为全面腐蚀，未观察到局部腐蚀形貌；均匀腐蚀速率大幅下降 95% ~ 98%。

（2）POK 非金属内衬管。

根据胜利油田、塔里木油田、英国英威达（INVISTA）等油气田应用经验，从聚酮、尼龙、聚酯、聚甲醛四大类十余种非金属管筛选 POK 内衬管。试验评价后，POK 管各项性能具有一定变化，但整体技术可行，满足 130℃ 井下应用防腐要求（图 6 - 2 - 2、图 6 - 2 - 3）。

图 6 - 2 - 2　POK 内衬管及试验样本形貌

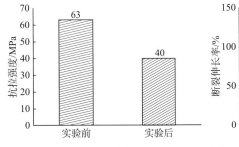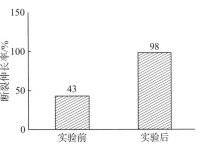

图 6 - 2 - 3　POK 内衬管及性能评价

3. 主要创新点

创新点1：明确了氧含量降低为 0.01% 时，均匀腐蚀速率下降 95% ~ 98%，无明显点腐蚀发生，无需采取其他防腐措施即可满足注气防腐技术要求。

创新点 2：开发了适应注气工况条件下的耐高温非金属 POK 内衬，耐温性能达到 120～150℃。

4. 推广价值

形成了 POK 耐高温非金属油管内衬等注气井防腐技术，具有低成本的技术优势，投入产出比为 1：10，措施后管柱使用寿命由 1 年延长到 5 年。技术成果可在四区、六区、七区、十二区等主力生产区块推广应用，具有较好的推广前景。

二、注气管柱新型耐高温防腐技术

1. 技术背景

针对塔河油气田井下高温、高压特点，开展井下耐高温非金属内衬防腐工艺的研究与应用评价，优选耐温性能可以达到 120～150℃的新型非金属内衬材料及适应塔河油田井下环境工况的防腐配套工艺组合，为注气井井下日益突出腐蚀问题的有效控制提供技术思路和工艺储备。

2. 技术成果

成果 1：优选出耐高温非金属材料。

根据耐温性能、机械性能、加工性能以及经济性等优选出聚酮（POK）、聚醚醚酮（PEEK）两种耐高温非金属材料开展实验评价。POK 耐温等级 150℃，PEEK 耐温等级 180℃（图 6-2-4）。

成果 2：明确了聚酮、聚醚醚酮材料防腐蚀及耐温特性。

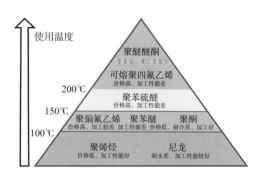

图 6-2-4　不同种类塑料特性分布示意图

POK 耐高温性能评价结果表明，其在 150℃工况条件下可以使用，但其伸长率下降幅度较大，存在一定开裂风险，120℃工况条件下，各项性能优异，其长期服役的适用性需现场试验进一步验证。PEEK 耐高温性能评价结果表明，其在 150℃和 180℃工况条件下性能保持较好，适用于 150℃以上工况，但其经济性较差。

成果 3：确定了内衬管接箍部位配套防腐工艺及材质。

完成油管接箍密封材料优选评价，确定接箍橡胶密封防腐工艺，明确四丙氟橡胶可满足塔河井下注气工况要求。

成果 4：建立和完善了内衬复合管模拟实验方法。

通过结合强度、快速泄压、耐冷热循环和模拟工况实验，明确了聚酮内衬复合管、接箍的整体适应性及对钢管的保护作用。

3. 主要创新点

创新点 1：优选出了耐高温内衬管。

将 POK 材料创新应用于油管内衬，其各项性能显著优于聚乙烯内衬管，其材料具有耐蚀性能优异、加工性好、成本较低的特性，耐温超过 120℃。

创新点 2：建立和完善了内衬复合管模拟实验方法。

建立了包括模拟工况内衬材料物理、化学性能变化测试以及内衬 + 基管整体结合性能测试等内容的内衬复合管实验评价方法，为内衬复合管优选提供了技术方法。

4. 推广价值

开发的聚酮内衬复合油管服役寿命可达 10 年，延长碳钢油管检管周期 8 年，每口井节约检管及修复费用 120 万元；可在塔河主体区块生产、注气、注水等各种工况下使用，有望彻底解决塔河主体区块油管内腐蚀问题，具有巨大的社会和经济效益。

三、顺北井下腐蚀工况管柱选材

1. 技术背景

针对顺北区块井下高开裂敏感性和腐蚀失重的工况环境，通过对腐蚀环境的调研分析、腐蚀规律研究及选材标准调研以及对实验管材耐蚀性 – 经济性综合分析等方法，明确顺北井区腐蚀规律，建立适用于顺北区块井下工况的管柱材料的选材流程及形成顺北井区井下管柱选材方案建议，为顺北区块以及后续油藏的开发提供技术支撑。

2. 技术成果

成果 1：明确了顺北井下工况不同管材的腐蚀失效模式和规律。

P110S 低合金钢在顺北工况条件下主要失效模式为腐蚀失重，不发生应力腐蚀开裂；超级 13Cr 不锈钢和 2507 双相不锈钢在顺北工况条件下主要失效模式为应力腐蚀开裂，原油可以降低超级 13Cr 的应力腐蚀敏感性，腐蚀速率较低，低于 0.076mm/a；825 镍基合金在顺北工况下不会发生应力腐蚀开裂，并且腐蚀速率很低，远低于 0.076mm/a。

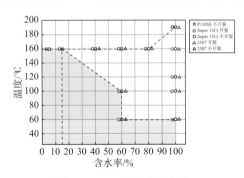

图 6 – 2 – 5　不锈钢材料在顺北工况下的适用范围

成果 2：确定了不锈钢材料的适用范围。

超级 13Cr 不锈钢（90% AYS）可在 160℃以上井段或 160℃以下、低含水率的条件下使用；2507 双相不锈钢可在低温下或者高温下、低含水率的条件下使用；825 镍基合金在所有 H_2S 分压下均不开裂（图 6 – 2 – 5）。

成果 3：探索了经济型耐蚀合金新材料的适用性。

在顺北工况下，新型耐蚀合金（16% Ni）在 100℃时出现应力腐蚀开裂，受 H_2S 分压等其他因素影响不大，可在 120℃以上井段或者 60℃以下井段使用；经济型耐蚀合金新材料 Ni 含量需达到 25%（质量分数），应力腐蚀敏感性才显著下降，塑性、强度损失不大；两种材料成本较镍基合金分别下降 32% 和 21%。

成果4：形成了顺北油气田井下管柱选材流程及选材方案。

目前，顺北井下的P110SS的选材方案当含水率达40%时，腐蚀速率为1.2mm/a，不适合长期使用，根据研究成果给出了选材方案：采用组合管柱，针对高含水风险，管柱下部载荷较低部位，可选用耐蚀合金或非金属内衬等，突破了标准选材的限制，其管柱服役10年后，井下管段承压仍在安全范围内（图6-2-6）。

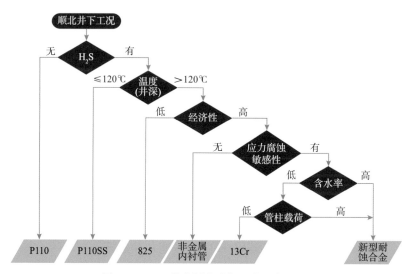

图6-2-6 形成顺北油气田的选材流程

3. 主要创新点

创新点1：首次系统研究了顺北井下工况环境下井下管柱材料的腐蚀特征和规律，明确了各种管材的适用范围，为井下管柱选材提供了依据。

创新点2：开发了经济性耐蚀合金新材料，在降低腐蚀速率的同时，能降低应力腐蚀敏感性，经济性较镍基合金有明显下降。同时，明确了管材的适用范围及其经济性。

创新点3：提出了顺北工况环境下井下管柱的选材方案和建议。可满足服役年限大于10年，经济性下降50%的要求。

4. 推广价值

开发的经济型耐蚀合金以及一套适用于顺北工况环境下井下管柱的选材方案可直接应用于顺北区块，达到井下管柱服役寿命大于10年，管柱成本较Ni基合金下降50%以上。确保该气田安全选材，并大大节约了投资成本，实现高效经济开发。

四、注气井井筒腐蚀结垢主控因素研究

1. 技术背景

针对注气采油逐渐突显出氮气含氧对管柱造成不同程度的结垢腐蚀的问题，且直接影响到注气井的正常生产；通过开展注气过程形成腐蚀结垢的主控影响因素实验分析（注气氧含量、温度、注气压力、材质、注入速度），明确腐蚀结垢变化规律。

2. 技术成果

成果 1：注气氧含量对注气井井筒腐蚀结垢的影响。

当注气氧含量为 0.7% ~ 2.5% 时，P110 和 P110S 在 70 ~ 110℃ 温度区间内腐蚀速率高，且均存在不同程度的局部腐蚀，且在注气氧含量为 1.5% 时，P110 和 P110S 的腐蚀敏感性相对较高。

成果 2：注气压力对注气井井筒腐蚀结垢的影响。

注气压力可以改变井筒服役工况下的原位溶解氧含量，进而改变井筒材质的耐腐蚀性能，但注气压力对井筒服役工况下的原位溶解氧含量影响有限。

成果 3：不同注入速度对井筒管材腐蚀规律影响。

注入速度通过影响油管材质表面腐蚀产物的形成与破损进程来影响井筒材质的耐腐蚀性能，注入速度过小反而会导致井筒材质腐蚀敏感性增加。

成果 4：不同水质对井筒管材腐蚀规律影响。

注入水质中加入除氧剂可以降低井筒服役工况下原位溶解氧含量，进而降低井筒材质的腐蚀敏感性。当注气氧含量为 0.7% 时，加入除氧剂可有效降低井筒材质的腐蚀速率，有效地控制注气井井筒结垢腐蚀。但随注气氧含量升高，加入除氧剂对井筒结垢腐蚀的抑制程度降低。

成果 5：注气井腐蚀结垢主控因素权重分析。

当注气氧含量为 0.7% ~ 2.5% 时，塔河油田注气井井筒结垢腐蚀风险严重，腐蚀产物主要为铁的氧化物和 $CaCO_3$；同时，结合前期积累的注气氧含量 0.01% 和 5% 的数据，确定腐蚀结垢主因为注气氧含量和温度，次因为材质、注入速度和注入压力。各影响因素权重排序：注气氧含量（44.5%）＞温度（22.2%）＞材质（13.3%）＝注入速度（13.3%）＞注入压力（6.7%）。

3. 主要创新点

创新点：确定腐蚀结垢主因为注气氧含量和温度，次因为材质、注入速度和注入压力。

4. 推广价值

通过开展注气过程形成腐蚀结垢的主控影响因素实验分析，明确腐蚀结垢变化规律。为今后塔河油田注气井防腐对策提供技术支撑。

五、塔河油田井筒腐蚀规律研究

1. 技术背景

针对塔河油田油气生产井和注水井的井筒腐蚀，完成塔河油田不同注采井况下井筒腐蚀机理和规律研究，明确不同温度、H_2S 分压、CO_2 分压下井况腐蚀规律特征；提出井筒不同腐蚀工况环境下管柱选用原则和选用方法，为塔河油田井筒腐蚀现状及腐蚀监测评价提供技术支撑。

2. 技术成果

成果1：完成不同注采井况下腐蚀现状分析，明确腐蚀影响主控因素。采油气井腐蚀影响主控因素为温度、H_2S 和 CO_2 分压；注水井的腐蚀主控影响因素为温度和溶解氧含量；注气井的腐蚀影响主控因素为温度、溶解氧含量、水质、CO_2 和 H_2S 分压；开展2井次生产管柱典型失效案例分析，验证了腐蚀主控影响因素正确性（图6-2-7、图6-2-8）。

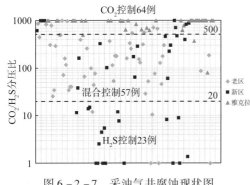

图6-2-7　采油气井腐蚀现状图

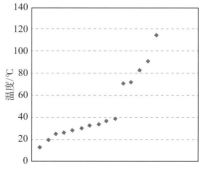

图6-2-8　注水井腐蚀现状

成果2：明确不同注采井况下井筒腐蚀机理和规律特征，形成一套塔河油田不同注采井况下井筒腐蚀机理和规律特征认识报告。采油气井腐蚀敏感温度区间 60～120℃，腐蚀峰值发生在100℃左右，老区主要为 CO_2-H_2S 腐蚀混合控制，新区主要为 H_2S 控制，雅克拉区主要为 CO_2 腐蚀控制，腐蚀机理分别为：CO_2-H_2S 腐蚀和垢下腐蚀，H_2S 腐蚀，CO_2腐蚀和垢下腐蚀；注水井腐蚀敏感温度区间在井口和井底为 80～120℃，低温以水线腐蚀为主，中高温为氧腐蚀和垢下腐蚀；注气井的腐蚀敏感温度区间为 60～120℃，腐蚀峰值发生在110℃左右，腐蚀机理主要为氧腐蚀、CO_2-H_2S 腐蚀和垢下腐蚀（图6-2-9～图6-2-11）。

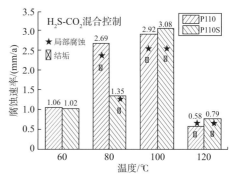

图6-2-9　CO_2-H_2S 腐蚀混合控制规律研究

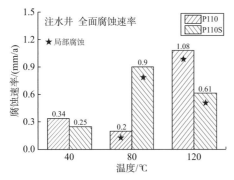

图6-2-10　注水井腐蚀规律研究

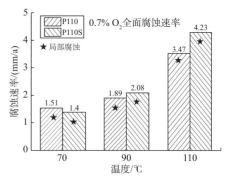

图6-2-11　注气井腐蚀规律研究

成果3：明确了碳钢管材在塔河油田适用边界。建立了塔河油田不同腐蚀工况环境下管柱选用原则，明确了碳钢管材在塔河油田适用边界，形成了适合于塔河油田的碳钢管材局部腐蚀敏感性图谱。Ⅰ区 CO_2 分压小于 0.4MPa，且 H_2S 分压小于 58kPa，无局部腐蚀风险；Ⅱ区温度小于 60℃时，无局部腐蚀风险；Ⅲ区温度小于 80℃时，无局部腐蚀风险；Ⅳ区存在局部腐蚀风险（图 6-2-12）。

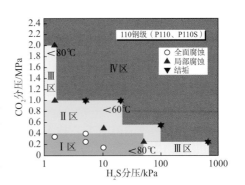

图 6-2-12 适合于塔河油田的碳钢管材局部腐蚀敏感性图谱

3. 主要创新点

创新点1：明确了采油气井、注水井、注气井腐蚀影响主控因素、不同注采井况下井筒腐蚀机理及规律特征认识。

创新点2：针对塔河油田腐蚀工况，给出了碳钢管材的适用边界，形成局部腐蚀敏感性图谱。

4. 推广价值

明确不同注采井况下井筒腐蚀机理和规律特征认识，探索了经济型耐蚀合金新材料的适用性，形成了适合于塔河油田的碳钢管材局部腐蚀敏感性图谱，技术成果可为塔河油田管柱选材提供依据，为井筒探针腐蚀监测技术应用提供技术支撑。

六、典型腐蚀分析评价及防治技术

1. 技术背景

针对油气田典型腐蚀失效案例及防治技术，通过进行 2017 年现场腐蚀跟踪描述、工况调研和原因分析，以及历年腐蚀台账梳理和归类总结等工作，结合文献调研分析，明确油、气、水不同体系腐蚀机理及影响因素；对现有防治工艺技术进行总结及效果分析评价，明确各类腐蚀防护措施适用的腐蚀体系；最终，针对不同腐蚀体系分层次、分等级提出防治工艺技术改进建议。

2. 技术成果

成果1：完成历年腐蚀案例归类分析总结。完成塔河油气田典型腐蚀规律技术可行性论证，腐蚀现场跟踪、描述 109 井次（图 6-2-13、图 6-2-14）。

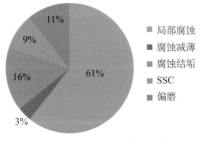

图 6-2-13 井下腐蚀现状

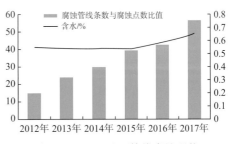

图 6-2-14 地面管线腐蚀现状

成果2：明确了腐蚀规律及影响因素。完成油、气、水不同系统，地面、井下管柱（线）腐蚀机理及影响因素总结。其中，碳钢管材主要失效形式为局部腐蚀和结垢，井口段P110油管和高钢级抽油杆存在SSC敏感性，不锈钢油管在结垢条件下存在点蚀敏感性；注气井井筒管柱全井深腐蚀均比较严重；注水和输水系统地面管线以氧腐蚀和腐蚀结垢为主。

成果3：完成了防治工艺技术优选及应用效果评价。对9类腐蚀防治工艺技术进行了总结及效果分析。其中，双金属复合管、内穿插、井下牺牲阳极等技术现场应用效果较好，井下内衬、药剂、监检测工作有进一步优化空间，地面系统阴极保护问题较多。

成果4：提出腐蚀防治工艺技术针对性优化建议。针对井下管柱有必要开展不同材质油管组合、内衬油管高温失效、药剂适用性及效果评价进一步开展研究；针对地面管线/设备设施，关注高风险、高后果区腐蚀防治策略优化，如阴极保护技术设计与评价研究，含硫油气田弯管安全评定技术与控制措施研究等（表6-2-1）。

表6-2-1　腐蚀防治工艺技术优化建议

序号	防治工艺技术	技术优势	技术优化建议
1	双金属复合管	在役应用效果评价性能优越，未发现刺漏	进一步明确其适用工况环境区间，尤其是针对316L双金属复合管工艺技术，应关注Cl^-和氧共存条件下的点蚀风险
2	玻璃钢管	1. 有效降低管线刺漏次数； 2. 耐腐蚀，强度高，使用寿命长	关注非金属管与金属管连接处工艺优化
3	风送挤涂	1. 有效降低管线刺漏次数； 2. 相对经济，施工时间短，涂层防腐性能良好、施工一次挤涂距离长	1. 开展风送挤涂工艺技术应用效果后评价工作； 2. 开展针对管线未进行内防部位的腐蚀控制研究工作
4	内穿插	1. 管道整体性能好，质量可靠； 2. 成本低，寿命长； 3. 施工速度快，一次性治理距离长； 4. 全线焊接，无法兰； 5. 使用范围广	1. 开展内穿插工艺技术应用效果后评价工作； 2. 开展针对管线未进行内防部位的腐蚀控制研究工作
5	药剂防腐	药剂加注后有效控制管线均匀腐蚀，一定程度上抑制点腐蚀	关注缓蚀剂加注工艺优化，以及缓蚀剂加注效果后评价关注
6	腐蚀监检测	有效监测介质腐蚀性和药剂使用效果	完善腐蚀监检测体系，丰富技术类型，规范维护流程，加强监检测数据的分析利用
7	阴极保护	技术成熟，已广泛应用于埋地管道等设施的外防腐中，应用效果显著	针对老化或故障问题优化修复顺序及方案，针对复杂站场开展专项修复方案研究，并构建良好的运维体系

续表

序号	防治工艺技术	技术优势	技术优化建议
8	井下内衬	具有较强的应用前景	中高温井段老化现象明显，有必要澄清不同类型内衬油管的适用环境参量组合，并关注内衬油管在目标工况下的适用年限和连接处的防护工艺优化
9	井下牺牲阳极	井下油管外壁防腐技术中易于实现的有效手段	不同服役工况环境下阳极消耗不一，设计上尚需根据工况环境进行优化。

3. 主要创新点

创新点：对塔河油气田当前实施的腐蚀防治工艺效果进行评价，明确效果，并提出措施建议。

4. 推广价值

对塔河油田腐蚀治理技术进行跟踪评价并提出优化措施建议，为腐蚀治理技术系列的形成提供技术支撑。

七、注气井腐蚀结垢防控技术

1. 技术背景

针对注气工艺气水同注的方式，造成了井下管柱严重的腐蚀结垢问题，在分析总结塔河油气田注气井腐蚀与结垢现状的基础上，开展注气腐蚀结垢防控技术措施研究，通过注气管柱材质表面防护技术、化学药剂防护技术、牺牲阳极保护技术研究，优选注气管柱防护措施，建立现场应用试验方案，形成适宜塔河油气田注气井下管柱腐蚀结垢防控技术体系。

2. 技术成果

成果1：明确了注气井井下管柱腐蚀结垢规律。

P110 油管腐蚀结垢程度"有水混注高于无水纯注，注入过程高于采出过程"，在 $CO_2 - H_2S - O_2$ 共存腐蚀环境下（$P_{CO_2} = 0.8MPa$、$P_{H_2S} = 0.004MPa$、$P_{O_2} = 0.5MPa$）：80～100℃腐蚀最为显著，温度超过100℃后腐蚀速率呈先降后升趋势，结垢发生于整个注气生产过程中（图6-2-15、图6-2-16）。

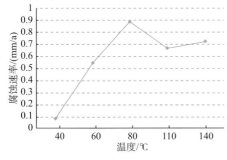

图6-2-15 P110 油管在模拟工况条件下的腐蚀速率

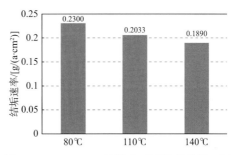

图6-2-16 P110 油管在不同温度模拟工况条件下的结垢速率

成果 2：内涂层油管室内评价满足注气井 140℃ 工况要求。

实验评价了（$P_{CO_2} = 0.8MPa$、$P_{H_2S} = 0.004MPa$、$P_{O_2} = 0.5MPa$）TC3000F 和 TC3000C 两种涂层油管，耐蚀性指标均优良，满足注气井 140℃ 工况要求，TC3000C 综合防腐性能优于 TC3000F，内涂层丝扣抗粘扣性和涂层附着力完好（表 6 - 2 - 2）。

表 6 - 2 - 2   内涂层油管在三种温度条件下实验结果

涂层名称	1.2kV 检漏仪检测	冲击测试（≥6J）后 1.2kV 检漏仪检测			附着力测试
		80℃	110℃	140℃	
TC3000F	完好、无漏点	一定程度的脆化，未见漏点	一定程度的脆化，未见漏点	部分脱落，出现漏点	A 级
TC3000C	完好、无漏点	未脱落，未见漏点	未脱落，未见漏点	未脱落，未见漏点	A 级

成果 3：非金属内衬油管无法满足大于 110℃ 高温要求。

实验评价了（$P_{CO_2} = 0.8MPa$、$P_{H_2S} = 0.004MPa$、$P_{O_2} = 0.5MPa$）5 种非金属内衬油管，评价结果 >110℃ 后 5 种材质均发生严重开裂和变形收缩，满足注气井 ≤110℃ 工况要求，无法满足 >110℃ 高温要求（图 6 - 2 - 17）。

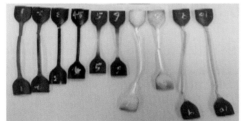

(a)80℃实验后5种非金属内衬材质性能未发生明显变化　(b)120℃实验后5种材质均脆化严重，力学性能下降　(c)140℃实验后5种材质均发生开裂、变形热熔失效

图 6 - 2 - 17   非金属内衬油管在不同温度模拟工况条件服役后的宏观形貌

成果 4：钨合金油管发生极严重均匀腐蚀，无法适应井下工况要求。

实验评价了（$P_{CO_2} = 0.8MPa$、$P_{H_2S} = 0.004MPa$、$P_{O_2} = 0.5MPa$）钨合金镀层耐蚀性能，在 80℃、110℃、140℃ 温度条件下均发生了极严重均匀腐蚀，未见明显结垢（图 6 - 2 - 18）。

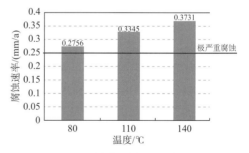

图 6 - 2 - 18   钨合金镀层不同温度下模拟工况下平均腐蚀速率

3. 主要创新点

创新点：在实验室建立了评价注气井管柱腐蚀结垢率的实验方法，明确认识了注气井注入系统和采出系统管柱腐蚀速率及腐蚀规律，明确了内涂层油管、非金属内衬油管、钨合金油管的适用范围。

4. 推广价值

研究成果明确了注气管柱防腐防垢技术的适应用性与适用范围，内涂层油管可以在注气井温度低于140℃工况下要求使用，非金属内衬油管可以在井下温度低于110℃工况下要求使用，可在井下注气管柱应用中，进行有效保护。

八、顺南井下完井管柱失效分析评价

1. 技术背景

顺南地区构造位置处于塔中 I 号断裂带下盘卡塔克降起北斜坡，2013 年顺南 4 井和顺南 5 井的突破，显示出勘探潜力巨大，奥陶系气藏为干气气藏，其中鹰山组上段属超高温、高压储层，鹰山组下段属特高温、超高压储层，低含 H_2S（26.44 ~ 282.57mg/m³）、中含 CO_2（3.59% ~ 18%）。在封井作业过程中，6 口井有 3 口井出现管柱严重失效，亟需开展顺南井下完井管柱失效分析评价，为后期完井管柱优化提供技术支持。

2. 技术成果

成果 1：明确了顺南井下完井管柱失效的原因（图 6 - 2 - 19），包括应力腐蚀开裂、缝隙腐蚀、冲刷腐蚀、垢下点蚀及疲劳载荷断裂。

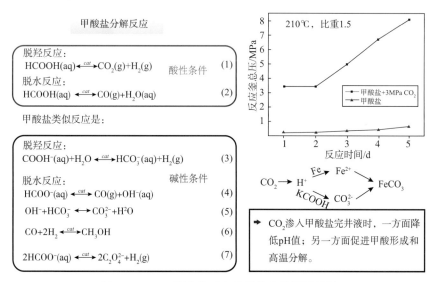

图 6 - 2 - 19　顺南井下完井管柱失效原因分析

顺南 7 和 5 - 2 井失效原因：管柱局部损伤和塑性变形产生应力集中，在地层 CO_2/H_2S 侵入和甲酸盐分解构成的敏感性腐蚀环境下，发生应力腐蚀开裂和缝隙腐蚀导致的局部腐蚀失效。

401 井失效原因：疲劳载荷是导致油管中温（70℃）断裂关键因素。

顺南 4 井失效原因：由于高温高矿化度介质环境，S13Cr 油管存在高温结垢和垢下点蚀风险，P110S 油管存在流体流态变化导致的冲刷腐蚀和高 CO_2 分压导致的 CO_2 腐蚀风险。

成果2：对顺南在用完井液腐蚀和开裂敏感性进行了评价。

其中，甲酸盐完井液体系，CO_2的侵入和材料塑性变形是导致局部腐蚀和 SCC 失效的关键因素；$CaCl_2$ 完井液体系，在无应力条件下，P110S 材质管柱不存在明显腐蚀和局部腐蚀风险，在进入塑性变形区（静载荷）的应力条件下，存在高温（210℃）局部腐蚀风险，S13Cr 材质管柱在高温 $CaCl_2$ 完井液体系则不推荐使用。

（1）对于甲酸盐完井液体系：在 25 ~ 180℃ 范围内，无 CO_2 渗入时，P110S 在单纯的甲酸盐完井液中无局部腐蚀和应力腐蚀开裂风险；但当渗入 CO_2 时，材料塑性变形区在中高温环境下存在局部腐蚀风险；导致甲酸盐完井液体系出现局部腐蚀和 SCC 失效的关键因素是 CO_2 的侵入和材料塑性变形/机械损伤（图6-2-20）。

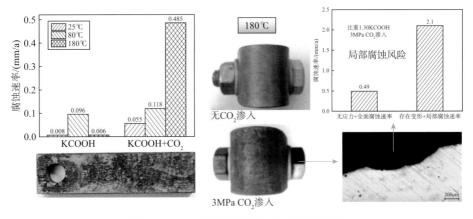

图6-2-20 甲酸盐完井液体系腐蚀分析

（2）对于 $CaCl_2$ 完井液体系：在无应力条件下，P110S 在 70℃、$CaCl_2$ 完井液中无明显腐蚀，即使在 210℃ 时，无局部腐蚀风险；在进入塑性变形区（静载荷）的应力条件下，70℃ 时无明显裂纹/局部腐蚀，在 210℃ 时，存在局部腐蚀风险。

疲劳载荷是导致 401 井油管中温（70℃）断裂关键因素，而 S13Cr 材质管柱在高温 $CaCl_2$ 完井液体系则不推荐使用（图6-2-21）。

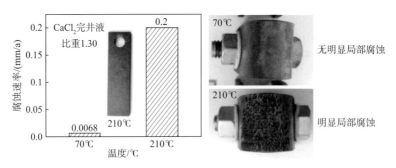

图6-2-21 $CaCl_2$ 完井液体系腐蚀分析

成果3：形成了顺南完井油管材质选择与防腐建议，包括做好管柱密封、优化完井液设计、严格控制现场操作对油管机械损伤，及开展不锈钢油管在结垢工况下点蚀敏感性评价实验。

（1）对于使用甲酸盐的井下高温环境工况，首先应做好管柱密封，防止 CO_2 侵入的影响与危害；其次是优化完井液设计，如加注 Na_2CO_3 – $NaHCO_3$ pH 值缓冲剂、耐高温缓蚀剂等。

（2）对于使用甲酸盐和氯化钙的井下高温环境，机械损伤对局部腐蚀和应力腐蚀开裂具有显著诱导作用，因此须严格控制现场各类操作对油管机械损伤。

（3）对于存在结垢风险的工况，结垢和垢下局部腐蚀/点蚀具有较高的关联性，建议开展 S13Cr 油管在结垢工况下点蚀敏感性评价实验，明确不锈钢油管在结垢工况下的点蚀风险。

3. 主要创新点

创新点1：CO_2/H_2S 侵入和甲酸盐分解构成的敏感性腐蚀环境可导致碳钢油管发生应力腐蚀开裂和局部腐蚀失效。

创新点2：S13Cr 材质管柱在高温 $CaCl_2$ 完井液体系腐蚀敏感性较低，但具有较高应力腐蚀开裂敏感性，不推荐使用。

4. 推广价值

通过管柱失效分析，为顺南井下完井管柱优化提供了技术支撑，同时为类似超深高温高压酸性复杂腐蚀环境井下管柱选材具有借鉴意义。

九、井下管柱防腐关键技术评价

1. 技术背景

针对注气过程中 CO_2、溶解氧介入，在高温、高压的环境中使得井下管柱腐蚀结垢严重问题，通过开展涂层油管和非金属内衬油管在现场工况环境下的试验应用，明确涂层油管和非金属内衬油管在现场工况环境下的应用效果；开展常用抽油杆、举升泵、油管在二氧化碳驱采出过程中，不同工况环境下采油管杆泵的腐蚀规律，明确常用采油机杆泵防腐性能适应性，建立塔河油气田井下管柱的经济型腐蚀防控技术体系。

2. 技术成果

成果1：完成了非金属内衬油管现场工况环境下应用效果评价。

室内评价非金属内衬油管满足80℃的使用工况，但无法满足120℃和140℃工况环境要求，发生严重开裂和变形收缩失效。非金属内衬油管在 TK425 井现场试验应用，在井口段非金属内衬管完好，随着井深增加、温度升高，非金属内衬管发生了严重开裂失效。井口段非金属内衬材料的维卡软化温度、断后伸长率、抗拉强度、硬度等参数均和未使用，以及实验室80℃模拟实验后的结果接近（图6-2-22~图6-2-29）。

图 6 - 2 - 22　井深 129m 无内衬，结垢严重

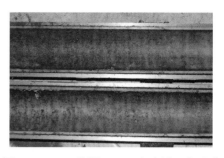

图 6 - 2 - 23　井深 2683m 有内衬，未开裂

图 6 - 2 - 24　井深 3190m 有内衬，已开裂

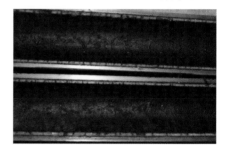

图 6 - 2 - 25　井深 3669m 有内衬，已开裂

图 6 - 2 - 26　井深 3679m 有内衬，开裂成碎片

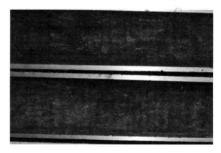

图 6 - 2 - 27　井深 4185m 内衬脱落，腐蚀严重

图 6 - 2 - 28　井深 4691m 内衬脱落，腐蚀严重

图 6 - 2 - 29　井深 4693m 内衬，脱落，结垢严重

成果 2：明确了常用采油管杆泵在二氧化碳驱环境下的防腐性能。

在室内二氧化碳驱模拟工况下抽油杆和 P110 油管的腐蚀速率相当，均大于 110S、泵筒、柱塞；110S 油管的耐蚀性明显优于 P110 油管；井筒镀层和柱塞镀层的耐蚀效果良好。在相同工况条件下，腐蚀速率由大到小依次为抽油杆和 P110 油管、110S 油管、泵筒、柱塞（表 6 - 2 - 3）。

表 6 – 2 – 3　P110 和 110S 油管在不同条件下的腐蚀速率

工况编号	实验条件					腐蚀速率/（mm/a）				
	温度/℃	CO_2/%	含水/%	总压/MPa	流速/（m/s）	P110	110S	抽油杆	泵筒	柱塞
工况 1	40	30	30	20	0.2	0.0169	0.0140	0.0148		
工况 2	40	50	30	20	0.2	0.0288	0.0184	0.0224		
工况 3	80	30	30	20	静态	0.0172	0.0151	0.0184	0.0055	0.0049
工况 4	80	30	30	20	0.2	0.0270	0.0177	0.0275	0.0103	0.0079
工况 5	80	50	30	20	静态	0.0293	0.0181	0.0297	0.0109	0.0091
工况 6	80	50	30	20	0.2	0.0301	0.0187	0.0311	0.0122	0.0109
工况 7	120	30	50	20	0.2	0.6500	0.4923			
工况 8	120	50	50	20	0.2	0.6350	0.4655			

3. 主要创新点

创新点 1：系统认识了 P110、P110S 碳钢油管、抽油杆、泵筒和柱塞在不同温度、CO_2 分压、含水率、动静态环境下的腐蚀规律，包括腐蚀速率、腐蚀形貌、腐蚀严重程度分级。

创新点 2：明确了非金属内衬油管在 TK425 井中的适用性，非金属内衬油管满足 80℃ 的使用工况，在大于 80℃ 时，无法适应井下工况环境发生开裂失效，不能对油管内壁进行有效保护。

4. 推广价值

研究成果明确了常用管杆泵在 CO_2 驱环境下的耐蚀性能，可在今后井下管杆泵选材时提供数据支撑；明确了非金属内衬油管适用温度，可以在井下温度低于 80℃ 下开展应用，对油管内壁起到有效保护作用。

十、塔河 9 区碎屑岩二氧化碳驱材质选择

1. 技术背景

基于塔河 9 区三叠系油藏 CO_2 驱采出系统工况和集输系统工况，针对常用油井管材和集输系统用材，利用水介质模拟软件和高温高压反应釜，模拟不同 CO_2 含量及低含硫工况条件下，进行腐蚀选材评价与碳钢缓蚀剂预膜适用性评价，获得针对塔河 CO_2 驱采出系统和集输系统的选材推荐。

2. 技术成果

成果 1：塔河 9 区碎屑岩 CO_2 驱采出系统的选材推荐。

在模拟高温、高 CO_2 分压下 P110 易发生局部腐蚀，腐蚀速率也较高。缓蚀剂预膜对 P110 钢腐蚀的抑制作用有限，处理不当甚至会加重腐蚀，不推荐在此类模拟采出系统环

境下使用 P110 钢管材；3Cr 管材在模拟采出系统环境下腐蚀速率偏高，且存在一定的局部腐蚀风险，不推荐在此类模拟采出系统环境下使用 3Cr 钢管材；13Cr 不锈钢管材在模拟采出系统环境下腐蚀速率较低，但存在一定的点蚀敏感性，不宜在此类模拟采出系统环境下使用 13Cr 不锈钢管材；综合考虑材料适用性和经济性，推荐塔河油田 9 区三叠系油藏注 CO_2 采出系统井下管柱选用 S13Cr 不锈钢管材（图 6 - 2 - 30、图 6 - 2 - 31）。

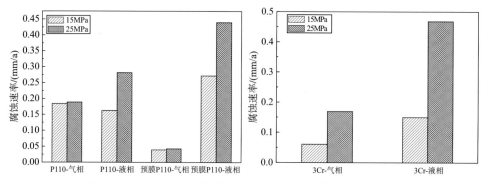

图 6 - 2 - 30　采出系统模拟工况下 P110、3Cr 管材的腐蚀速率

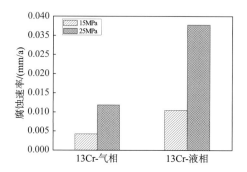

图 6 - 2 - 31　采出系统模拟工况下 13Cr 管材的腐蚀速率

成果 2：塔河 9 区碎屑岩 CO_2 驱集输系统的选材推荐。

$20^{\#}$ 钢可以适用于塔河油田 9 区三叠系油藏注 CO_2 地面集输系统，但在部分气相工况下存在一定的局部腐蚀风险。

在腐蚀防护工作中，应慎重使用缓蚀剂预膜处理技术，处理不当会增加材料的腐蚀敏感性；1Cr 钢管材可适用于温度应低于 60℃，CO_2 含量低于 50% 的地面集输系统；304 不锈钢管材具有很好的耐蚀性，可适用于塔河油田 9 区三叠系油藏注 CO_2 地面集输系统。

基于实验评价结果分析和经济性分析，推荐塔河油田 9 区三叠系油藏注 CO_2 地面集输系统管材选用 $20^{\#}$ 钢管材，在一些关键部件选用 304 不锈钢管材，此种设计方案需加强管线腐蚀监检测管理。亦可采用 304 不锈钢内衬的双金属管材来提高管线的安全系数（图 6 - 2 - 32 ~ 图 6 - 2 - 35）。

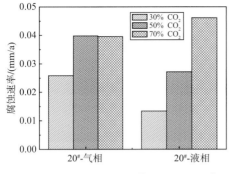

图 6 - 2 - 32 集输系统模拟工况下 20# 管材的腐蚀速率

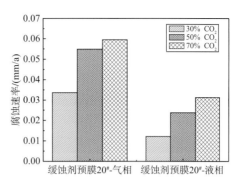

图 6 - 2 - 33 集输系统模拟工况下 20# 预膜管材的腐蚀速率

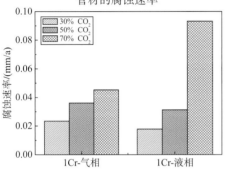

图 6 - 2 - 34 集输系统模拟工况下 1Cr 管材的腐蚀速率

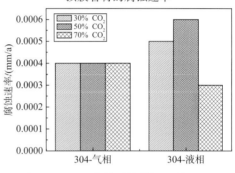

图 6 - 2 - 35 集输系统模拟工况下 304 管材的腐蚀速率

3. 主要创新点

创新点：获得塔河 9 区碎屑岩 CO_2 驱采出系统和集输系统的选材推荐。

4. 推广价值

开展注 CO_2 采输防腐配套选材评价工作，基于实验评价结果分析和经济性分析，推荐塔河油田 9 区三叠系油藏注 CO_2 地面集输系统管材选用 20# 钢管材，在一些关键部件选用 304 不锈钢管材，此种设计方案需加强管线腐蚀监检测管理。亦可采用 304 不锈钢内衬的双金属管材来提高管线的安全系数，可为碎屑岩 CO_2 驱油井选材提供技术支撑。

第三节 腐蚀监检测

一、集输管线高风险弯头检测技术

1. 技术背景

针对油气管道发生了弯头泄漏事件，原油管道、油气混输、稀油管道、伴生气、燃料气五类油气集输管道弯头，亟待开展风险隐患评价及腐蚀检测，通过对油气混输管线、稀油管线、油气集输等弯头开展检测，风险评价、剩余寿命评估，为后期的安全环保隐患治理工作提供数据支撑。

2. 技术成果

成果1：通过弯头检测及评价，明确弯头失效根本原因为材质缺陷。

通过检测，河北圣天弯头存在明显的材质缺陷。检出缺陷16处，占检出缺陷的89%，以材质缺陷为主，占比68%。河北凯瑞弯头为大面积的外腐蚀，为非材质缺陷，建议加强弯头部的外防腐保温（表6-3-1）。

表6-3-1　弯头检测供应商分析表

序号	弯头厂家	管道	弯头检测数	缺陷检出弯头	缺陷检出率/%	缺陷类型	备注
1	沧州渤海电力管件有限公司	5	6	0	0	—	
2	河北广浩管件制造有限公司	1	2	1	50	横向裂纹（10mm）	
3	河北凯瑞管件制造有限公司	4	7	1	14	外腐蚀坑（减薄42%）	非材质缺陷
4	河北圣天管件集团有限公司	22	33	16	48	裂纹（9）、分层（2）、腐蚀坑等（5）	
5	库存弯头	0	4	0	0		
	合计	32	52	18	34.8		

成果2：明确了缺陷弯头的管线类型。

L245NS抗硫弯管检测存在明显材质缺陷，占比61%，在油气混输、伴生气管线集中。20#主要为电化学腐蚀缺陷，占比39%（图6-3-1）。

3. 主要创新点

创新点1：建立了塔河油田弯头失效机理模型。

弯管在弯制过程中形成大量马氏体组织

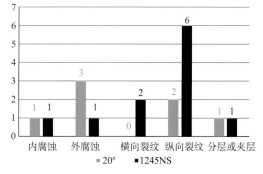

图6-3-1　弯头检测材质分析

导致弯管硬度、拉伸性能升高，开裂敏感性升高，在服役过程中，微裂纹在可扩散氢的影响下一旦扩展，在残余应力、局部拉应力及疲劳载荷影响下将继续扩展，当裂纹扩展到一定程度后剩余壁厚无法承载管道压力而导致快速撕裂。

创新点2：对缺陷弯头进行了腐蚀风险评级，提出修复建议。

依据GB/T19624、SY/T 6477—2014《含缺陷油气输送管道剩余强度评价》（国外对应标准为API 579—2007《fitness for service》）。4处缺陷为风险Ⅳ级，需要立即更换，其余缺陷 14 处等级为 II – III 级需要进行修复。

4. 推广价值

通过弯管检测及评价，预测塔河油田同期建设、同期投产、同样材质、同样工况的弯管在油气输送过程中的开裂风险，提出腐蚀治理建议，能够消除弯管存在的高安全环保风险隐患，可提高管道的运营安全和风险管理水平，有利于油气生产的发展和周边社会的稳定，具有良好的社会效益和经济效益。

二、塔河油田注水井油管腐蚀检测技术

1. 技术背景

针对服役时间较长、注水量较大的井井下油管、套管高腐蚀潜在风险较大、腐蚀原因及规律需要系统地掌握等问题，通过开展注水井油管腐蚀检测，查明腐蚀规律，为后期注水井运行管理提供合理化的建议。

2. 技术成果

成果1：建立注水井井下管柱风险排查原则。

结合当前注水井现状，按照代表性、系统性的原则进行选井，可指导下步注水防腐措施，风险排查原则如下：

（1）注水管柱服役年限≥2年，注水井井况简单。

（2）注水管柱服役期间，中、高阶段注水量井。

（3）碎屑岩油藏选取1~2口井。

（4）连续注水井和间断注水井。

（5）注水管柱有防腐配套措施的注水井1口（如牺牲阳极、内涂层）。

（6）注水管柱中有封隔器的注水井1口。

（7）全程密闭管输注水井和拉运、非全程密闭注水井。

（8）覆盖西北油田分公司全部生产系统。

成果2：优选了油管漏磁检测技术。

从技术、经济比选，推荐油管检测技术：井口漏磁检测技术，对腐蚀均匀减薄及局部腐蚀检测效果较好（表6-3-2）。

表6-3-2 油管检测技术比选

技术方案		适用范围	优缺点	经济性/（万元/千米）	可行性分析
磁场	井口漏磁	检测 > 壁厚腐蚀20%；检测面积 < 0.5m²	优点：全周检测；缺点：对点蚀灵敏度较低	1.5	全周缺陷检测（√）
	涡流	裸管检测 > 壁厚腐蚀10%；检测面积 < 0.5m²	优点：针对均匀腐蚀；缺点：对点蚀灵敏度较低	1.5	

续表

技术方案		适用范围	优缺点	经济性/ (万元/千米)	可行性分析
超声波	C扫描	裸管检测>2%壁厚损失 成像；检测面积<0.5m²	优点：圆周面腐蚀成像测厚； 缺点：需要耦合剂	2.0	全周缺陷检测 （√）
	超声测厚	检测>0.1%壁厚损失； 固定点检测面积<1cm²	优点：灵敏度高； 缺点：检测效率低	0.02	定点测厚 （√）

3. 主要创新点

创新点1：建立了井下油管腐蚀剖面图。

完成10口注水井的井下管柱腐蚀检测，建立了井下油管腐蚀剖面图，能够直观反映出油管腐蚀状况及井下腐蚀段落。

创新点2：建立了井下油管腐蚀检测风险评价标准。

目前，我国对油管的判废尚无统一标准。参考API规范"油管管壁缺陷深度超过新油管壁厚的12.5%时，该油管予以报废"。建立油田油管检测治理评定标准。

4. 推广价值

油管缺陷漏磁在线检测技术查明了井下腐蚀状况及腐蚀程度，避免了油管落井、避免井下事故，对于服役时间较长的井具有推广价值，同时为井筒完整性管理及评价提供翔实的数据支撑，建议在井下作业过程中大面积推广应用于井下管柱服役时间大于3年的作业井。

三、埋地管道非开挖检测

1. 技术背景

针对埋地金属管道某段或局部区域进行腐蚀详测，无法全面掌握腐蚀状况，检测效率低，约5km/d，且对管线本体有损伤，检测费用较高，因此无法进行大规模的推广应用。通过引进非开挖磁记忆检测技术研究，建立风险指标及评级方法，开展非开挖检测风险识别，提高腐蚀风险预警能力。

2. 技术成果

成果1：形成了埋地金属管线非开挖检测及评价技术。

非开挖检测技术具有检测效率高，约15km/d；检测全面，能够覆盖整条管线；检测费用低，较常规开挖检测下降50%等优势，适合埋深大于15倍管径（表6-3-3）。

成果2：建立了非开挖检测风险划分等级。

为了更好地表征缺陷风险等级，通过磁应力曲线、数据计算，可以将切向分量、法向分量等数据转换为F即风险等级指数，其与缺陷程度呈反比（表6-3-4）。

表 6 - 3 - 3 管道检测技术适应性分析

技术	方法	优点	缺点	塔河适应性
管道内检测	管道猪（漏磁、超声、cctv）	技术成熟、直接检测、全线检测、精度高	小口径无法实现（DN150）受收发球装置制约需清管，存在卡堵风险对生产及下游用户影响费用高	外输天然气管道可应用单井、干线、稠油管道难以开展
基于管道风险识别的开挖检测	通过高程判断风险处，开挖后采用导波/漏磁＋C扫/相控阵等组合技术检测	技术成熟、精度高、费用低	非全线检测有一定盲目性误判率、漏检率高、开挖工作量大	在腐蚀风险判断准确下可应用，单独使用漏检率高，适合组合验证
管道非开挖检测	磁记忆检测、电磁检测（远场涡流、远场漏磁）	非开挖效率高、全线检测、费用低	技术水平差异性大，小口径难度大，如受干扰管道难度大	可满足油田主要管道，需实验验证评价

表 6 - 3 - 4 非开挖检测缺陷风险等级

风险评级	风险等级指数（F）	腐蚀程度判定	建议措施
Ⅰ	$0 < F < 0.2$	腐蚀深度通常 >50% 壁厚	立即更换
Ⅱ	$0.2 \leqslant F < 0.55$	30% 壁厚 < 腐蚀深度 < 50% 壁厚	列入治理计划
Ⅲ	$0.55 \leqslant F$	管道变形、腐蚀坑、小面积腐蚀等，腐蚀深度 <30% 壁厚	关注

3. 主要创新点

创新点 1：形成了非开挖检测技术，形成标准，指导现场施工。

建立了非开挖检测技术评价流程，执行标准：《钢质管道及储罐腐蚀评价标准 埋地钢质管道内腐蚀直接评价》（SY/T 0087.2—2012）；《运用非接触式磁力层析方法进行管道技术状况诊断指南》（RD 102—008—2009）。

验证方法：Ⅰ、Ⅱ级异常点开挖验证、定点测厚准确率≥70%；计算剩余寿命。

创新点 2：形成了安全隐患判别标准，为安全隐患治理提供技术指导。

通过对非开挖检测技术的试验及应用评价的研究，探索操作便捷、经济适用的管道腐蚀检测技术方法，评价其技术适用性；结合塔河油田埋地管道腐蚀环境及工况条件，编制了一套适合油田特点的非开挖检测技术实施操作规范，为更有效地发挥腐蚀检测指导和技术支撑作用提供手段。

4. 推广价值

非开挖磁记忆检测技术具有检测管道长、效率高、费用低等特点，解决了常规内腐蚀检测效率低、周期长，费用高、开挖征地工作量大等难题，应用效果表明，该技术检测效率提高 3 倍，风险识别准确率达 80% 以上，检测费用降低 30%，为管道精准局部腐蚀治理提供了技术支撑，计划在塔河油田 DN100mm 以上的金属管道上在推广应用。

四、地面埋地金属管线非开挖检测技术

1. 技术背景

针对管道非开挖检测缺乏检测技术，导致管道发生腐蚀泄漏失效，通过采用埋地金属管线非开挖检测技术，对管道的防腐层的完整性、管体腐蚀现状及环境腐蚀性等进行系统、全面检测与评价，排查管道高后果段、高风险段应力集中状况，为管道的完整性管理提供可靠依据，实现在役管道安全、可靠、稳定运行的目的。对 14 条管线的缺陷情况完成检测与评价，为隐患整改修复及再检测计划提供建议。

2. 技术成果

成果 1：检测发现各类缺陷点，明确了风险点定位。

共检测 14 条管线，其中 8 条主线，6 条单井线，共完成检测 73.6km。

8 条主管线高程共检测发现 19 处、177m 露管。防腐层严重破损 18 处，中等破损 50 处，严重破损 205 处。磁应力检测发现Ⅰ级缺陷 5 处，Ⅱ级缺陷 90 处，Ⅲ级缺陷 171 处。共计开挖检测了 64 个验证坑，发现 56 处有腐蚀。

5 条单井管线高程检测未发现露管。防腐层严重破损 1 处，中等破损 1 处，严重破损 8 处。磁应力检测发现Ⅰ级缺陷 0 处，Ⅱ级缺陷 7 处，Ⅲ级缺陷 8 处。共计开挖检测了 7 个验证坑，发现 7 处有腐蚀。

成果 2：综合应用数据，编制管线非开挖检测成果图。

通过数据综合应用，将管线高程、防腐层破损、磁应力缺陷标注在一张图上，编制了管线检测成果图。利用此成果图，可清晰明了地查看到管线的检测成果（图 6-3-2）。

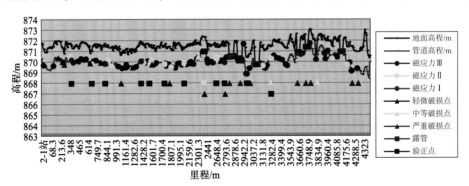

图 6-3-2　2-1 站—4 区主干线插入口管线非开挖检测成果图

成果 3：根据检测数据，提出以下管线风险管理建议：

（1）建议对浅埋区段进行填埋，并重点监测，避免由于土壤松动导致管道运行过程中产生内应力，造成管体形变和应力腐蚀。

（2）建议对防腐层破损点和露管位置进行修复回填，避免管体发生外腐蚀。

（3）建议立即将 1 级异常进行修复，并将 2 级异常安排修补计划。

（4）建议在 1 年后对 MTM 金属磁记忆检测结果中 2 级异常点进行有计划的复检，以

达到管线进入事故多发期时预防事故发生的目的。

3. 主要创新点

创新点：西北油田分公司首次较大规模应用 MTM 检测技术。

4. 推广价值

通过非开挖检测技术，达到了明确管线高程、路由，检测出防腐层破损及磁应力缺陷，对风险点及时采取预防措施的目的。此项技术可在埋地金属管线检测领域推广应用。

五、塔河油田井筒探针腐蚀监测技术

1. 技术背景

针对井下腐蚀监测无法实时记录腐蚀过程的变化，只能获得腐蚀结果的监测。通过实验室及现场应用的测试，对系统的有效性和适用性进行了评价，同时针对井口探针和井下探针的技术特性，开展井筒探针式腐蚀监测技术的开发工作，取得了投捞式井筒探针腐蚀监测系统和镶嵌式井筒探针腐蚀监测技术成果，形成塔河油田井筒探针腐蚀监测技术体系。

2. 技术成果

成果1：形成了投捞式、镶嵌式、井口探针的井筒耐高温高压探针监测技术。

离线存储式井口腐蚀监测系统，实现油气田井口的实时、连续腐蚀过程监测。投捞式井筒探针监测技术，实现了不动管柱井下腐蚀过程的监测。镶嵌式井筒探针式腐蚀监测技术解决了机采井空间受限的井下腐蚀监测问题，满足生产过程中井下腐蚀的连续不间断监测。

成果2：开展现场应用试验评价，满足了塔河油田井筒监测的要求。

可以实现井下 140℃、60MPa 的井筒腐蚀过程的连续监测；与挂片监测吻合度达到 92%（表6-3-5）。

表6-3-5　TK12251 井投捞式井筒探针现场试验

井深/m	实测温度/℃	实测压力/MPa	挂片实测值/（mm/a）	探针实测值/（mm/a）	探针与挂片实测值的相对误差/%
4000	110	43.7	0.0584	0.0637	8.32
5800	140.2	62	0.0651	0.0707	7.80

成果3：编制了塔河油田井筒腐蚀监测技术体系，明确了开展塔河油田井筒探针监测技术的程序和方法。

3. 主要创新点

创新点1：攻关了井筒电感探针腐蚀监测技术，首次实现了井下 140℃、60MPa 高温高压工况下的腐蚀过程连续记录，打破了井筒腐蚀监测的技术壁垒。

创新点2：形成了井筒腐蚀监测技术体系，为井筒腐蚀监测技术的推广应用提供了技术规范。

4. 推广价值

明确了适合塔河油田井筒腐蚀监测技术。制定了井筒腐蚀监测试验方案，并实施了现场应用，结果表明，井口电感探针、投捞式及镶嵌式井筒探针能够满足塔河油田140℃、60MPa的井筒腐蚀过程监测技术要求。建议进一步推广应用井筒探针腐蚀监测技术，为油田的腐蚀状况评估提供数据依据。

六、地面生产系统腐蚀风险预警技术

1. 技术背景

针对地面生产系统输送介质腐蚀性强，腐蚀环境复杂及腐蚀现状不明等问题。通过腐蚀挂片动态监测分析，减少现场管线容器腐蚀穿孔等事故的发生，对生产中的不安全因素提前判断，以便提前采取安全防范措施，减少腐蚀损失，进行安全生产。

2. 技术成果

成果：通过地面生产系统腐蚀监测数据分析，对点腐蚀异常点进行预警。

通过分析，点腐蚀在中度及中度以上监测点共44个点，所占比例为44%，与上期（16.91%）相比，点腐蚀程度有所上升。针对中度及中度以上点腐蚀监测点仍需继续关注并采取必要的防范措施（表6-3-6）。

表6-3-6 2015年腐蚀监测点腐蚀程度汇总

轻度		中度		严重		极严重		合计	
监测点数	数据	监测点数	数据	监测点数	数据	监测点数	数据	监测点数	数据
56	136	5	12	14	32	25	58	100	238

3. 主要创新点

创新点1：完善了点腐蚀评级方法。

完善了点腐蚀标准，增加了点腐蚀坑形貌描述、点腐蚀尺寸指标，平均点腐蚀坑尺寸大小为0.0081~18.2102mm^2，为B1~B5级。

创新点2：腐蚀穿孔与点腐蚀研究。

通过点腐蚀评价与现场腐蚀穿孔或刺漏管线观察记录相联系，即优化了点腐蚀评价方法，也为今后完善腐蚀网络系统提供了腐蚀材料，为防腐工艺评价提供技术支持和指导作用。

4. 推广价值

通过对生产系统2015年的腐蚀监测数据进行了汇总与分析，并通过与往期的腐蚀数据对比，研究生产系统腐蚀趋势，为油田防腐工作的开展提供数据支持及决策依据。塔河油田腐蚀监测分析技术对于其他油气田腐蚀监测油气水系统具有广阔的推广应用前景。

七、高风险管道腐蚀检测评价

1. 技术背景

针对管道检测工作量不足、检测手段单一及风险的评价不足，不能为管道治理和运行维护提供有效的支持。通过查明当前高风险管线运行现状，进而对开展管道修复和腐蚀治理具有积极意义，建立起一套适合油田特点的非开挖检测技术规程，可提升油田管道管理水平，为管道完整性管理提供科学的数据支持。通过非开挖检测，可以针对高风险不便于开挖的管道开展检测，进而提出修复措施，避免油气腐蚀泄漏，减少安全生产事故。

2. 技术成果

成果 1：内腐蚀检测技术适应性评价。

磁记忆管道腐蚀缺陷检测技术是较为成熟和应用广泛的管道检测技术，可以判定管道腐蚀缺陷的类型、部位及腐蚀程度，通过对缺陷段进行开挖后进行腐蚀检测验证，检测精度较高，因此在国外应用较广（表 6 - 3 - 7）。

表 6 - 3 - 7　内腐蚀检测技术综合比选

检测方式	选用/不选用理由	针对性	适用性
低频长距导波	1. 不停输、埋地，检测出 5% 横截面损失，壁厚腐蚀的 9%； 2. 检测 30～40m，覆盖面积大，性价比高，得出缺陷位置，需结合超声波等验证	大范围点蚀	√
高频导波、外壁漏磁、远场涡流、智能猪	智能猪、远场涡流需要停输，高频导波检测距离短，外壁漏磁检测精度低检测出壁厚腐蚀的 40%，不符合检测要求	×	×
超声 C 扫描	管道不停输埋地，需裸露，需开挖，腐蚀缺陷三维成像，可在线检验，形成腐蚀特征图	局部点蚀	√
超声波	1. 不停输埋地； 2. 灵敏度高，检测 1mm 以上壁厚变化，便于操作，检测面小，精确测厚	点蚀验证	√
磁记忆	所有铁磁性材料构件，功能：确定应力集中区域及损伤，实现缺陷早期诊断	材质问题	√
相控阵	不停输埋地，需挖检测坑，功能：对缺陷部位有彩色图形信号显示	局部点蚀	√
磁记忆	不需要开挖操作坑，不停输埋地检测：对缺陷部位能够以磁性号给出	局部点蚀	√

因此，磁记忆检测技术在油田地面生产系统管道外腐蚀及内腐蚀检测方面应用前景好，同时可以与低频导波、C 扫描等检测技术组合使用。

成果2：编制了高风险腐蚀检测技术方案。

一是应用PCM检测进行管道埋深检测，结合RTK管道上方的地表高程检测数据，两者的差值为管道实际敷设海拔高程，通过选取高程变化的低洼点和爬坡段，进行管道内腐蚀检测段的开挖。

二是管体缺陷详测，采用低频导波、C扫描检测、对开挖管段进行快速扫查，检测管体状况和内腐蚀缺陷，并对缺陷部位进行标识。通过密集测厚对漏磁检测出的内腐蚀坑的部位、长度、宽度以及深度进行测量记录，为剩余强度评定及剩余寿命预测提供评价参数依据（图6-3-3）。

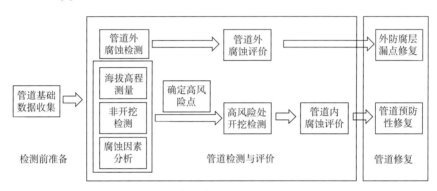

图6-3-3　高风险管道腐蚀检测技术方案

3. 主要创新点

创新点1：建立了高风险管道安全强度评价方法。

通过对比国内外相关评价标准，从便于评价实施、人为干扰小、安全程度及因素反映全面、便于制定维修措施等方面考虑，通过对 SY-T 0087.1—2006、API RP 579、SY/T 6477—2000 标准梳理，各类标准具有通用性，进行腐蚀缺陷的逐级评价，分别为腐蚀深度评价、腐蚀面积评价和剩余强度评价。

创新点2：建立管道剩余寿命评价方法。

管道规格选取依据原油外输埋地管线设计施工资料，管线的材质，屈服强度的选取分别依据 GB 9711.1《石油天然气工业　输送钢管交货技术条件 第1部分：A级钢管》和 GB/T 8163—2008《输送流体用无缝钢管》。取管材屈服强度、设计系数；焊缝系数的取值依据 SY/T 6477—2000《含缺陷油气输送管道剩余强度评价方法 第1部分：体积型缺陷》，远离焊缝的缺陷，焊缝系数 E 取1.0。

4. 推广价值

该技术是管道完整性检测及评价的关键部分，其中剩余寿命风险评价是对塔河油田集输管道的一次安全"体检"，能够提前查明安全隐患，提出管道维修及维护计划，对腐蚀严重管段进行预警，进而提前采取治理措施，能够有效遏制穿孔爆发，控制腐蚀造成的原油损失，具有潜在的安全效益。此外，管道检测及剩余寿命风险评定，能够为塔河油田管道完整性管理提供直接数据，进行技术积累，为后期的智能化油田建设提供技术支撑。

八、井筒油套环空腐蚀监测技术

1. 技术背景

针对井下挂片腐蚀监测无法实时记录腐蚀过程的变化等难题。通过开展井筒探针式腐蚀监测技术的开发工作，取得了投捞式井筒探针腐蚀监测系统和镶嵌式井筒探针腐蚀监测技术成果，实现井下腐蚀连续监测，为缓蚀剂评价及腐蚀预警提供依据。

2. 技术成果

成果1：形成了油套环空井筒探针腐蚀监测技术。

针对井筒探针腐蚀监测技术主要监测油管内腐蚀，无法记录和评价套管内腐蚀状况的难题，攻关了油套环空腐蚀监测技术，形成了井筒腐蚀的完整性管理体系。开发油套环空井筒探针腐蚀监测系统耐温耐压：140℃、60MPa。监测部位：同时监测油管内、油套环（图6-3-4）。

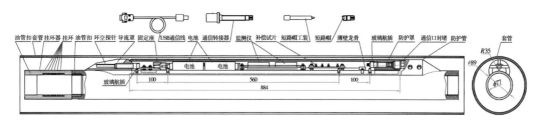

图6-3-4 油套环空腐蚀监测装置

成果2：镶嵌式探针进行了实验室及现场评价。

油管内探针测试的腐蚀损耗值（红色曲线）基本都在 -1742000 ～ -1738000nm，环空式井筒探针测试的腐蚀损耗值（蓝色曲线）基本都在 -484000 ～ -482000nm，测量值稳定，说明环空式井筒探针在140℃的温度下，可以稳定使用。

环空井筒探针与同期挂片的相对误差均在2%以下。

3. 主要创新点

创新点1：优化设计镶嵌式探针监测技术，提升安全性。

针对在油管外焊接防护罩一定程度上存在开裂风险的问题，对镶嵌式结构进行了全面改造升级，设计制造了卡接式系统结构，与油管卡接安装、测量电路与环套探针独立封装、六根外引线压贴到油管外壁。彻底杜绝了焊接对油管的安全风险。

创新点2：镶嵌式探针监测技术耐温达到120℃。

系统在70MPa环境下保压16h，观察探针壳体和试片有无变形和破坏，以及壳体密封组件的密封性能。油套环空式井筒探针系统可满足70MPa的使用要求。

4. 推广价值

在不影响油气井生产的情况下，应用于油气田井下，能同步测量油管内表面、油管外表面、套管内表面（油套环空区域）的腐蚀状况的井下腐蚀监测装置，解决了长久以来无法实时监控井下腐蚀状况的技术空白，同时一套设备可以同时监测油管和套管的腐蚀，为井下设备的完整新管理提供了有效技术支撑，可以在塔河油田及其他油田井下120℃以下推广应用。

第四节　防腐配套

一、新型缓蚀剂合成、分析及评价技术

1. 技术背景

缓蚀剂在塔河油田规模应用，但缺少有效的质量检测方法，在用缓蚀剂的有效成分、含量以及作用机理不明确，制约了缓蚀剂的应用和防腐效果提升。有针对性地研究缓蚀剂的合成、分析及评价方法，为保障缓蚀剂的质量、更好应用和优化缓蚀剂提供技术依据。

2. 技术成果

成果1：建立缓蚀剂质量分析方法。

建立了红外光谱（FTIR）等六种实验室精细析手段，同时建立外观、密度、pH分析等现场快速评价方法。通过这些测试手段可以分析缓蚀剂样品中所含的元素种类和含量，解析缓蚀剂的配方，有助于获得产品性质是否稳定，为油田实际应用提供一定的指导，并为后期研发性能优良的缓蚀剂产品提供借鉴。

成果2：明确在用缓蚀剂的有效成分分析。

分析了8种在用缓蚀剂的有效成分，以其中之一为例，介绍缓蚀剂成分分析方法及分析成果。

通过X射线荧光光谱（XRF）对缓蚀剂样品进行了分析，在混合物中存在Cl、P元素（Si为洗镜的外入元素），而不含有S元素。因此，可断定在红外光谱1100cm^{-1}附近是—P＝O的吸收峰，同时可以表明在核磁共振中出现的卤素离子峰为Cl$^-$峰。结合FTIR、NMR和XRF分析可以定性地判断出该缓蚀剂中存在着壬基酚聚氧乙烯醚磷酸酯、2-乙基-6-异丙基吡啶、甲醇、苄基氯、苄甲醚、喹啉衍生物、吡啶季铵盐类聚合物（图6-4-1）。

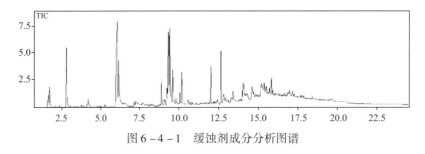

图6-4-1　缓蚀剂成分分析图谱

成果3：研究合成了咪唑啉主要成分。

目前，在用缓蚀剂的主要防腐活性成分是咪唑啉，为了更好地掌握缓蚀剂应用技术，对咪唑啉的合成进行了初步研究，室内合成了咪唑啉有效成分，在污水处理系统模拟工况下进行了评价，缓蚀率达 90%。反应通式如图 6 - 4 - 2 所示：

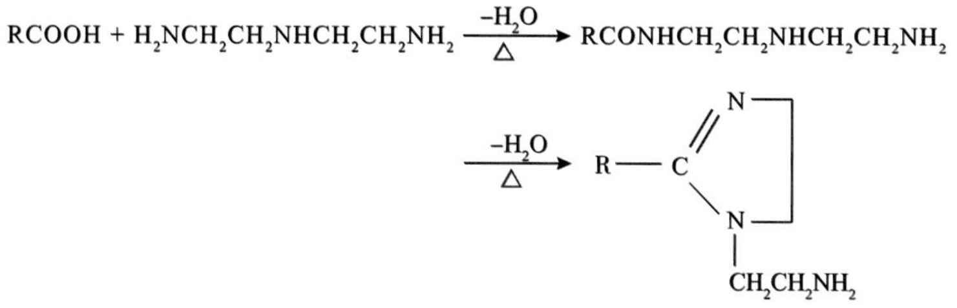

$$RCOOH + H_2NCH_2CH_2NHCH_2CH_2NH_2 \xrightarrow[\triangle]{-H_2O} RCONHCH_2CH_2NHCH_2CH_2NH_2$$

$$\xrightarrow[\triangle]{-H_2O} R-C\begin{array}{c} N \\ \parallel \\ N \\ | \\ CH_2CH_2NH_2 \end{array}$$

图 6 - 4 - 2　咪唑啉合成路线

3. 主要创新点

创新点 1：建立了缓蚀剂质量检测方法，提升了缓蚀剂应用技术水平。

创新点 2：建立了缓蚀剂主要成分咪唑啉的合成方法，缓蚀率达 90%。

4. 推广价值

建立了缓蚀剂质量检测方法，具有方便、快捷的技术优势，对保障缓蚀剂质量、提升防腐性能具有重要的现实意义。该成果可在塔河油田 2 区、3 区、4 区、6 区、7 区、10 区、12 区等十余个生产区块推广应用，具有较大的推广价值。

二、管道阴极保护系统优化应用技术

1. 技术背景

针对近年来管道阴极保护系统失效、外腐蚀造成油气泄漏等问题，通过阴极保护系统检测评价，了解油气田阴极保护系统的运行状况、存在问题，通过配套优化完善措施方案，为后期阴极保护正常运行提供保障。

2. 技术成果

成果 1：建立阴极保护系统评价技术体系。

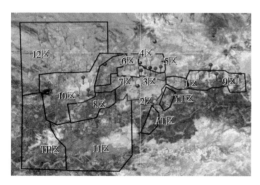

图 6 - 4 - 3　土壤腐蚀性分区块测试点分布

通过开展西北油田分公司油气田所辖十个区块土壤环境腐蚀性调查、阴极保护系统运行状况和应用效果检测，提出阴极保护优化与整改方案，完善 72 套阴极保护系统检测评价，提出阴极保护整改方案，通过现场整改，提升系统有效率 10%，确保阴极保护的针对性和有效性，保障管道的安全运行。

成果 2：分区块评价了土壤的腐蚀性。

塔河油田土壤整体腐蚀性强，含水率较高超过 40%；土壤 pH 呈酸性接近 5.5；腐蚀性强土壤电阻率低于 20Ω·m，腐蚀性强（图 6 - 4 - 3）。

3. 主要创新点

创新点1：分区开展阴极保护有效性评价。

通过对11个区块的挂片埋片，阴极保护系统能够使腐蚀速率降低超过85%，阴极保护达标时的保护效果显著。

创新点2：首次对塔河油田阴极保护系统进行整体评价。

通过整体评价，外加电流阴极保护系统达标率32%。达标率较低，对于不达标的提出整改方案。

4. 推广价值

腐蚀埋片测试结果表明，塔河地区管道埋深处土壤腐蚀性强，阴极保护效果明显。现场调研发现由于近年各区块随着以往干燥区域演变成水区，部分未施加阴极保护的管线防腐层破损处外腐蚀风险较高，需要增设防腐措施。

三、井下缓蚀剂应用技术

1. 技术背景

常规缓蚀剂在塔河井下140℃工况下高温分解、防腐性能变差，井下管柱难以得到有效的药剂防护，从缓蚀剂活性组分分析、分子改性、配方调整等方面开展研究，研发一种耐140℃工况的高温缓蚀剂。

2. 技术成果

成果1：开发了耐温140℃缓蚀剂。

利用分子设计和高压反应釜合成，合成了耐140℃温度的缓蚀剂产品，应用挂片失重和电化学极化等方法开展评价，最高缓蚀率达92%（表6-4-1）。

表6-4-1 开发缓蚀剂的各项性能

序 号	项 目		指 标
1	外观		黑色均匀液体
2	pH值		5.2
3	凝点/℃		−25
4	开口闪点/℃		68
5	溶解性		油溶性分散好
6	乳化倾向		无乳化倾向
7	缓蚀性能，1000ppm	缓蚀率/%	92
8		点腐蚀	无明显点蚀
9	密度/（g/cm³）		1.2
10	配伍性		良好

成果2：设计了井下缓蚀剂加注工艺。

明确了油套环空加注、注气注水携带加注与固体缓蚀剂加注三种缓蚀剂加注工艺的加注流程。

（1）固体缓蚀剂加注工艺。

一是直接投掷法，将细棒状或球状固体缓蚀剂直接投加到井底或环空内，使其缓慢溶解释放；二是井下管载释放法，将固体缓蚀剂装入装载管内，填满压实，油井作业时与尾管连接下入井底；三是地面环路法，在地面注水管线设置旁通装药设备，注水时缓蚀剂溶解并携带到井下。

（2）注气注水携带加注工艺。

将配制好的缓蚀剂倒入配液池中，注水或伴水时缓蚀剂被携带注入井下，通过与油管内壁充分接触，均匀吸附在管壁上，形成保护薄膜。

（3）油套环空加注工艺。

一是滴注工艺，在井口设置1m以上的缓蚀剂平衡罐，依靠其自重通过注入器，滴注到井口油套管环形空间；二是喷雾泵注工艺，缓蚀剂在喷雾头内雾化，喷射到井口油套管环形空间；三是引射注入工艺，缓蚀剂在喷嘴出口高速气流冲击下与高压气源成分搅拌、混合、雾化并送入注入器均匀地喷到管道内。

3. 主要创新点

创新点1：开发了耐温140℃缓蚀剂，为井下防腐提供技术支撑。

创新点2：设计了3类井下缓蚀剂加注工艺，为缓蚀剂应用提供技术参考。

4. 推广价值

开发出了耐温140℃缓蚀剂，配套设计了3种缓蚀剂加注工艺，满足了塔河油田井下防腐技术要求。缓蚀剂具有耐高温、经济、高效的特点，可在塔河油田6区、7区、10区、12区等区块推广应用，每年至少50井次的加注需求，具有较大的推广价值。

四、缓蚀剂应用效果评价

1. 技术背景

针对管道输送介质的腐蚀性和加注缓蚀剂的效果认识不清问题，通过对地面油气水生产系统进行腐蚀监测挂片取放，对比分析加药前后的平均腐蚀及点腐蚀情况，评价腐蚀程度并进行分级，掌握不同部位缓蚀剂的应用效果，为优化缓蚀剂应用提供基础支撑。

2. 技术成果

成果1：均匀腐蚀程度为轻度，较往年呈现下降趋势。

通过现场挂片监测数据显示：平均腐蚀速率分别为0.0083mm/a，腐蚀程度为轻度腐蚀，与往年相比呈现明显下降趋势。

成果2：点腐蚀速率为中度腐蚀程度，外输汇管及污水系统点蚀速率高。

通过现场挂片监测数据显示：点腐蚀程度为中度腐蚀，较2015年呈现下降趋势；点腐蚀高发主要是计转站外输汇管及污水处理系统。

成果3：明确不同系统缓蚀剂的应用效果：污水系统＞原油系统＞伴生气系统。

（1）缓蚀率高，应用效果较好：四号联污水来水和外输平均腐蚀速率分别为0.2849mm/a和0.0074mm/a，缓蚀率为97.4%，点腐蚀速率分别为2.1921mm/a和0.3147mm/a，点腐蚀缓蚀率为85.6%。

（2）缓蚀率较高，应用效果较好：T912井－9－1站外输汇管（老线）－1号计转站9－1外输汇管，平均腐蚀速率为轻度，缓蚀率为51.2%，点腐蚀速率都小于0.13mm/a，点腐蚀缓蚀率为16.2%。

（3）缓蚀率低，应用效果不佳：12－12站内伴生气管线，加药前后腐蚀速率分别为0.0099mm/a、0.0357mm/a，挂片表面出现了鼓包现象。10－4站内伴生气管线加药前后腐蚀速率分别为0.0052mm/a和0.0047mm/a，缓蚀率9.62%。

3. 主要创新点

创新点1：由大面积监测转为区块、流程、系统监测，提升针对性。

将前期大面积监测调整为按照区块、流程、系统进行缓蚀剂的评价，掌握了所研究范围不同区块、系统各自的缓蚀剂实际效果，为下一步缓蚀剂的现场优化提出指导性建议。

创新点2：将监测数据有机结合分析效果，提升数据可靠性。

利用挂片监测技术的特点，将点腐蚀数据、形貌和平均腐蚀程度有机结合，充分了解不同工况下各缓蚀剂的宏观保护效果和微观耐点蚀性能，为缓蚀剂的性能改进和筛选提供直接支持。

4. 推广价值

通过调整监测思路，监测数据有机结合分析，提升了监测结果的针对性和数据可靠性，对明确不同区块缓蚀剂应用效果，开展缓蚀剂现场应用优化、效果评价等提供了技术支撑，对指导缓蚀剂现场应用具有巨大的推广价值。

五、典型管件失效分析评价

1. 技术背景

针对塔河油田腐蚀失效样件进行失效分析，明确腐蚀失效原因，进而有针对性地提出安全、经济的选材规范及腐蚀防治对策，为油田的安全生产、持续稳定开发提供重要的参考和指导。同时，也可延长管线与设施的使用寿命，将腐蚀造成的损失降到最低，达到提高经济效益的目的。

2. 技术成果

成果1：明确了含 H_2S 管道弯管开裂失效原因，并提出预防措施建议。

通过对TP－18站至TP－1站油气混输干线和四号联外输气管线开裂弯管进行分析，明确油气干线弯管多次开裂原因，并提出针对性防治措施建议。弯管开裂失效原因为氢致开裂。由于弯管弯曲部位材质缺陷（化学成分、力学性能、金相组织、硬度等），显著降低开裂门槛值，在局部拉伸应力、疲劳载荷及残余应力影响下，表面缺陷处出现应力集中，在 H_2S 环境的诱导下，发生氢致开裂。建议进一步明确集输管线弯管材质的交货规范，针对化学成分、力学性能、硬度、金相组织、夹杂物等级等基础性能，提出具体的交货验收技术指标。

成果 2：明确了集气管线频繁穿孔失效原因，并提出预防措施建议。

通过对四号联至 12 – 12 站输气管线腐蚀穿孔进行分析，明确其失效主要原因。失效管段位于四号联至 12 – 12 站管线的低洼段，容易形成积水，为管线腐蚀穿孔提供了水介质环境，在高 H_2S 浓度环境下发生 H_2S 腐蚀失效。建议：从材质优选、防腐工艺技术（涂层、内衬等）评价、化学药剂筛选等方面开展针对性研究，结合现场操作可行性和经济性，提出科学合理的腐蚀防控措施。在条件允许的情况下，建议定期进行内腐蚀直接评估（ICDA），依据腐蚀风险高低，进行防治。

成果 3：明确了采油气井油管主要失效原因，并提出预防措施建议。

TK941H 井油管失效原因为应力腐蚀开裂。一方面，EUE 油管如果热处理工艺不当，会导致 EUE 油管局部硬度偏高，应力腐蚀开裂敏感性增加，且油管加厚段过渡区域容易发生应力集中；另一方面，油管服役工况下存在一定含量的 H_2S 和 CO_2，H_2S 分压可达 0.8kPa，为油管发生应力腐蚀开裂提供了敏感性环境。最终，在应力集中和 H_2S 敏感环境下，油管发生应力腐蚀开裂；YK15 井失效油管结短节失效原因为 CO_2 腐蚀和电偶腐蚀。失效油管为二次入井油管，使用时误将 P110 油管当作 P110S 油管使用，导致发生严重 CO_2 腐蚀和电偶腐蚀；T901 井油管和 T739 井油管失效原因为 H_2S – CO_2 电化学腐蚀。管柱所服役温度在 120℃ 左右，属于该体系的腐蚀敏感温度点，随着生产后期含水上升，腐蚀加剧，最终导致管柱壁厚整体减薄。同时，$CaCO_3$ 沉积诱发的微电偶效应和 Cl^- 对局部腐蚀形成和发展具有一定的促进作用；S3 – 5H 井第 47 根油管腐蚀破裂原因为 CO_2 腐蚀以及 Cl^- 和 $CaCO_3$ 结垢导致局部腐蚀减薄，减薄至一定程度后油管发生破裂。油管外壁腐蚀主要腐蚀原因为氧腐蚀；油管内壁腐蚀主要原因为氧腐蚀和 CO_2 腐蚀，CO_2 腐蚀为生产阶段导致，氧腐蚀为注气阶段导致。另外，Cl^- 对局部腐蚀的发展有一定促进作用。建议：其一，进一步规范油管交货验收准则，对于 EUE 油管，应严格控制油管整体硬度均匀性，尤其是对于在酸性工况下服役的 EUE 油管；其二，针对 110/110S 材质高腐蚀风险工况组合，从材质优选、防腐工艺技术（涂层油管、内衬油管等）评价、化学药剂筛选等方面开展针对性研究，结合现场操作可行性和经济性，提出科学合理的腐蚀防控措施。

成果 4：明确了采油气井套管失效原因，并提出预防措施建议。

TP152 套管失效原因为硫化物应力腐蚀开裂。套管悬重与卡瓦咬合和套管不居中导致套管头部发生明显机械损伤，并在卡瓦咬合上端产生应力集中，套管外壁发生机械损伤与裂纹扩展。套管内壁服役环境为高含 H_2S、低 pH 环境，为套管发生 SSC 提供了敏感性环境，在套管内壁应力集中区域，110S 套管发生硫化物应力腐蚀开裂，套管在载荷状态下发生错断失效。建议措施：其一，下套管后优化套管居中措施，保障层层套管居中后方才实施固井作业；其二，设计每开次水泥浆返至地面，控制领浆稠化时间、沉降稳定性和自由液，保障井口水泥环封固质量。

成果5：明确了采油气井光杆失效原因，并提出预防措施建议。

BK4H光杆失效为磨损－腐蚀交互作用导致，磨损为主因。由于光杆上下惯性运动与悬绳器不在一条直线上，导致光杆与盘根发生磨损，加之砂砾和腐蚀作用，导致严重损伤。建议：其一，抽油机悬绳器在安装时应确保与光杆往复运动应在同一条直线；其二，安装光杆减震器、扶正器，减小光杆与盘根的磨损；其三，选用带涂层光杆，如镀锌光杆，减小提高光杆的耐蚀性能。

3. 主要创新点

创新点：通过失效分析实验分析数据，充分结合塔河油田现场实际，深化认识典型失效影响因素并提出了相应防腐措施建议。

4. 推广价值

通过失效分析评价结合塔河油田现场实际，提出防腐措施改善输送介质腐蚀环境，促进开展和推广"新材料、新工艺、新技术"在西北油田分公司油气田的应用及规范管理和操作等途径可有效减少腐蚀的发生。其成果为下步腐蚀治理工作提供了技术借鉴。同时，具有良好的经济效益和社会效益。

六、塔河油田耐高温抗氧缓蚀剂技术

1. 技术背景

针对注水井高温高压的腐蚀工作环境，通过研发耐高温抗氧缓蚀剂，为注水系统现场防腐工作提供技术支持，对提升井筒防腐技术水平具有重要意义。

2. 技术成果

成果1：塔河油田井下管柱和地面管网腐蚀现状。

塔河油田共在345口井注气649次，开井生产585井次，发现腐蚀结垢井240井次，腐蚀结垢井占开井生产井次的41.0%，注气井井下腐蚀严重（图6-4-4）。

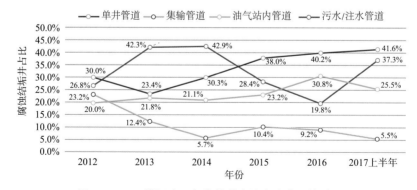

图6-4-4 塔河油田各类管道腐蚀穿孔占比统计图

成果2：高温抗氧缓蚀剂配方研究。

通过失重法实验研究了咪唑啉缓蚀剂和曼尼希碱缓蚀剂的复配性能，结果表明，当咪唑啉：曼尼希碱比例为3:1时，缓蚀效率最高，能达到83%。

采用多谱图联用技术分析最优缓蚀剂样品的配方和有效成分（图6-4-5）。

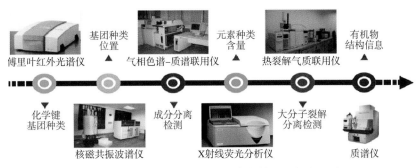

图6-4-5 多谱图联用技术确定缓蚀配方流程图

3. 主要创新点

创新点：研发了一种复配型高温耐氧缓蚀剂。

该复配型缓蚀剂在120℃、2.5%含氧量的超深注气井中应用，评价缓蚀效率能达到80%以上（图6-4-6）。

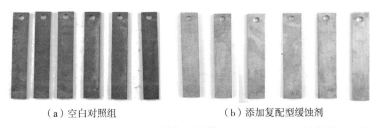

（a）空白对照组　　　　　　　（b）添加复配型缓蚀剂

图6-4-6 失重法测试缓蚀剂复配性能（120℃，2.5%氧含量，7天）

4. 推广价值

通过将咪唑啉和曼尼希碱两种缓蚀剂进行复配，制备了一种耐高温、高氧含量、高矿化度的井下缓蚀剂，现场应用缓蚀效率达到80%以上，且本复配型缓蚀剂成本低廉，使用简便，便于在塔河油田规模化推广应用。

七、井下缓蚀剂筛选及评价

1. 技术背景

随着油气井开发含水逐年上升，注气开采过程中 CO_2、DO介入，使其腐蚀环境更加苛刻，井下管杆腐蚀问题也越发突出，制约安全高效开发生产；缓蚀剂作为有效的防腐措施之一，在塔河油田井下高温、高压环境下应用尚未开展，为了降低腐蚀速率、延长井下管柱服役年限，提高开发效益，亟待开展井下缓蚀剂防护技术试验应用及效果评价工作。

2. 技术成果

成果 1：论证优选出一套适合塔河油田井下缓蚀剂加注工艺。

缓蚀剂由加药罐经柱塞泵注入稀油管线，在三通处与稀油混合后加入油套环空，在掺稀点与原油混合产出。图 6 - 4 - 7 为缓蚀剂井口加注示意图：

对于机抽井与电泵井，设计缓蚀剂的加注工艺：缓蚀剂加药管线（也可以加到掺稀管线）通过柱塞泵泵入到井下环空管

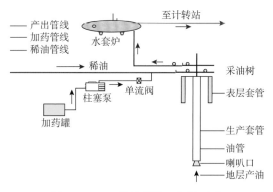

图 6 - 4 - 7　缓蚀剂井口加注工艺

道（与降黏剂加注基本工艺一致）。对于机抽井与电泵井，环空管道内压力小，缓蚀剂可以用柱塞泵加入到环空，再由油管流出，从而防止井下管道的腐蚀。

对于自喷井塔河油田自喷井主要含气与稠油，含水极少，油管腐蚀较小，加缓蚀剂的必要性较小。自喷井在有封隔器条件下，由于封隔器的存在，缓蚀剂不能滴加到油井底部，故需要加毛细管穿过封隔器。目前，部分塔河白喷井使用光管柱（无封隔器），而且很多自喷井也通过环空管道掺稀油，故缓蚀剂也可以用过环空管道滴加进油井内。

成果 2：优选出 3 种抗 CO_2 腐蚀效果较好的缓蚀剂。

采用动态腐蚀评价实验，从 11 种缓蚀剂中优选出 3 种抗 CO_2 腐蚀效果较好的缓蚀剂 TA801、ZH - 1、抗 CO_2；P110S 钢的抗 CO_2 腐蚀比 P110 钢好；加入 1000mg/L 优选出的三种缓蚀剂后，P110S 钢和 P110 钢缓蚀率均在 75% 以上（表 6 - 4 - 2、表 6 - 4 - 3）。

表 6 - 4 - 2　P110S 钢动态腐蚀实验结果

缓蚀剂/（1000mg/L）	平均失重/g	均匀腐蚀率/（mm/a）	均匀缓蚀速率/%
空白	0.0091	0.2828	—
TA801	0.0014	0.0422	85.09
WLHK - 301	0.0016	0.0499	82.33
JH - 101B	0.0013	0.0402	85.80
KY - 5	0.0013	0.0410	85.49
KD - 4	0.0014	0.0437	84.54
抗 CO_2 缓蚀剂	0.0009	0.0303	89.27
ZH - 1	0.0013	0.0399	85.96
LH	0.0014	0.0450	84.09
CT/TP2 - 19	0.0018	0.0547	80.44
CO_2 缓蚀剂	0.0016	0.0522	81.54
XA	0.0017	0.0522	81.55

表 6 - 4 - 3　P110 钢动态腐蚀实验结果

缓蚀剂/（1000mg/L）	平均失重/g	均匀腐蚀率/（mm/a）	均匀缓蚀速率/%
空白	0.0212	0.6620	—
TA801	0.0036	0.1129	82.90
WLHK - 301	0.0042	0.1307	80.26
JH - 101B	0.0054	0.1677	74.66
KY - 5	0.0042	0.1325	80.12
KD - 4	0.0045	0.1410	78.71
抗 CO_2 缓蚀剂	0.0031	0.0963	85.44
ZH - 1	0.0040	0.1254	81.06
LH	0.0048	0.1348	77.36
CT/TP2 - 19	0.0049	0.1390	76.62
CO_2 缓蚀剂	0.0053	0.1479	75.13
XA	0.0041	0.1158	80.53

对 11 种缓蚀剂的初选可知，TA801、抗 CO_2 缓蚀剂、ZH - 1 三种缓蚀剂对 P110S、P110 钢的腐蚀抑制效果最好。

成果 3：研发了适用于注氮气氧腐蚀的抗氧耐高温缓蚀剂。

研发了两种适用于注氮气氧腐蚀的抗氧耐高温缓蚀剂 A 和 B，合成的抗氧缓蚀剂 B 缓蚀率为 63.87%，抗氧腐蚀效果相对较好。

合成高氧缓蚀剂 A 与缓蚀剂 B，其结构式如图 6 - 4 - 8 所示：

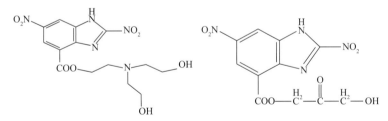

图 6 - 4 - 8　缓蚀剂 A 结构式和缓蚀剂 B 结构式

实验条件如下：

（1）液体流速：0.5m/s。

（2）温度：140℃。

（3）缓蚀剂加注浓度：500mg/L。

（4）总压力：25MPa。O_2 分压：2.5%（0.625MPa）；N_2 分压：（24.375MPa）。

P110 钢、P110S 钢在高温高压下氧气腐蚀非常严重，空白腐蚀的均腐蚀率达到 4 ~ 5mm/a，缓蚀剂 B 缓蚀率为 62% ~ 63%。合成的缓蚀剂 B 缓蚀性能较好（表 6 - 4 - 4、

表 6 - 4 - 5）。

表 6 - 4 - 4   P110 钢动态腐蚀实验结果

缓蚀剂	平均失重/g	均匀腐蚀率/（mm/a）	均匀缓蚀速率/%
空白	1.2874	5.7429	—
缓蚀剂 A（500mg/L）	0.6280	2.8014	51.22
缓蚀剂 B（500mg/L）	0.4651	2.0794	63.87

表 6 - 4 - 5   P110S 钢动态腐蚀实验结果

缓蚀剂	平均失重/g	均匀腐蚀率/（mm/a）	均匀缓蚀速率/%
空白	1.0038	4.4778	—
缓蚀剂 A（500mg/L）	0.5044	2.2501	49.75
缓蚀剂 B（500mg/L）	0.3772	1.6828	62.42

3. 主要创新点

创新点：采用计算机辅助分子设计，利用定量构效关系（QSAR 分子设计理论）建立 QSAR 模型，开展缓蚀剂分子的设计，研发了新型耐高温抗氧缓蚀剂，加量 500mg/L 时，缓蚀率 63.9%。

4. 推广价值

对 CO_2 驱缓蚀剂进行了优选，同时对井下缓蚀剂加注工艺、固体缓蚀剂应用可行性进行了研究，并研发合成两种注氮气工况井下抗氧缓蚀剂，为井下管柱的药剂防腐提供技术支撑。

八、油气田集输系统缓蚀剂技术

1. 技术背景

在油气田开发生产过程中，腐蚀一直是制约安全生产的瓶颈问题，缓蚀剂防护技术作为一项经济、有效的重要防腐措施，在油气田防腐工作中占有重要地位，由于目前油气田集输系统在缓蚀剂应用上缺乏油、气系统缓蚀剂性能评价方法、性能关键指标、有效成分检测、残余浓度检测，同时不同工况条件下药剂体系尚未建立，制约了缓蚀剂防护技术科学、高效应用。对油气田集输系统药剂防腐技术开展研究，有助于形成高效的防腐药剂应用技术体系，对保障油气田正常、高效开发具有重要意义。

2. 技术成果

油气田集输系统药剂防腐技术应用评价主要有以下六项成果：

成果 1：建立了塔河油田油、气系统缓蚀剂评价检测方法。

设计并研制了新型缓蚀性能评价检测装置，解决了传统缓蚀性能评价方法中，实验升温过程、气相缓蚀剂雾化、实验过程铁离子含量检测等方面对缓蚀剂筛选评价的影响问题，可用于污水处理系统、原油集输系统及天然气系统缓蚀剂的缓蚀性能评价检测

(图6-4-9)。

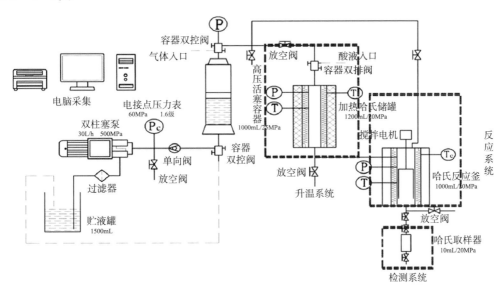

图6-4-9 新型高温高压缓蚀性能评价检测装置流程图

新型高温高压缓蚀性能评价装置可模拟高温高压腐蚀环境中防腐药剂的作用过程，适用于高温高压环境下防腐药剂的评价及筛选；此外，其主要通过加热哈氏储罐事先将腐蚀介质加热至指定温度，再通过管线（进液管）将腐蚀介质压入主反应釜，避免腐蚀介质在升温过程与挂片接触，克服腐蚀介质在升温过程带来的误差，并且可以实现腐蚀介质与挂片反应过程的随时检测；同时，在主反应釜的釜体下方（底部）安装哈氏取样器，能够随时取样，达到动态实时监测反应的目的。并且，新型高温高压缓蚀性能评价装置能够在腐蚀介质温度达到指定温度后才开始计时，从而减少了实验误差，并能实现腐蚀介质与挂片反应过程的动态实时监测，建立防腐药剂缓蚀性能在实验周期内随时间的变化曲线，得到动态腐蚀速率。

成果2：完善了塔河油气田水系统缓蚀剂评价检测方法。

对于中国石化标准Q/SHCG 40—2012《油田采出水处理用缓蚀剂技术要求》中的7项指标要求不变，增加阻垢性、长期稳定性和耐温性三项指标要求，形成新的油田采出水处理用缓蚀剂技术要求。

成果3：建立了缓蚀剂应用技术体系。

首先对收集到的12个缓蚀剂样品进行相关物性、静态缓蚀性能、阻垢性、长期稳定性、耐温性等性能评价，根据评价结果优选出5种不同类型的缓蚀剂，进行五大典型腐蚀环境下的模拟现场工况实验，建立五大系统缓蚀剂应用技术体系。

经过筛选评价，优选出A、C、F三种水溶性缓蚀剂及H、L两种水溶油分散或油溶性缓蚀剂，其中A是咪唑啉季铵盐型缓蚀剂、C是咪唑啉型缓蚀剂、F是喹啉季铵盐型缓蚀剂、H是多乙烯多胺水溶油分散或油溶性缓蚀剂、L是咪唑啉水溶油分散或油溶性缓蚀剂，将5种类型的缓蚀剂分别在五大典型模拟工况环境下进行评价，并分别对每种工况环境下的缓蚀剂应用效果进行排序，得到高含H_2S稠油系统、H_2S与CO_2共存中质原油系统、高含H_2S天然气系统、高含CO_2天然气系统和高盐高氯污水系统缓蚀剂应用技术体系，指导缓蚀剂现场加注，优化缓蚀剂现场应用，提高缓蚀剂防护效果。

成果4：建立了缓蚀剂残余浓度检测方法。

分别建立了导数光谱法和显色反应法检测塔河油气田集输系统中缓蚀剂残余浓度，可消除常用的紫外分光光度法中矿物离子、乳化油等对测定结果的影响。二阶导数光谱法在240nm处、显色反应法在617nm处可测定采出液中缓蚀剂的残余浓度，且缓蚀剂浓度在$0\sim100mg/L$范围内，其浓度与吸光度二阶导数/吸光度具有良好的线性关系，两种方法测定误差均小于15%。

成果5：缓蚀剂有效成分检测及有效浓度测定。

采用红外、紫外光谱法定性确定了缓蚀剂种类，并用气质联谱分析了有效成分，建立了缓蚀剂有效成分及有效浓度检测方法。以不同浓度十二烷基二甲基苄基溴化铵（一种具有代表性的阳离子表面活性剂）显色反应后在617nm处的吸光度作标准曲线，对比标准曲线得到缓蚀剂有效成分含量，其中，缓蚀剂H的有效含量最高，为21.25%，而缓蚀剂A的有效浓度较低，为4.34%。

3. 主要创新点

创新点：

(1) 设计并研制了新型缓蚀剂评价检测装置。

(2) 建立了缓蚀剂残余浓度室内检测方法。

(3) 建立了缓蚀剂有效成分含量检测方法。

(4) 建立了塔河油气田五大工况条件下缓蚀剂应用技术体系。

4. 推广价值

建立了油、气系统缓蚀剂评价检测方法，为缓蚀剂应用评价检测企标制定奠定了基础；建立塔河油气田五大工况条件下缓蚀剂应用技术体系，为现场缓蚀剂应用选型、质量控制奠定了基础。

九、一管双用防腐配套技术

1. 技术背景

注水管线面临着倒运量大，频繁建设成本高，腐蚀防治任务重等诸多难题，提高单井管道利用率实施一管双用是节约油田投资、提高油气采收率的重要举措。着眼于塔河油田单井管道一管双用工艺技术和经济可行性分析，立足于集输（或掺稀）与注水耦合工况下的腐蚀规律摸索，攻关腐蚀防治技术。

2. 技术成果

成果1：论证了单井管道一管双用新工艺的可行性。工艺技术上，注水和掺稀或集输互不冲突，可改变站内分水阀组和掺稀阀组或生产阀组连通，进而实现掺稀管道用作注水掺稀一管双用或集输管道用作注水集输一管双用。经济性以 12 – 12 站和 TP – 11 站工艺改造为例，围绕站场改造和防腐投资，都具有较好经济效益，其中注水掺稀投资收益期最大仅为 2.6 年，注水集输投资收益期最大只需 3.6 年（图 6 – 4 – 10）。

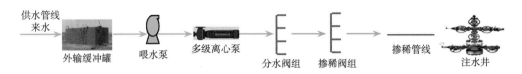

图 6 – 4 – 10 注水掺稀一管双用工艺

成果 2：明确了注水掺稀和注水集输交替工况下的腐蚀规律。

注水掺稀交替工况下，平均腐蚀速率相比注水工况稍有下降，但局部腐蚀速率明显增加，主要是掺稀油在管材表面不均匀成膜所致。注水集输交替腐蚀速度介于注水工况与集输工况之间，腐蚀程度主要与腐蚀产物膜致密程度和腐蚀介质含量有关（图 6 – 4 – 11、图 6 – 4 – 12）。

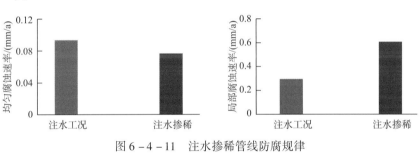

图 6 – 4 – 11 注水掺稀管线防腐规律

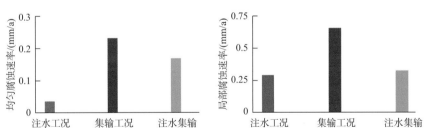

图 6 – 4 – 12 注水集输管线防腐规律

成果 3：制定了单井管道一管双用防腐措施。

对比分析了水质改性、缓蚀剂、内涂层、非金属内衬在注水掺稀、注水集输一管双用工况环境下的防腐性能，推荐了适用的防腐措施：水质改性联合除氧，内衬 PEX 耐温经济管材，同时形成了塔河油田 2 站 4 管线的现场试验方案。

3. 主要创新点

创新点 1：首次从工艺设计、腐蚀规律、防腐措施等多角度论证了单井管道一管双用的可行性。

创新点 2：明确了注水掺稀和注水集输交替工况下管材腐蚀规律及特征，制定了针对性防腐措施。

4. 推广价值

形成了一管双用工艺技术，随着开发进入中后期，将会有越来越多的油井需要采用注水替油工艺，实施单井管线注水与技术（掺稀）一管双用工艺技术可行经济效益明显，可以减少大量地面管网建设投资，减少管网多次建设成本，社会、经济效益明显，可在 6 区、7 区、10 区、12 区等注水规模大的区块推广应用。

十、井下耐高温固体缓蚀剂技术

1. 技术背景

液体缓蚀剂存在高温失效、保护周期短等缺点。固体缓蚀剂相对液体缓蚀剂来说，能够缓慢释放缓蚀活性物质，且具有良好的耐温性能，可以对油井、泵、管、杆进行长时间的缓蚀保护。通过失重法和静态、动态溶解实验重点评价了固体缓蚀剂的耐温性能和释放性能，从而优选出适合塔河油田腐蚀环境特点的缓蚀剂，并设计配套加注工艺。

2. 技术成果

成果 1：明确了井下金属管柱腐蚀规律。

研究了不同温度和压力条件下管柱的腐蚀规律特征。研究发现，随着温度升高，P110 钢的腐蚀速率先增大后减小再继续增大。随着温度升高，挂片表面生成的碳酸亚铁（$FeCO_3$）保护膜的致密性不同。随着压力升高，挂片的腐蚀速率持续增大，但是压力对腐蚀的影响较小，腐蚀速率增长缓慢（图 6 - 4 - 13）。

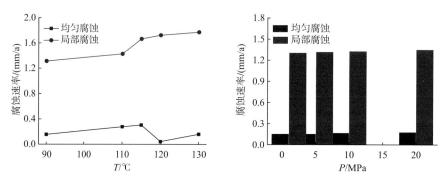

图 6 - 4 - 13　井下金属管柱腐蚀速率随温度和压力的变化规律

成果 2：固体缓蚀剂耐温性评价。

对目前市场上现有的固体缓蚀剂进行了调研，咨询了多家油田缓蚀剂供应商，收集到国内成熟的固体缓蚀剂样品 9 种，利用高温高压反应釜评价了其在 90℃、110℃、115℃、120℃下的缓蚀性能。WL - 2、KY - 1 两种缓蚀剂的缓蚀率大于 60%。

成果 3：加注工艺及加注周期设计。

结合塔河油田现场工况条件和筛选出的固体缓蚀剂的释放速率，设计出了井下管载释放法、地面旁通加注法等适合塔河油田应用的具体施工工艺和加药量及加药周期计算公式。该应用工艺的设计能够保证加入井下的固体缓蚀剂在一个作用周期内缓慢释放，达到长效缓蚀的效果，不需要像液体缓蚀剂一样连续加注，大大节约人力、物力和成本（图6-4-14）。

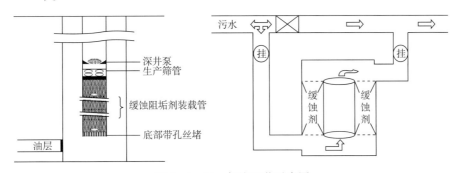

图6-4-14 加注工艺示意图

3. 主要创新点

创新点：建立固体缓蚀剂释放速率评价装置和方法，自行设计了一种固体缓蚀剂释放速率评价装置（图6-4-15）。

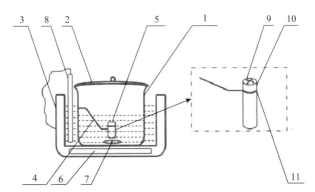

图6-4-15 缓蚀剂释放速率评价装置

1—密闭容器；2—密封盖；3—油浴锅；4—支架；5—缓蚀剂盛放皿；
6—磁力搅拌器；7—搅拌磁子；8—温度传感器；9—开孔；10—密封盖；11—凹槽

4. 推广价值

筛选出的固体缓蚀剂具有成分稳定，应用周期长，配伍性好的技术特点，缓蚀效果优于液体缓蚀剂的特点，可在10区、12区等井下高温环境中推广应用。在固体缓蚀剂综合评价实验方法上具有一定的创新性，可在今后固体缓蚀剂的筛选中进行推广应用。

十一、油气田腐蚀研究及防腐技术可行性论证

1. 技术背景

针对西北油田分公司油气田腐蚀研究和腐蚀防治工艺技术研究针对性不强问题，通过

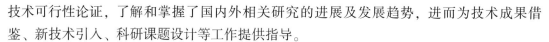

技术可行性论证，了解和掌握了国内外相关研究的进展及发展趋势，进而为技术成果借鉴、新技术引入、科研课题设计等工作提供指导。

2. 取得认识

认识1：明确国内外与西北油田分公司相关腐蚀防护研究热点。

近年来，国内外腐蚀研究机构研究热点主要为腐蚀选材评价方法及特殊环境条件下的腐蚀问题，如局部腐蚀与应力腐蚀开裂的相关性、多相流腐蚀、氢脆和腐蚀疲劳、高温腐蚀与防护问题、管道腐蚀检测与寿命评估、防腐涂料以及缓蚀剂等各类油田化学品的研究。

认识2：明确国内外防腐会议与西北油田分公司腐蚀防护研究热点。

国内外各类防腐会议内容：管道腐蚀完整性管理、防腐蚀涂料、氢脆、应力腐蚀开裂与腐蚀疲劳、耐蚀合金管材和双金属复合管、腐蚀监检测技术、新型腐蚀控制技术、超深井井下管柱选材技术、注气井腐蚀、结垢防控技术、井下配套防腐工艺技术、管道修复及选材技术等。

认识3：明确国内外缓蚀剂筛选及效果评价方法。

国内外流行的缓蚀剂室内筛选与评价方法主要有轮转法、鼓泡法、旋转圆柱电极法、旋转圆盘电极法、旋转笼法、喷射冲击法、腐蚀环路法。而现场评价方法则有挂片法、腐蚀探针法、化学分析法即无损检测法，在现场应用时，应首选考虑其理化特性（配伍性、起泡性、油水分散性、乳化倾向、耐温性、耐久性、挥发性）。

认识4：明确非金属管材应用技术。

高含硫天然气高阻隔非金属管、玻璃纤维增强塑料（玻璃钢）、纤维加强复合材料玻璃钢管（FRP）、柔性连续复合管、水泥衬里管。

认识5：明确国内外选材标准及方法。

油气工业中主要的选材标准有 NACE MR 0175、EFC 系列、ISO 21457 标准、NORSOK M – 001 标准，以及结合 NACE 和 EFC 双方成果形成的 ISO 15156 标准。在实际选材时，还需要结合服役环境条件（温度、压力、pH 值、Cl^-、CO_2、H_2S、流速）及设备的几何结构、力学载荷，及所形成的腐蚀产物膜的影响。

3. 下步建议

建议1：结合塔河油田在用缓蚀剂类型与工况环境，开展缓蚀剂复合及缓蚀剂分子定向设计研究，获得性能显著的缓蚀剂。

建议2：针对塔河油田在用的非金属内衬管（如 PE 内衬管、HTPO 内穿插管、玻璃钢管），开展非金属内衬管老化机制及老化影响因素研究。

十二、缓蚀剂残余浓度快速检测技术可行性论证

1. 技术背景

塔河油田内腐蚀环境苛刻，介质腐蚀强，但由于目前缓蚀剂现场应用效果评价仅依靠

挂片失重法，受监测点位置、数量及监测周期的影响，存在评价周期长、评价手段单一等缺点。因此，通过建立缓蚀剂残余浓度快速检测方法，及时分析现场缓蚀剂应用效果，及时调整优化缓蚀剂加量，为现场缓蚀剂优化应用提供技术支撑，对提高缓蚀剂防护效果具有重要意义。

2. 取得认识

认识1：导数光谱法适合油田缓蚀剂残余浓度检测。

目前，油田常用的缓蚀剂残余浓度检测技术主要有两相滴定法、缓蚀率反推法、显色剂分光光度法和导数紫外分光光度法。

缓蚀率反推法是通过采用电化学交流阻抗测定电化学反应阻抗，由溶液中电流阻抗的变化反推得到缓蚀剂残余浓度，但由于方法特性，只适用于浓度较低的情况，测定范围较狭窄，且测定过程繁琐，具有一定的局限性。

显色法和导数光谱法均属于仪器分析法，在利用物质本身的物理化学性质之外，还借助了相应的专用仪器，这两种方法将缓蚀剂的残余浓度和溶液的吸光度联系起来，通过测量对特定官能团的检测经过处理后得到浓度数据，具有仪器操作简单、价位低廉、灵敏度高、准确度高、应用范围广及测量方法易推广等优势（表6-4-6）。

表6-4-6　不同检测方法结果评价

检测方法	实验仪器	初步结论
两相滴定法	无	实验操作繁琐，不适合作为油田污水现场缓蚀剂浓度检测
缓蚀率反推法	电化学阻抗仪	适用浓度太窄，不适合作为油田污水现场缓蚀剂浓度检测
显色法	分光光度计	显色剂适用范围窄，且预处理繁琐，不适合作为油田污水现场缓蚀剂浓度快速检测方法
导数光谱法	分光光度计	适合油田现场快速检测缓蚀剂残余浓度

认识2：提出了塔河油田现场缓蚀剂残余浓度快速检测技术——导数光谱法。

基本原理是依据是朗伯-比尔定律，通过吸光度对波长求导数，扫描得到导数光谱图，进行定量分析求导回归方程并利用回归方程检测未知试样浓度。该方法具有能分辨重叠谱和放大谱带精细结构，分辨率高、灵敏度高和选择性高三大优点，且仪器操作简单，测定精密度高，易于推广。但是局限在于数据处理繁琐。

需要控制以下条件：

（1）分析波长的选择：分别测量待测组分和干扰物质的吸光度，利用得到数据绘制得到吸收曲线，选择对缓蚀剂一阶导数极大值处对应的吸收波长作为分析波长。

（2）最佳反应条件（包括显色剂浓度、溶液酸度、反应时间、反应温度、缔合物稳定性等）：通过预实验确定最佳反应条件，在测定中控制条件使反应完全进行，得到清晰的导数光谱图，保证测量准确。

需要排除以下几点因素的干扰：

（1）污水中常见干扰离子的影响程度：对污水中常见的阴阳离子进行考察，在一定含量范围内不考虑干扰离子的影响。

（2）采样条件差异（不同采样点、采样时间等）：根据现场环境的差异，在不同的条件下多次试验，增强该方法准确性。

3. 下步建议

建议1：实验室重现导数光谱法和显色法，确定实验方法的可行性。

建议2：对准确度较高的方法，开展现场缓蚀剂残余浓度检测评价，完善现场检测方法，指导缓蚀剂优化应用。

第五节　主要产品产权

一、核心产品（表6-5-1）

表6-5-1　核心产品表

序号	核心产品
1	抗氧缓蚀剂（现场缓蚀率80%）
2	POK耐高温非金属内衬（耐温130℃）
3	BX245S-1Mo经济性耐蚀管材（腐蚀速率下降35%、成本增幅<20%）

二、发表论文（表6-5-2）

表6-5-2　发表论文表

论文作者	论文名称	期刊名称
李厚补 羊东明 戚东涛 等	增强热塑性塑料连续管标准现状及发展建议	塑料
肖雯雯	咪唑啉季铵盐缓蚀剂的复配机理	腐蚀与防护
石鑫	Exploiting a Simple Method for the Determination of Manganese in Polyethylene Lined Tubing for Petroleum and Natural Gas	International conference on material Industries
石鑫 郝义磊 王洪博 等	水分子对Cl在Fe（111）面吸附影响的密度泛函理论研究	新疆大学学报（自然科学版）
孙海礁	硫化氢二氧化碳环境中某油井管腐蚀失效的分析与讨论	材料保护
石鑫	温度对注气井油管钢耐蚀性能的影响	材料保护

续表

论文作者	论文名称	期刊名称
高淑红	电化学保护技术在注水井下及地面管道防腐中的应用	材料导报
高淑红	塔河酸性腐蚀环境管道内涂层适应性评价研究	腐蚀与防护
高秋英	20/316L 双金属管的腐蚀失效原因分析	材料保护
葛鹏莉	咪唑啉季铵盐缓蚀剂的复配机理	腐蚀与防护
郭玉洁	H_2S/CO_2 环境中某油井管腐蚀失效的分析与讨论	材料保护
李芳	塔河油田单井注采交替缓蚀剂的筛选与复配研究	表面技术
刘冬梅	注氮气井井下设备腐蚀原因分析及相应对策	腐蚀与防护

三、发布专利（表6–5–3）

表6–5–3　发布专利表

专利作者	专利名称	专利号
羊东明 肖雯雯 等	一种涂层电化学测试	ZL201720084013.0
羊东明 葛鹏莉 等	用于旧管线非开挖更换的胀管器	ZL201520832547.8
羊东明 朱原原 等	用于玻璃钢管线内穿插修复的连接接头	ZL201520894893.9
羊东明 葛鹏莉 等	用于旧管道非开挖更换的柔性管	ZL201520954982.8
羊东明 战征 等	用于旧管线非开挖更换施工的防滑钻杆	ZL201520951623.7
羊东明 石鑫 等	油气管道缓蚀剂涂覆器以及油气管道的缓蚀剂涂覆器装置	ZL201520230624.2
张江江 张志宏 等	腐蚀结垢监测装置	ZL201520620139.6
石鑫 张志宏 等	一种原油有机氯脱除装置	ZL201320616778.6
张江江 刘冀宁 等	一种阵列式腐蚀监测挂具	ZL201520231056.8

参考文献

［1］ 王毅辉. 西南油气田输气管道完整性管理方案研究及工程实践［D］. 西南石油大学，2009.

［2］ 万宇飞，邓道明，刘霞，等. 稠油掺稀管道输送工艺特性［J］. 化工进展，2014，33（09）：2293 – 2297.

［3］ 张国忠，李立，刘刚. 热油管道石蜡沉积层的传热特性［J］. 油气储运，2009，28（12）：10 – 13 + 79 + 5 + 4.

[4] 张维志，崔欣，胡庆明．稠油管道不稳定工作特性的极点流量计算 [J]．油气储运，2004（06）：14－17＋59－60．

[5] 周虹伶，曹辉祥．天然气管道腐蚀研究 [J]．内蒙古石油化工，2009，35（13）：5－6．

[6] 卢智慧，何雪芹，何昶．塔河油田集输管道腐蚀因素及防腐措施 [J]．油气田地面工程，2015，34（07）：18－20．

[7] 马卫锋，费凡，刘冬梅，等．基于模糊理论的在役管道内涂层寿命评价方法 [J]．天然气与石油，2012，30（06）：5－8＋17．

[8] 张江江．塔河油田注气井管道腐蚀特征及规律 [J]．科技导报，2014，32（31）：65－70．

[9] 刘冬梅，张志宏，孙海礁，等．塔河油田非金属管材应用与认识 [J]．全面腐蚀控制，2013，27（09）：77－80．

[10] 张鹏，赵国仙，毕宗岳，等．油气管道内防腐涂层性能研究 [J]．焊管，2014，37（01）：27－31．

[11] 葛彩刚．Cr13 钢在含 CO_2/H_2S 介质中的腐蚀行为研究 [D]．北京化工大学，2010．

[12] 雷文，凌志达．玻璃钢的耐腐蚀性能及其在防腐工程中的应用 [J]．全面腐蚀控制，2000（06）：45－48．

[13] 薛福连．管道防腐新技术——热喷涂玻璃釉 [J]．表面技术，2005（06）：80．

[14] 张健．基于弯管失效分析的金属冲刷腐蚀研究 [D]．华东理工大学，2012．

[15] 苏创．一种新型软质输油输水管 [J]．江苏船舶，1995（02）：56－57．

[16] 朱原原，羊东明，葛鹏莉，等．管道非开挖原位更新技术研究与现场应用 [J]．油气田地面工程，2017，36（12）：73－75＋78．

[17] 王过之．纳米防腐涂料原理与实践 [J]．四川兵工学报，2003（03）：10－12．

[18] 战征，蔡奇峰，汤晟，等．塔河油田腐蚀原因分析与防护对策 [J]．腐蚀科学与防护技术，2008（02）：152－154．

[19] 王娜，卢志强，石鑫，等．塔河油田氧腐蚀防治技术 [J]．全面腐蚀控制，2013，27（08）：48－50＋72．

[20] 徐成孝．国外近年来油气田管材防腐技术 [J]．钻采工艺，1994（02）：65－68．

[21] 李琼玮，奚运涛，董晓焕，等．超级 13Cr 油套管在含 H_2S 气井环境下的腐蚀试验 [J]．天然气工业，2012，32（12）：106－109＋136．

[22] 张利明，孙雷，王雷，等．注含氧氮气油藏产出气的爆炸极限与临界氧含量研究 [J]．中国安全生产科学技术，2013，9（05）：5－10．

[23] 陈迪，叶帆．塔河油田机采井井筒腐蚀监测及缓蚀剂防护技术 [J]．全面腐蚀控制，2009，23（07）：51－53＋56．

[24] 李国浩，谷坛，霍绍全，等．塔河油田某井失效油管腐蚀状况分析 [J]．渤海大学学报（自然科学版），2006（04）：309－311．

[25] 唐海飞，张子轶，高宇婷，等．注气井管柱腐蚀结垢研究及治理 [J]．油气田地面工程，2015，34（10）：106－107．

[26] 万里平，孟英峰，梁发书．甲酸盐钻井液对 N80 钢的腐蚀研究 [J]．钻采工艺，2003（06）：92－94＋97＋9．

[27] 祁丽莎，陈明贵，王小玮，等．塔河油田注气井井筒氧腐蚀机理研究 [J]．石油工程建设，2016，42（06）：70－72．

[28] 常随成. "三超"气井环境下典型油管的腐蚀行为研究 [D]. 西安石油大学，2014.

[29] 李伟，程建华. 油气线 20 钢弯头腐蚀失效分析 [J]. 理化检验（物理分册），2006（04）：205 – 206 + 209.

[30] 姚红燕. 油水井油管的腐蚀与防护措施研究 [D]. 中国石油大学，2007.

[31] 李哲锋. 非开挖技术在大庆油田龙南地区供水管道更换工程中的初步应用 [D]. 吉林大学，2012.

[32] 章博. 高含硫天然气集输管道腐蚀与泄漏定量风险研究 [D]. 中国石油大学，2010.

[33] 朴启霞，栗雪. 超声相控阵在无损检测领域的应用 [J]. 黑龙江冶金，2013，33（03）：38 – 39.

[34] 马红杰，黄新泉，赵敏. 腐蚀监测挂片器的改进及应用 [J]. 石油化工设备，2016，45（02）：88 – 90.

[35] 聂畅，陈小红，陶玉林，等. 气井井筒常用腐蚀检测技术 [J]. 腐蚀与防护，2013，34（09）：856 – 859.

[36] 张江江. 塔河油田注气井管道腐蚀特征及规律 [J]. 科技导报，2014，32（31）：65 – 70.

[37] 谢荣华. 国内油田动态监测技术新进展及发展方向 [J]. 测井技术，2007（02）：103 – 106.

[38] 张卫民，董韶平，张之敬. 金属磁记忆检测技术的现状与发展 [J]. 中国机械工程，2003（10）：88 – 92 + 6.

[39] 霍富永，雷俊杰，魏爱军，等. 油田常用缓蚀剂评价 [J]. 管道技术与设备，2008（01）：48 – 49 + 59.

[40] 古海娟. 高温缓蚀剂配方筛选及评价研究 [J]. 油气田地面工程，2009，28（06）：21 – 22.

[41] 孙伟栋，史治化，刘丽华，等. 耐高温缓蚀剂的制备及缓蚀性能研究 [J]. 齐鲁工业大学学报（自然科学版），2016，30（03）：10 – 13.

[42] 韩难难，刘斌，张涛，王忠义，等. 西部某天然气田三通管件腐蚀失效分析 [J]. 腐蚀科学与防护技术，2015，27（06）：600 – 607.

[43] 鲁建中. 油田年产油量与含水率预测方法 [J]. 大庆石油地质与开发，2007（04）：62 – 65.

[44] 贾庆. 注水管道防腐措施评价装置的研制与应用 [J]. 油气田地面工程，2015，34（09）：109 + 111.

[45] 冉箭声，张文可，戚颜华，等. 固体缓蚀剂的研制及应用 [J]. 内蒙古石油化工，2007（05）：45 – 47.

[46] 王丽忱，甄鉴，朱桂清. 国外套管腐蚀检测技术研究进展 [J]. 科技导报，2014，32（18）：67 – 72.

[47] 李娅，宋伟，黎洪珍，代军. 重庆气矿气井缓蚀剂应用效果分析 [J]. 天然气与石油，2006（04）：54 – 56.

[48] 康永. 咪唑啉类缓蚀剂腐蚀抑制作用 [J]. 石油化工腐蚀与防护，2012，29（01）：1 – 5.